普通高等教育“十四五”规划教材

环境管理学

沈洪艳　编著

中国石化出版社

内 容 提 要

本书对我国环境管理基本理论、生态环境监督管理体制、环境政策、环境法、环境管理制度、工业企业环境管理、区域环境管理、自然生态保护与管理、环境监察的基本理论和方法进行了全面阐述。全书涵盖了环境管理学的基本内容，包括许多新理论、新方法，对环境管理方法和技术的介绍力求理论和实践相结合，注意联系环境管理和执法的实践，增强实用性；内容编排上注意系统性和层次性，以便读者从整体上把握全书，并能正确应用。

本书可作为高等院校环境类专业本科生和研究生教科书或作为非环境类专业选修、培训教材，同时对环境保护部门和各级企事业环境保护管理人员、技术人员及相关人员的工作也有参考价值。

图书在版编目(CIP)数据

环境管理学 / 沈洪艳编著. —北京：中国石化出版社，2022.3(2023.7重印)
普通高等教育“十四五”规划教材
ISBN 978-7-5114-6606-8

Ⅰ. ①环… Ⅱ. ①沈… Ⅲ. ①环境管理学-高等学校-教材 Ⅳ. ①X3

中国版本图书馆 CIP 数据核字(2022)第 039037 号

中国石化出版社出版发行
地址:北京市东城区安定门外大街 58 号
邮编:100011　电话:(010)57512500
发行部电话:(010)57512575
http://www.sinopec-press.com
E-mail:press@sinopec.com
北京艾普海德印刷有限公司印刷
全国各地新华书店经销
*
787×1092 毫米 16 开本 21.25 印张 536 千字
2022 年 4 月第 1 版　2023 年 7 月第 2 次印刷
定价:62.00 元

目　　录

第一章 绪 论

本章重点

本章要求理解环境问题的发展历程及其各阶段环境问题的特点，熟悉环境管理的内容、手段、对象，掌握人类解决当代环境问题采取的行动，环境管理和环境管理学的概念，环境管理学形成的原因，了解我国解决环境污染问题的主要污染防治技术。

第一节 环境问题及其产生根源

一、环境问题的概念

环境问题是指在人类活动或自然因素的干扰下引起环境质量下降或环境系统的结构损毁，从而对人类及其他生物的生存与发展造成影响和破坏的问题。

环境问题按照产生的原因分为原生环境问题和次生环境问题两类。原生环境问题由自然因素引起，次生环境问题分为环境污染和生态破坏两大类(表 1-1)。

环境污染是指由于人类在工农业生产和生活消费过程中向自然环境排放的、超过其自然环境消化能力的有毒有害物质或能量，致使环境系统的结构与功能发生变化而引起的一类环境问题。

生态破坏是人类在各类自然资源的开发利用过程中不能合理、持续地开发利用资源而引起的生态环境质量恶化或自然资源枯竭的一类环境问题。

表 1-1 环境问题分类

环境问题类型	环境问题亚类	环境问题引发原因	实 例
原生环境问题	—	自然因素	火山喷发、海啸、地震、泥石流、台风、旱涝灾害
次生环境问题	环境污染	人类生产和生活活动	大气污染、水污染、固体废物污染、噪声污染
	生态破坏	开发利用资源	水土流失、森林毁灭、荒漠化、草原退化、生物多样性减少

二、发展历程

(一) 农业革命以前的环境问题

在农业革命以前，人与自然的关系经历了一次历史性的大转折。能够利用火这一体外能源之后，人类结束了受自然奴隶的历史，由被动适应环境转向主动改造环境，开始了征服自然、驾驭自然的艰难而漫长的历程。伴随着火的利用和工具的制造，人类征服自然能力的不断提高，人类对环境的破坏也就出现了。一些学者认为，在史前社会，许多大型哺乳动物的灭绝，如美洲野牛的绝迹可能与人们过度狩猎有关。旧石器时代晚期，猛犸象、披毛犀的消失也可能是同样的原因所致。不过，在农业革命以前，人口一直是很少的，人类活动的范围也只占地球表面的极小部分；另一方面，从总体上讲，人类对自然的影响力还很低，还只能依赖自然环境，以采集和猎取天然动植物为生。此时，虽然已经出现了环境问题，但是并不突出，地球生态系统还有足够的能力自行恢复平衡。所以，在农业革命以前，环境基本上是按照自然规律运动变化的，人类在很大程度上仍然依附于自然环境(图 1-1)。

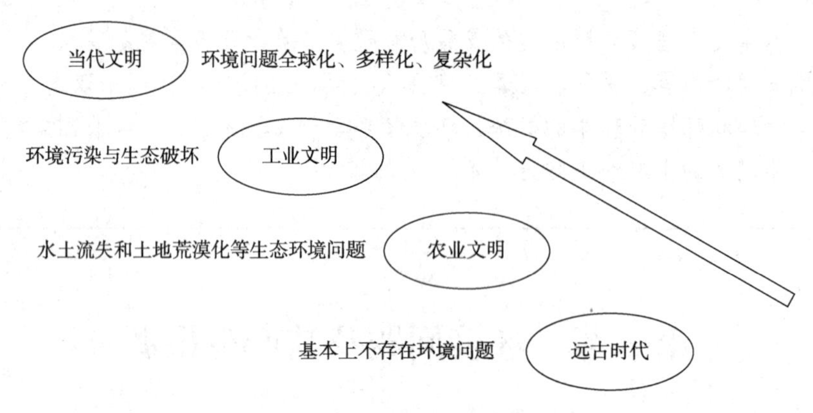

图 1-1 环境问题的发展历程

（二）工业社会的环境问题

污染问题之所以在工业社会迅速发展，甚至形成公害，与工业社会的生产方式、生活方式等有直接的关系。

首先，工业社会是建立在大量消耗能源，尤其是化石燃料基础上的。从工业革命初期直到今天，工业社会的能源依然以不可再生能源为主，特别是煤和石油。随着工业的发展，能源消耗量急剧增加，并很快带来一系列人类始料不及的问题。

其次，工业产品的原料主要来自自然资源，特别是矿产资源。工业规模的扩大，伴随着采矿量的直线上升，引起了一系列环境问题。

再则，环境污染还与工业社会的生活方式，尤其是消费方式有直接关系。在工业社会，人们不再仅仅满足于生理上的基本需要——温饱，更高层次的享受成为工业社会发展的动力。于是，汽车等高档消费品进入了家庭和社会，由此引起的环境污染问题日益显著。

最后，环境污染的产生与发展还与人类对自然的认识水平和技术能力直接相关。在工业社会，特别是工业社会初期，人们对环境问题缺乏认识，在生产生活过程中常常忽视环境问题的产生和存在，结果导致环境问题越来越严重。当环境污染发展到相当严重并引起人们重视时，也常常由于技术能力不足而无法解决。

由于以上原因，加之公害事件不断发生，且危害程度不断加重，到 20 世纪五六十年代，西方国家的一些记者开始公开报道公害事件的真相，著名社会人士纷纷撰文呼吁采取行动，那些富有责任感和开拓精神的科学家感到，有必要进一步增进人类对于地球环境的全面认识，用科学手段解决各种环境问题，以重建社会和自然的新秩序。因此，从 20 世纪五六十年代开始，西方一些国家开始组织专门性的环境问题调查与研究，相关的成果不断面世，其中《寂静的春天》《增长的极限》和《我们共同的未来》引起的反响最大。

《寂静的春天》通过对污染物的迁移、变化的描写，阐述了天空、海洋、河流、土壤、植物、动物和人类之间的密切联系，成功地揭示了污染对生态环境影响的深度和广度，该书的出版对于提高人们的环境意识、促使环境科学的产生和发展起到了积极的推动作用。

进入1970年以后，人们开始认识到：环境问题不仅包括污染问题，还包括生态问题、资源问题等；环境问题并不仅仅是一个技术问题，也是一个重要的社会经济问题。这个观点在1972年出版的《增长的极限》中有明显的体现。

《增长的极限》明确地将环境问题及相关的社会经济问题提高到“全球性问题”的高度来加以认识，认为：“人口、粮食生产、工业化、污染和不可再生资源的消耗以指数增长模型增长着。现在几乎所有人类活动，从化肥的施用到城市的扩大，都可以用指数增长曲线来表示。”但是，地球是有限的，如果人类社会继续追求物质生产方面的既定目标，它最后会达到地球上的许多极限中的某一个极限，而后果将可能是人类社会的崩溃和毁灭。其实质是主张“零增长”、“停止发展论”。《增长的极限》在当时社会引起了巨大震荡，许多国家的学术界围绕书中的观点展开了热烈的讨论。

《寂静的春天》是一本激发了全世界环境保护事业的书，书中描述人类可能面临一个没有鸟、蜜蜂和蝴蝶的世界。而正是这本不寻常的书，在世界范围内引起人们对野生动物的关注，唤起了人们的环境意识，这本书同时引发了公众对环境问题的注意，使环境保护问题摆在了各国政府面前，各种环境保护组织纷纷成立，促使联合国于1972年6月12日在斯德哥尔摩召开了“人类环境大会”，并由各国签署了“人类环境宣言”，开始了环境保护事业。

《增长的极限》一书的作者使用了系统动力学的方法，从当前的和历史上的实际数据出发，对未来几十年的世界人口、经济增长、生活水平、资源消耗、环境情况等变量都做了“精确”的预测，勾勒出了未来世界的发展趋势，向人们展示了在一个有限的星球上无止境地追求增长所带来的后果。

联合国世界环境与发展委员会1987年向联合国大会提交了研究报告《我们共同的未来》。该报告的主要内容及观点包括：① 论述了当今世界环境与发展方面存在的问题，即发展的极度不平衡，富国与贫国之间的鸿沟正在扩大；环境恶化的趋势已威胁到生物和人类的生存；② 经济发展问题和环境问题是不可分割的，如经济发展形势损害了环境资源；环境恶化可以破坏经济发展；贫穷是全球环境问题的主要原因和后果；③ 人类需要有一条新的发展道路——可持续发展道路。

该研究报告的主要作用与意义在于：① 把人们从单纯考虑环境保护引导到环境保护与人类发展切实结合起来；② 实现了人类有关环境与发展思想的重要飞跃。

1992年6月3日至14日，即《我们共同的未来》发表5年后，联合国环境与发展大会在巴西里约热内卢召开(图1-2)。这次大会共有183个国家的代表团和联合国及下属机构等70个国际组织的代表出席会议，102个国家领导人或政府首脑到会发表意见，因此，被人们称为“地球首脑会议”。6月14日，会议通过了《里约热内卢环境与发展宣言》(简称《里约环境与发展宣言》)，并由与会的183个代表团、102位国家领导人共同签署了《21世纪议程》。

《里约环境与发展宣言》和《21世纪议程》普遍接受了《我们共同的未来》的基本思想。

(三) 当代全球环境问题

人类活动正在改变全球的生态环境。在“二战”后短短的几十年中，环境问题迅速从地区性问题发展成为波及世界各国的全球性问题，从简单问题(可分类、可定量、易解决、低

图 1-2　联合国环境与发展大会

风险、近期可见性)发展到复杂问题(不可分类、不可量化、不易解决、高风险、长期性)，出现了一系列国际社会关注的热点问题，如气候变化、臭氧层破坏、森林破坏与生物多样性减少、大气及酸雨污染、土地荒漠化、国际水域与海洋污染、有毒化学品污染和有害废物越境转移等。围绕这些问题，国际社会在经济、政治、技术、贸易等方面形成了复杂的对抗或合作关系，并建立起了一个庞大的国际环境条约体系，这些正越来越大地影响着全球经济、政治和技术的未来走向。

1. 气候变化及其趋势

(1) 温室气体与温室效应。大气中的水蒸气、二氧化碳和其他微量气体，如甲烷、臭氧、氟利昂等，可以使太阳的短波辐射几乎无衰减地通过，但却可以吸收地球的长波辐射。因此，这类气体有类似温室的效应，被称为“温室气体”。温室气体吸收长波辐射并再反射回地球，从而减少向外层空间的能量净排放，大气层和地球表面因此变得热起来，这就是“温室效应”。

已经发现近 30 种能产生温室效应的气体，其中二氧化碳起重要的作用，甲烷、氟利昂和氧化亚氮也起相当重要的作用，见表 1-2。

表 1-2　主要温室气体及其特征

气体	大气中浓度/ 10^{-6}	年增长率/ %	生存期/ a	温室效应 ($CO_2=1$)	现有贡献率/ %	主要来源
CO_2	355	0.4	50~200	1	55	煤、石油、天然气、森林砍伐
CFC	0.00085	2.2	50~102	3400~15000	24	发泡剂、气溶胶、制冷剂、清洗剂
甲烷	1.714	0.8	12~17	11	15	湿地、稻田、化石、燃料、牲畜
NO_x	0.31	0.25	120	270	6	化石燃料、化肥、森林砍伐

注：引自全球环境基金(GEF)：Valuing the Global Environment，1998。

20 世纪以来所进行的一些科学观测表明，大气中各种温室气体的浓度都在增加。1750 年之前，大气中二氧化碳含量基本维持在 280ppm[1]。工业革命后，随着人类活动，特别是消耗的化石燃料(煤炭、石油等)的不断增长和森林植被的大量破坏，人为排放的二氧化碳等温室气体不断增长，大气中二氧化碳含量逐渐上升，每年大约上升 1.8ppm(年增长率约

[1] ppm 为体积分数，即 $1/10^{-6}$。全书同。

0.4%)，到目前已上升到近 360ppm。从测量结果来看，大气中二氧化碳的增加部分约等于人为排放量的一半。按照政府间气候变化小组的评估，在过去一个世纪里，全球表面平均温度已经上升了 0.3~0.6℃，全球海平面上升了 10~25cm。许多学者的预测表明，到 21 世纪中叶，世界能源消费的格局若不发生根本性变化，大气中二氧化碳的含量将达到 560ppm，地球平均温度将有较大幅度的增加。政府间气候变化小组 1996 年发表了新的评估报告，再次肯定了温室气体增加将导致全球气候的变化。依据各种计算机模型的预测，如果二氧化碳含量从工业革命前的 280ppm 增加到 560ppm，全球平均温度可能上升 1.5~4℃。全球二氧化碳排放量最多的 15 个国家见表 1-3。

表 1-3　1975 年、1990 年、2005 年、2020 年全球二氧化碳排放量最多的 15 个国家　Mt

序号	国家名称(二氧化碳排放量)			
	1975 年	1990 年	2005 年	2020 年
1	美国(4406)	美国(4845)	中国(5819)	中国(10668)
2	苏联(2998)	中国(2173)	美国(5756)	美国(4713)
3	中国(1146)	苏联(2165)	俄罗斯(1531)	印度(2442)
4	日本(870)	日本(1093)	日本(1214)	俄罗斯(1577)
5	英国(604)	德国(955)	印度(1138)	日本(1031)
6	法国(447)	乌克兰(689)	德国(802)	伊朗(745)
7	加拿大(397)	印度(562)	加拿大(550)	德国(644)
8	波兰(376)	英国(557)	英国(541)	沙特阿拉伯(626)
9	意大利(342)	加拿大(419)	韩国(480)	韩国(598)
10	印度(252)	意大利(405)	意大利(474)	印度尼西亚(590)
11	南非(185)	法国(357)	伊朗(451)	加拿大(536)
12	西班牙(182)	波兰(350)	墨西哥(432)	巴西(467)
13	澳大利亚(176)	墨西哥(268)	法国(381)	土耳其(393)
14	墨西哥(164)	澳大利亚(264)	南非(378)	澳大利亚(392)
15	罗马尼亚(162)	韩国(249)	澳大利亚(370)	墨西哥(357)

(2) 气候变化的影响和危害。海平面上升。全世界大约有 1/3 的人口生活在沿海岸线 60km 的范围内，这里经济发达，城市密集。全球气候变暖导致的海洋水体膨胀和两极冰雪融化，可能在 2100 年使海平面上升 50cm，危及全球沿海地区，特别是那些人口稠密、经济发达的河口和沿海低地。这些地区可能会遭受淹没或海水入侵，海滩和海岸遭受侵蚀，土地恶化，海水倒灌和洪水加剧，港口受损，并影响沿海养殖业，破坏供排水系统。

影响农业和自然生态系统。随着二氧化碳浓度增加和气候变暖，可能会增加植物的光合作用，延长生长季节，使世界一些地区更加适合农业耕作。但全球气温和降雨形态的迅速变化，也可能使世界许多地区的农业和自然生态系统无法适应或不能很快适应这种变化，使其遭受更大的破坏性影响，造成大范围的森林植被破坏和农业灾害。

加剧洪涝、干旱及其他气象灾害。气候变暖导致的气候灾害增多可能是一个更为突出的问题。全球平均气温略有上升，就可能带来频繁的气候灾害——过多的降雨、大范围的干旱和持续的高温，造成大规模的灾害损失。有科学家根据气候变化的历史数据，推测气候变暖可能破坏海洋环流，引发新的冰河期，给高纬度地区带来可怕的气候灾难。

影响人类健康。气候变暖有可能加大疾病危险和死亡率，增加传染病。高温会给人类的循环系统增加负担，热浪会引起死亡率的增加。由昆虫传播的疟疾及其他传染病与温度有很大的关系，随着温度升高，可能使许多国家疟疾、淋巴腺丝虫病、血吸虫病、黑热病、登革热、脑炎等增加或再次发生。在高纬度地区，这些疾病传播的危险性可能会更大。

千余岛屿可能被淹没，马尔代夫拟购地“搬国”

印度洋群岛国家马尔代夫总统穆罕默德·纳希德说，马尔代夫大部分国土海拔不足2m，如果气候变化继续按当前速度推进，马尔代夫1000多个岛屿可能被海水淹没，那将意味着30万马尔代夫人可能最终被迫到别处定居。

马尔代夫将积累旅游业部分年收入以购买土地，防止全球变暖、海平面上升使民众失去家园。纳希德说，“靠自身能力，我们无法阻止气候变化。因此，我们必须在别处买土地。这是针对最糟情况的‘保险单’。我们不想离开马尔代夫，但我们也不想成为在帐篷里住上数十年的气候灾民。”

(3) 控制气候变化的国际行动和对策。1992年，联合国环发大会通过《气候变化框架公约》，提出到1990年代末，使发达国家温室气体的年排放量控制在1990年的水平。

1997年，在日本京都召开了缔约国第二次大会，通过了《京都议定书》，规定了6种受控温室气体，明确了各发达国家削减温室气体排放量的比例，并且允许发达国家之间采取联合履约的行动。遏制全球变暖的《京都议定书》正式生效的时间是北京时间2005年2月16日下午1时。其规定：全球工业化国家到2012年将温室气体排放总量在1990年排放总量的基础上削减5.2%，每个国家的具体目标由各国根据现状决定。目前，《京都议定书》得到占1990年全球温室气体排放量55%以上的100多个国家和地区的批准，其中包括中国、俄罗斯、日本、欧盟成员国等。

(4) 控制温室气体排放的途径。控制温室气体排放的途径包括：改变能源结构；增加核能和可再生能源使用比例；提高发电和其他能源转换部门的效率；提高工业生产部门的能源使用效率，降低单位产品能耗；提高建筑采暖等民用能源效率；提高交通部门的能源效率；减少森林植被的破坏，控制水田和垃圾填埋场排放甲烷等。

2016年，国务院印发“十三五”控制温室气体排放工作方案，强调低碳引领能源革命。其中包括大力推进能源节约。具体为，坚持节约优先的能源战略，合理引导能源需求，提升能源利用效率；严格实施节能评估审查，强化节能监察；推动工业、建筑、交通、公共机构等重点领域节能降耗；实施全民节能行动计划，组织开展重点节能工程；健全节能标准体系，加强能源计量监管和服务，实施能效领跑者引领行动；推行合同能源管理，推动节能服务产业健康发展。

2. 臭氧层破坏

(1) 臭氧层破坏。1985年，英国科学家观测到南极上空出现臭氧层空洞，并证实其同氟利昂(CFCs)分解产生的氯原子有直接关系。氟利昂是1920年合成的，其化学性质稳定，不具有可燃性和毒性，被当作制冷剂、发泡剂和清洗剂，广泛用于家用电器、泡沫塑料、日用化学品、汽车、消防器材等领域。在一定的气象条件下，氟利昂会在强烈的紫外线作用下被分解，分解释放出的氯原子同臭氧会发生连锁反应，不断破坏臭氧分子。

(2) 臭氧层破坏的危害。臭氧层破坏的后果是很严重的。如果平流层的臭氧总量减少

1%，预计到达地面的有害紫外线将增加2%。有害紫外线的增加，会产生以下危害：

臭氧层破坏使皮肤癌和白内障患者增加，破坏人的免疫力，使传染病的发病率增加。据估计，臭氧减少1%，皮肤癌的发病率将提高2%～4%，白内障患者将增加0.3%～0.6%。有一些初步证据表明，人体暴露于紫外线辐射强度增加的环境中，会使人们的免疫系统受到抑制。

破坏生态系统。对农作物的研究表明，过量的紫外线辐射会使植物的生长和光合作用受到抑制，使农作物减产。紫外线辐射也使处于食物链底层的浮游生物的生产力下降，从而损害整个水生生态系统。有报告指出，由于臭氧层空洞的出现，南极海域的藻类生长已受到了很大影响。紫外线辐射也可能导致某些生物物种的突变。

(3) 淘汰消耗臭氧层物质的国际行动。1985年，联合国制定了保护臭氧层的《维也纳公约》。1987年，联合国制定了《关于消耗臭氧层物质的蒙特利尔议定书》，对8种破坏臭氧层的物质提出了削减使用的时间要求。这项议定书得到了163个国家的批准。

1990年、1992年和1995年，在伦敦、哥本哈根和维也纳召开的议定书缔约国会议上，扩大了受控物质的范围，包括氟利昂(也称氟氯化碳CFC)、哈伦(CFCB)、四氯化碳(CCl_4)、甲基氯仿(CH_3CCl_3)、氟氯烃(HCFC)和甲基溴(CH_3Br)等，并提前了停止使用的时间。该《议定书》规定：发达国家到1994年1月停止使用哈伦，1996年1月停止使用氟利昂、四氯化碳、甲基氯仿；发展中国家到2010年全部停止使用氟利昂、哈伦、四氯化碳、甲基氯仿。

中国于1991年加入了《关于消耗臭氧层物质的蒙特利尔议定书》。根据1989年1月1日生效的《关于消耗臭氧层物质的蒙特利尔议定书》及有关修正文件的规定，在21世纪初，全球将停止使用受控CFCs和卤族化合物类物质。中国作为发展中国家，有多于发达国家10年的宽限期，但最终还是要停止生产和使用消耗臭氧层物质。为此，中国政府于1993年制定了《中国消耗臭氧层物质逐步淘汰国家方案》，并于同年将此方案报送联合国及有关国际机构。

2000年，全国人大审议批准《中华人民共和国大气污染防治法》修正案，其中增加了两条有关ODS淘汰的条款，使得消耗臭氧层物质淘汰进入国家高层法律的框架。

2005年9月16日"国际保护臭氧层日"，我国12个省市政府代表在深圳市的保护臭氧层庆祝大会上向国际社会郑重宣布了"创建臭氧层友好省市、加速淘汰消耗臭氧层物质"的倡议书，并决定将率先采取行动在2006年7月1日前在本省市内淘汰氟利昂和哈伦。

3. 酸雨问题

酸雨通常指pH值低于5.6的降水。酸雨中绝大部分是硫酸和硝酸，主要来源于生产和生活中排放的二氧化硫和氮氧化物。欧洲和北美洲东部是世界上最早发生酸雨的地区，但亚洲和拉丁美洲有后来居上的趋势。中国南方是酸雨最严重的地区之一，成为世界上又一大酸雨区。

(1) 酸雨发生条件。向大气排放大量硫氧化物和氮氧化物等酸性污染物，并在局部地区扩散，随气流向更远距离传输；发生区域的土壤、森林和水生生态系统缺少中和酸性污染物的物质。

(2) 酸雨的危害。损害生物和自然生态系统。酸雨降落到地面后得不到中和，可使土壤、湖泊、河流酸化。湖水或河水的 pH 值降到 5 以下时，鱼的繁殖和发育会受到严重影响。土壤和底泥中的金属可被溶解到水中，毒害鱼类。水体酸化还可能改变水生生态系统。

酸雨还抑制土壤中有机物的分解和氮的固定，淋洗土壤中钙、镁、钾等营养因素，使土壤贫瘠化。酸雨损害植物的新生叶芽，从而影响其生长发育，导致森林生态系统的退化。

从欧美各国的情况来看，欧洲地区土壤缓冲酸性物质的能力弱，酸雨危害的范围较大，如欧洲 30%的森林因酸雨影响而退化。在北欧，由于土壤自然酸度高，水体和土壤酸化特别严重，特别是一些湖泊受害最为严重，湖泊酸化导致鱼类灭绝。另据报道，从 1980 年前后，欧洲以德国为中心，森林受害面积迅速扩大，树木出现早枯和生长衰退现象。加拿大和美国的许多湖泊和河流也遭受着酸雨危害。美国国家地表水调查数据显示，酸雨造成 75%的湖泊和大约一半的河流酸化。加拿大政府估计，加拿大 43%的土地(主要在东部)对酸雨高度敏感，有 14000 个湖泊呈酸性。

腐蚀建筑材料及金属结构。酸雨腐蚀建筑材料、金属结构、油漆等。特别是许多以大理石和石灰石为材料的历史建筑物和艺术品的耐酸性差，容易受酸雨腐蚀和变色。

(3) 控制酸雨的国际行动与战略。从各国情况来看，控制酸性污染物排放和酸雨污染的主要技术途径有：

对原煤进行洗选加工，减少煤炭中的硫含量。

优先开发和使用各种低硫燃料，如低硫煤和天然气；为了综合控制燃煤污染，国际社会提倡实施一系列的包括煤炭加工、燃烧、转换和烟气净化各个方面技术在内的清洁煤技术，这是减少二氧化硫排放的最为有效的一个途径。美国能源部在 1980 年就把开发清洁能源和解决酸雨问题列为中心任务，从 1986 年开始实施了清洁煤计划，许多电站转向燃用西部的低硫煤。

改进燃烧技术，减少燃烧过程中二氧化硫和氮氧化物的产生量。

采用烟气脱硫装置，脱除烟气中的二氧化硫和氮氧化物，如日本、西欧国家比较普遍地采用了烟气脱硫技术。

改进汽车发动机技术，安装尾气净化装置，减少氮氧化物的排放。

控制酸雨污染的另一条途径是制定大气污染防治法律和政策，它主要包括两方面的措施：一是直接管制措施，其手段有建立空气质量、燃料质量和气态污染物排放标准，实行排放许可证制度；二是经济刺激措施，其手段有排污税费、产品税(包括燃料税)、排放交易和一些经济补助等。西方国家传统上比较多地采用了直接管制手段，但从 1990 年以来，很注重经济刺激手段的应用。西欧国家较多应用了污染税(如燃料税和硫税)。美国 1990 年修订了《清洁空气法》，建立了一套二氧化硫排放交易制度。据估计，由于实施了交易制度，可以实现到 2010 年将全国电站二氧化硫排放量在 1980 年基础上削减 50%的目标。目前，欧洲、北美、日本等国家在削减二氧化硫排放方面取得了很大进展，但控制氮氧化物排放的成效尚不明显。

4. 生物多样性问题

(1) 生物多样性及其价值。生物多样性是一个地区内基因、物种和生态系统多样性的总和，分成相应的三个层次，即基因、物种和生态系统。

基因或遗传多样性是指种内基因的变化，包括同种的显著不同的种群(如水稻的不同品种)和同一种群内的遗传变异。物种多样性是指一个地区内物种的变化。生态系统多样性是指群落和生态系统的变化。

生物多样性具有多种多样的价值(见表 1-4)，其潜在的价值更是难以估量。从长远来看，它对人类的最大价值可能就在于它为人类提供了适应区域和全球环境变化的各种机会。

表 1-4　生物资源价值的分类

价值的分类	价值的亚类	实例
直接价值	消耗性利用价值	薪柴、食物、建材、药物等非市场价值
	生产性利用价值	木材、鱼等市场价值
间接价值	非消耗性利用价值	科学研究、观鸟等
	选择价值	保留对将来有用的选择价值
	存在价值	野生生物存在的伦理感觉上的价值

(2) 生物多样性减少及其原因。据专家们估计，自 1600 年以来，大约有 113 种鸟类和 83 种哺乳动物消失。在 1850～1950 年间，鸟类和哺乳动物的灭绝速度平均为每年一种。1990 年初，联合国环境规划署首次评估生物多样性的一个结论是：在可以预见的未来，5%～20%的动植物种群可能受到灭绝的威胁。

从生态系统类型来看，最大规模的物种灭绝发生在热带森林，其中包括许多人们尚未调查和命名的物种。热带森林物种占地球物种的 50%以上。据科学家估计，按照每年砍伐 1700 万公顷的速度，在今后 30 年内，物种极其丰富的热带森林可能要毁在当代人手里，大约 5%～10%的热带森林物种可能面临灭绝。另外，世界范围内，同马来西亚面积差不多大小的温带雨林也消失了。整个北温带和北方地区，森林覆盖率并没有很大变化，但许多物种丰富的原始森林被次生林和人工林代替，许多物种濒临灭绝。总体来看，大陆上 66%的陆生脊椎动物已成为濒危种和渐危种。海洋和淡水生态系统中的生物多样性也在不断丧失和严重退化，其中受到最严重冲击的是处于相对封闭环境中的淡水生态系统。同样，历史上受到灭绝威胁最大的是另一些处于封闭环境岛屿上的物种，岛屿上大约有 74%的鸟类和哺乳动物灭绝了。目前岛屿上的物种依然处于高度濒危状态。在未来的几十年中，物种灭绝情况大多数将发生在岛屿和热带森林系统。

当前大量物种灭绝或濒临灭绝，生物多样性不断减少的主要原因是人类各种活动：

大面积森林受到采伐、火烧和农垦，草地遭受过度放牧和垦殖，导致了生境的大量丧失，保留下来的生境也支离破碎，对野生物种造成了毁灭性影响；

对生物物种的高强度捕猎和采集等过度利用活动，使野生物种难以正常繁衍；

工业化和城市化的发展，占用了大面积土地，破坏了大量天然植被，并造成大面积污染；

外来物种的大量引入或侵入，大大改变了原有的生态系统，使原生的物种受到严重威胁；

无控制的旅游，使一些尚未受到人类影响的自然生态系统受到破坏；

土壤、水和空气污染，危害了森林，特别是给相对封闭的水生生态系统带来毁灭性影响；

全球变暖，导致气候形态在比较短的时间内发生较大变化，使自然生态系统无法适应，可能改变生物群落的边界。

尤其严重的是，各种破坏和干扰累加起来会对生物物种造成更为严重的影响(见表 1-5)。

表 1-5　物种灭绝的原因　%

类群	物种灭绝的原因					
	生境消失	过度开发	物种引进	捕食控制	其他	还不清楚
哺乳类	19	23	20	1	1	36
鸟类	20	11	22	0	2	37
爬行类	5	32	42	0	0	21
鱼类	35	4	30	0	4	27

(3) 保护生物多样性的国际行动和途径。1992 年，在联合国环发大会上通过了《生物多样性公约》。

从保护的具体途径来划分，主要有就地保护、迁地保护与离体保护。就地保护主要是就地设立自然保护区，限制或禁止捕杀和采集等活动，控制人类的其他干扰活动。通过设置不同类型的保护区，可以形成生物多样性保护区网络。迁地保护和离体保护主要是建立植物园、动物园、水族馆、种质库和基因库，对野生生物物种和遗传基因进行保护。

保护物种的最佳途径是就地保护，也就是保持它们的生境，即建立相对完整的自然保护区网络。1970 年以来，世界自然保护区覆盖面积增长很快，到 1990 年已达到陆地面积的 5%左右，大致建立了较完整的保护区网络。据世界银行 1990 年估计，与自然保护有关的活动费用支出，发展中国家占 GDP 的 0. 01%~0. 05%，发达国家占 GDP 的 0. 04%。

生物多样性行动计划的方式是着重纪录个别物种的族群分布和保育情况。此方式虽然基本却困难重重，主要因为世界上的物种估计只有约百分之十被记载下来。大部分未知的物种为植物或低等生物。许多哺乳类、鸟类和爬虫的资讯常可见于文献，至于植物与无脊椎动物就需要从可观的地区资料中采集。

除上述问题外，国际社会关注的其他一些全球或区域性问题还有有毒化学品污染和有害废物越境转移等。它们都是随现代工业生产、使用或废弃的各种有毒、有害物质的增长而产生的，在局部地区危害很大，治理的经济代价也十分昂贵，有毒化学品污染及其排放曾经造成了世界上一些有名的公害事件，在发达国家和发展中国家的一些地区对人体健康和生态环境造成了极为严重的损害。进入 1980 年后，发达国家向非洲和拉丁美洲国家转移有害废物的事件引起了国际社会的注意。由于这些发展中国家往往没有处理有害废物的技术能力，转移来的废物对周围居民和环境构成严重的威胁，引起发展中国家的强烈抗议。在这种情况下，联合国于 1989 年通过了《控制有害废物越境转移及其处置巴塞尔公约》。

第二节　环境管理的发展历程和基本方法

一、环境管理的发展历程

(一) 环境管理的产生与发展

环境管理是人类在与环境斗争的实践中产生的。在 1950 年以前，环境问题基本上被看作一个由工农业发展而带来的污染问题，解决的办法主要采取工程技术措施减少污染，谈不上什么环境管理。进入 1950 年后，污染逐渐由局部扩展到更大范围，迫使一些工业发达国家对工农业生产产生的有害废物进行单项治理，但花了很多钱，公害事件还是不断扩大。例如举世闻名的“八大公害事件”。当时面临严重环境污染的现实，迫切的任务是减轻环境污染。

到了1960年代中期，这些国家被迫研究采用综合治理措施，花费了大量投资。如在发展消烟除尘和污水处理装置的同时，还广泛开展了工农业废弃物的综合利用，推行闭路循环工艺，建立生态村，改用较清洁的能源，调整不合理的生产布局和结构等。由于采用了这些限制手段和治理措施，从而使污染得到一定程度的控制，当时把治理污染问题看作是一种单纯的技术问题，在以污染治理为中心的管理思想支配下，走着“先污染，后治理”的发展道路，但是这种先污染后治理的做法付出的代价很高。据联合国经济和发展组织统计，花费在污染治理上的费用，发达国家达到国民生产总值的1%~2%，发展中国家也达到0.5%~1%。这样高额的经济投资，产生的效果却有限，有时环境污染与生态破坏不可逆转，就只好牺牲环境质量。

到了1960年代末和1970年代初，许多国家先后成立了全国性的环境保护机构，颁布了环境保护法规，制定了许多防治污染的规划、条例，实行防治结合的环保方针。这种方针是从规划入手，从合理利用自然资源、减少能源和资源的浪费抓起，对环境污染除采用工程技术措施治理以外，还利用法律、行政、经济等手段控制污染。尽管这时实际上已在进行环境管理工作，但并无明确的环境管理概念，环保机构的工作范围主要是控制污染，对保护自然环境、维护生态平衡也有所重视，但对人类生态大环境还缺乏足够的认识。

进入1970年以后，越来越多的人和国家认识到环境问题不仅仅是环境污染和生态破坏的问题。为此1972年联合国召开了人类环境会议，这次会议成为人类环境管理工作的历史转折点，对人类认识环境问题来说是一个里程碑。这种认识的改变表现在：① 扩大了环境问题的范围，从全球来看生态破坏比环境污染更严重，从而扩大了环境管理的领域和研究内容；② 强调人类与环境、发展与环境的关系是协调与平衡。1974年在墨西哥由联合国环境规划署和联合国贸易与发展会议联合召开了资源利用、环境与发展战略方针的专题讨论会，这次会议概括出三个带有启发性的见解：第一，全人类的一切基本需要应得到满足；第二，既要发展以满足需要，但又不能超过生物圈的允许极限；第三，协调这两个目标的方法是加强环境管理。这次会议初步阐明了发展与环境的关系，指出环境问题不仅仅是一个技术问题，还是一个经济问题；在人类为拯救其生活环境而进行的一场世界性斗争中，比环境污染问题威胁更大的是土壤侵蚀的加速、沙漠不断扩大、气候反常、灾害频繁等，这些将毁坏人类生产力，加剧世界的贫穷和饥饿，加剧人口膨胀引起的社会收入和分配的不公、国际经济发展不合理的矛盾，这些不合理的社会经济因素才是引发环境问题的根本因素。人类既要坚持可持续发展，满足人类的一切需要，但又不能超出生物圈的容许极限，这就使人类社会经济的发展与环境保护构成了对立统一的关系。为协调它们之间的关系，就要研究人类活动与环境相互影响的机理，就应对整个人类环境系统实行科学管理。这种环境系统管理的概念后来为越来越多的人所接受。大家认识到，要解决好环境问题，首先要研究人类社会经济活动与环境相互影响的原理和规律，并把这些原理运用到整个经济开发过程中，要在生产过程中解决环境污染问题，始终重视对环境的影响，不仅考虑经济效果，也要考虑环境效果，把二者协调统一起来。

西方国家环境管理大致经历了四个发展阶段，见表1-6。

表 1-6　西方国家环境管理的四个发展阶段

阶段名称	时间	典型事件	环境问题的解决对策
第一阶段（早期限制时期、公害发生期）	18 世纪 60 年代至 20 世纪初	1873 年、1880 年、1891 年，英国伦敦三次发生因燃煤造成的烟雾事件，死亡上千人。1873 年，日本二氧化硫排放造成农业损害	工业生产引起的第一代污染，尚无治理措施
第二阶段（治理时期、公害发展与泛滥时期）	20 世纪初至 60 年代	1930 年比利时马斯河谷大气污染事件、40 年代美国洛杉矶光化学烟雾事件、1948 年美国宾夕法尼亚州多诺拉镇的光化学烟雾事件，50 年代因重金属污染发生在日本三次公害事件，熊本水俣病、新泻水俣病和富山骨痛病。60 年代，日本又发生了大气污染造成的四日市哮喘事件和多氯联苯污染造成的“米糠油”事件	一般是采用“单打一”的单项治理技术，很少采用综合治理措施，这样只能着眼解决部门性的污染源，而不能从整体上和防治结合上有效的解决环境问题。单项治理要耗费巨额资金，从经济上不合算
第三阶段（综合防治时期）	20 世纪 60 年代至 70 年代	—	(1)实行区域综合规划，包括土地利用规划，全面解决合理布局问题，做到防患于未然。(2)实行预防为主的环境影响评价制度，使损害环境的工程建设在施工前通过评价得到有效制止。(3)把污染物排放的“浓度控制”改为“总量控制”。(4)不要等污染产生之后再进行治理，而要尽可能把污染物消灭在生产过程中。(5)把污染物的排放量减少到最低限度后，再采用净化处理措施
第四阶段	20 世纪 70 年代以后到目前	—	从单项环境要素的保护和单项治理向全面环境管理及综合防治方向发展

（二）我国对环境管理的理解变化

在我国，环境管理的思想概念也是在环境保护实践中发展起来的。从 1973 年第一次全国环境保护会议到 1981 年，我国环境管理的主要内容是以组织环境污染治理为中心。在国务院批转的全国第一次环境保护会议的报告中，将环境管理部门的任务概括为：统筹规划、全面安排、组织实施、检查督促。虽然这种概括不够确切，但对环境管理的一些基本职能还是把握住了。只是在后来的实际工作中，对如何发挥统筹规划和督促检查职能不明确，主要精力都放到了“组织实施”上去了，从国家到省市都组织了对工业污染和城市污染的治理，解决了一些群众反映强烈的环境污染问题，如组织官厅水库、白洋淀、蓟运河、渤海、黄海水质污染的治理等。此阶段在总结经验的基础上形成了最早的三项管理制度，即环境影响评价制度、“三同时”制度、排污收费制度。但是在单纯治理污染的过程中，环保部门始终没有摆脱孤军作战的状况。污染环境的部门和单位没有很好地承担起治理污染的责任，环境保护部门成了治理污染的主要责任者。为此，在 1979 年颁布的《环境保护法（试行）》中，确定了一项新的管理政策——“谁污染谁治理”，这是我国环境管理思想的重大转变。

从 1982 年城乡建设环境保护部建立到 1989 年，我国环境管理思想又发生了重大变化，主要有七个突出的变化。

在管理思想上，开始认识到在我国目前的经济技术条件下，控制污染、解决环境问题，靠大量投资是不现实的，必须把工作重点转移到加强环境管理上来，通过严格管理促进污染的治理和控制；

1982 年建设部设立环保局时，明确提出了我国环境管理的四大领域(由生产、生活引起的环境污染、由建设和开发活动引起的环境影响和破坏、由经济活动引起的海洋污染、有特殊价值的自然环境的保护)和 15 条主要任务；

1984 年第二次全国环境保护会议，又提出把环境保护作为我国的一项基本国策；

制定了“同步发展”的指导方针；

形成了强化环境管理为主体的三大政策体系，由单纯治理转到以防为主、防治结合；

分清了环境管理与环境建设两个不同的概念，划清了环境管理部门与其他部门的环境保护职责；

确立了国家环境管理部门的地位和基本职责，明确了“管什么”的问题。七大变化标志着我国的环境管理从指导思想到制度建立逐步成熟。

1989 年 5 月第三次全国环境保护会议，进一步强调要强化环境管理。这次会议正式推出新五项制度，其中环境目标责任制和城市环境综合整治定量考核制把环境保护责任纳入省、市、县长的职责范围；污染集中控制、排污许可证制度以及污染限期治理等，标志着我国环境管理已在向区域综合治理的方向迈进，由定性管理向定量管理转变。

综上所述，在 1970~1980 年代，人们对环境管理的理解，停留在环境管理的微观层次上，长期以来，环境管理中一个误区就是将污染源作为管理对象，并没有从人的管理入手，没有从国家经济、社会发展战略的高度来思考，使环境管理工作长期处于被动局面。

到了 1990 年代，人们对环境管理有了新的认识。首先，环境管理的核心是对人的管理。人是各种行为的实施主体，是产生各种环境问题的根源。因此环境管理应对损害环境质量的人的活动施加影响，环境问题才能得到有效解决。此外，环境管理是国家管理的重要组成部分。环境管理涉及社会领域、经济领域和资源领域在内的所有领域。内容广泛而且复杂，与国家的其他管理工作紧密联系、相互影响和制约，成为国家管理系统的重要组成部分。第三，环境管理是针对次生环境问题而言的管理活动，主要解决人类活动所造成的各种环境问题。

我国历次环保会议见表 1-7。

表 1-7　我国历次环保会议汇总表

会议名称	会议时间	会议成果
第一次全国环境保护会议	1973 年 8 月 5~20 日	这次会议开了半个月，正式提出了“全面规划，合理布局，综合利用，化害为利，依靠群众，大家动手，保护环境，造福人民”的“32 字方针”，这是我国第一个关于环境保护的战略方针
第二次全国环境保护会议	1983 年 12 月 31~1984 年 1 月 7 日	会议正式确立了环境保护是国家的一项基本国策，提出经济建设、城乡建设和环境建设要同步规划，同步实施，同步发展。会议认真总结了实施建设项目环境影响评价、“三同时”、排污收费三项环境管理制度的成功经验，同时提出了五项新的制度和措施，形成了我国环境管理的“八项制度”

续表

会议名称	会议时间	会议成果
第三次全国环境保护会议	1989年4月28-5月1日	会议评价了当前的环境保护形势，总结了环境保护工作的经验，提出了新的五项制度，加强制度建设，以推动环境保护工作上新的台阶
第四次全国环境保护会议	1996年7月15~17日	提出保护环境是实施可持续发展战略的关键，保护环境就是保护生产力。确定了坚持污染防治和生态保护并重的方针，实施《污染物排放总量控制计划》和《跨世纪绿色工程规划》两大举措。环境保护工作进入了崭新的阶段
第五次全国环境保护会议	2002年1月8日	提出环境保护是政府的一项重要职能，要按照社会主义市场经济的要求，动员全社会的力量做好这项工作
第六次全国环境保护会议	2006年4月17~18日	会议提出了"三个转变"，一是从重经济增长轻环境保护转变为保护环境与经济增长并重；二是从环境保护滞后于经济发展转变为环境保护与经济发展同步；三是从主要用行政办法保护环境转变为综合运用法律、经济、技术和必要的行政办法解决环境问题，提高环境保护工作水平
第七次全国环境保护会议	2011年12月20~21日	会议强调坚持在发展中保护、在保护中发展，积极探索环境保护新道路，切实解决影响科学发展和损害群众健康的突出环境问题，全面开创环境保护工作新局面。会后，迅速发布"水十条""大气十条""土十条"等环保措施
全国生态环境保护大会	2018年5月18~19日	会议强调加大力度推进生态文明建设、解决生态环境问题，坚决打好污染防治攻坚战，推动中国生态文明建设迈上新台阶

我国环境管理的发展历程见表1-8。

表1-8　我国环境管理的发展历程

阶段名称	时间	环境管理领域主要成绩
起步阶段	1973~1982年	1. 1973年8月第一次全国环境保护会议的召开标志着中国环境保护事业的开端，初步实现了对环境问题认识上的转变，环境污染问题不仅仅是单纯的"三废处理"问题，而是影响和制约社会经济发展的大问题。 2. 1974年10月经国务院批准正式成立了国务院环境保护领导小组，这是我国成立的第一个环境保护工作职能部门，初步实现了环境管理思想的转变，认识到解决环境问题仅依靠行政手段是不够的，必须通过组建管理机构、制定法律法规以及建立环境管理制度等综合措施实施管理。 3. 开展了以水污染治理为主要内容的重点污染源调查，治理了一批重点污染源，解决了一些局部的污染问题。
发展阶段	1983~1991年	1. 1983年12月31日至1984年1月7日，第二次全国环境保护会议召开，成为中国环境保护事业的里程碑。该次会议提出"环境保护是我国一项基本国策"，确立了"三同步、三统一"的战略方针，确定了"预防为主、防治结合、综合治理""谁污染谁治理""强化环境管理"三大环境保护政策，明确了环境保护在社会主义现代化建设中的重要地位。 2. 1989年4月10月底至5月初第三次全国环境保护会议在北京召开，该次会议总结了以往的环境管理经验，在已有的、行之有效的环境管理制度的基础上，确定了八项有中国特色的环境管理制度，创造出中国式的环境管理，以便完善用以长期指导中国环境保护实践的环境管理方针、政策和制度体系。 3. 经长期的改革、实践与探索，环境管理总体框架已经基本确立，从理论到实践结合上解决了"管什么"与"怎么管"的问题。

续表

阶段名称	时间	环境管理领域主要成绩
深化阶段	1992年至今	1. 经历三十多年的实践，无论环境管理的思想，还是管理手段、管理技术、管理政策、法律体系、管理制度以及管理机构等方面，都得到加强和不断完善。 2. 1992年环境保护计划纳入国民经济和社会发展计划，环境保护与国家发展战略、宏观决策紧密结合在一起。 3. 1996年7月第四次全国环境保护会议在北京召开，会议明确了控制人口和保护环境是我国必须长期坚持的两项基本国策，环境管理的目标更加明确、重点更加突出、任务更加具体，政策措施的可操作性越来越强。 4. 国务院做了关于落实科学发展观加强环境保护的决定：充分认识做好环境保护工作的重要意义；用科学发展观统领环境保护工作；经济社会发展必须与环境保护相协调；切实解决突出的环境问题；建立和完善环境保护的长效机制；加强对环境保护工作的领导。 5. 2002年1月，国务院召开第五次全国环境保护会议，提出环境保护是政府的一项重要职能，要按照社会主义市场经济的要求，动员全社会的力量做好这项工作，把环境保护工作摆到同发展生产力同样重要的位置。 6. 2006年4月，第六次全国环境保护大会在北京召开。会议强调要全面落实科学发展观，加快建设环境友好型社会。会议指出做好新形势下的环保工作，要加快实现三个转变：一是从重经济增长轻环境保护转变为保护环境与经济增长并重，在保护环境中求发展。二是从环境保护滞后于经济发展转变为环境保护和经济发展同步，改变先污染后治理、边治理边破坏的状况。三是从主要用行政办法保护环境转变为综合运用法律、经济、技术和必要的行政办法解决环境问题，提高环境保护工作水平。 7. 2008年3月27日，中华人民共和国环境保护部揭牌成立，实现环境职能部门第四次跳跃。通过标准化建设，环境执法能力和水平正在不断提高，这是加强环境保护工作的必然选择。 8. 2012年的十八大报告中提出大力推进生态文明建设篇章，指出建设生态文明是关系人民福祉、关乎民族未来的长远大计，把生态文明建设放在突出地位，融入经济建设、政治建设、文化建设、社会建设各方面和全过程，努力建设美丽中国，实现中华民族永续发展。

二、环境管理概念

关于环境管理的含义现在尚无一致的看法。美国学者休埃尔在其所著的《环境管理》(1975年出版)一书中，介绍了联合国环境规划署、联合国贸易和发展会议在1974年联合召开的资源利用环境与发展战略方针的专题讨论会上提出的环境管理的概念是：全人类的一切基本需要应得到满足；要发展以满足需要，但又不能超过生物圈的承受度的外部极限，协调这两个目标的方法即为环境管理。

休埃尔对环境管理的定义是：环境管理是对人类损害自然环境质量(特别是大气、水和土地质量)的活动施加的影响，即认为环境管理是运用经济、法律、技术、行政和教育手段控制污染。我国学者对环境管理的阐述是：环境管理是指通过一定的手段(法律、政策、经济、技术、教育等)，根据生态学原理和环境容量许可的范围，对从事开发活动的集团或个人的行为进行监督控制，以防止生态的破坏和环境污染。目的是既要发展经济，又要创造一个美好的生活环境，并使自然资源千秋万代地为人类永续利用。

环境管理的核心问题是遵循生态规律与经济规律，正确处理发展与环境的关系。生态环境是发展的物质基础，又是发展的制约条件；发展可以为环境带来污染与破坏，但只有在经济技术发展的基础上才能不断改善环境质量。关键在于通过全面规划和合理开发利用自然资源，使经济、技术、社会相结合，发展与环境相结合。

在“人类—环境”系统中，人是主导的一方，在发展与环境的关系中，人类的发展活动是主要方面，所以环境管理的实质是影响人的行为，以求维护环境质量。

三、环境管理学的形成与发展

（一）环境科学发展的客观需要

环境科学产生于1950年代末期，是从20世纪中叶环境问题成为全球性重大问题后开始的，至今仅有70多年的历史，是人类知识体系中最年轻的一门科学，然而又是发展最快的一门科学。环境科学的产生与发展和环境问题的产生与发展是分不开的，随着人类对环境问题认识的深入，环境问题对人类社会的影响加剧，人类对环境问题的关注和研究受到重视，并且得到很大发展，当时许多科学家在各自原有学科的基础上，运用原有学科的理论和方法，研究环境问题。通过这种研究，逐渐出现了一些新的分支学科。例如环境地学、环境生物学、环境化学、环境物理学、环境工程学、环境法学和环境经济学等。基于上述分支学科的基础，环境科学应运而生。

作为环境科学的一个分支学科，环境管理学不同于其他的学科，没有一个独立完整的理论体系，而是借助于其他学科的理论和方法开展环境管理工作，是环境科学体系中其他学科的综合与集成(图1-3)。

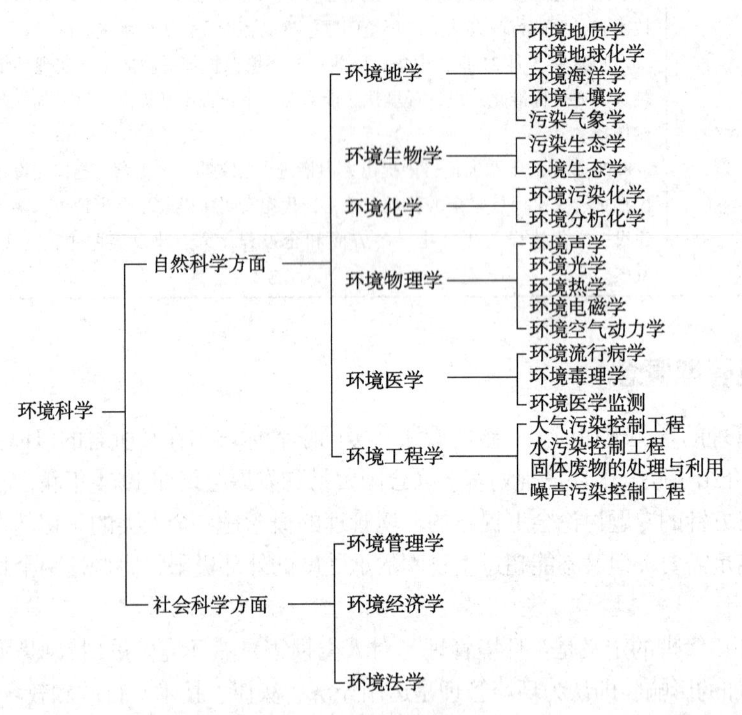

图1-3　环境科学学科体系构成

（二）环境保护实践发展的需要

1. 全球环境管理的产生与发展

1972年联合国人类环境会议之后，世界各国开始了本国环境管理的进程。当时人们没有意识到他们所从事的环境保护工作就是如今的环境管理，由于那时人们对环境问题的认识水平和环境治理技术的掌握，所从事的环境管理工作就是“三废治理”，即以污染治理作为环境管理工作的全部，我们可以把当时的环境管理称为以治代管的环境管理；随后世界各国，尤其是发达资本主义国家发现，付出了巨大的经济代价治理本国的环境污染，但环境问题仍然没有得到根本解决，相反越来越多的污染事件和生态破坏事件在世界各地出现。1970～1980年代，人们开始探索使用技术、经济、教育等各种手段解决环境问题，出现了以“综合治理”为特征的以管促治的环境管理思想，该思想的出现极大地促进了环境管理的发展，各国纷纷制定本国的环保法律法规、行政规章、有利于环保的经济措施等，环境管理工作得到全面发展，各国积累了环境管理的经验，例如美国提出的环境影响评价制度；日本提出的环境污染者负担原则、总量控制方法等均得到世界各国的认同并在各国得到推广；我国也提出了适合我国国情的三同时制度，并且在环境管理中得到很好的实施。1992年联合国环境与发展大会之后，可持续发展的理念得到世界各国的认同，此后各国开始了以可持续发展为精髓的环境管理工作，1996年清洁生产概念的提出，又把人类社会的环境管理工作引向以循环经济、清洁生产和可持续发展为主旋律的新阶段。

2. 中国的环境管理实践及问题

环境管理是从环境保护实践中产生，又从环境保护实践中发展起来的。在我国，作为工作领域的环境管理长期处于盲目探索阶段。一方面，由于环境管理工作缺乏理论上的指导，经历了从微观、局部的控制污染工作到宏观、全局的管理工作的历程，积累了一些环境管理的经验和教训，逐渐认识到环境保护部门的职能、地位与作用。另一方面，环境管理学理论上的滞后严重阻碍了环境管理实践的深入与发展，作为学科的环境管理学在理论研究上出现了超前和滞后，如照搬国外的环境管理经验和管理理论，脱离了中国经济和科技发展水平落后的国情，提出了一些过高和无法实现的目标和要求，又如我国自身的环境管理的理论研究落后于环境管理的实践，不能给环境管理实践提供有力和正确的指导，这些制约了作为学科的环境管理学的发展。

综上所述，环境管理学的产生是对以工作领域为特征的环境管理实践的总结和提炼，是环境管理理论的升华和发展，是人类关于人与自然认知规律发展的必然。环境管理已从一个工作领域发展成为一个完整的学科——环境管理学，标志着环境科学理论体系的不断完善和成熟，这不仅是中国环境保护事业发展的客观需要，更是全球环境保护事业发展的需要。

四、环境管理学的概念

环境管理学是研究环境管理最一般规律的科学，寻求的是正确处理自然生态规律与社会经济规律对立统一的关系的理论和方法，以便为环境管理提供理论和方法上的指导。

五、环境管理的方法

（一）环境管理的一般方法

环境管理在解决各种环境问题的过程中，不论是依靠事先的规划预防环境问题的发生，还是出现问题以后采取相应的对策，都需要运用科学的方法，寻求解决环境问题的最佳方案。下列步骤是环境管理的一般程序（图1-4），可分为五个阶段，各种步骤可用不同的方法进行，而这些步骤之间虽相互有关，但并非总是依次相连的。

（二）环境管理的预测方法

在环境管理过程中经常要进行污染物排放增长预测、技术发展的环境影响预测、经济发展的环境影响预测以及环境保护措施的环境效果与经济效益预测等。预测过程是在调查研究或科学实验基础上的科学分析，包括通过对过去和目前的调查和科学实验获得大量资料、数据，经过分析研究找出能反映事物变化规律的真实情况，借助数学、计算机等科学方法，进行信息处理和判断推理，找出可以用于预测的规律。环境管理的预测方法就是根据预测规律，对人类活动将要引起的环境质量变化趋势进行预测。

预测技术在环境管理中的应用日益广泛。经常应用的预测技术有：

根据过去和现在的调查总结，经过判断、推理，对未来的环境质量变化趋势进行定性分析，称为定性预测技术。

定量预测技术，如能耗增长的环境影响评价预测，开发水利资源的环境影响预测等。定量预测方法包括：通过调查研究、统计回归等方法，找出“排污系数”，或“万元产值等标污染负荷”；根据大量调查和监测资料找出污染增长与环境质量变化的相关关系，建立数学模型或可用于定量预测的系数，运用计算机技术进行预测分析等。

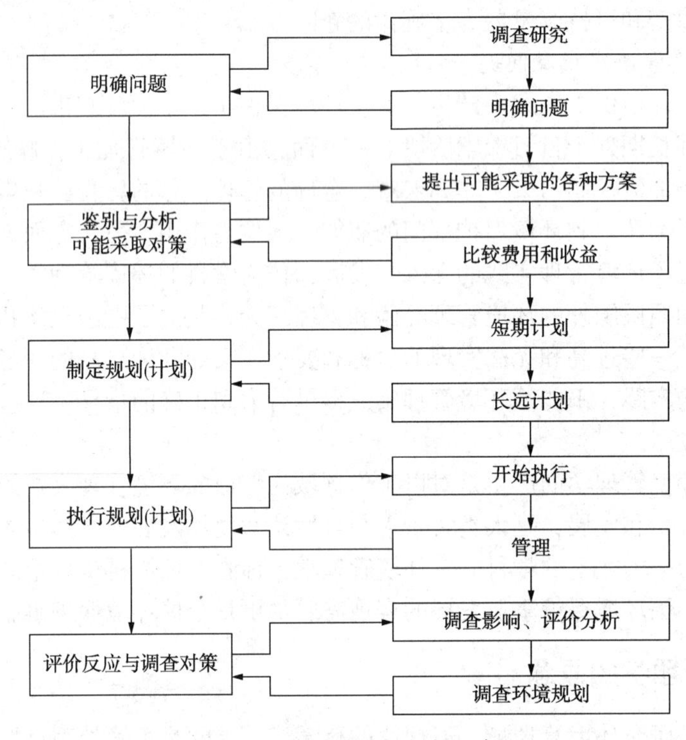

图 1-4　环境管理的一般程序

评价预测技术，用于环境保护措施的环境经济评价、大型工程的环境影响评价以及区域开发的环境影响评价等。

选择科学有效的预测方法十分重要。到目前为止，常见的预测方法有：回归预测方法、马尔可夫链状预测方法、灰色系统预测方法。

目前常用的环境预测软件见表 1-9。

表 1-9　常用的环境预测软件

类型	软件名称
大气预测	ISC-AERMOD
	ADMS
	EIAA(大气环评助手)

续表

类型	软件名称
地表水预测	EIAW(地表水环评助手)
	MIKE
地下水预测	Grounder Modeling Systems(GMS)
噪声预测	EIAN(噪声环评助手)
	CADNA/A
环境风险预测	Risk System

(三)环境管理的决策方法

决策就是根据综合分析，在多种方案中选择最佳方案。没有正确的环境决策就没有正确的环境政策和规划。环境管理中经常遇到的是环境规划决策，如为达到某一环境目标有几种可供选择的污染控制方案，究竟选择哪一种方案，要统筹考虑环境效益、经济效益和社会效益，进行多目标决策等，都是制定环境规划时所要进行的决策。常用的数学方法有线性规划、动态规划与目标规划等，此外还有环境政策的决策方法，以及环境质量管理的决策方法等。

常用的环境管理决策方法有德尔菲决策方法、决策树法、决策矩阵法、多阶段、单目标及多目标数学规划法等。决策树法与决策矩阵法多用于管理目标量纲一致的决策分析。单目标数学规划法常用于确定型决策，多目标数学规划方法用于非确定型决策。

(四)环境管理的系统分析方法

环境管理的系统分析方法主要包括描述问题和收集整理数据，建立模型以及优化三个步骤。在系统分析阶段所建立的模型中，主要包括功能模型与评价模型两大类。功能模型能定量表示系统的性能，如环境质量数学模型、污水处理工程的系统模型、区域环境规划的系统模型等。

由于环境管理的系统分析方法是运用系统的观点去分析问题，因此，对解决涉及面广、综合复杂的环境问题十分有效，常常能够获得理想的效果。所以，应用系统分析的方法管理环境是环境管理向科学化、现代化方向发展的一个重要标志。

此外，环境管理中经常采用的方法还有：费用—效益分析、层次分析法、目标管理法等。

第三节　环境管理的对象、内容与手段

一、对象

人是各种行为的实施主体，是产生各种环境问题的根源。因此，环境管理的实质是改变人的观念和影响人的行为，只有从人的自然、经济、社会三种基本行为入手开展环境管理，环境问题才能得到有效解决(图1-5)。

人类社会经济生活的主体大体可以分为三个方面。

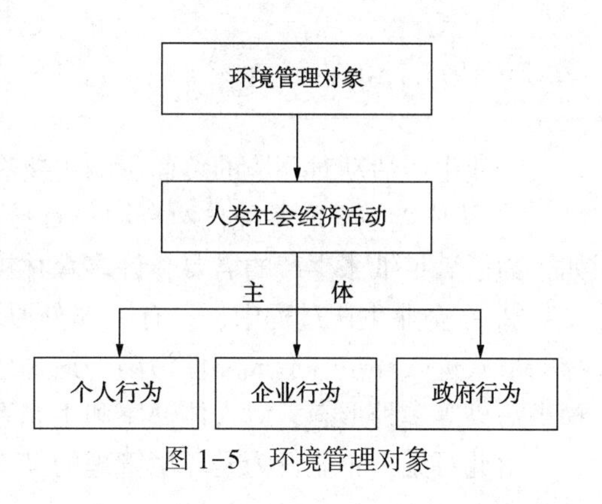

图1-5　环境管理对象

（一）个人行为

个人作为社会经济生活的主体，主要是指个体为了满足自身生存和发展需要，通过生产活动或购买获得用于消费的物品和服务。其中消费品既可以直接从环境中获得，也可以通过市场来获得。例如，农民将自己生产的部分粮食用作消费，以满足自己及家庭成员的基本生存需要；城市居民从市场中购买粮食以满足需要等。在消费这些物品的过程中将会产生各种各样的废物，并以不同的形式和方式进入环境，从而对环境产生各种负面影响。一般来说，消费对环境的负面影响可以分为以下几种情况：

在对消费品进行必要的清洗、加工过程中产生的废物以生活垃圾的形式进入环境。加工是指消费者对消费品进行必要的处理，如食品烹饪等。

在运输和保存消费品时使用的包装物也将成为废物，它们同样以生活垃圾的形式进入环境，如各种塑料袋等。

在消费品使用后，或迟或早也成为废物进入环境，如废旧电池等。

要减轻个人行为对环境的不良影响，首先必须明确，个人行为是环境管理的主要对象之一，为此必须唤醒公众的环境意识，同时还要采取各种技术的和管理的措施，诸如提供并鼓励消费者选用与环境友好的消费品，以便于收集和处理废弃物；禁止使用难处理或严重污染环境的消费品等。总之，在市场经济条件下，可以运用经济刺激手段和法律手段，引导和规范消费者的行为，建立合理的消费模式。

（二）企业行为

企业作为社会经济活动的主体，其主要目标是通过向社会提供物质性生产或服务来获得利润。由于企业活动的目标是追求最大的利润，至于生产什么样的产品以及生产多少主要取决于它能从市场上得到多少利润。但是，无论企业的性质有何不同，在他们的生产过程中，必然要向自然界索取自然资源，并将其作为原材料投入生产活动中，同时排放出一定数量的污染物。因此，企业的生产活动，特别是工业企业的生产活动对环境系统的结构、状态和功能均有极大的负面影响。

新西兰人的环境意识

直到20世纪60年代，新西兰仍是一个小型的捕鲸国，但今天90%以上的国民反对捕杀鲸鱼。偶然发生的大群鲸鱼搁浅事件会引起全社会的反应，受过专门训练的鲸救生员负责把落难鲸鱼重新引入大海。作为国际捕鲸协会的积极成员国，新西兰寻求对鲸鱼最有效的保护。在新西兰的专属经济区内，鲸鱼和其他鲸目动物受到完全的保护。在停止捕鲸后，鲸鱼又回到了新西兰海岸。如今，在南岛的恺库拉海区，观赏鲸鱼已经成为重要的观光项目。人们在严格控制的条件下，可以乘坐小船在安全距离内观察这种巨大的哺乳动物。

企业生产活动对环境的负面影响主要有以下几种情况：

① 从环境中索取各种自然资源，直接改变了环境的结构，进而影响到环境的功能。例如，为了满足纸张生产的需要，许多森林被过度砍伐，导致森林生态系统功能的丧失。

② 在企业生产过程中，只有一部分原材料能够转化为产品，其余的很大部分都将以废物的形式进入环境，造成环境污染。这种生产性环境污染往往同时包括大气污染、水污染、噪声污染等多种形态，对人体健康和生态系统均有极大的危害。

由此可见，企业行为是环境管理的又一重要对象。要控制企业对环境的不良影响，首先要从企业文化的建设，包括企业道德的教育入手，从内部减少或消除环境的压力因素，同时要从外部形成一个使其难以用破坏环境的办法来获利的社会运行机制和氛围。另外，还要营造与环境协调和谐的企业行为、技术发明得到较高回报的市场条件。相应的，可以采取的技术与管理措施有：制订严格的环境标准，限制企业的排污量；实行环境影响评价制度，禁止兴建过度消耗自然资源、严重污染环境的企业；运用各种经济刺激手段，鼓励清洁生产，支持和培育环境友好产品的生产等。

上海市“三分钱模式”治理“白色污染”

原先漂浮在黄浦江上、遗弃在铁路两旁、散落在大街小巷的一次性塑料饭盒，如今已经难觅踪影。上海5年来共回收一次性塑料饭盒12亿多个，合6854t。上海市环卫局提供的情况表明，这一成效有赖于上海施行的“3分钱管理策略”。

上海自2000年颁布实施了《一次性塑料饭盒管理暂行办法》，规定管理部门向一次性塑料饭盒生产厂家按每个3分钱收取污染治理费，作为回收利用的经费。其中，1分钱用来支付回收者的劳务费，1分钱用作处理公司处置的补贴，1分钱是管理部门的管理费和执法成本。

这一举措有效激励了回收的积极性。目前，上海一次性塑料饭盒从生产、回收到再利用已基本形成了产业链，回收来的饭盒被送到再生利用工厂。“白色污染”变成了紧俏的资源，由废弃饭盒加工成的再生塑料粒子，可制成建材、塑料外壳、鞋跟、文具等，产品供不应求。上海5年来制造再生粒子3687t，再生塑料粒子也从每吨800元升至每吨数千元。鉴于一次性塑料饭盒回收再利用成效显著，发泡塑料杯、泡沫面碗和托盘等多种新白色废弃物也已陆续纳入上海回收再利用的范围。

(三) 政府行为

政府作为社会行为的主体，主要指：

作为投资者为社会提供公共消费品和服务。这种情况在世界范围内具有普遍性，例如，由政府直接控制军队和警察等国家机器；经办供水、供电、铁路、文教等公用事业等。

作为投资者为社会提供一般的商品和服务，这在我国比较突出。

掌握国有资产和自然资源的所有权，以及对自然资源开发利用的经营和管理权。

政府有权运用行政和经济手段对国民经济实行宏观调控和引导，其中包括政府对市场的政策干预。

由此可见，无论是进行提供商品和服务的活动，还是对市场进行宏观调控，政府的行为同样会对环境产生这样或那样的影响。其中特别值得注意的是宏观调控对环境所产生的影响具有极大的特殊性，既牵扯面广、影响深远又不易察觉。所以，作为社会行为主体的政府，其行为对环境的影响是复杂的、深刻的。既有直接的一面，又有间接的一面；既可以有重大的正面影响，又可能有巨大的难以估计的负面影响。要解决政府行为所造成和引发的环境问题，关键是促进宏观决策的科学化。

乌拉圭4个原因保证环境质量

乌拉圭在环境可持续发展排行榜上稳坐第三的位子。乌拉圭住房和环境部长萨乌尔·伊鲁雷塔认为，乌拉圭之所以在环境保护方面能得到国际社会的承认和赞誉，原因有四点：

首先，乌拉圭政府和负责环境保护的工作者不怕来自企业、社会组织和工会的各种压力，始终坚持把国家和地区利益放在首位。在工作中不断提高保护自然环境的知识和能力，更新环境监控设备，避免国家和地区自然资源受到污染。

其二，由专门负责环境保护的国家环境局根据国际环境保护标准制定各种法令法规，使本国的环境保护标准同国际接轨，高标准、高要求、高责任地肩负起国家环境监督和管理的使命。

其三，对具有污染源的企业和单位进行重点监督，从企业的投资建设规划到产品的上市流通，进行全面和全流程的评估和监控，坚决把污染源消灭在设计图纸上。同时，在企业积极推广国际的“P+L(生产加干净)模式”。

其四，加强同国际环保部门的合作。1983～1984年乌拉圭第一个签署了联合国有关危险垃圾销毁和运输的《巴塞尔公约》。作为《关于持久性有机污染物的斯德哥尔摩公约》的轮值主席，在首都蒙得维的亚首次主持召开《斯德哥尔摩公约》代表大会。乌拉圭还同南方共同市场、拉美经委会、美洲开发银行、世界银行等国际机构在乌拉圭国内联合开展环境保护工作。

乌拉圭的环境保护工作主要通过国家环境局进行。该局创建于1990年5月，从其成立的第一天起，乌拉圭政府就赋予它“三统一”的权力，即统一管理、统一资金和统一立法。根据这些权力，乌拉圭国家环境局建立了“国家环境管理机制”，从组织机构、人员配备、资金使用、规划评估、人才培养和监督宣传等各方面全面肩负起对国家自然资源的保护和监督的使命。

二、内容

(一) 环境质量管理

1. 概念

环境质量管理就是指对确定和达到环境质量要求所必须的职能和活动的管理，是环境管理的重要组成部分。

在宏观上：提出和实施环境质量标准；制定相关法律法规和经济政策；监控调节环境质量标准的运行；严格限制损害和破坏环境质量的行为。

在微观上：尽量减少生产生活活动对环境质量造成的影响。

2. 分类

按照环境要素划分，如空气质量管理、水质量管理、环境噪声管理、土壤环境质量管理、辐射污染管理；按照管理区域划分，如城市环境质量管理、农村环境质量管理。

3. 内容

浓度控制与总量控制相结合。

(二) 生态环境管理

1. 概念

生态环境就是指自然环境。生态环境管理是指人类对自身的自然资源开发、保护、利用、恢复行为的管理。

2. 生态环境管理

生态环境管理的重点是自然资源，包括可再生与不可再生资源。关于自然资源的问题有两方面，一是主要环境问题，二是环境管理目标。主要环境问题中，可再生资源面临着开发利用速率超过补给速率，导致资源萎缩的局面，不可再生资源面临着耗尽的局面；环境管理目标中，可再生资源有着确保开发利用速率不超过补给速率，维护生物多样性的问题，不可再生资源有着提高利用率与寻找替代资源的问题。

三、手段

（一）法律手段

法律手段是环境管理强制性的措施。法律手段包括立法保护和执法落实。环境管理一方面要靠立法，把国家对环境保护的要求、做法，全部以法律的形式固定下来，强制执行；另一方面还要靠执法，环境管理部门要协助和配合司法部门对违反环境法律的犯罪行为进行斗争，按环境法规、环境标准对严重污染和破坏环境的行为提起诉讼，追究法律责任，也可依据环境法规对危害人民健康、污染和破坏环境的单位或个人直接给予各种形式的处罚，责令赔偿损失等。我国自1980年开始，从中央到地方颁布了一系列环保法律、法规，环保法制框架已经形成。在我国，环境保护法律体系主要包括宪法、环境保护基本法、环境保护单行法、环境保护行政法规和部门规章、环境标准等。但总体来看，我国环境管理中法律手段的应用还有待加强，例如法律体系中的强制执行权、人身拘役权等缺乏，降低了制度的执行刚性约束和法律的威严，致使法制手段应用时出现执法难等问题(图1-6)。

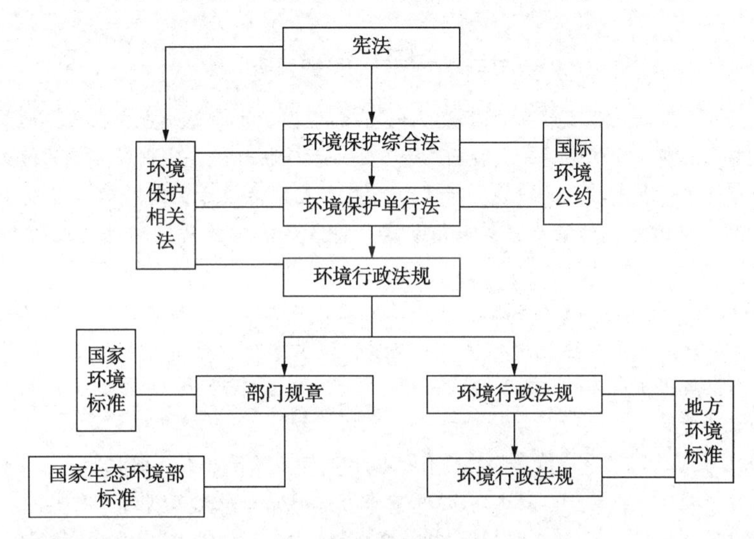

图1-6　我国环境保护法律体系

（二）经济手段

经济手段就是利用价值规律，以及价格、税收、信贷等经济杠杆，调节生产者在资源开发中保护环境、消除污染的行为，以限制损害环境的社会经济活动，鼓励积极治理污染的单位，促进节约和合理利用资源，充分发挥价值规律在环境管理中的作用。

这里的经济手段主要包括税收、补贴、罚款、奖励、排放许可证制度以及排污权交易等，通过经济手段实现环境资源的管理，能够激发排污单位改进技术、加强日常管理、清洁生产的创新等，但不足之处是经济手段具有长期性和滞后性，此外，环境损失的计量准确性难以有效保证，制约了经济手段在环境管理中作用的发挥(表1-10)。

表1-10　环境管理经济手段分类

分　类	执行主体	经济政策	关　系
宏观管理的经济手段	国家	税收、补贴、罚款、奖励、排放许可证制度、排污权交易	宏观指导
微观管理的经济手段	管理者	环境税	微观执行

（三）行政手段

行政手段是行政机构以命令、指示、规定等形式作用于直接管理对象的一种手段。

环境管理属于公共性事务管理，离不开国家行政机关利用其权力对开发、利用和保护环境的活动和行为进行行政性干预，例如，行政手段中常用到的环境管理有禁止、申报、规划、限期整治等。行政手段具有很强的针对性，落实效率高，能够与其他管理手段相结合产生出良好的管理效果。但行政手段的不足之处是政府利用其行政行为的干预，与企业生产之间的协调尺度需要把握，不能肆意"一刀切"，否则会影响环境管理的效率和效果。此外，行政手段具有一定的滞后性，常常是环境问题发生后才动用的手段。

在我国的环境管理工作中，行政干预是环境保护部门经常大量采用的手段。主要是研究制订环境政策、组织制订和检查环境计划；运用行政权力，将某些地域划为自然保护区、重点治理区、环境保护特区；对某些环境危害严重的工业企业要求限期治理，以至勒令停产、转产或搬迁；采取行政制约手段，如审批环境影响报告书，发放与环境保护有关的各种许可证；对重点城市、地区、水域的防治工作给予必要的资金或技术帮助。

芬兰利用经济手段搞环保

芬兰不仅是世界上工业化程度最高的国家之一，在环境保护方面也一直走在世界的前列。采取经济手段进行调控是芬兰环境保护工作的一大特色。为了进一步保护环境、减少对环境的污染，政府一方面拿出大量资金用于环境保护新技术的研发，对工厂企业在控制污染方面进行的投资给予资助；另一方面，以征收环境保护税的方式约束生产者和消费者，将各种有害物质对环境造成的危害减小到最低限度。

芬兰政府1990年开始征收二氧化碳税，使芬兰成为世界上第一个根据矿物燃料中碳含量征收能源税的国家。近年来，政府又根据环境保护规划的要求，逐步调整和提高了与环境保护有关的收费和税收。芬兰征收的与环境保护有关的收费和税收包括能源税、机动车辆税、垃圾税、饮料一次性包装税以及废油处理费和农药费等。

据统计，2001年芬兰国家和市镇征收的所有税收中，与环境保护有关的税收占6.6%，加上各地方所收取的污水及垃圾处理费，这一比例达到7.9%。在芬兰目前征收的环境保护税收中，最主要的是能源税，占全部环境保护税收的55%。能源税包括对交通燃料（汽油和柴油）以及其他能源原料（轻燃料油、重燃料油、煤炭、泥煤、天然气和电力）所征收的基本税、附加税和管理费。此外，机动车辆税占全部环境保护税收的27%。

芬兰政府利用所征收的环境保护税进一步开展环保、节能、使用再生能源等项工作。合理的税收不仅有效限制了各种排放物对环境的污染，同时也有力地推动了环境保护计划的实施。芬兰政府每年用于环境保护的各类开支达到7.5亿欧元，其中包括在环境保护、自然保护、交通环保方面的开支，环境保护技术研发和开发节能技术的开支，以及对可再生能源投资的资助和农业及森林环保的资助。

芬兰对各类环境保护项目可谓一掷万金。该国政府1996年12月做出决定，对促进环境保护的项目给予资助。例如，对那些可以减少垃圾数量和危害、促进垃圾再利用以及废纸和食品纸包装回收利用的项目，政府资助占项目投资总费用的30%~50%。芬兰贸工部在该国各地设有技术开发中心，中心为包括垃圾处理在内的环境保护项目提供资助或贷款。

为了进一步节约能源和利用可再生能源，近年来，对于企业在节约能源、提高能源生产效率以及利用可再生能源方面的项目，芬兰政府一直积极投资、提供资金。芬兰贸工部对这类项目提供的资金支持一般占项目总费用的25%~40%。2002年，芬兰政府进一步增加对环境有益的能源项目在资金上的支持，政府当年用于这方面的资金达到2800万欧元。政府的大力支持进一步推动了芬兰在风能、太阳能、生物气体等有利于环境的能源项目的开发，使能源生产朝着有利于环境保护的方向发展。

（四）技术手段

环境管理中会应用到诸多的科学技术，这些技术在环境保护和管理中发挥着重要的作用，为环境污染治理提供坚强的技术保障和支持。例如“废气、废水、固体废弃物”中的有毒有害物质的治理，将“三废”化害为利、变废为宝，实现了资源的再回收利用，发挥了资源的最大效益。此外，随着社会发展和环境管理的现实需要，一批先进的技术、设备被研发出来，例如，环境监测自动系统、先进设备检测排污状况、卫星定位监控等，为环境持续改善发挥着重要作用。

运用技术手段可以实现环境管理的科学化。许多环境政策、法律、法规的制定和实施都涉及很多科学技术问题，所以环境问题解决得好坏，在很大程度上取决于科学技术。

我国环境保护领域采用的主要污染防治技术见表1-11~表1-15、图1-7~图1-9。

表1-11　我国主要的燃烧废气污染防治技术

技术种类			原理/方法	特点
脱硫技术	炉内脱硫		燃料和电石粉送入燃烧室，电石粉裂解成氧化钙，氧化钙与二氧化硫生成硫酸钙	钙硫比在2.0~2.5时，脱硫效率达到60%~80%，性价比最高
	烟气脱硫	干法烟气脱硫	主要包括石灰粉吸入法、活性炭法、催化氧化法等	石灰粉应用最广泛、技术最成熟，但脱硫效率较低；活性炭法能重复利用，没有二次污染，但使用量较大；催化氧化法的脱硫效率高，但投资大
		湿式烟气脱硫	主要包括氨法、钙法（石灰）、钠法、镁法等	氨法成本低，脱硫效率高，但易挥发；钙法成本低，脱硫效率高，但易产生二次污染；钠法脱硫效率高，且能吸收其他酸性气体，但成本高；镁法脱硫效率高，但副产品回收困难
除尘技术	袋式除尘		利用纤维织物的过滤作用除尘	适用于捕集细小、干燥、非纤维性粉尘
	湿式除尘		惯性碰撞、截留、扩散、凝并等多种效应	适用于处理高温、高湿、易燃和有害气体及黏性大的粉尘
	静电除尘		通过电晕放电使尘粒带电，利用电场力使其从气流中分离并沉积在电极上	可捕集微细粉尘及雾状液滴，允许操作温度高，处理气体范围广
脱硝技术	炉内脱硝	低温燃烧	利用低氮氧化物燃烧器（LNB）进行低温燃烧	有效抑制热力型和快速型氮氧化物的生成；单用难以达到氮氧化物的排放标准
		分段燃烧	挥发组分中的氮由于缺氧会降低氮氧化物的生成量	对氮氧化物的生成和排放控制有一定的限制；单用难以达到氮氧化物的排放标准
	烟气脱硝	氧化分解法	在催化剂作用下，使NO直接分解为N_2和O_2	不需耗费氨，无二次污染。SO_2存在时催化剂中毒问题严重，还未工业化
		选择性非催化还原法（SNCR）	用氨或尿素类物质使NO_x还原为N_2和H_2O	效率较高，操作费用较低，技术已工业化。温度控制较难，氨气泄漏可能造成二次污染
		选择性催化还原法（SCR）	在特定催化剂作用下，用氨或其他还原剂选择性地将NO_x还原为N_2和H_2O	脱除率高，投资和操作费用大，也存在NH_3的泄漏

续表

技术种类			原理/方法	特点
脱硝技术	烟气脱硝	固体吸附法	吸附	对于小规模排放源可行，耗资少、设备简单、易于再生。但受到吸附容量的限制，不能用于大排放源。
		电子束法	用电子束照射烟气，生成强氧化性 OH 基、O 原子和 NO_2，强氧化基团氧化烟气中的二氧化硫和氮氧化物，生成硫酸和硝酸，加入氨气，生成硫硝铵复合盐	技术能耗高，并且有待实际工程应用检验
		湿法脱硝	氧化剂将难溶的 NO 氧化为易溶于水或碱的 N_2O_5 和 NO_2，再用液体吸收剂吸收	脱除率较高，但要消耗大量的氧化剂和吸收剂，吸收产物造成二次污染

表 1-12　我国主要的工艺废气污染防治技术

污染防治技术		原理	特点
酸雾去除	液体吸收法	气、液充分接触，酸碱中和	设备投资较低，工艺简单，但耗能耗水大，易产生二次污染
	固体吸附法	吸附	设备简单，操作方便，且不产生二次污染，但吸附量有限，设备庞大
	过滤法	酸雾滴互相碰撞而凝聚成较大的颗粒，附着在筛网上并最终降落到集液箱中	适用于密度较大、易凝聚的酸雾，对雾滴较小的酸雾去除效果不佳
	静电除雾法	通过电晕放电使雾滴带电，利用电场力使其从气流中分离	除雾效率高，性能稳定，但易产生电晕闭塞，设备体积大，价格高
	机械式除雾法	借助重力、惯性力或离心力将雾滴与气体分离	除雾效率高，结构简单但不适用于呈分子状态的酸性气体
	覆盖法	在酸液液面上形成一层不流通空气的绝缘层	成本低，工艺简单，但可能对生产过程或产品品质产生不良影响
有机废气去除	燃烧法	将废气中的有机物作为燃料烧掉或将其在高温下进行氧化分解	适用于高、中浓度范围废气的净化
	催化燃烧法	在氧化催化剂的作用下，将碳氢化合物氧化为二氧化碳和水	适用于各种浓度的废气净化、连续排气的场合
	吸附法	用适当吸附剂对废气中有机物分级进行物理吸附	适用于低浓度废气的净化
	吸收法	用适当吸收剂对废气中有机组分进行物理吸收	适用于含有颗粒物的废气净化
	冷凝法	采用低温，使有机物冷却，组分冷却至露点以下，液体回收	适用于高浓度废气净化

表 1-13　我国污水处理厂常用生物处理方法之比较

序号	处理方法	BOD_5去除率	N、P 去除率	占地	投资	能耗
1	常规活性污泥法	90%～95%	低	大	大	高
2	SBR 法	85%～95%	一般	较小	小	较小
3	CASS	90%～95%	较高	较小	一般	一般
4	UNITANK	85%～95%	一般	小	大	一般
5	氧化沟	92%～98%	较高	较大	较小	低
6	AB	90%～95%	较高	一般	一般	一般
7	A^2O	90%～95%	高	大	一般	一般
8	高负荷生物滤池	75%～85%	较低	较小	大	低
9	生物接触氧化	90%～95%	一般	较小	一般	较高
10	水解好氧法	90%～95%	一般或较高	较小	较小	较低

表 1-14　工业污水治理措施

污水治理措施		原理	特点
酸碱废水	高浓度	浓缩回收	优先考虑回收利用
	低浓度	酸碱中和	优先考虑以废治废
含重金属废水	化学法	主要包括化学沉淀法和电解法，纳米重金属水处理技术	适用于含较高浓度重金属离子废水的处理
	物理法	主要包括溶剂萃取分离、离子交换法、膜分离技术以及吸附法	
	生物法	主要包括生物吸附、生物絮凝和植物修复等	
含有机物废水	生物法	投加有效降解的微生物、营养物等生物强化或者是优化组合的处理工艺	应用最广泛，但对含有毒物质或生物难降解的有机物时，生物法效果欠佳
	物化法	主要包括吸附法、萃取法及各种膜处理技术	适用于含难降解的有机污染物废水
	化学氧化法	使用化学氧化剂处理有机废水，提高废水可生化性或直接氧化降解废水中的有机物	

表 1-15　噪声污染防治措施

分　类		方　法
交通运输噪声	声源	选用低噪声路面；采取交通管制措施
	传播	在公路与受声点之间设置声屏障、种植绿化带；增大公路与受声点之间的距离
	受声点	加高院墙，安装双层窗等
工业企业噪声	声源	采用吸声材料；修建隔离间、隔声罩等；加装消声器
	传播	工业区与住宅区分割开；工业区选址于偏远地区
	受声点	采取防护措施，佩戴防护用品；工人轮流作业

续表

分　类	方　法
施工噪声	合理制定作业时间；减少人为噪声；加强对施工现场的噪声监测；提倡绿色施工；合理使用施工机械；积极改进生产技术
社会噪声	加强营业性饮食服务单位和娱乐场所的管理；加强居民区内噪声污染治理；设置隔声屏障和绿化带

典型的工业废水处理工艺流程见图 1-7。

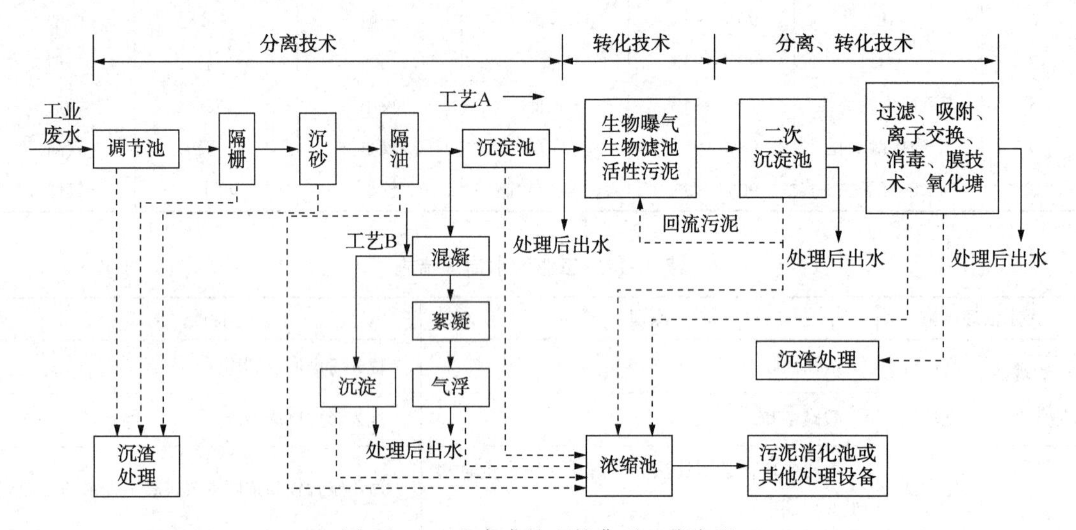

图 1-7　工业废水处理的典型工艺流程

典型的城市污水处理厂工艺流程见图 1-8。

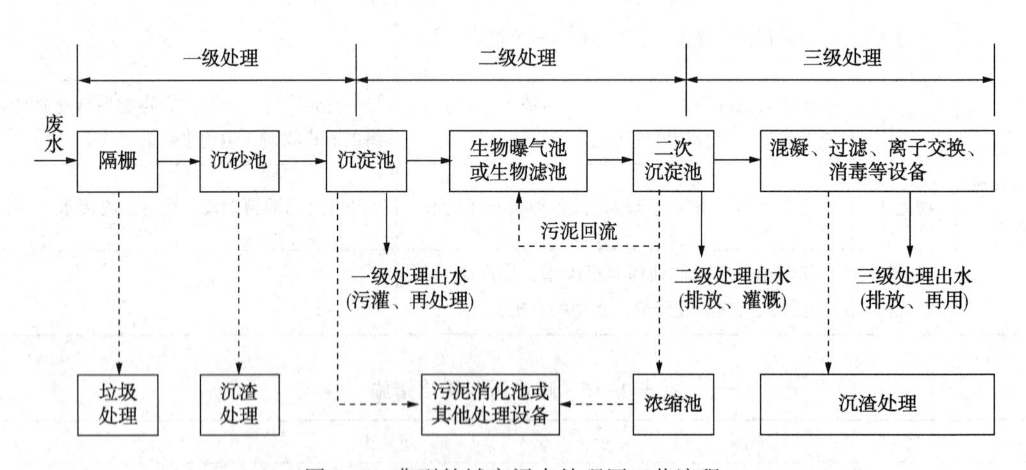

图 1-8　典型的城市污水处理厂工艺流程

图 1-9 是一个典型的固体废弃物处理工艺流程，它是多个具体的处理技术的组合。其中，以资源化技术为主。资源化技术是固体废弃物处理技术的发展趋势。

固体废物处理的最终出路在于“废物资源化”，这在世界各国中正变成一种废物管理体系的基本政策。这样不仅可以提高社会效益，做到物尽其用，并取得一定的经济效益，同时还可达到环境保护的目的。

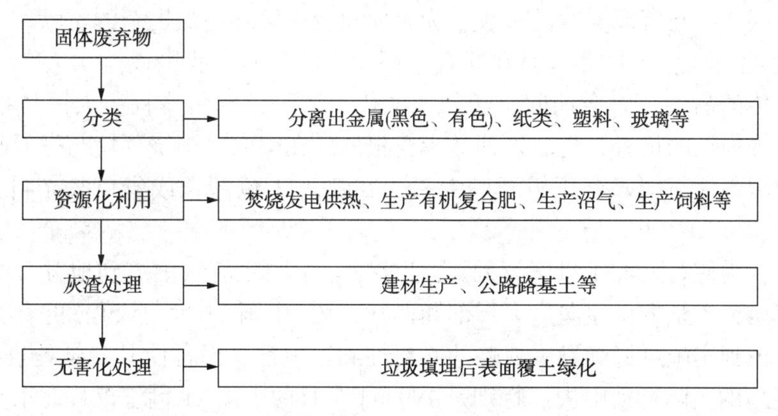

图 1-9　典型的固体废弃物处理工艺流程

（五）宣传教育手段

环境宣传既普及环境科学知识，又是一种思想动员。通过广播、电视、电影及各种文化形式广泛宣传，使公众了解环境保护的重要意义和内容，激发他们保护环境的热情和积极性，把保护环境、热爱大自然、保护大自然变成自觉行动，形成强大社会舆论，制止浪费资源、破坏环境的行为。环境教育目的在于培养各种环境保护的专门人才，是一种智力投资。

1. 环境宣传

（1）中华环保世纪行。自 1993 年以来，全国人大环境与资源保护委员会会同国务院有关部门联合开展的“中华环保世纪行”活动，围绕“向环境污染宣战”“维护生态平衡”“珍惜自然资源”“保护生命之水”等主题，利用报纸、广播、电视等多种新闻媒体，广泛深入地开展了环保宣传教育工作，在全社会引起了强烈反响，对提高全民的环境意识和法制观念，促进经济建设与环境保护协调发展，加快可持续发展战略的实施，起到了积极的推动作用。全国各省、自治区、直辖市也都根据本地特点，相继开展了这一活动。

“中华环保世纪行”活动以正面报道为主，同时揭露和抨击了污染环境、破坏资源和生态的反面事例，促使公众意识不断提高，特别是促进了一大批跨流域、跨地区的重大环境问题的解决。1993 年，中华环保世纪行率先报道淮河流域水污染的严重情况，引起了党和国家领导同志的重视，国务院加大对淮河污染治理的力度，颁布了《淮河流域水污染防治暂行条例》。对晋陕蒙“黑三角”环境问题、小秦岭金矿乱采滥挖等违法行为等一批环境问题进行了曝光，受到国务院及有关部委的重视，并得到有效解决。1998 年组织开展的“建设万里文明海疆”宣传活动，促进国家环境保护总局推出了“渤海碧海行动计划”，纳入国家重点环境治理工程。1999 年组织“爱我黄河”采访活动并提出了建议后，国务院确定了黄河水利委员会行政执法地位，加强了黄河流域水资源的统一管理。2000 年组织的“西部生态行”宣传活动并提出建议后，国家对塔里木河流域、黑河流域水资源进行综合管理，对生态调水起到了促进作用。2001 年组织的“保护长江生命河”的宣传活动，对长江流域各省（区、市）贯彻执行《水土保持法》《水污染防治法》等有关法律起到了推动作用。2002 年中华环保世纪行组织人员编写了中国环境警示教育丛书，举办了中国环境警示教育大型摄影展，在社会上引起了强烈反响。2003 年中华环保世纪行认真宣传了《中共中央国务院关于加快林业发展的决定》，突出报道了我国林业在新时期的地位和作用。

在新形势下，中华环保世纪行继续发挥法律监督、舆论监督和群众监督相结合的作用，为不断推动我国环境与资源问题的解决，为全面建设小康社会做出新的贡献。

(2) 21 世纪议程。1992 年 6 月在联合国环发大会期间，我国以这次大会为契机，掀起了一次环境宣传的高潮。大会期间，随同我国代表团采访的新华社、人民日报、中国环境报、科技日报等报社的记者，先后发回数十篇报道。在国内，围绕环境与发展问题和可持续发展战略，全国各地新闻媒介积极开辟专栏、专版，11 位部长或省市长亲自为《中国环境报》撰文。

大会之后，为使《中国 21 世纪议程》尽快实施，中国政府从中央到地方，充分利用各种舆论工具，多渠道、全方位地向广大干部和群众宣传《中国 21 世纪议程》的有关内容，不仅使群众逐步认识到实施可持续发展战略的必要性和紧迫性，而且使其自觉地投身到推进《中国 21 世纪议程》的实际行动中去。特别是 1994 年 7 月的中国 21 世纪议程北京高级国际圆桌会议，向国内外广泛宣传了中国政府实施《中国 21 世纪议程》的信心和决心，帮助广大人民群众认识到，高投入、高消耗、高污染、低效率、低产出的传统发展模式，难以支撑中国经济的持续快速发展；转变经济增长方式，改变生产和消费方式，走经济、社会、人口、资源和环境相互协调的可持续发展的道路，才是中国今后的必然选择。

2. 环境教育

环境教育是环境管理不可缺少的手段，主要是利用书报、期刊、电影、广播、电视、展览会、报告会、专题讲座等多种形式，向公众传播环境科学知识，宣传环境保护的意义以及国家有关环境保护和防治污染的方针、政策、法令等。在高等院校、科学研究单位培养环境管理人才和环境科学专门人才；在中小学进行环境科学知识教育；对各级环境管理部门的在职干部进行轮训。

(1) 基础环境教育。“八五”期间，国家教委先后制订、颁布的《中小学加强国情教育的总体纲要》《义务教育小学和初中各学科教学大纲》将环境保护内容列入其中，并增大了环境教育内容所占的比例，极大地推动了环保知识教育的普及。据统计，目前我国开展环境教育的中小学校已达 5 万所，环保知识的普及教育已经全面展开。例如，在上海市中小学环境教育协调委员会的指导下，上海市中小学生环境教育取得了明显进展；广东省南海师范学校充分发挥师范学校“母机”作用，把环境教育纳入教学计划，积极做好师范生的环境教育，培养、造就了一批能开展环境教育的师资队伍。

(2) 学历环境教育。目前，全国共有 155 所高等院校设置了一级学科——环境科学与工程，共有 206 个本科专业点，223 个硕士学位授予单位，60 个博士学位授予单位；在校生近 3 万人。还有 200 多所中等专业学校和职业高中也开设了环保专业课。

(3) 成人环境教育。从 1994 年 11 月开始，国家计委、国家科委举办了“将《中国 21 世纪议程》纳入国民经济和社会发展计划培训班”，不仅为各级政府和有关部门培养了具有可持续发展思想的干部，更重要的是为可持续发展的继续培训培养了首批教员，并提供了系统的教材。来自国际组织、科研院所和政府机构研究、编制和执行国家可持续发展战略的专家，结合典型案例向学员们系统而深入浅出地讲授了有关可持续发展方面的人口、法律、资源、环境、经济、工业、农业、管理等知识，并组织学员结合自己的工作实际，就实施《中国 21 世纪议程》的作用、目标、困难和对策进行了深入的讨论，不仅澄清了学员们的一些模糊认识，帮助他们树立了人口、资源和环境的危机感和贯彻实施可持续发展战略的使命感，而且培养了他们在新的发展观下，认识问题、分析问题和解决问题的能力。

中华环保世纪行活动简介

中华环保世纪行是由全国人大环境与资源保护委员会牵头，会同中共中央宣传部、国家环境保护总局、国土资源部、水利部、农业部、国家广播电影电视总局等14个部委联合组织的大型环保宣传活动。

该活动的宗旨是：大力宣传我国环境与资源保护方面的法律法规，结合中国的实际情况，以法律为武器，宣扬执法好典型，批评违法行为，进一步推动地方政府加强有关法律法规的贯彻执行和促使解决重大环境问题，提高广大人民群众，特别是各级领导干部的法律意识和环境意识。

该活动从1993~2020年，每年都围绕一个主题开展活动。分别是：向环境污染宣战；维护生态平衡；珍惜自然资源；保护生命之水；保护资源永续利用；建设万里文明海疆；爱我黄河；西部开发生态行；保护长江生命河；节约资源，保护环境；推进林业建设、再造秀美山川；珍惜每一寸土地；让人民群众喝上干净的水；推进节约型社会建设；推动节能减排，促进人与自然和谐；节约资源、保护环境；让人民呼吸清新的空气。推动节能减排，发展绿色经济；保护环境，促进发展；科技支撑、依法治理、节约资源、高效利用；大力推进生态文明，努力建设美丽中国；守护长江清水绿岸；贯彻习近平生态文明思想，守护黄河流域绿水青山。

围绕宣传主题，中华环保世纪行针对环境与资源保护的许多重大问题，深入现场采访报道，有效推动地方政府对有关问题的解决。中华环保世纪行编写的简报，党和国家领导同志每年都给予大量重要批示，成为下情上达、反映真实情况的重要渠道，为中央和有关部委的决策和工作提供了积极参考。党和国家领导同志对中华环保世纪行给予了充分的肯定和支持，温家宝、李鹏、朱镕基等领导同志分别以题词等形式予以鼓励，中华环保世纪行已成为社会公众认同和关注的宣传舆论品牌。

(4) 公众环境教育。“八五”期间，我国的环境教育彻底走出了以往那种主要靠环保部门孤军奋战的局面，形成了一个由宣传、教育和环保部门为主体，社会各界广泛参与的社会教育的新格局，而且参与者的层次越来越高，范围越来越广，人数越来越多，声势越来越大，使公众环境教育的广度和深度都有所发展。

自1990年以来，每年的“6·5”世界环境日，都有党和国家领导人出席首都举行的群众活动。各省、自治区、直辖市以及所辖地、市、县的主要领导干部也在当地发表电视讲话或亲自参加各种纪念活动。各级领导的重视和参与对环境教育工作起到了极大的推动作用(表1-16)。

随着环保事业的发展和公众环境意识的提高，不断涌现出一批自发的“绿色志愿者”。1995年，全国共有21万青年志愿者以京沪、京广、京哈、陇海四大干线上的500多个车站为重点，沿着2.3万公里长的铁路线积极行动，共清扫垃圾2300余吨。社会各界广泛参与的绿色志愿者活动，不仅推动了环境保护工作的开展，而且使参与者在活动中受教育，成为环境教育的一种新形式。

表1-16 “6·5”世界环境日主题

年份(年)	世界主题	中国主题
1990	儿童与环境(Children and the Environment)	
1991	气候变化—需要全球合作(Climate Change. Need for Global Partnership)	
1992	只有一个地球—关心与共享(Only One Earth, Care and Share)	
1993	贫穷与环境—摆脱恶性循环(Poverty and the Environment — Breaking the Vicious Circle)	

续表

年份(年)	世界主题	中国主题
1994	同一个地球，同一个家庭(One Earth One Family)	
1995	各国人民联合起来，创造更加美好的世界(We the Peoples：United for the Global Environment)	
1996	我们的地球、居住地、家园(Our Earth，Our Habitat，Our Home)	
1997	为了地球上的生命(For Life on Earth)	
1998	为了地球的生命，拯救我们的海洋(For Life on Earth — Save Our Seas)	
1999	拯救地球就是拯救未来(Our Earth — Our Future — Just Save It!)	
2000	环境千年，行动起来(2000 The Environment Millennium — Time to Act)	
2001	世间万物，生命之网(Connect with the World Wide Web of life)	
2002	让地球充满生机(Give Earth a Chance)	
2003	水—二十亿人生于它！二十亿人生命之所系！(Water — Two Billion People are Dying for It!)	
2004	海洋存亡，匹夫有责(Wanted! Seas and Oceans—Dead or Alive?)	
2005	营造绿色城市，呵护地球家园！(Green Cities—Plan for the Planet)	人人参与 创建绿色家园
2006	莫使旱地变为沙漠(Deserts and Desertification—Don′t Desert Drylands!)	生态安全与环境友好型社会
2007	冰川消融，后果堪忧 (Melting Ice—a Hot Topic?)	污染减排与环境友好型社会
2008	促进低碳经济(Kick the Habit! Towards a Low Carbon Economy)	绿色奥运与环境友好型社会
2009	地球需要你：团结起来应对气候变化(Your Planet Needs You—UNite to Combat Climate Change)	减少污染，行动起来
2010	多样的物种，唯一的地球，共同的未来(Many Species. One Planet. One Future)	低碳减排，绿色生活
2011	森林：大自然为您效劳(Forests：Nature at Your Service)	共建生态文明，共享绿色未来
2012	绿色经济：你参与了吗？(Green Economy：Does it include you?)	绿色消费，你行动了吗？
2013	思前，食后，厉行节约(Think Eat Save)	同呼吸，共奋斗
2014	提高你的呼声，而不是海平面(Raise your voice not the sea level)	向污染宣战
2015	可持续消费和生产(Sustainable Consumption and Production)	践行绿色生活
2016	为生命呐喊(Go Wild for Life)	改善环境质量，推动绿色发展
2017	人与自然，相联相生(Connecting People to Nature)	绿水青山就是金山银山
2018	塑战速决(Beat Plastic Pollution)	美丽中国，我是行动者
2019	蓝天保卫战，我是行动者(Beat Air Pollution)	蓝天保卫战，我是行动者
2020	关爱自然，刻不容缓(Time for Nature)	美丽中国，我是行动者

思考题

1. 环境问题的概念及其分类。
2. 环境问题的发展历程包括哪几个阶段？各阶段环境问题的特点是什么？

3. 当代全球环境问题包括哪些？针对全球环境问题，人类所采取的国际行动有哪些？
4. 环境管理的概念是什么？
5. 环境管理学之所以形成学科的原因是什么？
6. 环境管理学的概念是什么？
7. 环境管理的方法包括哪些？各种方法的适用条件是什么？
8. 环境管理的对象是什么？
9. 环境管理包括哪些内容？各种类型的环境管理存在的问题是什么？
10. 环境管理包括哪些手段？
11. 谈谈我国环境保护领域采用的主要污染防治技术？
12. 简述我国环境教育的种类及其现状。

第二章　环境管理学基本理论

本章重点

本章要求熟悉可持续发展理论及中国所采取的可持续发展战略，掌握三种生产理论的基本观点及其在环境管理学中的应用。

第一节　可持续发展理论

告别20世纪的人类在总结一个世纪的得失后，得出的重大结论之一是：人类在发展过程中，必须遵循可持续发展战略。今天可持续发展的思想已经得到人们的关注和认同。

一、可持续发展思潮探源与沿革

可持续发展理论的形成经历了相当长的历史过程。20世纪50~60年代，人们在经济增长、城市化、人口、资源等所形成的环境压力下，对“增长=发展”的模式产生怀疑并展开讨论。1962年，美国女生物学家莱切尔·卡逊(Rachel Carson)发表了一部引起很大轰动的环境科普著作《寂静的春天》，作者描绘了一幅由于农药污染所导致的可怕景象，惊呼人们将会失去“春光明媚的春天”，在世界范围内引发了人类关于发展观念上的争论。10年后，两位著名美国学者巴巴拉·沃德(Barbara Ward)和雷内·杜博斯(Rene Dubos)的《只有一个地球》问世，把对人类生存与环境的认识提升至一个可持续发展的新境界。同年，一个非正式国际著名学术团体——罗马俱乐部发表了有名的研究报告《增长的极限》，明确提出“持续增长”和“合理的持久的均衡发展”的概念。1987年，以挪威首相布伦特兰为主席的联合国世界与环境发展委员会发表了一份报告《我们共同的未来》，正式提出可持续发展概念，并以此为主题对人类共同关心的环境与发展问题进行了全面论述，受到世界各国政府组织和舆论的极大重视，在1992年联合国环境与发展大会上可持续发展要领得到与会者共识与承认。

沃德与杜博斯撰写的《只有一个地球》从整个地球的发展前景出发，从社会、经济和政治的不同角度，评述经济发展和环境污染对不同国家产生的影响，呼吁各国人民重视维护人类赖以生存的地球。该书已经译成多种文字出版，对于推动各国环境保护工作有广泛影响。

《我们共同的未来》这份研究报告中指出，世界各国政府和人民必须从现在起对经济发展和环境保护这两个重大问题负起自己的历史责任，制定正确的政策并付诸实施。错误的政策和漫不经心都会对人类的生存造成威胁。严重损害生态环境的行为已经出现，必须立即行动起来，加以改变。

（一）源于一个海洋生物学家对鸟类的关怀

在所有可持续发展大事记中，有一个美国女海洋生物学家的名字总会被提起，她就是莱切尔·卡逊(Rachel Carson)。这是因为在20世纪中叶她推出了一本论述杀虫剂，特别是滴滴涕对鸟类和生态环境毁灭性危害的著作——《寂静的春天》。尽管这本书的问世使卡逊一度备受攻击、诋毁，但书中提出的有关生态的观点最终还是被人们所接受。环境问题从此由一个边缘问题逐渐走向全球化、经济议程的中心。在这之后，随着公害问题的加剧和能源危机的出现，人们逐渐认识到把经济、社会和环境割裂开来谋求发展，只能给地球和人类社会带来毁灭性的灾难。源于这种危机感，可持续发展的思想在20世纪80年代逐步形成。1983年11月，联合国成立了世界环境与发展委员会(WCED)。1987年，受联合国委托，以挪威前首相布伦特兰夫人为首的WCED的成员们，把经过4年研究和充分论证的报告——《我们共同的未来》(Our Common Future)提交联合国大会，正式提出了“可持续发展”(Sustainable development)的概念和模式。“可持续发展”一词在国际文件中最早出现于1980年由国际自然保护同盟制订的《世界自然保护大纲》，其概念最初源于生态学，指的是对于资源的一种管理战略。其后被广泛应用于经济学和社会学范畴，加入了一些新的内涵，是一个涉及经济、社会、文化、技术和自然环境的综合的动态的概念。

（二）从“增长极限问题”的讨论中受到启发

地球环境的“承载能力”是否有界限？发展的道路与地球环境的“负荷极限”如何相适应？人类社会的发展应如何规划才能实现人类与自然的和谐，既保护人类，又维护地球的健康？试图回答这些问题的是一个由知识分子组成的名为“罗马俱乐部”的组织。1972年他们发表了题为《增长的极限》的报告。报告根据数学模型预言：在未来一个世纪中，人口和经济需求的增长将导致地球资源耗竭、生态破坏和环境污染。除非人类自觉限制人口增长和工业发展，否则这一悲剧将无法避免。这项报告发出的警告启发了后来者。从20世纪80年代开始，最早见诸《寂静的春天》中的“可持续发展”一词，逐渐成为流行的概念。

（三）国际化与世界环发大会

1987年，世界环境与发展委员会在题为《我们共同的未来》的报告中，第一次阐述了“可持续发展”的概念。在可持续发展思想形成的历程中，最具国际化意义的是1992年6月在巴西里约热内卢举行的联合国环境与发展大会。在这次大会上，来自世界178个国家和地区的领导人通过了《21世纪议程》《气候变化框架公约》等一系列文件，明确地把发展与环境密切联系在一起，使可持续发展走出了仅仅在理论上探索的阶段，响亮地提出了可持续发展的战略，并将之付诸为全球的行动。

（四）过去100年人类最深刻的一次警醒

可持续发展的思想是人类社会发展的产物。它体现着对人类自身进步与自然环境关系的反思。这种反思反映了人类对自身走过的发展道路的怀疑和抛弃，也反映了人类对今后选择的发展道路和发展目标的憧憬和向往。人们逐步认识到过去的发展道路是不可持续的，或至少是不够持续的，因而是不可取的。唯一可供选择的道路是可持续发展之路。人类的这一次反思是深刻的，反思所得的结论具有划时代的意义。这正是可持续发展的思想在全世界不同经济水平和不同文化背景下的国家能够产生共识和普遍认同的根本原因。可持续发展是发展中国家和发达国家都可以争取实现的目标，广大发展中国家积极投身到可持续发展的实践中也正是可持续发展理论风靡全球的重要原因。美国、德国、英国等发达国家和中国、巴西这样的发展中国家都先后提出了自己的21世纪议程或行动纲领。尽管各国侧重点有所不同，但都不约而同地强调要在经济和社会发展的同时注重保护自然环境。正是因为这样，很多人类学家都不约而同地指出，“可持续发展”思想的形成是人类在20世纪中，对自身前途、未来命运与赖以生存的环境之间最深刻的一次警醒。

（五）思想认同后的实践分歧

可持续发展理论的形成和发展过程中，在认知层面上发达国家与发展中国家产生了空前的一致，这也是20世纪在所有涉及发达国家与发展中国家的国际问题的讨论中绝无仅有的。与此同时，人们也意识到，目前可持续发展的思想更多的是在发达国家中得到实践和探索。而在人类社会通往和谐发展的道路上，可持续发展概念的实施依然面临重重障碍。

首先，南北不平衡是未来可持续发展的最大阻力。发达国家不仅通过两次工业革命获得了经济上的优势，而且在自然资源的占有和消费上达到了奢侈的境地。据经合组织统计，美国每年人均能源消费量达到了全球平均水平的5倍。发达国家享有工业革命的利益，却又力图回避与逃脱自身对全球环境应负的责任，这也成为全球可持续发展道路上的绊脚石。2000年，在海牙举行的20世纪最后一次《联合国气候变化框架公约》缔约方大会就因个别发达国家的阻挠而未能达成协议，使框架公约得以贯彻的前景变得黯淡。

其次，就发展中国家而言，追求自身进步与发展、提高居民生活水平的权利无可剥夺。但是，发展是否应该沿袭发达国家的“样板”？这也成为通往可持续发展之路上的困惑。典型的美国发展模式——大量占有和奢侈消费自然资源，同时排放大量污染物——是否值得广大发展中国家仿效？这不仅在发展中国家，而且在日本和欧洲等发达国家和地区，也都成为思考的热点。

二、三种发展观的讨论

人类发展观的讨论和转变的实质是生产方式在意识上的反映深化和提高。迄今为止，人类的发展观可归纳为以下三种。

（一）传统发展观

传统发展观的核心是物质财富的增长。按照这种观念，人们追求幸福的生活就是去追求大量的物质财富，物质财富的无限增长似乎是社会进步的唯一标志。资本主义就是在这种发展观的支配下建立起前所未有的物质文明和社会繁荣的。特别是在第二次世界大战之后，物质财富的积累达到了惊人的水平，发达资本主义国家的生活水平有了普遍提高，社会保障也有明显改善，但两极分化更趋严重，社会公平之途遥远。

传统发展观的致命缺陷在于它误认为物质财富增长所依赖的资源在数量上是不会枯竭的，即使由于短时期内资源的供给小于资源的需求，但在市场机制作用下，这种短缺也会得到补充。同时，环境和资源的价值也未体现在产品和服务的价格中。所以，在传统发展观指导下的经济活动往往是滥用环境资源，过度地消耗石油、煤炭、淡水、木材等自然资源，经济活动产生的废物任意地排入周围环境，造成环境的严重破坏。

《经济增长的代价》强调了为了避免过度关注统计数字而忽略现实情况。作者希望读者们能够明白社会福利的主要来源并非经济增长本身，而是经济增长的模式这样一个事实。人口的密集、城市的拥堵、环境的污染、资源的消耗……在人均收入增长的同时，人类的福利也许正在下降，过度强调单一的经济增长将付出巨大的代价。作者针对这一问题，提出了促进福利增长的重要建议。

20 世纪 70 年代初，石油输出国组织提高石油价格的行动在发达国家中引发了一场“石油危机”，人们终于开始意识到自然资源并不是无价值的生产要素，资源的获取也绝不是无限制的。人们开始对传统的发展观产生了怀疑。著名经济学家米香在《经济增长的代价》(1967 年)一书中警告世人：“西方的持续经济增长将使我们进一步失去美好的生活”。

(二)零增长发展观

经济增长所带来的严重而普遍的环境问题，使有些人产生了悲观的情绪。他们认为：人类正处在转折点上，如果继续遵循老路，等待人类的将是全球性的大灾难。持这种观点的代表是罗马俱乐部。自 20 世纪 70 年代开始，罗马俱乐部发表了《增长的极限》《人类处在转折点》等一系列研究报告，表明上述观点。

《增长的极限》公开发表于 1972 年，是罗马俱乐部的第一份报告。它指出：我们生活的地球是有限的，地球上的土地资源、不可再生资源、污染承载能力都存在着极限，它们对经济增长会产生限制，使增长存在一个极限。如果继续无限制地追求增长，就可能很快达到地球上的许多极限中的某一个极限。最终，人口和工业生产能力都将发生不可控制的衰退。因此，为了避免灾难的突然降临，现在就必须自觉地抑制增长，使人口和资本保持稳定。人类必须认真地控制那些会导致严重后果的人类活动，而那些不需要大量资源或不产生严重环境退化的人类活动，如教育、艺术、体育等仍可以无限地增长。

《人类处在转折点》一书着重指出人类盲目追求经济增长所带来的能源、原料、生态环境等方面的一系列问题及其严重后果，并提出了人类社会应当从当前追求盲目的经济增长转向有序增长，以避免人类自毁未来。

(三)可持续发展观

以 1992 年联合国环境和发展大会为标志，世界各国开始接受可持续发展观。可持续发展观强调的是经济、社会和环境的协调发展，其核心思想是经济发展应当建立在社会公正和环境、生态可持续的前提下，既满足当代人的需要，又不对后代人满足其需要的能力构成危害。可持续发展包含以下内容：

(1) 可持续发展首先需要发展，只有发展才能摆脱贫困，提高生活水平。特别是对于发展中国家，生态环境恶化的根源是贫困。只有发展才能为解决生态危机提供必要的物质基础，才能最终打破贫困加剧和环境破坏的恶性循环。因此，承认各国的发展权十分重要。

(2) 可持续发展显示了环境与发展的辩证关系，即环境和发展两者密不可分，相辅相成。环境保护需要经济发展所提供的资金和技术，环境保护的好坏也是衡量发展质量的指标之一；经济发展离不开环境和资源的支持，发展的可持续性取决于环境和资源的可持续性。

(3) 可持续发展从伦理角度提出了代际公平的概念。人类历史是一个连续的过程，后代人拥有与当代人相同的生存权和发展权，当代人必须留出后代人生存和发展所需的必要资本，包括环境资本。因此，保护和维持地球生态系统的生产力是当代人应尽的责任。

(4) 可持续发展还包括代内公平，这是在全球范围内实现向可持续发展转变的必要前提。发达国家在发展过程中已经消耗了地球上大量的资源和能源，对全球环境变化的贡献最大，并且至今仍然居于国际经济秩序中的有利地位，继续大量占有来自发展中国家的资源，继续大量排放污染物，造成一系列的环境问题。因此，发达国家应对全球环境问题承担主要责任，理应从技术和资金方面帮助发展中国家提高环境保护能力。

（5）可持续发展要求人们改变“高投入、高消耗、高污染”的生产和消费模式，提高资源利用效率。

三、可持续发展的概念

与任何经济理论和概念的形成和发展一样，可持续发展概念形成了不同的流派，这些流派或对相关问题有所侧重，或强调可持续发展中的不同属性，从全球范围来看，比较有影响的有以下几类。

（一）着重于从自然属性定义可持续发展

较早的时候，持续性这一概念是由生态学家首先提出来的，即所谓生态持续性，旨在说明自然资源及其开发利用程度间的平衡。1991 年 11 月，国际生态学协会（Intecol）和国际生物科学联合会（Iubs）联合举行关于可持续发展问题的专题研讨会。该研讨会的成果不仅发展而且深化了可持续发展概念的自然属性，将可持续发展定义为：保护和加强环境系统的生产和更新能力。从生物圈概念出发定义可持续发展，是从自然属性方面定义可持续发展的一种代表，即认为可持续发展是寻求一种最佳的生态系统，以支持生态的完整性和人类愿望的实现，使人类的生存环境得以持续。

（二）着重于从社会属性定义可持续发展

1991 年，由世界自然保护同盟、联合国环境规划署和世界野生生物基金会共同发表了《保护地球——可持续生存战略》（Caring for the Earth：A Strategy for Sustainable Living）（简称《生存战略》）。《生存战略》提出的可持续发展定义为：“在生存于不超出维持生态系统涵容能力的情况下，提高人类的生活质量”，并且提出可持续生存的九条基本原则。在这九条基本原则中，既强调了人类的生产方式与生活方式要与地球承载能力保持平衡，保护地球的生命力和生物多样性，同时，又提出了人类可持续发展的价值观和 130 个行动方案，着重论述了可持续发展的最终落脚点是人类社会，即改善人类的生活质量，创造美好的生活环境。《生存战略》认为，各国可以根据自己的国情制定各不相同的发展目标。但是，只有在“发展”的内涵中包括有提高人类健康水平、改善人类生活质量和获得必须资源的途径，并创造一个保持人们平等、自由、人权的环境，“发展”只有使我们的生活在所有这些方面都得到改善，才是真正的“发展”。

（三）着重于从经济属性定义可持续发展

这类定义有不少表达方式，不管哪一种表达方式，都认为可持续发展的核心是经济发展。在《经济、自然资源、不足和发展》一书中，作者 Edward B. Barbier 把可持续发展定义为“在保持自然资源的质量及其所提供服务的前提下，使经济发展的净利益增加到最大限度”。还有的学者提出，可持续发展是“今天的资源使用不应减少未来的实际收入”。当然，定义中的经济发展已不是传统的以牺牲资源和环境为代价的经济发展，而是“不降低环境质量和不破坏世界自然资源基础的经济发展”。

（四）着重于从科技属性定义可持续发展

实施可持续发展，除了政策和管理国家之外，科技进步起着重大作用。没有科学技术的支持，人类的可持续发展便无从谈起。因此，有的学者从技术选择的角度扩展了可持续发展的定义，认为“可持续发展就是转向更清洁、更有效的技术，尽可能接近‘零排放’或‘密闭式’工艺方法，尽可能减少能源和其他自然资源的消耗”。还有的学者提出，“可持续发展就是建立极少产生废料和污染物的工艺或技术系统”。他们认为，污染并不是工业活动不可避免的结果，而是技术差、效益低的表现。

（五）被国际社会普遍接受的布氏定义的可持续发展

1988 年以前，可持续发展的定义或概念并未正式引入联合国的“发展业务领域”。1987 年，布伦特兰夫人主持的世界环境与发展委员会，对可持续发展给出了定义：“可持续发展是指既满足当代人的需要，又不损害后代人满足需要的能力的发展”。1988 年春，在联合国开发计划署理事会全体委员会的磋商会议期间，围绕可持续发展的含义，发达国家和发展中国家展开了激烈争论，最后磋商达成一个协议，即请联合国环境理事会讨论并对“可持续发展”一词的含义草拟出可以为大家所接受的说明。1981 年 5 月举行的第 15 届联合国环境署理事会期间，经过反复磋商，通过了《关于可持续的发展的声明》。

四、可持续发展的内涵

可持续发展有极其丰富和深刻的内涵。可持续发展的思想认为，可持续发展的目的是发展，其关键是要保证发展的可持续性，大体包括以下主要内容。

（一）共同发展

地球是一个复杂的巨系统，每个国家和地区都是这个巨系统不可分割的子系统。系统的最根本特征是其整体性，每个子系统都和其他子系统相互联系并发生作用，只要一个系统发生问题，都会直接或间接影响到其他系统的紊乱，甚至会诱发系统的整体突变，这在地球生态系统中表现最为突出。因此，可持续发展追求的是整体发展和协调发展，即共同发展。

（二）协调发展

协调发展包括经济、社会、环境三大系统的整体协调，也包括世界、国家和地区三个空间层面的协调，还包括一个国家或地区经济与人口、资源、环境、社会以及内部各个阶层的协调，持续发展源于协调发展。

（三）公平发展

世界经济的发展呈现出因水平差异而表现出来的层次性，这是发展过程中始终存在的问题。但是这种发展水平的层次性若因不公平、不平等而引发或加剧，就会从局部上升到整体，并最终影响到整个世界的可持续发展。可持续发展思想的公平发展包含两个维度：一是时间维度上的公平，当代人的发展不能以损害后代人的发展能力为代价；二是空间维度上的公平，一个国家或地区的发展不能以损害其他国家或地区的发展能力为代价。

（四）高效发展

公平和效率是可持续发展的两个轮子。可持续发展的效率不同于经济学的效率，可持续发展的效率既包括经济意义上的效率，也包含着自然资源和环境损益的成分。因此，可持续发展思想的高效发展是指经济、社会、资源、环境、人口等协调下的高效率发展。

（五）多维发展

人类社会的发展表现出全球化的趋势，但是不同国家与地区的发展水平是不同的，而且不同国家与地区又有着异质性的文化、体制、地理环境、国际环境等发展背景。此外，因为可持续发展又是一个综合性、全球性的概念，要考虑到不同地域实体的可接受性，因此，可持续发展本身包含了多样性、多模式的多维度选择的内涵。因此，在可持续发展这个全球性目标的约束和制导下，各国与各地区在实施可持续发展战略时，应该从国情或区情出发，走符合本国或本区实际的、多样性、多模式的可持续发展道路。

五、可持续发展的主要内容

在具体内容方面，可持续发展涉及可持续经济、可持续生态和可持续社会三方面的协调统一，要求人类在发展中讲究经济效率、关注生态和谐和追求社会公平，最终达到人的全面发展。这表明，可持续发展虽然缘起于环境保护问题，但作为一个指导人类走向 21 世纪的发展理论，它已经超越了单纯的环境保护。它将环境问题与发展问题有机地结合起来，已经成为一个有关社会经济发展的全面性战略。

（一）经济可持续发展

可持续发展鼓励经济增长而不是以环境保护为名取消经济增长，因为经济发展是国家实力和社会财富的基础。但可持续发展不仅重视经济增长的数量，更追求经济发展的质量。可持续发展要求改变传统的以"高投入、高消耗、高污染"为特征的生产模式和消费模式，实施清洁生产和文明消费，以提高经济活动中的效益、节约资源和减少废物。从某种角度上，可以说集约型的经济增长方式就是可持续发展在经济方面的体现。

（二）生态可持续发展

可持续发展要求经济建设和社会发展要与自然承载能力相协调。发展的同时必须保护和改善地球生态环境，保证以可持续的方式使用自然资源和环境成本，使人类的发展控制在地球承载能力之内。因此，可持续发展强调了发展是有限制的，没有限制就没有发展的持续。生态可持续发展同样强调环境保护，但不同于以往将环境保护与社会发展对立的做法，可持续发展要求通过转变发展模式，从人类发展的源头、从根本上解决环境问题。

（三）社会可持续发展

可持续发展强调社会公平是环境保护得以实现的机制和目标。可持续发展指出世界各国的发展阶段可以不同，发展的具体目标也各不相同，但发展的本质应包括改善人类生活质量，提高人类健康水平，创造一个保障人们平等、自由、教育、人权和免受暴力的社会环境。这就是说，在人类可持续发展系统中，经济可持续是基础，生态可持续是条件，社会可持续才是目的。下一世纪人类应该共同追求的是以人为本位的自然—经济—社会复合系统的持续、稳定、健康发展。

六、可持续发展的基本原则

可持续发展是一种新的人类生存方式。这种生存方式不但要求体现在以资源利用和环境保护为主的环境生活领域，更要求体现到作为发展源头的经济生活和社会生活中去。贯彻可持续发展战略必须遵从一些基本原则。

（一）公平性原则

可持续发展强调发展应该追求两方面的公平：一是本代人的公平，即代内平等。可持续发展要满足全体人民的基本需求和给全体人民机会，以满足他们要求较好生活的愿望。当今世界的现实是一部分人富足，而占世界 1/5 的人口处于贫困状态；占全球人口 26%的发达国家耗用了占全球 80%的能源、钢铁和纸张等。这种贫富悬殊、两极分化的世界不可能实现可持续发展。因此，要给世界以公平的分配和公平的发展权，要把消除贫困作为可持续发展进程特别优先的问题来考虑。二是代际间的公平，即世代平等。要认识到人类赖以生存的自然资源是有限的。本代人不能因为自己的发展与需求而损害人类世世代代满足需求的条件——自然资源与环境，要给世世代代以公平利用自然资源的权利。

(二) 持续性原则

持续性原则的核心思想是指人类的经济建设和社会发展不能超越自然资源与生态环境的承载能力。这意味着可持续发展不仅要求人与人之间的公平，还要顾及人与自然之间的公平。资源和环境是人类生存与发展的基础，离开了资源和环境，就无从谈及人类的生存与发展。可持续发展主张建立在保护地球自然系统基础上的发展，因此发展必须有一定的限制因素。人类发展对自然资源的耗竭速率应充分顾及资源的临界性，应以不损害支持地球生命的大气、水、土壤、生物等自然系统为前提。换句话说，人类需要根据持续性原则调整自己的生活方式、确定自己的消耗标准，而不是过度生产和过度消费。发展一旦破坏了人类生存的物质基础，发展本身也就衰退了。

(三) 共同性原则

鉴于世界各国历史、文化和发展水平的差异，可持续发展的具体目标、政策和实施步骤不可能是唯一的。但是，可持续发展作为全球发展的总目标，所体现的公平性原则和持续性原则，则是应该共同遵从的。要实现可持续发展的总目标，就必须采取全球共同的联合行动，认识到我们的家园——地球的整体性和相互依赖性。从根本上说，贯彻可持续发展就是要促进人类之间及人类与自然之间的和谐。如果每个人都能真诚地按“共同性原则”办事，那么人类内部及人与自然之间就能保持互惠共生的关系，从而实现可持续发展。

七、可持续发展理论

(一) 可持续发展的基础理论

1. 经济学理论

(1) 增长的极限理论。D. H. Meadows 在其《增长的极限》一文中提出的有关可持续发展的理论，该理论的基本要点是：运用系统动力学的方法，将支配世界系统的物质关系、经济关系和社会关系进行综合，提出了人口不断增长、消费日益提高，而资源则不断减少、污染日益严重，制约了生产的增长；虽然科技不断进步能起到促进生产的作用，但这种作用是有一定限度的，因此生产的增长是有限的。

(2) 知识经济理论。该理论认为经济发展的主要驱动力是知识和信息技术，知识经济将是未来人类的可持续发展的基础。

(3) 环境价值理论。长期以来导致资源不合理开发的一个重要原因就是“环境无价”“资源低价”，由此西方的一些学者开始研究“环境的价值及货币表示方式”，并由此产生了“环境经济学”，运用到环境管理中的经济学理论有“环境价值论”和“福利经济学”。归纳环境价值，其来源主要是：环境有用性、环境唯一性、环境损害的不可逆性、人类对环境认识的不确定性。环境价值包括天然价值和人类创造的价值两部分。福利经济学是环境管理的一个主要理论基础，其研究方法是实证经济学和规范经济学的结合。从西方环境经济学研究进程来看，早期研究侧重于理论，如外部性理论、公共物品经济学等。近期研究则转向环境经济分析技术以及环境管理经济手段的研究和政策决策建议，如在环境经济系统规划中引入投入产出分析法，把费用效益分析法应用于一般的环境决策问题，以及如何在现代环境管理中应用市场经济手段等。

2. 可持续发展的生态学理论

可持续发展的生态学理论是指根据生态系统的可持续性要求，人类的经济社会发展要遵循生态学三个定律：一是高效原理，即能源的高效利用和废弃物的循环再生产；二是和谐原理，即系统中各个组成部分之间的和睦共生，协同进化；三是自我调节原理，即协同的演化着眼于其内部各组织的自我调节功能的完善和持续性，而非外部的控制或结构的单纯增长。

人类活动是在生态系统中进行的，只有符合生态规律才能得到持续的经济效益和社会效益。生态的基本规律归纳为如下六类。

(1) 物物相关律。在生态系统中各种事物之间存在着相互联系、相互制约的关系。改变其中某一事物，很可能会对其他事物产生直接和间接影响，甚至会影响系统的整体。这一规律要求人类在介入自然时一定要有整体观点。

(2) 相生相克律。在生态系统中，每一种生物在物质和能量的流动过程中都占有一定的位置，彼此相互依赖、相互制约、协同进化。人类也是整个生态系统中的一个物种，从自身的生存考虑也要保护其他物种。

(3) 能流物复律。在生态系统中，能量不断地流动，物质不停地循环(图 2-1)。但是，能量流动是单向，在经过食物链的每一级位时，都有一部分转化为热而逸散入环境，不能再回收利用。因此，提高能量利用率是环境保护的重要战略任务之一。

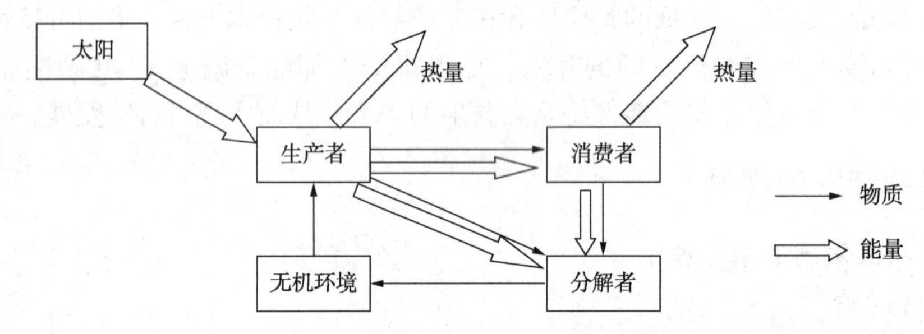

图 2-1　生态系统中能量流动与物质循环图

(4) 负载有额律。任何生态系统的生物生产能力和抵御外来干扰的能力都有一个极限。此极限就是通常所说的生态系统的调节能力、环境容量和资源承载力。它是由生态系统的结构决定的。人类的开发建设活动不能超出此极限。

(5) 协调稳定律。只有结构功能相对协调的生态系统才能稳定地运行。一般说来，自然生态系统中，生物的种类越多，生态系统的稳定性就越强。因此，环境管理要运用各种手段鼓励人们保护生物物种的多样性。

(6) 时空有宜律。各类特定的生态系统都随时空条件而变化。因此，人类开发利用自然资源，要了解和掌握不同时空条件下生态系统的特点，因时、因地制宜。

3. 人口承载力理论

所谓人口承载力理论是指地球系统的资源与环境，由于自身自组织与自我恢复能力存在一个阈值，在特定技术水平和发展阶段下的对于人口的承载能力是有限的。人口数量以及特定数量人口的社会经济活动对于地球系统的影响必须控制在这个限度之内，否则，就会影响或危及人类的持续生存与发展。这一理论被誉为 20 世纪人类最重要的三大发现之一。

4. 人地系统理论

人地系统理论是指人类社会是地球系统的一个组成部分，是生物圈的重要组成，是地球系统的主要子系统。它是由地球系统所产生的，同时又与地球系统的各个子系统之间存在相互联系、相互制约、相互影响的密切关系。人类社会的一切活动，包括经济活动，都受到地球系统的气候(大气圈)、水文与海洋(水圈)、土地与矿产资源(岩石圈)及生物资源(生物圈)的影响，地球系统是人类赖以生存和社会经济可持续发展的物质基础和必要条件；而人类的社会活动和经济活动又直接或间接影响了大气圈(大气污染、温室效应、臭氧洞)、岩石圈(矿产资源枯竭、沙漠化、土壤退化)及生物圈(森林减少、物种灭绝)的状态。人地系统理论是地球系统科学理论的核心，是陆地系统科学理论的重要组成部分，是可持续发展的理论基础。

“人地”关系是一个简称，其全称是“人类社会与地理环境的关系”，“人”是指人类，包括个体的人和人类社会；“地”是指地理环境，包括自然地理环境和社会环境。“人地”关系理论就是对客观存在的“人地”关系的主观认识。在历史上比较有影响的“人地”关系理论有：环境决定论、环境可能论、文化决定论、协调论等理论。

目前人类社会出现的一系列环境问题，就其根源来说就是没有正确认识“人地”关系，片面夸大了人的主观能动性。忽视了地理环境在人类发展中的作用，招致了自然界的报复。人类经过反思终于确定了正确的指导人类实践活动的“人地”关系理论——可持续发展理论，人和自然和谐的原则是可持续发展理论的根本原则。一方面，人的生存和发展受到自然的限制、依托于自然；另一方面，人也在进行着利用和改造自然的行动，人和自然之间应该是一种高层次的和谐统一，这种和谐是在尊重自然，热爱和保护自然，恰当地利用和改造自然的基础上实现的。所以在环境管理中，首先要做的就是在哲学层面上树立正确的“人地”观——可持续发展“人地”观。

5. 法学理论

包括环境权和环境安全理论。环境权理论主张“地球为人类所共有”。每个人都有享受良好环境并加以支配的权利，自然资源和文化环境都应作为环境财产为人类所共有和享用，并且从可持续发展的定义可以看出，人类享有与自然环境和谐相处的权利，后代与今世享有同等环境的权利。这种权利义务的满足，必须纳入法治的体系才能被有效地贯彻和执行，这也是通过法律实践实现可持续发展理论的关键。同样，环境权和环境义务的设定也能进一步约束人类对环境的过分要求，约束个别国家因经济、政治的优势地位而对弱势国家的环境剥削和环境讹诈。

(二) 可持续发展的核心理论

可持续发展的核心理论尚处于探索和形成之中。目前已具雏形的流派大致可分为以下几种。

1. 资源永续利用理论

资源永续利用理论流派的认识论基础在于：认为人类社会能否可持续发展决定于人类社会赖以生存发展的自然资源是否可以被永远地使用下去。基于这一认识，该流派致力于探讨使自然资源得到永续利用的理论和方法。

2. 外部性理论

外部性理论流派的认识论基础在于：认为环境日益恶化和人类社会出现不可持续发展现象和趋势的根源，是人类迄今为止一直把自然(资源和环境)视为可以免费享用的“公共物品”，不承认自然资源具有经济学意义上的价值，并在经济生活中把自然的投入排除在经济核算体系之外。基于这一认识，该流派致力于从经济学的角度探讨把自然资源纳入经济核算体系的理论与方法。

3. 财富代际公平分配理论

财富代际公平分配理论流派的认识论基础在于：认为人类社会出现不可持续发展现象和趋势的根源是当代人过多地占有和使用了本应属于后代人的财富，特别是自然财富。基于这一认识，该流派致力于探讨财富(包括自然财富)在代际之间能够得到公平分配的理论和方法。

八、中国实施可持续发展战略的总体进展

(一) 中国积极实施可持续发展战略

1. 积极出台国家级促进可持续发展的环境政策

中国的社会主义市场经济体制发挥市场在资源配置中的作用，将有利于提高资源的利用率，改变以往浪费资源的状况。但是市场经济在很大程度上存在着盲目的利益导向，往往只顾眼前而忽视长远利益。因此，市场经济不能没有政府的宏观调控。为此，中国在联合国环境与发展大会后不久发布的《环境与发展十大对策》中提出了“实行可持续发展战略”；1994年3月国务院发布了《中国21世纪议程——中国21世纪人口、环境与发展白皮书》，这是全球第一部国家级的《21世纪议程》，其中提出了中国实施可持续发展的总体战略、对策以及行动方案；1996年3月《国民经济和社会发展“九五”计划和2010年远景目标纲要》再次把可持续发展确定为中国经济社会发展的重大战略。为保证将环境保护纳入计划和实现“九五”和2010年的国家环境保护目标，国家环境保护总局推出两项重大举措。一是《“九五”期间全国主要污染物排放总量控制计划》，对环境危害大的12种污染物实行排放总量控制。二是《中国跨世纪绿色工程规划》。目的是集中人力、物力、财力，对一些重点环境问题进行攻关。此外，国家还出台了一些有利于环境保护的经济政策，如提高排污收费标准、建立治污筹资机制和恢复生态环境的经济补偿制度、环保信贷政策等。

中国环境与发展十大对策

对策一，实行持续发展战略

对策二，采取有效措施，防治工业污染

对策三，深入开展城市环境综合整治，认真治理城市“四害”

对策四，提高能源利用效率，改善能源结构

对策五，推广生态农业，坚持不懈地植树造林，切实加强生物多样性的保护

对策六，大力推进科技进步，加强环境科学研究，发展环境保护的产业

对策七，运用经济手段保护环境

对策八，加强环境教育，不断提高全民族的环境意识

对策九，健全法制，强化环境管理

对策十，参照环境与发展大会精神，制定中国行动计划

《中国21世纪议程》共20章，78个方案领域，主要内容分为四大部分，见表2-1。各部门和各地方也纷纷制定本部门和本地方的《21世纪议程》，分别从计划、法规、政策、传播、公众参与等不同方面推动实施《中国21世纪议程》。

表2-1 《中国21世纪议程》主要内容

序号	名称	主要内容
1	可持续发展总体战略与政策	提出了中国可持续发展的战略目标、战略重点和重大行动，可持续发展的立法和实施，制定促进可持续发展的经济政策，参与国际环境与发展领域合作的原则立场和主要行动领域

续表

序号	名称	主要内容
2	社会可持续发展	包括人口、居民消费与社会服务，消除贫困，卫生与健康、人类住区和防灾减灾等
3	经济可持续发展	包括可持续发展的经济政策、农业与农村经济的可持续发展、工业与交通、通信业的可持续发展、可持续能源和生产消费等部分
4	资源的合理利用与环境保护	包括水、土等自然资源保护与可持续利用。还包括生物多样性保护；防治土地荒漠化，防灾减灾；保护大气层，如控制大气污染和防治酸雨；固体废物无害化管理等

1996年，《国民经济与社会发展“九五”计划和2010年远景目标纲要》首次将可持续发展战略同科教兴国战略并列为国家的两项基本战略，提出了实现经济体制和经济增长方式的两个根本性转变，确定了“九五”期间和2010年环境保护目标。从国家各部门到地方省、市、县，都以可持续发展为目标编制发展规划，将环境与发展相统一的观念贯穿于实际工作中。

1996年，国家计委、国家经贸委、原国家环境保护局联合下达了《“九五”期间全国主要污染物排放总量控制计划》，对12项主要污染物(烟尘、粉尘、二氧化硫、化学需氧量、石油类、六价铬、氰化物、砷、汞、铅、镉、工业固体废物)的排放实行总量控制。此前，为了弥补乡镇企业污染物排放量数据的缺失，通过1995年国家环境保护局和农业部联合进行的“全国乡镇企业污染情况调查”，对各省市自治区1995年的主要污染物排放总量做了一次较大的调整。“九五”期间，全国普遍加强污染治理，同时，开展大规模的环境基础设施建设。

20世纪90年代以后，中国开始实施《跨世纪绿色工程规划》，重点是“三河三湖两区一市一海”，在这些重点流域和区域，多渠道争取资金(如世界银行、亚洲开发银行、日本国际协力银行、欧洲一些国家的政府贷款、BOT以及国内资金等)，采取综合性措施，加大治理力度，包括实施总量控制政策、排污收费政策和“以气代煤、以电代煤”的能源政策推动企业的污染达标排放和城市环境基础设施的建设，从而使重点流域和区域的环境质量有所改善。

33211工程：“九五”期间，我国肯定了污染治理工作的重点——集中解决危及人民生活、危害身体健康、严重影响景观、制约经济社会发展的环境问题，其中主要重视河流的治理和大气主要污染物的控制，同时对主要城市污染进行控制。污染防治以水和大气为主，33211主要是指3条河，3座湖，2种大气污染物，1个城市，1个海洋。

三湖包括太湖、滇池、巢湖；三河包括淮河、辽河、海河；两种大气污染物为二氧化硫和酸雨；城市为北京市；海洋为渤海。

2. 提高环境科技水平，促进可持续发展

我国的环境问题与科技不发达有关。自1949年以来，能源利用率一直徘徊在30%左右，不仅大大低于发达国家40%~60%的水平，而且比印度36%的水平还低。我国单位国民生产总值的矿产品消耗是发达国家的3~4倍，如我国炼1t钢需要200t水，造1t纸需要200~500t水，生产1t人造纤维需要1200~1800t水，发1000度电需要200~500t水，这些指标比发达国家高得多。以上状况与科技落后、工艺及设备陈旧、管理不善有一定关系(图2-2)。

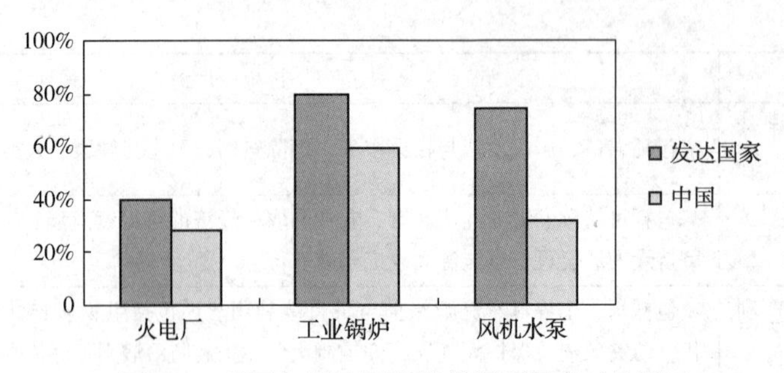

图 2-2　我国与发达国家的能源利用率对比图

另一方面，环境科技的落后和环保产业的不发达已经成为我国环保事业发展的重要制约因素。我国环保产业不仅产值低，而且生产规模小，产品层次低，种类少，真正过硬的产品更少。目前，我国环保产业年产值只有几十亿元左右，与欧洲以及东南亚的一些发达国家或地区几百亿甚至上千亿美元产值差距太大。我国急需开发以节水、节能、降耗为主要目标的清洁生产技术和适用的污染防治技术，在这方面需要加大投入，并且要有组织地进行攻关，争取尽快有所突破。

3. 建立源头控制为主的全过程控制污染的机制

经济发展包括总量与结构两个方面。在确定总量时，首先要充分考虑环境资源的支撑能力。在结构方面，一是要合理地确定产业结构，使产业之间相互协调，与当地资源相匹配，实现产业的发展在技术上的高起点，尽量降低能耗、物耗水平。二是区域产业结构的布局要合理。如一个较大的水系，在其流域内，上游应尽量建设无污染或少污染的企业，为下游留有较大的环境容量，使其符合技术梯度理论的原则。三是要实行从生产到消费的全过程控制。实行清洁生产是企业实行污染全过程控制的重要手段。清洁生产从产品设计开始，包括原材料和能源的选择，合理的工艺改进，科学的企业管理等全过程，不仅使产品在生产过程中做到不产生或少产生废弃物，降低对环境的压力，而且使产品在使用过程中以及使用后的废弃物对环境带来的污染最小，即产品“从摇篮到坟墓”都符合环保要求。

4. 在经济发展同时不断增加环保投入

保证必要的环保投入是实施可持续发展不可缺少的条件。我国长期环保投入不足，表现在污染治理和生态恢复上。许多污染企业因缺乏治理污染的设施，或污染治理设施不能保证正常运转，致使工业废水不能达标排放。为了有效地控制环境污染和生态破坏，国家出台了两大举措，一是在全国实行污染物排放总量控制，二是实施“跨世纪绿色工程规划”。这两大举措的实施都少不了资金的保证。比如，“跨世纪绿色工程规划”中共有 1591 个项目，资金需求 1888 亿元。因此，环保投入要随着经济发展相应增加，从全国而言，环保投入占 GDP 的比例不应少于 1%(图 2-3)。

5. 从法制、纪律和道德三个层次上加强环境管理

实施可持续发展需要强有力的环境管理，而加强环境管理，首要的是加强环境法制建设，这不仅需要进一步完善和健全环保法规，更需要严格的执法。

我国现行的环境保护方面的法律主要有：《环境保护法》《水污染防治法》《大气污染防治法》《环境噪声污染防治法》《固体废物污染防治法》《放射性污染防治法》《环境影响评价法》《清洁生产促进法》等。

环境保护既关系到物质文明又关系到精神文明。因此，要重视环境保护的宣传教育，提

高公民的环境意识和道德修养。

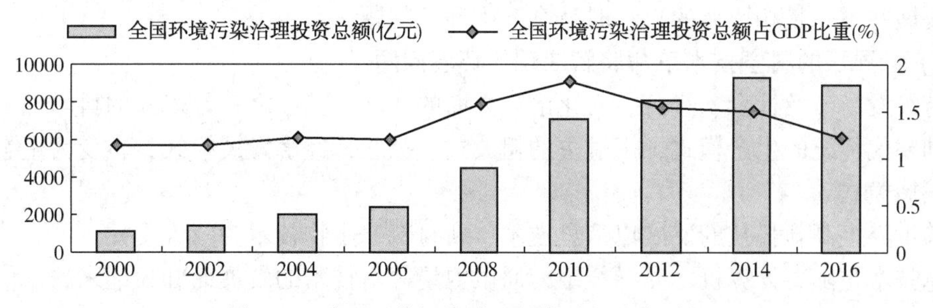

图 2-3　我国环境污染治理投资总额稳定增长

（二）中国实施可持续发展战略的总体进展

1992 年，中国政府向联合国环境与发展大会提交了《中华人民共和国环境与发展报告》，系统回顾了中国环境与发展的过程与状况，同时阐述了中国关于可持续发展的基本立场和观点。自联合国环境与发展大会以来，中国积极有效地实施了可持续发展战略，特别是在经济、社会全面发展和人民生活水平不断提高的同时，人口过快增长的势头得到了控制，自然资源保护和生态系统管理得到加强，生态建设步伐加快，部分城市和地区环境质量有所改善。

1992 年 8 月，中国政府制定"中国环境与发展十大对策"，提出走可持续发展道路是中国当代以及未来的选择。1994 年中国政府制定完成并批准通过了《中国 21 世纪议程——中国 21 世纪人口、环境与发展白皮书》，确立了中国 21 世纪可持续发展的总体战略框架和各个领域的主要目标。在此之后，国家有关部门和很多地方政府也相应地制定了部门和地方可持续发展实施行动计划。此外，中国政府成立了由国家计划委员会和国家科学技术委员会牵头的跨部门的制定《中国 21 世纪议程》领导小组及其办公室，随后还设立了具体管理机构——中国 21 世纪议程管理中心，该中心在国家发展计划委员会和国家科学技术委员会的领导下，按照领导小组的要求，承担制定与实施《中国 21 世纪议程》的日常管理工作。2000 年，制定《中国 21 世纪议程》领导小组更名为全国推进可持续发展战略领导小组，由国家发展计划委员会担任组长，科技部担任副组长。

1996 年 3 月第八届全国人民代表大会第四次会议批准的《国民经济和社会发展"九五"计划和 2010 年远景目标纲要》，把可持续发展作为一条重要的指导方针和战略目标，并明确做出了中国今后在经济和社会发展中实施可持续发展战略的重大决策。"九五"计划还具体提出了可持续发展各领域的阶段目标，并专门编制和组织实施了生态建设和环境保护重点专项规划，社会和经济的其他领域也都全面地体现了可持续发展战略的要求。

2002 年，中国政府向可持续发展世界首脑会议提交了《中华人民共和国可持续发展国家报告》，该报告全面总结了自 1992 年，特别是 1996 年以来，中国政府实施可持续发展战略的总体情况和取得的成就，阐述了履行联合国环境与发展大会有关文件的进展和中国今后实施可持续发展战略的构想，以及中国对可持续发展若干国际问题的基本原则立场与看法。

九、科学技术是可持续发展的原动力

（一）环境问题是科学技术发展到一定阶段的必然产物

科技进步推动着生产力的发展，生产力的发展促进了社会的前进，社会的进步又会引发科技的进步，它们之间是相辅相成的关系。但从人类历史发展的历程来看，科技、生产力和社会的发展并不总是相协调的，这时就会产生环境问题。

（二）世界性的科学技术革命将解决现代环境问题

可持续发展涉及社会、经济、文化诸多方面的变革，其中之一是以新的科学理论、技术去改造和替代传统的生产模式，由过去的粗放式、掠夺式经济发展模式，转变为生态效益型的经济发展模式。

目前世界上高新科技的发展以信息技术、新材料、生物技术为三大支柱。

信息技术是随着计算机、光导纤维、通讯卫星等新技术的发展而壮大起来的。信息是一种能创造价值和能交换的知识，信息是除物质和能源外的另一种资源。信息资源的开发利用，不但不会破坏生态环境，而且还会逐渐减少能源和资源的浪费。

新材料的不断研制成功，可以替代许多不可再生资源，减缓不可再生资源的枯竭，也可以减少对生态环境的破坏。

生物技术是人类有效地改造生物和利用生物、生产有用生物与服务社会的一门科学技术。例如，利用生物技术净化污水，用人工培养的微生物在好氧或厌氧的条件下处理有机废水，利用生物技术培养出净化农药、石油、重金属等污染物的微生物，生物固氮可顶替化学肥料等。

其他高新科技的兴起也将为人类发展带来光明，如核能的利用和开发，为人类提供强大的能源，如果氢聚变能的利用技术取得突破，将为人类提供取之不尽的能源。

新科学技术的革命是以迅速发展起来的科技理论，如系统论、信息论、生物学等理论运用于生产领域，形成了以微电子、遗传工程、新型建材和能源发展为中心的新的产业结构。新的产业结构具有高效率、高效益、高增长、低污染、低能耗的特点，能源结构为再生型，永不枯竭且经济、清洁、高效。

（三）科技进步是可持续发展的原动力

可持续发展强调发展与环境保护相互联系，构成了一个有机整体；要求人们必须放弃传统的生产方式和消费方式。《21世纪议程》指出："地球所面临的最严重的问题之一，就是不适当的消费和生产模式，其导致环境恶化、贫困加剧和各国的发展失衡。若想达到适当的发展，需要提高生产效率，以及改变消费观念，以最高限度利用资源和最低限度地产生废弃物"，从其内涵看，要达到可持续发展的目的，必须是科技发展到一定阶段所能完成的。从中也可看到，某一个国家和地区的科技进步并不能达到人类的可持续发展的目的，必须是全球性的科技革命。世界各国发展的不平衡表明人类走上可持续发展道路还有一段时间。

十、可持续发展指标体系研究

1994年，联合国可持续发展委员会（UNCSD）召开国际会议，鼓励世界各国为制定可持续发展指标体系做出自己的贡献。从此，各国都在结合本国的实际，致力于制定自己的可持续发展指标体系。这些指标归纳起来可分三种基本类型，即测定可持续发展的单项指标、测定可持续发展的复合指标和测定可持续发展的系统指标。目前比较有影响的可持续发展指标体系有以下几种。

（1）生态需求指标。由美国麻省理工学院1971年提出，可定量测量经济增长对资源环境的压力。

（2）人类活动强度指标。由以色列希伯来大学提出，并已经在全球的评价与预测中得到应用。

（3）人文发展指数。由联合国开发计划署于1990年创立的著名指标。由收入、寿命和教育三个衡量指标构成，是“预期寿命、教育水准和生活质量”三项基础变量所组成的综合指标，已经得到世界各国的赞同，但对指标变量的选择与计算仍有较多的争议。

（4）调节国民经济模型。由莱一帕提出，目的是将原来用单一的国民生产总值衡量贫富标准，转换到考虑更多调整因素后再去对国民经济加以分析，而且更多地涉及所产生的社会效果。目前该类指标在考虑环境成本、环境收益、自然资本和环境保护的基础上建立“绿色GDP”或“绿色GNP”体系，引起了全球的广泛兴趣。但进入实用阶段前还需要做大量的基础工作。

（5）环境经济持续发展模型。由加拿大可持续发展研究所提出，以科玛奈尔的环境经济模型和穆恩的持续发展框架为依据发展而成的一类综合性的可持续发展指标体系，当前正处于试用阶段。

（6）“可持续发展度”模型。1993年由中国的牛文元、美国的约纳森和阿伯杜拉共同提出，该模型构造了独立的理论框架，扩展了重要的空间响应等附加因素，并设计了计算程序。模型中充分考虑了发展中国家的特点，但目前在实用程度方面还有待改进。

（7）持续发展指标体系。由联合国统计局的Peter Bartelmus在1994年提出。该指标体系是基于对联合国“环境统计发展框架”的修改，所以对环境方面的反映较多，社会方面反映较少，而且指标的分类表达缺乏逻辑性。

（8）联合国可持续发展委员会指标体系。1996年由联合国发展委员会、联合国开发计划署、环境规划署等组织参与共同提出的，共由33个指标构成。从整体上看，该指标体系的结构失衡，在反映可持续发展的行为与本质方面也缺乏清晰的脉络。

（9）可持续发展指标体系（国家财富计量标准）。世界银行于1995年提出了以“国家财富”作为度量各国可持续发展的依据。这个指标体系把国家财富分解为4个部分，即自然资本、人力资本、人造资本和社会资本。由于这些资本的货币化存在不同程度的困难，使得以单一的货币尺度衡量一个国家财富的方法在应用上受到限制。

另外，还有一些国家制定了本国的可持续发展指标体系，如美国总统可持续发展委员会指标体系、瑞士洛桑国际管理学院国际竞争力评估体系等。

中国的一些部门及研究机构在可持续发展指标体系方面也进行了研究，并取得了进展。

国家统计局统计科学研究所和《中国21世纪议程》管理中心建立了一套国家级的可持续发展指标体系，其总体结构是将可持续发展的指标体系分成经济、社会、人口、资源、环境和科教6个子系统。在每一个子系统内，分别根据不同的侧重点建立描述性指标，共计83个指标。由于在上述子系统与指标中尚存在一定的重复和交叉，目前他们正在深入开展案例研究，并根据研究成果对原有指标进行深化、提炼和创新。

国家计委国土开发与地区经济研究所按照社会发展、经济发展、资源和环境4个领域分别列举了重点指标，还应用ECCO（Evolution of Capital Creation Options）方法模拟运行，产生出一系列非货币指标，构成可持续发展的指标体系，见表2-2。

表 2-2　中国环境可持续发展指标体系

项目		描述性指标	实物指标	列举型指标
主要问题		压力	状态	响应
经济			国内生产总值(GDP) 总投资及其占 GDP 的比例 总消费及其占 GDP 的比例	
环境	环保投入			环保投入及其占 GDP 的比例
	大气污染	SO_2排放量 NO_x排放量 PM_{10}产生量	SO_2浓度 NO_x浓度 浓度	
	水污染和水资源	污水排放量 缺水量 耗水量	水污染综合指数 可利用水资源量 单位 GDP 产值的耗水量	废水处理率、节水量、节水投资
	固体废物污染	产生量	堆存量、占地面积	固体废物处理率、综合利用率
资源	矿产资源	年开采量能源消费量	矿产资源总储量	
	土地资源	土地使用方式的变化	耕地面积	
	林业资源	砍伐量生长量	森林覆盖率、木材蓄积量	植树造林面积
	渔业资源		渔业最大可持续产量、渔业储量	
社会		失业率 成人识字率	GDP 中的经常性教育投资、基尼(Gini)指数	

中国政府在《2000 年中国可持续发展报告》中提出由五大体系组成的中国可持续发展战略指标体系，如图 2-4 所示。

第二节　三种生产理论

一、三种生产理论概述

人和环境组成的世界系统本质上是一个由人类社会与自然环境组成的复杂巨系统，在这个世界系统中，人与环境之间有着密切的联系。这种联系体现在二者之间的物质、能量和信息的交换和流动上。在这三种交流关系中，物质的流动是基本的，它是另外两种交流的基础和载体。在物质运动这个基础层次上，它还可以进一步划分为三个子系统，即物资生产子系统、人口生产子系统和环境生产子系统。整个世界的运动与变化取决于这三个子系统自身的物质运动以及各子系统之间的联系状况。

物资生产是指人类利用技术手段从环境中索取自然资源，并将其转化为人口生产和环境生产所需物资的总过程。从可持续发展的角度来考察，其基本参量是资源利用率、产品流向比和社会生产力。资源利用率是指将从环境中索取的资源和从废物中取得的再生物转化为产品的比例。资源利用率高，则意味着在产出同等产品时，从环境中所取的资源少，加载到环境中的加工废弃物也少。产品流向比指提供给人口生产的产品和服务与环境生产的产品的比例。社会生产力指生产产品的总能力。

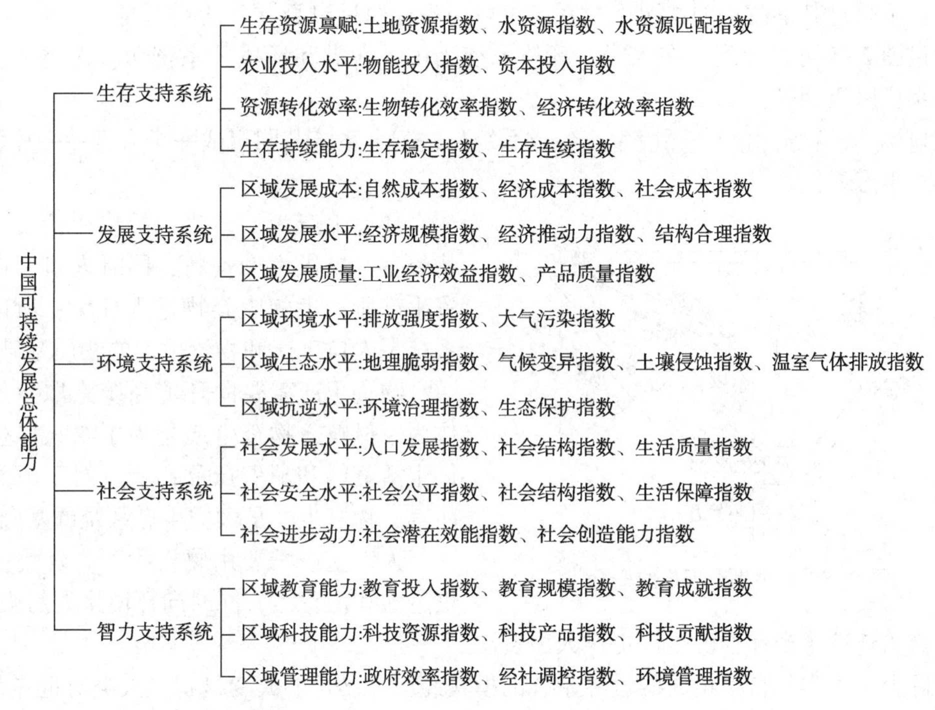

图 2-4　中国可持续发展战略指标体系总体框架设计图

人口生产指人类生存和繁衍的总过程，既包括人口的再生产(繁衍、生育)，也包括人口在其生存过程中对物质资料的消费。其基本参量是人口数量、人口素质和消费方式。

人口数量指人口规模的大小。人口规模越大，对物资生产的需求就越大，对环境生产的影响越大。人口生产的速度超过环境生产的速度，就会造成环境问题。目前的状况是人口规模呈现指数规模增长，物资生产随之受到刺激而呈指数增长，环境生产由于人类的过度开发、利用，呈现下降的趋势。

人口素质的含义包括知识水平、文化道德修养等。体现在消费方面主要包括消费水准、消费入口比、消费出口比。

消费水准指人均消费物质资料的水平。消费水准越高，对环境生产造成的压力越大。消费入口比指个人生活消耗的物质资料中生活资源(取自环境生产)与生活资料(取自物资生产)的比值。消费入口比越高，越有利于减轻对环境造成的压力。消费出口比指物质经过人口生产环节消费以后，回用于物资生产的部分(消费再生物)与直接返回环境生产的部分(消费废弃物)的比值。消费出口比越高，越有利于减轻对环境造成的压力。

不同国家和同一国家不同地区人们的消费方式有很大区别。一般而言，发达国家人们的消费方式更理性和有利于环境保护，如德国的95%的公众愿意购买绿色产品并且愿意为此多付钱。

环境生产是指环境在自然力作用下消纳污染(生产加工过程产生的废弃物，消费过程中产生的废弃物)和产生出自然资源(生活资源如风景，生产资源如森林、水源、矿产等)的总过程。其基本参量是污染消纳力和资源生产力。

环境生产系统的生产能力与以下两个系统特征有关：

系统是否开放？只有开放的系统才能与外界进行物质和能量的交换。

系统是否具有自我调节能力？这种自我调节能力我们把它称为环境承载力，人类对环境的影响在不超过其承载力的情况下，系统可以由失衡通过自身调节达到平衡。

通过图 2-5 可以看到，在人类—环境系统当中，人类和环境关系密切。人类和环境之间的关系可以概括为：

人口生产、物资生产、环境生产各成系统，这三个系统共同组成一个人类——环境系统或者人类生态系统。

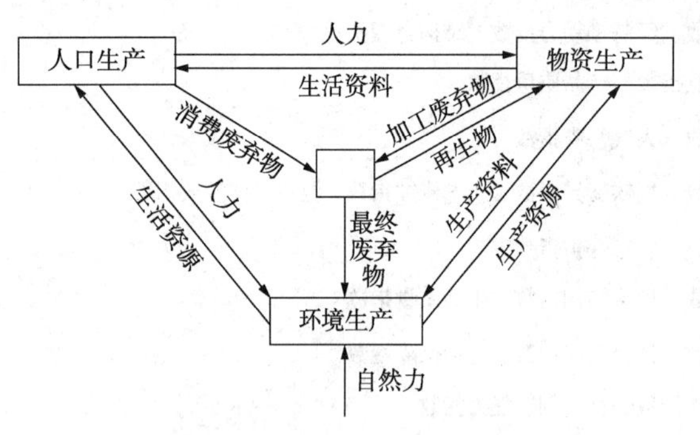

图 2-5　三种生产理论的概念

环境生产为人口生产提供生活资料，为物资生产提供生产资料，同时人口生产和物资生产所产生的废弃物进入环境；所以环境系统是人口生产和物资生产的物质基础。

物资生产需要向环境系统索取自然资源作为原材料，物资生产是为了给人口生产提供生活资料和消费产品；所以对于人类社会而言，物资生产是人类生态系统的基础。

人口生产需要由物资生产、环境生产提供生活和消费品，同时向环境排放污染物质，人口生产给环境生产和物资生产提供人力资源。

实际上，人类与自然组成的世界系统的模式经历了漫长的演变过程，人类对世界系统的认识也经历了漫长而曲折的历程，见图 2-6。

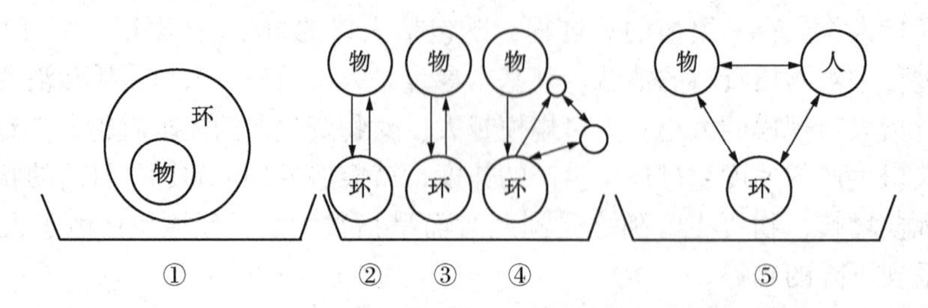

图 2-6　世界系统演变过程示意

图中①表明：古代文明时代，世界系统中起主导作用的是环境生产，人口数量非常少，相应的物资生产能力也非常薄弱，并且包含在环境生产中。

图中②~④表明：农业文明时代，物资生产与环境生产的相互作用成为世界系统运行的主导。

图中⑤表明：到了工业文明时代，人口生产、物资生产的规模逐渐强大，从而与环境生产成为相互独立的系统，三者之间的相互关系主导了世界系统的运行。

从人类的发展史看，在人类诞生初期的远古文明时代，人类与自然浑然一体，是自然的一部分，因此世界系统实际上就是自然生态系统，就是自然环境。人类进入了农业文明时代，人类社会出现了分工，以及以交换为目的的物品生产。于是物资生产子系统开始出现并逐渐形成。到工业革命以后，随着人口数量的迅速增加，科技水平的提高，掌握的工具日益先进，生产能力越来越强，从自然界攫取的物质数量越来越多，于是，物资生产系统在世界中的地位由从属上升为主导。从世界系统的演变史中可以看到，环境生产处于最根本的地位，它是另外两种生产产生和发展的基础。

人类对于世界系统的认识历程与其形成过程并不一致。最先，人类只注意到了物资生产系统的存在，没有意识到人口生产系统和环境生产系统的存在。只是当人口数量增长速度与物资生产速度出现了明显的差异，从而出现了相对的资源匮乏，人类才开始意识到人口生产子系统的存在，也才开始去研究人口生产子系统与物资生产子系统之间关系的正确处理问题。同样，在环境污染、生态破坏以及自然资源锐减问题变得十分尖锐的今天，人类才意识到了环境生产子系统的存在，也才认识到无论是人口生产还是物资生产，都必须与环境生产相适应。由此可见，承认环境生产子系统的存在及其在世界系统中的基础地位是人类认识史上的飞跃。从一种生产到两种生产，再到三种生产，反映了人类对人类—环境系统的认识。

从上面的分析可以看出，在人类—环境系统当中，环境生产处于最根本的地位，它是另外两种生产的基础；人口生产支配物资生产，通过影响物资生产的规模，从而间接或者直接影响环境生产；物资生产和人口生产凌驾于环境生产之上，两者之间相互作用，同时影响环境生产。

环境生产子系统的生产能力是自然环境系统(或自然生态系统)基本功能的表现，它主要源自系统内的能量和物质流动。其中物质流是能量流的载体。在这基础上自然环境系统呈现出以下重要特征：

自然系统是一个以有机网络形式联系在一起的，以各种生命为中心并与外界(包括人类社会经济系统)不断进行物质交换和能量传递的特定空间，所以它具有一系列生物学特征，如发育、代谢、繁殖、生长与衰老等。这意味着它具有内在的、动态变化的能力，即永远处在不断发展、进化、演变之中。

自然环境系统是一个开放的系统。

自然环境系统是一个具有自我调节能力的系统。

二、三种生产理论在环境管理学中的地位与作用

三种生产理论对环境管理工作和环境管理学理论体系的建立具有重要的指导意义，主要表现在以下几个方面。

(一) 阐明了人与环境关系的本质

环境生产是人口生产和物资生产存在的前提和基础，它要依靠自然环境系统与社会经济系统之间物质和能量流的畅通来维持。我们可以把人口生产和物资生产抽象成一个“社会有机体”，作为三种生产中的物质流和能量流中的一个环节。“社会有机体”中的物资生产依靠环境生产所产出的自然资源作原料，依靠环境的自净能力来消纳它排放出来的污染物。人口生产则是这三种生产构成的世界系统运行的原动力。人口生产所产出的人口作为劳动力支持物资生产和帮助、维护环境生产。

(二) 揭示了环境问题的实质及其产生的根源

环境生产在输入—输出上的不平衡是造成环境问题的根本原因。在人类—环境系统的环境生产中，输入的是人类消费和生产过程中排放的废弃物，同时人类开发自然资源的活动对环境造成破坏，影响了环境的资源生产能力。环境生产系统输入和输出的不平衡造成了其“透支”，最终导致环境生产系统运行的不稳定。因此环境问题的实质是三种生产运行的不和谐。

(三) 指明了环境管理的主要目标和任务

从三种生产构成的世界系统图上可以看出，要使它们能够和谐的运行，就必须使物质在这个系统中流动畅通，就必须使每一种生产的物质输入输出均衡。也就是说，必须在现有的

物质流动的过程中再增加上一个功能单元。该单元是物质得到畅通的一种保障因素。环境管理的目标和任务就是：推动人类社会建立一个新的生存方式，改变人类社会固有观念，调整目前的社会经济活动运行机制，将自然资源的开发强度、废弃物的排放强度与环境生产力匹配起来。

（四）明确了环境管理的主要领域和调控对象

依据三种生产理论还可以看到，环境问题产生往往发生在不同“生产”系统的界面上，即互相交叉的地方。另外，环境问题产生的直接原因还常常在于不同的、自然的、地理的、行政的边界上的活动不协调。这些都说明，环境管理的主要领域应当在多种多样的界面上。

据三种生产理论可知，在其中任何一个“生产”系统中，都有自己的状态参量。这些状态参量是三种生产环状运行的枢纽，是决定三种生产能否和谐运行的关键。要协调三种生产之间的物质循环，就必须控制这些状态参量。

（五）奠定了环境管理学的方法论基础

所谓管理学，就是要解决谁管理谁以及如何管理这两大核心问题。环境管理学也不例外。三种生产理论表明：为了人类社会的持续发展，人类必须以协调人与环境关系为目标，正确地管理好自己的社会行为，而且把管理自己社会行为的行为也作为一种社会行为来组织。三种生产理论表明人类必须掌握自己的社会行为来管理自己社会行为的方法。人类社会行为是一个交错在一起的非常复杂的网络结构，人类的社会行为构成了一个复杂的人类社会行为场。在这个复杂的社会行为场中，管理社会行为的社会行为处于一种特殊的位置，它肩负着把各种各样的社会行为有序、有效地组织起来的任务。三种生产理论表明，要使物质在三种生产子系统之间的流通畅通，人类社会所应采取的方法原则就必须且只能是协调和协同。这也就是环境管理学的方法论基础。

思考题

1. 简述可持续发展理论的历史沿革。
2. 人类的发展观有哪几种？其主要观点是什么？
3. 被国际社会公认的可持续发展的概念是什么？
4. 可持续发展包括哪些内涵？
5. 可持续发展的主要内容有哪些？
6. 可持续发展的三项基本原则是什么？
7. 可持续发展包括哪些理论？
8. 中国是如何实施可持续发展战略的？并且取得了哪些进展？
9. 为什么说科学技术是可持续发展的动力？
10. 目前国际上比较有影响的可持续发展指标体系有哪几种？其主要指标是什么？
11. 三种生产理论中三种生产指哪三种生产？衡量三种生产的主要指标是什么？
12. 三种生产力之间的关系如何？
13. 人类对世界系统的认识经历哪几个阶段？
14. 三种生产理论在环境管理学中的地位与作用如何？

第三章　生态环境监督管理体制

本章重点

本章要求熟悉我国环境监督管理体制建立和发展历程，掌握我国环境监督管理体制的特征以及美国、日本环境监督管理体制的构成及特点。

第一节　中国生态环境监督管理体制

一、生态环境监督管理体制的概念

体制是指有关组织机构的设置，领导隶属关系以及管理权限划分等方面的体系和制度。

生态环境监督管理体制指国家生态环境监督管理机构的设置，以及这些机构之间生态环境保护监督管理权限的划分。

二、我国关于生态环境监督管理体制的规定

1989 年，全国人民代表大会常委会颁布了《中华人民共和国环境保护法》，由此奠定了我国现行环境管理体制的基本模式。环境保护法明确规定了国务院作为最高国家行政机关，统一领导国务院各个环境监督管理部门和全国地方各级人民政府的工作，根据宪法和法律制定环境资源行政法规，编制和执行包括环境资源保护内容的国民经济和社会发展计划及国家预算。县级以上地方各级人民政府，依照法律规定的职责和权限管理本行政区域内的环境资源保护工作。国务院环境保护行政主管部门对全国环境保护工作实施统一监督管理，县级以上地方人民政府环境保护行政主管部门对本辖区的环境保护工作实施统一监督管理。《环境保护法》还规定了其他各有关部门依照法律规定对环境保护实施监督管理。

国家海洋行政主管部门、港务监督、渔政渔港监督、军队环境保护部门和各级公安、交通、铁道、民航管理部门，依照有关法律的规定对环境污染防治实施监督管理。

县级以上人民政府的土地、矿产、林业、农业、水利行政主管部门，依照有关法律的规定对资源的保护实施监督管理。

《中华人民共和国环境保护法(2014 修订)》第十条规定，国务院环境保护主管部门，对全国环境保护工作实施统一监督管理；县级以上地方人民政府环境保护主管部门，对本行政

区域环境保护工作实施统一监督管理；县级以上人民政府有关部门和军队环境保护部门，依照有关法律的规定对资源保护和污染防治等环境保护工作实施监督管理。

目前我国的环境管理机构有以下几种：

（1）环境经济综合管理机关。国务院和县级以上地方人民政府的计委、经委、科委负责做好国民经济、社会发展计划和生产建设、科学技术中的环境资源保护综合平衡工作。

（2）生态环境统一监督管理机关。生态环境统一监督管理机关为各级人民政府的生态环境行政主管部门，包括国务院生态环境行政主管部门和县级以上各级地方人民政府生态环境行政主管部门。

（3）生态环境部门监督管理机关。部门监督管理是指相关部门依法定的职责权限对与其相关的环境保护工作进行具体监督管理。部门监督管理机关包括：中央一级的国家海洋行政主管部门、港务监督、渔政渔港监督、军队环境保护部门和各级公安、交通、铁道、民航管理部门和县级以上人民政府的土地、矿业、林业、农业、水利、建设等行政主管部门。

三、我国生态环境监督管理体制的构成及其特征

（一）构成

我国目前环境监督管理的最高领导机构是中华人民共和国生态环境部。中华人民共和国生态环境部是国务院主管环境保护工作的直属机构。

各省(市、自治区)生态环境厅以及其他各级人民政府的生态环境局是地方各级人民政府在环境管理方面的综合、协调、执法和监督的职能部门。

我国已形成国家、省、市、县、乡(镇)五级生态环境管理机构体系，见图3-1。

（二）生态环境管理机构体系

1. 生态环境管理行政机构

目前，我国的生态环境管理行政机构体系包括国家、省、市、县、镇(乡)五级。生态环境部是国家级生态环境管理行政机构。该部设办公厅、中央生态环境保护督察办公室、综合司、法规与标准司、行政体制与人事司、科技与财务司、自然生态保护司、水生态环境司、海洋生态环境司、大气环境司、应对气候变化司、土壤生态环境司、固体废物与化学品司、核设施安全监管司、核电安全监管司、辐射源安全监管司、环境影响评价与排放管理司、生态环境监测司、生态环境执法局、国际合作司和宣传教育司21个职能机构。

各省、自治区、市生态环境行政主管部门的机构设置与生态环境部基本对应，地、市级和县级生态环境行政主管部门的内设机构简化，乡、镇级常为下设的环保办公室。

其他的国家机关就各自的业务范围设置相应的环境与资源保护部门。

2. 环境管理立法机构

我国现行的环境管理立法机构是全国人民代表大会环境与资源保护委员会(简称全国人民代表大会环资委)。该委员会是全国人民代表大会在环境和资源保护方面行使职权的常设工作机构，是全国人民代表大会的专门委员会之一，受全国人民代表大会领导。它负责提出、拟定和审议环境资源方面的法律草案和有关的其他议案，并协助全国人民代表大会常委会进行资源与环境方面法律执行的监督等。

1993年3月29日，第八届全国人民代表大会第一次会议通过增设全国人民代表大会环

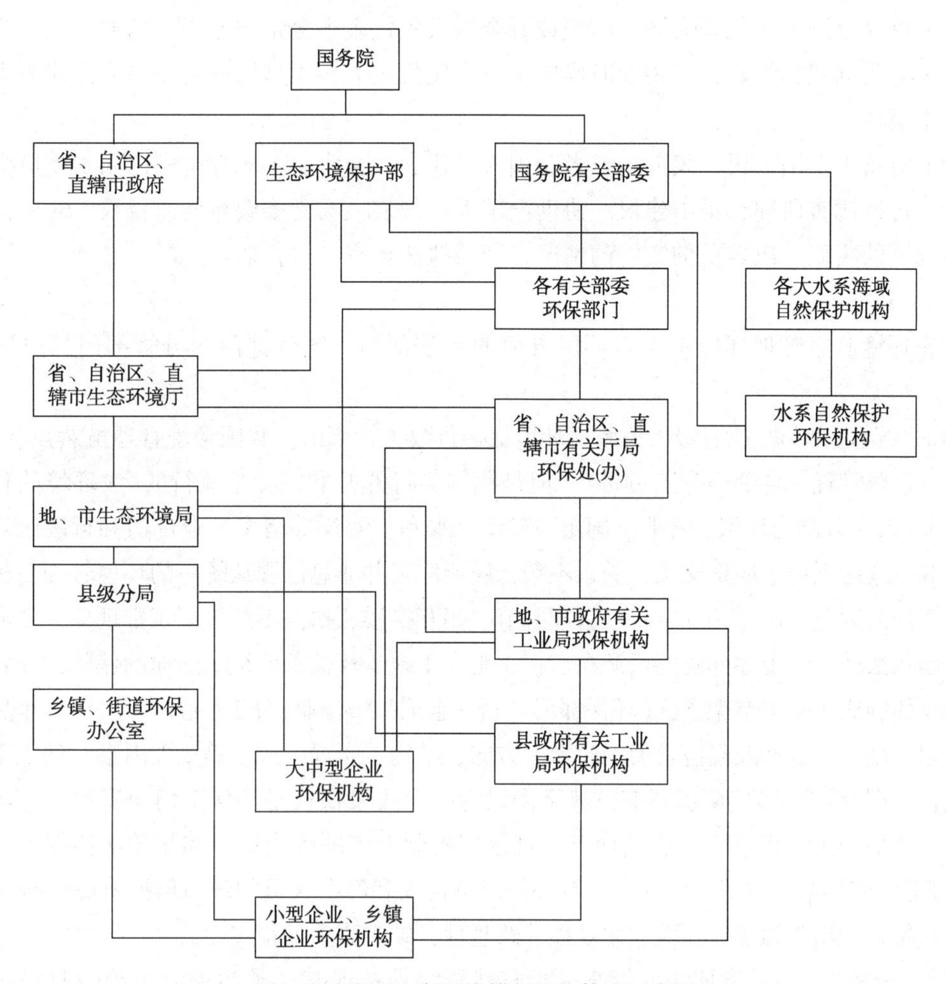

图 3-1　我国生态环境管理机构体系示意图

境保护委员会的决定。1994 年 3 月 22 日，第八届全国人民代表大会第二次会议决定其改名为全国人民代表大会环境与资源保护委员会，并保留至今。该委员会的设立使环境与资源保护在国家的最高权力机关有了专门的负责机构，对我国的环境与资源保护有着重要意义。各省、直辖市的地方人民代表大会也设置了相应的委员会。

全国人民代表大会环境与资源保护委员会受全国人民代表大会领导；在全国人民代表大会闭会期间，受全国人民代表大会常委会领导。全国人民代表大会环境与资源保护委员会由主任委员 1 人、副主任委员若干人和委员若干人组成。

全国人民代表大会环境与资源保护委员会在全国人民代表大会及其常委会的领导下，研究、审议和拟订相关议案。具体职责有：

（1）审议全国人民代表大会主席团或者全国人民代表大会常委会交付的议案；

（2）向全国人民代表大会主席团或者全国人民代表大会常委会提出属于全国人民代表大会或者全国人民代表大会常委会职权范围内同本委员会有关的议案；

（3）审议全国人民代表大会常委会交付的被认为同宪法、法律相抵触的国务院的行政法规、决定和命令，国务院各部、各委员会的命令、指示和规章，省、自治区、直辖市的人民政府的决定、命令和规章，提出报告；

（4）审议全国人民代表大会主席团或者全国人民代表大会常委会交付的质询案，听取受质询机关对质询案的答复，必要的时候向全国人民代表大会主席团或者全国人民代表大会常委会提出报告；

（5）对属于全国人民代表大会或者全国人民代表大会常委会职权范围内同本委员会有关的问题，进行调查研究，提出建议。协助全国人民代表大会常委会行使监督权，对法律和有关法律问题的决议、决定贯彻实施的情况，开展执法检查，进行监督。

（三）特征

生态环境监督管理部门是生态环境方面的行政部门。统管部门与分管部门的执法地位平等。

（1）“统管”部门是指各级人民政府环境保护行政主管部门。我国环境管理虽然强调“环保部门统一监督管理，各部门分工负责”，但是我国实行的并非国际上流行的“大环境的管理体制”，而是人为分割为环保、林业、国土、矿产、水利、海洋等诸多产业部门和行政区划。这些部门和行政区划由于职责交叉、关系不顺，履行职责并非总能服从统一的环境管理目标，而是受制于局部利益，出现相互争权、管理脱节、相互推诿、执法不严等不正常现象，削弱和降低了环境执法效能。上述问题的根源在于：一是由于缺少环保部门组织法律的保障，导致现行环保管理体制成了一个空架子，（环保部门）“统一监管”“（行业）分工（地方）分级管理配合”的实效难以显现；二是涉及经济发展的政策、方向、结构、布局、规模等重大因素对环境影响的综合论证，即“综合决策”认识不够，甚至误以为综合决策仅仅是环保部门向有关部门渗透权力或对其他部门决策程序施加影响而已，且运作机制上欠缺固定渠道和相关法律保障，结果“绝大部分的职能落实取决于领导人、有关部门负责人和经办人员的环境保护意识”“环境与发展综合决策表现出很强的人为性、主观性、跨越性，缺乏必要的稳定性”。

（2）“分管”部门是指依法分管某一类自然资源保护或某一类污染源防治的监督管理工作的部门。

（3）统管与分管之间不存在行政上的隶属关系，在行政执法上都是代表国家行使执法权，其地位是平等的，没有领导与被领导、监督与被监督的关系，而只有分工的不同。

（4）它们之间应当密切配合，相互支持，既分工又合作，共同做好环境监督管理工作。

四、我国生态环境监督管理机构的职责

我国生态环境监督管理机构的职责见表3-1。

表3-1 我国生态环境监督管理机构的职责

部门		主要职责
人民政府生态环境行政主管部门	我国设立中央、省（自治区、直辖市）、市（地、自治州、盟）、县（族、县级市）、乡（镇、街道）五级生态环境管理机构	《环境保护法》第6、8、9、10、11、13、14、15、16、18、20、22、23、24、25、26、27、28、29、31、33、34、37、40、44、47、49、50、51、53、54、60、62、63、67、68条规定了人民政府生态环境行政主管部门的职责

续表

部门		主要职责
其他依照法律规定行使生态环境监督管理权的部门	1. 依照有关法律规定对其他污染防治实施监督管理的部门	1. 国家海洋行政主管部门，分管全国防治海洋工程建设项目和海洋倾倒废弃物对海洋污染损害的监督管理
		2. 港务监督行政主管部门，对我国内河船舶、拆船污染港区水域和港区的机动船舶噪声污染防治实施监督管理
		3. 渔政渔港监督行政主管部门，对内河渔业船舶排污、拆船作业污染、内河渔业港区水域的污染防治实施监督管理；对我国海域渔港水域内非军事船舶和渔港水域外渔业船舶污染海洋环境的监督管理，并调查处理内河的渔业污染事故；参与船舶造成海域污染事故的调查处理
		4. 军队环境保护行政主管部门，对部队在演练、武器试验、军事科研、军事生产、运输、部队生活等方面对环境的污染防治实施监督管理
		5. 各级公安机关，对环境噪声、放射性污染、汽车尾气污染破坏野生动物和破坏水土保持等环境污染防治和自然资源保护实施监督管理
		6. 交通部门的行政机关，对陆地水体船舶的大气污染、水污染和环境噪声防治实施监督管理
	2. 依照有关法律对资源保护实施监督管理的部门	1. 土地资源保护行政主管部门，对土地资源实施监督和管理
		2. 林业行政主管部门，对森林资源陆生野生动物、野生植物资源保护和防沙治沙工作实施监督和管理
		3. 农业行政主管部门，对耕地、农田保护区、草原、野生植物资源实施监督管理
		4. 水利行政主管部门，对水资源保护、水土保持实施监督管理
		5. 渔业行政主管部门，对渔业资源、水生野生动物资源实施监督管理

五、我国生态环境监督管理机构的职能

(一)生态环境部

生态环境部机构设置及其职能见表3-2。

表3-2　生态环境部机构设置及其职能

内设机构	机构职能
办公厅	负责机关日常运转工作，承担信息、安全、保密、信访、政务公开、信息化等工作，承担全国生态环境信息网建设和管理工作
中央生态环境保护督察办公室	监督生态环境保护党政同责、一岗双责的落实情况，拟订生态环境保护督察制度、工作计划、实施方案并组织实施，承担中央生态环境保护督察组织协调工作。承担国务院生态环境保护督察工作领导小组日常工作
综合司	组织起草生态环境政策、规划，协调和审核生态环境专项规划，组织生态环境统计、污染源普查和生态环境形势分析，承担污染物排放总量控制综合协调和管理工作，拟订生态环境保护年度目标和考核计划
法规与标准司	起草法律法规草案和规章，承担机关有关规范性文件的合法性审查工作，承担机关行政复议、行政应诉等工作，承担国家生态环境标准、基准和技术规范管理工作

续表

内设机构	机构职能
行政体制与人事司	承担机关、派出机构及直属单位的干部人事、机构编制、劳动工资工作，指导生态环境行业人才队伍建设工作，承担生态环境保护系统领导干部双重管理有关工作，承担生态环境行政体制改革有关工作
科技与财务司	承担生态环境领域固定资产投资和项目管理相关工作，承担机关和直属单位财务、国有资产管理、内部审计工作。承担生态环境科技工作，参与指导和推动循环经济与生态环保产业发展
自然生态保护司	组织起草生态保护规划，开展全国生态状况评估，指导生态示范创建。承担自然保护地、生态保护红线相关监管工作。组织开展生物多样性保护、生物遗传资源保护、生物安全管理工作。承担中国生物多样性保护国家委员会秘书处和国家生物安全管理办公室工作
水生态环境司	负责全国地表水生态环境监管工作，拟订和监督实施国家重点流域生态环境规划，建立和组织实施跨省(国)界水体断面水质考核制度，监督管理饮用水水源地生态环境保护工作，指导入河排污口设置
海洋生态环境司	负责全国海洋生态环境监管工作，监督陆源污染物排海，负责防治海岸和海洋工程建设项目、海洋油气勘探开发和废弃物海洋倾倒对海洋污染损害的生态环境保护工作，组织划定海洋倾倒区
大气环境司	负责全国大气、噪声、光、化石能源等污染防治的监督管理，建立对各地区大气环境质量改善目标落实情况考核制度，组织拟订重污染天气应对政策措施，组织协调大气面源污染防治工作。承担京津冀及周边地区大气污染防治领导小组日常工作
应对气候变化司	综合分析气候变化对经济社会发展的影响，牵头承担国家履行联合国气候变化框架公约相关工作，组织实施清洁发展机制工作。承担国家应对气候变化及节能减排工作领导小组有关具体工作
土壤生态环境司	负责全国土壤、地下水等污染防治和生态保护的监督管理，组织指导农村生态环境保护，监督指导农业面源污染治理工作
固体废物与化学品司	负责全国固体废物、化学品、重金属等污染防治的监督管理，组织实施危险废物经营许可及出口核准、固体废物进口许可、有毒化学品进出口登记、新化学物质环境管理登记等环境管理制度
核设施安全监管司	承担核与辐射安全法律法规草案的起草，拟订有关政策，负责核安全工作协调机制有关工作，组织辐射环境监测，承担核与辐射事故应急工作，负责核材料管制和民用核安全设备设计、制造、安装及无损检验活动的监督管理
核电安全监管司	负责核电厂、研究型反应堆、临界装置等核设施的核安全、辐射安全、辐射环境保护的监督管理
辐射源安全监管司	负责核燃料循环设施、放射性废物处理和处置设施、核设施退役项目、核技术利用项目、铀(钍)矿和伴生放射性矿、电磁辐射装置和设施、放射性物质运输的核安全、辐射安全和辐射环境保护、放射性污染治理的监督管理
环境影响评价与排放管理司	承担规划环境影响评价、政策环境影响评价、项目环境影响评价工作，承担排污许可综合协调和管理工作，拟订生态环境准入清单并组织实施
生态环境监测司	组织开展生态环境监测、温室气体减排监测、应急监测，调查评估全国生态环境质量状况并进行预测预警，承担国家生态环境监测网建设和管理工作
生态环境执法局	监督生态环境政策、规划、法规、标准的执行，组织拟订重特大突发生态环境事件和生态破坏事件的应急预案，指导协调调查处理工作，协调解决有关跨区域环境污染纠纷，组织实施建设项目环境保护设施同时设计、同时施工、同时投产使用制度

续表

内设机构	机构职能
国际合作司	研究提出国际生态环境合作中有关问题的建议，牵头组织有关国际条约的谈判工作，参与处理涉外的生态环境事务，承担与生态环境国际组织联系事务
宣传教育司	研究拟订并组织实施生态环境保护宣传教育纲要，组织开展生态文明建设和环境友好型社会建设的宣传教育工作。承担部新闻审核和发布，指导生态环境舆情收集、研判、应对工作
机关党委	负责机关和在京派出机构、直属单位的党群工作。负责党的政治、思想、组织、作风、纪律和制度建设
离退休干部办公室	负责离退休干部工作。拟订并组织实施部机关离退休干部管理规章、制度。承担部机关离退休干部管理工作，指导在京派出机构、直属单位离退休干部管理工作

(二)省及各级地方人民政府的生态环境机构的组成和职能

省级生态环境部门机构的组成和主要职能见表3-3。

表3-3　省级生态环境部门机构的组成和主要职能

机构组成	部门职能
办公室	负责机关日常运转工作，负责厅政务服务中心工作，承担全省生态环境信息网建设和管理工作，承办人民代表大会代表建议、政协提案工作
省委、省政府生态环境保护督察办公室	监督生态环境保护党政同责、一岗双责落实情况，拟订省委、省政府生态环境督察制度、工作制度、实施方案并组织实施，承担省委、省政府生态环境保护督察组织协调工作，承担省委、省政府生态环境保护督察工作领导小组办公室日常工作，承担省级目标绩效管理有关工作，承担对省直部门的生态环境保护目标绩效考核
综合处	组织起草全省生态环境政策、规划，协调和审核生态环境专项规划，组织全省生态环境统计、污染源普查和生态环境形势分析，拟订全省生态环境保护年度目标和考核计划
法规与标准处(内部审计处)	牵头起草生态环境地方性法规和政府规章草案，并负责协调、审查与报送
人事与离退休干部处(党组巡察工作领导小组办公室)	承担厅机关、派出机构及直属单位的干部人事、机构编制、劳动工资工作，指导生态环境行业人才队伍建设工作，承担生态环境行政体制改革有关工作。负责厅党组的巡察工作。负责离退休干部工作
财务处	承担省生态环境领域固定资产投资和项目管理相关工作，承担厅机关、派出机构及直属单位的财务、国有资产管理等工作
自然生态保护处(生物多样性保护办公室)	组织起草生态保护规划，开展全省生态状况评估，指导生态示范创建。承担自然保护地、生态保护红线相关监管工作。组织开展生物多样性保护、生物遗传资源保护、生物安全管理工作。承担省生物多样性保护办公室工作
水生态环境处	负责全省地表水生态环境监管工作，拟订和监督实施省重点流域生态环境规划，组织实施全省水环境质量和水污染防治工作考核制度，指导入河排污口设置。承担省水污染防治工作领导小组办公室日常工作。监督管理饮用水水源地生态环境保护工作。建立和组织实施县界水体断面水质考核制度
海洋生态环境处	负责全省海洋生态环境监管工作，监督陆源污染物排海，负责防治海岸和海洋工程建设项目、海洋油气勘探开发和废弃物海洋倾倒对海洋污染损害的生态环境保护工作，协调指导海洋、海岛污染防治和生态保护执法工作
大气环境处	负责全省大气、噪声、光、化石能源等污染防治的监督管理，组织实施全省大气环境质量改善目标落实情况考核制度，组织拟订重污染天气应对政策措施，组织协调大气面源污染防治工作。承担省大气污染防治领导小组办公室日常工作

市级人民政府的生态环境机构的组成和职能见表3-4。

表3-4 市级生态环境部门机构的组成和主要职能

内设机构	机构职能
办公室	负责机关日常工作的综合协调和督察督办
财务审计处	负责机关、派出机构和所属单位的财务、国有资产管理和内部审计工作
政策法规处	负责组织起草生态环境地方性法规和政府规章草案
环评监督和科技处	负责全市生态环境准入的监督管理和生态环境科学技术发展、技术进步及对外合作与交流工作
土壤管理处	负责全市土壤、地下水等污染防治和生态保护的监督管理。负责全市土壤污染防治综合性工作
自然生态保护处	负责指导、协调、监督、管理自然生态保护工作和生态示范建设工作
污染物排放管理处	负责应对气候变化和温室气体减排工作
核与辐射安全监督管理处	负责全市核与辐射安全的监督管理
生态环境监测处	负责环境监测管理和环境质量、生态状况等环境监测信息发布
固体废物和化学品处	负责全市工业固体废物(含医疗废弃垃圾)、化学品、重金属等污染防治的监督管理
信访处	负责生态环境信访工作
综合规划处	负责组织起草全市生态环境规划和年度计划
大气污染防治处	负责全市大气环境保护和监督管理
水生态环境处	负责全市地表水生态环境监管工作
协调督导处	负责生态环境保护重点工作及重点任务的综合协调督导
环境应急处	负责制定突发环境事件应急预案并指导、组织、协调应急相关工作
人事处	负责生态环境干部队伍、人才队伍建设和行政体制改革，完善行政体制机制，提高整体能力
直属单位党委	负责机关、所属单位的纪检(监察)、党建、精神文明建设及群团等工作

县级人民政府的生态环境机构的组成和职能见表3-5。

表3-5 县级人民政府的生态环境机构的组成和职能

机构组成	部门职能
办公室	负责文电、会务、档案、保密、目标绩效管理、政务公开等工作。拟订机关工作制度并监督执行，管理全县生态环境保护行政奖励工作。负责全县生态环境系统人才队伍建设、干部人事、机构编制、劳动工资管理、离退休人员管理等工作
水生态环境股(农村生态环境股)	负责全县地表水生态环境和流域污染防治的监督管理工作。拟订并监督实施全县流域生态环境规划。组织编制全县水功能区划，确定水体纳污能力。建立并组织实施跨县(区)界水体断面水质考核制度。承担排污口设置管理工作。组织实施水污染防治行动计划
大气环境股	负责全县大气、噪声、光、化石能源等污染防治的监督管理。编制并组织实施全县城市大气环境质量限期达标和改善规划。拟订并组织实施全县大气环境质量改善目标落实情况考核制度。组织实施大气污染防治行动计划
土壤生态环境股	负责全县土壤污染防治和生态保护、固体废物、危险废物、化学品、重金属等污染防治的监督管理。组织实施土壤污染防治行动计划和全县危险废物经营许可环境管理制度。监督管理农用地土壤污染防治和生态保护工作
生态环境综合执法股	宣传、贯彻执行生态环境保护领域行政执法有关方针政策、法律、法规和规章。负责全县生态环境保护领域执法的监督指导、重大案件查处、跨区域执法的组织协调。承担各类生态环境保护执法专项行动、司法联动、跨区域联合执法、交叉执法等工作

（三）其他生态环境监督管理机构

国家海洋行政主管部门、港务监督、渔政渔港监督、军队环境保护部门和各级公安、交通、铁道、民航管理部门，县级以上人民政府的土地、矿产、林业、农业、水利行政主管部门，与各级政府的生态环境行政主管部门有很大的区别，它们只是在与自己的业务相关的范围内执行一定的生态环境监督管理任务。

六、我国生态环境监督管理机构的建立和发展

（一）第一阶段（从1973年第一次全国环境保护会议后~1982年国家机构改革以前）

1973年全国第一次环境保护会议的召开，国务院批转发布了原国家计划委员会《关于保护和改善环境的若干规定》（试行草案）。该草案指出："各地区、各部门要设立精干的环境保护机构，给他们以监督、检查的职权。"1974年10月，国务院环境保护领导小组正式成立，主要职责是：负责制定环境保护的方针、政策和规定，审定全国环境保护规划，组织协调和督促检查各地区、各部门的环境保护工作。这标志着我国环境保护机构建设的起步。这是一种不上编制的机构，并一直持续了九年之久。1979年《环境保护法（试行）》颁布后，全国很多省、市级人民政府也设立了环境保护监督机构，国务院有关部门也设立了环境保护监督机构，这是我国环境监督管理体制的初创时期。

（二）第二阶段（从1982年国家机构改革~1988年七届全国人民代表大会一次会议以前）

1982年5月，第5届全国人民代表大会常委会第23次会议决定，将国家建委、国家城建总局、建工总局、国家测绘局、国务院环境保护领导小组办公室合并，组建城乡建设环境保护部，部内设环境保护局。1984年5月，成立国务院环境保护委员会，其任务是：研究审定有关环境保护的方针、政策，提出规划要求，领导和组织协调全国的环境保护工作。委员会主任由副总理兼任，办事机构设在城乡建设环境保护部（由环境保护局代行）。1984年12月，城乡建设环境保护部环境保护局改为国家环境保护局，仍归城乡建设环境保护部领导，同时也是国务院环境保护委员会的办事机构，主要任务是负责全国环境保护的规划、协调、监督和指导工作。1984年以后，省、地、县环境保护监督管理机构相继作了调整。在这一阶段中，我国的环境管理机构可以分为三种类型。第一类是国家环境保护局，省、直辖市、自治区环境保护局，地、市、县等地区性、综合性环境保护机构，这是环境监督管理体系的重点；第二类是部门性、行业性的环境保护机构，如轻工、化工、冶金、石油等部门都设立了部门性的环境保护机构，主要负责控制污染和破坏；第三类是农业、林业、水利等部门的环境管理机构，负责资源管理。

（三）第三阶段（从1988年3月七届全国人民代表大会一次会议~1998年九届全国人民代表大会一次会议以前）

1988年3月，在第七届全国人民代表大会一次会议上，国务院将原设在城乡建设环境保护部的国家环境保护局升格为国务院直属局，同时仍作为国务院环境保护委员会的办事机构。1988年7月，将环保工作从城乡建设部分离出来，成立独立的国家环境保护局（副部级），明确为国务院综合管理环境保护的职能部门，作为国务院直属机构，也是国务院环境保护委员会的办事机构。

（四）第四阶段（从1998年国家机构改革~2008年国家机构改革）

为进一步加强环境管理，强化国家环境行政主管部门的职能，国家在1998年6月将国家环境保护局升格为正部级的国家环境保护总局，作为国务院的主管环境保护工作的直属机

构，同时撤销国务院环境保护委员会，把原国家科委的国家核安全局并入国家环境保护总局。同年6月，经国务院批准的《国家环境保护总局职能配置内设机构和人员编制规定》，对国家环境保护总局的职能、内设机构、人员编制等作了具体规定。

原国务院环保委的职能、原国家科委承担的核安全监督管理、管理和组织协调环保国际条约国内履约活动及统一对外联系、机动车污染防治监督管理、农村生态环境保护、生物技术环境安全的职能划入国家环境保护总局。原国家环境保护局制定环保产业政策和发展规划的职能交给国家经贸委，国家环境保护总局参与有关工作。

2003年10月，根据《关于环保总局调整机构编制的批复》(中央编办复字［2003］139)号文件，国家环境保护总局调整了内部机构设置，撤销监督管理司，设置环境影响评价管理司、环境监察局。

2008年7月，国家环境保护总局升格为环境保护部，从国务院直属机构变为国务院组成部门，更多参与综合决策，显示环境影响在政府决策中的分量提高。但部分环保职能仍分散在其他部门，如污染防治职能分散在海洋、港务监督、渔政、渔业监督、军队环保、公安、交通、铁道、民航等部门。环境保护部主要职责是，拟订并组织实施环境保护规划、政策和标准，组织编制环境功能区划，监督管理环境污染防治，协调解决重大环境问题等，涵盖资源开发利用与环境保护职能，具体改革方案是以国家环境保护总局为基础，并入国土资源部大部分职能、发改委中的资源环境司、水利部、林业局、人口与计划生育委员会、地震局、气象局、海洋局、测绘局。

(五) 第五阶段(从2008年国家机构改革以后~至今)

2018年3月13日，十三届全国人民代表大会一次会议第四次全体会议组建生态环境部，不再保留环境保护部。将环境保护部的职责，国家发展和改革委员会的应对气候变化和减排职责，国土资源部的监督防止地下水污染职责，水利部的编制水功能区划、排污口设置

变迁时间轴

① 国务院环境保护领导小组

环境保护部的前身最早可追溯至1974年10月,当时成立的国务院环境保护领导小组主要负责制定环保的方针、政策和规定,审定全国环保规划,组织协调和督促检查各地区、各部门的环保工作。

② 城乡建设环境保护部

从1982年5月国家建委、国家城建总局、建工总局、国家测绘局、国务院环境保护领导小组办公室合并,共同组建城乡建设环境保护部(内设环境保护局),到两年后成立的国务院环境保护委员会。

③ 国家环境保护局

1984年12月,国家环境保护局成立,1988年7月,独立的国家环境保护局(副部级)问世。

⑤ 国家环境保护部

2008年7月,国家环保总局再次升级为国家环境保护部,成为国务院组成部门。

⑥ 生态环境部

2018年3月,国务院将环境保护部的职责,国家发展和改革委员会的应对气候变化和减排职责,国土资源部的监督防止地下水污染职责,水利部的编制水功能区划、排污口设置管理、流域水环境保护职责,农业部的监督指导农业面源污染治理职责,国家海洋局的海洋保护职责,国务院南水北调工程建设委员会办公室的南水北调工程项目区环境保护职责整合,组建生态环境部,作为国务院组成部门。生态环境部对外保留国家核安全局牌子。

管理、流域水环境保护职责，农业部的监督指导农业面源污染治理职责，国家海洋局的海洋环境保护职责，国务院南水北调工程建设委员会办公室的南水北调工程项目区环境保护职责整合，组建生态环境部，作为国务院组成部门。生态环境部对外保留国家核安全局牌子。2018 年 4 月 16 日，生态环境部正式挂牌。

从上述我国环境保护监督管理体制的形成和发展的历史过程不难看出，随着环境问题的日益突出，党和国家对环境保护问题越来越重视，环境保护机构的地位也变得越来越重要。

第二节　美国和日本的环境监督管理体制

一、美国环境监督管理体制

早在 19 世纪 80 年代，美国人就意识到环境资源作为一种公共产品已变得相对稀缺，此后，无所有权界限的公共环境产品的保护义务开始由政府承担。1970 年，美国设立了直接向总统负责的国家环境保护局，加强了环境管理部门的行政权限。同时美国政府制定了一系列的环境保护法律，并在环境保护上投入了巨资，使得环保实施手段大大强化，环保系统各层次措施的协调配套能力也得到很大的加强。

（一）美国国家环境管理机构设置和职责

美国的联邦环境保护局是直属总统的联邦行政机构，其专门负责美国全联邦的环境管理工作。同时，为了推进地区性的环境保护管理工作，该局还设有 10 个大区办公室，把全国分成几个大区分别进行管理。美国在联邦一级，除设有环保局外，其他联邦机构（如内务部、商业部、卫生教育福利部、运输部等）也都设有环境保护机构，结合其具体职责进行特定领域的环境管理。在一些跨州的河流则建立河流管理委员会，并配备州际委员会来协调州之间的水事纠纷。美国环境管理体制的特点是由具有实权（因为联邦环保局直属总统）的环保局统一执行环境管理的职能，并且设有流域管理机构和协调不同地方纠纷的机构。

（二）美国环境监督管理体制

美国是一个联邦制国家，在环境管理上实行的是由联邦政府制定基本政策、法规和排放标准，并由州政府负责实施的体制。联邦政府设有专门的环境保护机构，对全国的环境问题进行统一的管理；联邦各部门设有相应的环境保护机构，分管其业务范围内的环境保护工作；各州也都设有环境保护专门机构，负责制定和执行本州的环境保护政策、法规、标准等。

（三）美国环境管理机构

1. 联邦政府的环保机构

（1）环境质量委员会。环境质量委员会是根据美国《1969 年国家环境政策法案》成立的，设在总统行政办公室。根据《1970 年环境质量改善法案》，专门成立了“环境质量办公室”，向委员会提供专业和行政管理方面的支持。委员会主席同时也担任办公室主任，由总统任命。根据法律的要求，委员会负责评估、协调联邦政府的行动，向总统提供有关国内和国际环境政策方面的建议，为总统准备向国会提交的年度环境质量报告。此外，委员会还负责审查联邦政府各机构和部委执行有关国家环境政策的各法案的情况。

其职能主要有两项：一是为总统提供环境政策方面的咨询；二是协调各行政部门有关环境方面的活动。根据美国《环境政策法》的规定，该委员会的具体职能是：

① 协助总统完成年度环境质量报告；

② 收集有关环境现状和变化趋势的情报，并向总统报告；

③ 评估政府的环境保护工作，向总统提出有关政策的改善建议；

④ 指导有关环境质量及生态系统调查、分析及研究等；

⑤ 向总统报告环境状况，每年至少一次。

另外，国家环境质量委员会依据法律和总统授权，有协调行政机关间有关环境保护方面的活动的职责。

美国国家环境质量委员会在美国的国家环境事务中具有重要的地位，但其建议只有被总统采纳才能实现，由此可见，在美国，总统对环境事务的态度决定着国家环境质量委员会的合理建议能否实现。

(2) 国家环保局。国家环保局是美国联邦政府的一个独立行政机构，主要负责维护自然环境和保护人类健康不受环境危害影响。由美国总统尼克松提议设立，在获国会批准后于1970年12月2日成立并开始运行，是联邦政府执行部门的独立机构，其负责人由总统直接任命，并向总统负责，不附属于任何常设部门，主管全国的防治环境污染工作。国家环保局不在内阁之列，但与内阁各部门同级，在政府环境政策的决策与执行中处于中心地位，对环境问题进行宏观的、系统的、全局性的规划与全面负责，其决策与管理过程综合反映了国内各种环境压力与环境诉求。现有全职雇员大约18000名，每年的预算经费约为105亿美元。

美国环保局内部机构按照环保主题(如大气、水、有害物等)、地理区域或后勤服务(如研究与发展、管理、法律顾问)等组织，根据职能可分为三个部分：总部、区域办公室、研究与开发办公室。所有职员都受过高等教育和技术培训：半数以上是工程师、科学家和政策分析员。此外，还有部分职员是律师和公共事务、财务、信息管理和计算机方面的专家。总之，美国国家环保局规模庞大，且独立立法，权威性很高。

美国国家环保局的主要职责包括：

① 实施和执行联邦环境保护法；

② 制定对内对外环境保护政策，促进经济和环境保护协调发展；

③ 制定环境保护研究与开发计划；

④ 制定国家环境标准；

⑤ 制定农药、有毒有害物质、水资源、大气、固体废弃物管理的法规、条例；

⑥ 提供技术，帮助州、地方政府搞好环境保护工作，同时检查他们的工作，确保有效执行联邦环境保护法律、法规；

⑦ 企业公司排污许可证的发放；

⑧ 继续保持和加强美国在保护和改善全球环境中的领导作用，同其他国家、地区一起，共同解决污染运输问题，向其他国家、地区提供技术资助，提供新技术和派遣专家。

美国国家环保局分成三个主要部门：

① 国家环保局总部。位于首都华盛顿，主要职责是制定条例与协调行动；对国际环境政策提供咨询并对外国政府提供技术协助；采取必要措施确保国家环保项目取得持续进展；对所有区域的特殊问题做出规范的解释；为研究与开发办公室和区域办公室以及他们之间的合作确定优先发展项目；控制研究与开发办公室和区域办公室的预算；协调开展区域和州职

员的技术培训课程以帮助执行有关项目；为国家管理者协会、州和地方固体废弃物管理组织协会以及其他州一级组织提供大部分有关国家环境问题的材料。

美国环保局的运行体制见图 3-2。

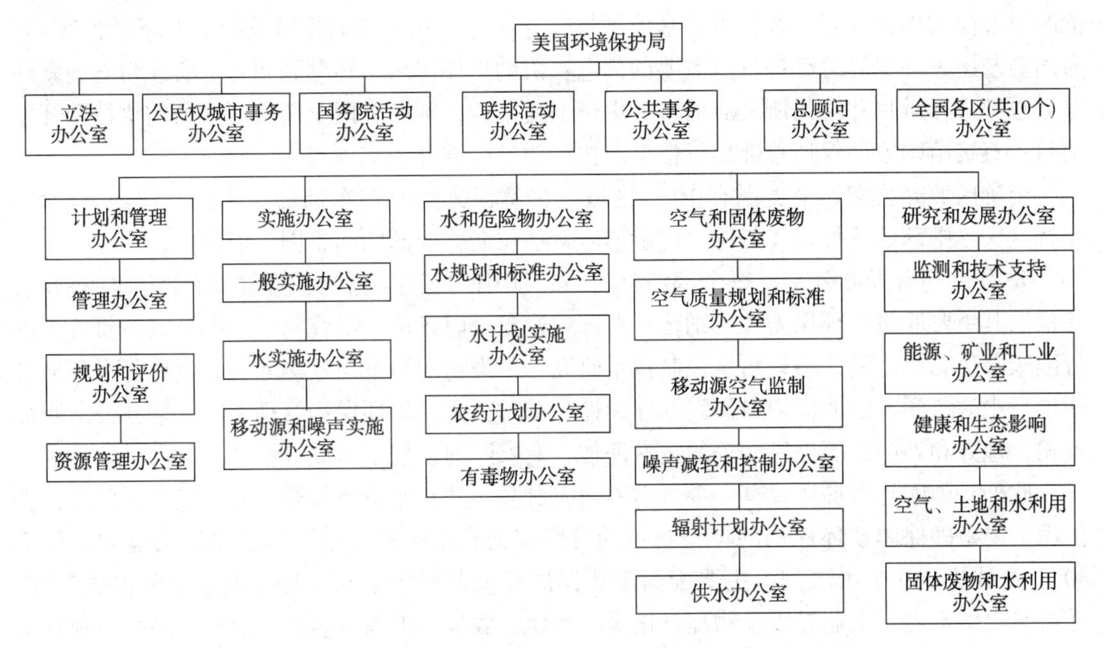

图 3-2　美国环保局运行体制

位于华盛顿特区的美国环保局总部现有管理机构：

行政和人力资源管理办公室(Office of Administration and Resources)

空气和辐射办公室(Office of Air and Radiation)

环境执法办公室(Office of Enforcement and Compliance Assurance)

环境信息办公室(Office of Environmental Information)

环境司法办公室(Office of Environmental Justice)

财务主管办公室(Office of the Chief Financial Officer)

科学政策办公室(Office of General Counsel)

环境巡查办公室(Office of Inspector General)

国际事务办公室(Office of International Affairs)

污染、杀虫剂和有毒物质办公室(Office of Prevention, Pesticides, and Toxic Substances)

研究和发展办公室(Office of Research and Development)

固体废弃物和应急反应办公室(Office of Solid Waste and Emergency Response)

水办公室(Office of Water)

各职能办公室负责在具体环境领域(如大气、水、废弃物等)制定并实施各项环境政策。国会、法院、法律监督委员会、州和地方环境委员会、环境保护组织或贸易协会等外界都与该类项目的相关机构有紧密的联系。例如，在饮用水项目中，总部与参议院和众议院的环境小组委员、美国水资源工作协会等都有密切联系。

② 国家环保局的区域办公室。区域办公室在州级环境委员会与华盛顿美国环保局之间建立联系。职责分为两方面，一方面是将国家政策落实到地方，另一方面，代表美国环保局

总部了解各地实际情况并提出实用与务实的环境政策建议。此外，区域代表还是国家环境项目的代理人，负责监督各州环境委员会对环境项目的实施。

其主要任务：执行环境项目；协助州争取可授权项目；向国家环保局总部报告项目进展情况以及协助项目开发；服务于公众信息与教育；与州政府协商拨款支持联邦下达的项目；为国会与国家环保局总部提供所需要的信息；协助将环保技术转移到州；为所在州与国家环保局总部进行辩护并对州所关心的事务提供上述渠道；帮助美国土著与所属岛屿执行和开发项目；直接给国家环保局总部提供信息或执行领导区域办公室项目。

全美区域办公室：全美现有 10 个区域办公室，分别设在东部的波士顿、纽约、费城、亚特兰大，中部的芝加哥、丹佛、堪萨斯城、达拉斯，西部的西雅图、旧金山。

③ 研究与开发办公室。每个部门都有自己明确的工作重点及不同的研究方向或领域，并根据其主要职责和环保需要分别位于总部或遍布全国各地。研究与开发办公室主要负责进行健康与生态成本的评估、污染控制技术研究、污染物的测量与检测等，并负责各个环境管理项目中对科学方法的应用与研究的连续性。同时，为国家环保局管理者和区域办公室职员及州、地方和外国政府提供相关的技术评估、专家咨询、技术帮助等服务。

此外，国家环保局还设有一个科学顾问委员会，其并非研究与开发办公室的一部分，其作用主要是确保国家环保局的项目与行动有坚实的科学基础。该委员会由国会建立，包括 80 个委员及 200 余个顾问，主要为国家环保局管理者就科学与工程方面的事务提供咨询。委员来自学术界、工业界以及物理、化学、生物、数学、工程、生态、经济、医药等独立实验室。

（3）联邦政府其他有关部门的环保机构。除了环境质量委员会和国家环保局两个专门性环保机构外，在联邦政府中还有一些部门兼有重要的环境保护职能，见表 3-6。

表 3-6　联邦政府其他部门的环保机构

联邦部门	环保职能
商业部	濒危物种管理
内政部	控制露天采矿活动环境影响，管辖国有土地，濒危物种保护
劳工部	监督管理劳动场地环境执行权
运输部	危险废物运输
核管理委员会	放射性物质污染防治
卫生与人文服务部	负责公共环境与公民的卫生健康
农业部	土壤、林业与保护区环境管理
劳动部	环境安全与职业健康管理
国防部	国防设施的污染控制与民用工程建设等环境管理
司法部	负责对环境侵害进行司法诉讼
住房和城市发展部	负责城市规划、公共区域与房屋建筑等所涉及的环境问题
交通部	石油污染、飞机噪音控制等管理
能源部	能源污染与新能源开发与技术等
总统的白宫办公室	负责对环境管理的总政策与总协调
管理与预算办公室	负责环境保护方面各种项目的资金预算与管理

2. 州政府的环保机构

在美国各州都设有州一级的环境质量委员会和环境保护局，州的环境保护机构在美国环境保护中占有重要的地位，大多数控制环境污染的联邦法规都授权联邦环保局把实施和执行法律的权力委托给经审查合格的州环保机构。此外，州环保机构和其他行政机关还可以依据州的环境保护法规享有环境行政管理权。州环保机构根据有关授权享有对违法者处以罚款的权力，对被管理者进行现场检查、监测、抽样、取证和索取文件资料的权力。尽管各州都设有专门的环境保护机构，但环境保护工作的兼管情况仍十分普遍，如很多州都把大气污染控制作为环境保护局的职责，但也有一些州是由卫生局或者自然资源局或者由一个专门的委员会承担；在水污染控制方面，大部分州都是由环境保护局管辖，但也有的州是由自然资源局或独立委员会管辖。

3. 联邦政府和州政府在环境管理中的关系

根据联邦环境法规，二者之间的关系主要有以下几种情况。

情况一：州在环境保护方面负有主要责任，而联邦政府的领导和帮助也必不可少。

美国的各主要环境法规赋予联邦环保局实施法规的权利和责任，并规定它处于领导地位，因此州政府的主要责任是在不同联邦环境法规和规章相抵触时，制定州的法律和规章以实施联邦环境法规。

情况二：联邦政府在环境保护各主要领域享有对州和地方政府的监督权，甚至在一定条件下可以取代州的执行。这一规定有利于防止州政府出于保护地方经济等原因而宽容污染者。

情况三：州和地方政府不得制定和执行比联邦政府规定的环境标准更低的环境标准，但可以制定并执行比联邦标准更严的环境标准。

联邦政府和州政府在环境保护中的职能是相辅相成的。联邦政府具有主导地位和优先权，又在一定程度上承认州和地方政府的特殊权利，以保证联邦政府所规划的区域环境目标的实现。

马萨诸塞和其他 11 个州以及一些地方政府和非政府组织起诉美国环保局

2006 年 11 月 29 日，马萨诸塞和其他 11 个州以及一些地方政府和非政府组织，根据清洁空气法第 202 条第(a)(1)的规定向法院提起对美国环保局的诉讼，称环保局对由交通部门产生的包括二氧化碳在内的四种温室气体未加管理而导致了全球气候变化，并由此造成了许多负面影响，如引起马萨诸塞州海平面升高等，要求美国环保局行使监管职责，制定机动车污染物排放标准。美国最高法院对马萨诸塞州等诉环保局一案于 2007 年 4 月 2 日做出判决。在最高法院的判决中，法院针对环保局的观点认为：第一，马萨诸塞州等原告在事实上具有要求环保局监管二氧化碳等温室气体的起诉资格。第二，美国环保局有权对温室气体进行监管。第三，美国环保局必须保护公共健康和福利。法院最终的判决是：尽管监管本身不足以扭转全球气候变暖，但是，为了减缓或者降低全球气候变暖而对来自交通部门的温室气体进行监管是环保局的职责。

二、日本环境监督管理体制

(一) 日本环境监督管理体制

在日本，中央主要环保机构即公害对策会议和环境厅分别依《公害对策基本法》《环境厅设置法》设立。从中央到地方都设有较完整的环境管理机构，它们相互制约、相互促进，既强调地方长官的环保责任，也注意与中央密切配合，加上不断完善环境法制，十分重视环境科学研究，强化企业内部环境管理，还将环境保护、劳动保护、防灾和环保产业等纳入一体化管理，目标明确，管理科学，体制理顺，使得日本的环境管理卓有成效，举世瞩目。

日本环境厅成立于1971年，标志着日本的环境管理体制进入相对集中式的阶段，环境厅厅长直接参与内阁决策。地方设有道府县和市町村环境审议会，但与环境厅是相互独立的，无上下级的领导关系，国家在环境法的实施中，主要依靠地方自治团体。2001年，依照《环境省设置法》，日本环境厅升格为环境省。内设机构由原来的长官官房、计划调整局、自然保护局、大气保护局、水质保护局、环境厅审议会等，调整为大臣官房、地球环境局、环境管理局和自然环境局。主要负责地球环境保全、防止公害、废弃物对策、自然环境的保护及整备环境。

日本公害防止协定是指日本地方自治共同体与事业者，基于相互的合意，针对为防止公害事业者应该采取的措施进行协商，最终达成包括备忘录、意向书、协议书、往返信件等多种形式的约定。它从20世纪60年代产生以来，在日本由公害先进国到环保先进国的转变过程中，发挥了长期的积极作用。

（二）日本环境管理机构

1. 公害对策会议

在日本的各省厅之下都设有各种审议会，由专家学者、已退休的中央和地方政府官员和来自企业、市民及非政府组织的代表组成，相当于决策咨询机构。其中与环保有关的主要审议会见表3-7。

表3-7　与环保相关的主要审议会

机构名称	审议会名称
总理府	动物保护审议会
科学技术厅	放射线审议会、资源调查会
环境省	公害健康被害补偿不服审查会、中央环境审议会、自然环境保护审议会、濑户内海环境保护审议会、临时水俣病认定审查会
国土厅	国土审议会、水资源开发审议会
文部省	文化财产保护审议会
厚生省	公众卫生审议会、生活环境审议会、中央环境卫生市政化审议会
农林水产省	农政审议会
农林水产省林业厅	中央森林审议会
通商产业省	工厂设置与工业用水审议会、产业构造审议会等
通商产业省资源能源厅	综合能源调查会
建设省	城市规划中央审议会、河川审议会

2. 环境省

日本环境厅于2001年1月6日升格为环境省。环境厅升格为环境省后将发生下列变化：环境省除继续履行环境厅以前的职责外，还将增加对固体废弃物实行统一管制的职能。此外，环境省将与其他省一起共同管理某些领域的事务，如促进废物循环利用、二氧化碳排放方面的规定、保护臭氧层、防止海洋污染、化学品生产和检验条例、环境辐射的监测、通过污水处理系统处理废水、河流和湖泊的保护、森林和绿地的保护等。环境省机构设置见图3-3。

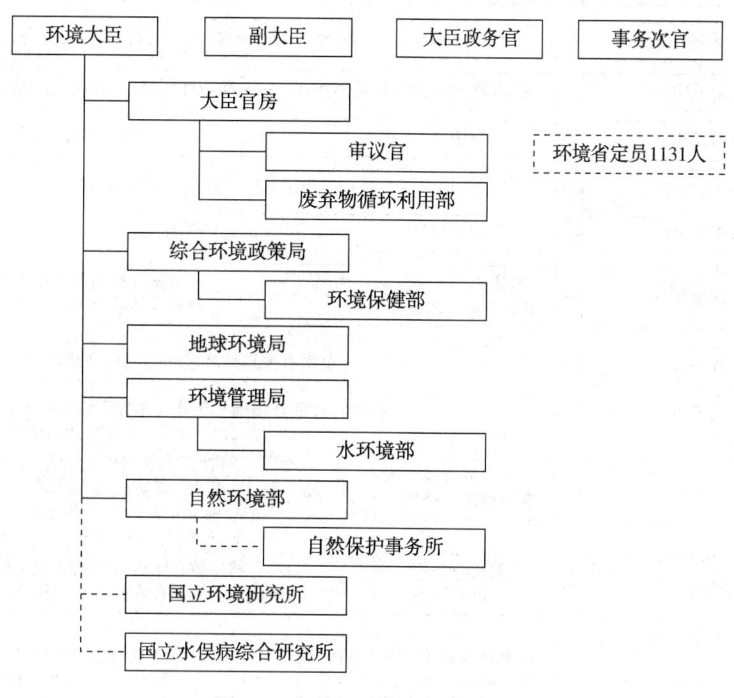

图 3-3　日本环境省机构设置

3. 环境省与其他省厅的业务关系

日本中央政府的环境管理体制是一种典型的“分散式管理”结构。总体而言，环境省主要负责环境政策及计划的制定，统一监督管理全国的环保工作。而其他相关省厅负责本部门具体的环保工作，见图 3-4。日本的决策机制基本上是一个协商的过程，即任何决策的形成都是部门间或不同利益团体间谈判、妥协和平衡的结果。环境省有两个有利于其发挥统一监督管理的权利和职能。其一，由于环境省是总理府的直属机构，就有关问题，环境省可以直接与首相对话，同时环境省长官属于内阁大臣，与其他省大臣具有同等的政治参与机会。其二，环境省被赋予协调各省厅环保工作，特别是协调污染防治经费预算的职能。然而，随着环境管理工作广度和深度的增加，特别是在生活型环境问题和全球化环境问题摆上议事日程之后，日本的这种环境管理体制在协调管理上愈来愈受到很大的挑战。

4. 日本地方政府的环境管理体制

无论在过去克服公害的时期，还是解决国际环境问题的现在，日本地方政府都发挥了非常重要的作用。一方面表现在地方政府及其环境保护部门的工作多数都走在中央政府的前面。在公害问题发生最严重的时期，地方政府率先于中央政府制定了有关防治公害的条例，这一举动是促进日本中央政府环境管理体制形成的动力之一。另一方面，地方政府所制定的环境标准都严于中央政府，并且在环境管理制度的创新上，地方政府也走到了前面，如被称作“日本模式”的公害防止协定，就是由地方政府充当着模范先锋作用。所以说，日本在防止公害方面之所以取得成功，地方政府的主动和先锋作用是决定性因素之一。

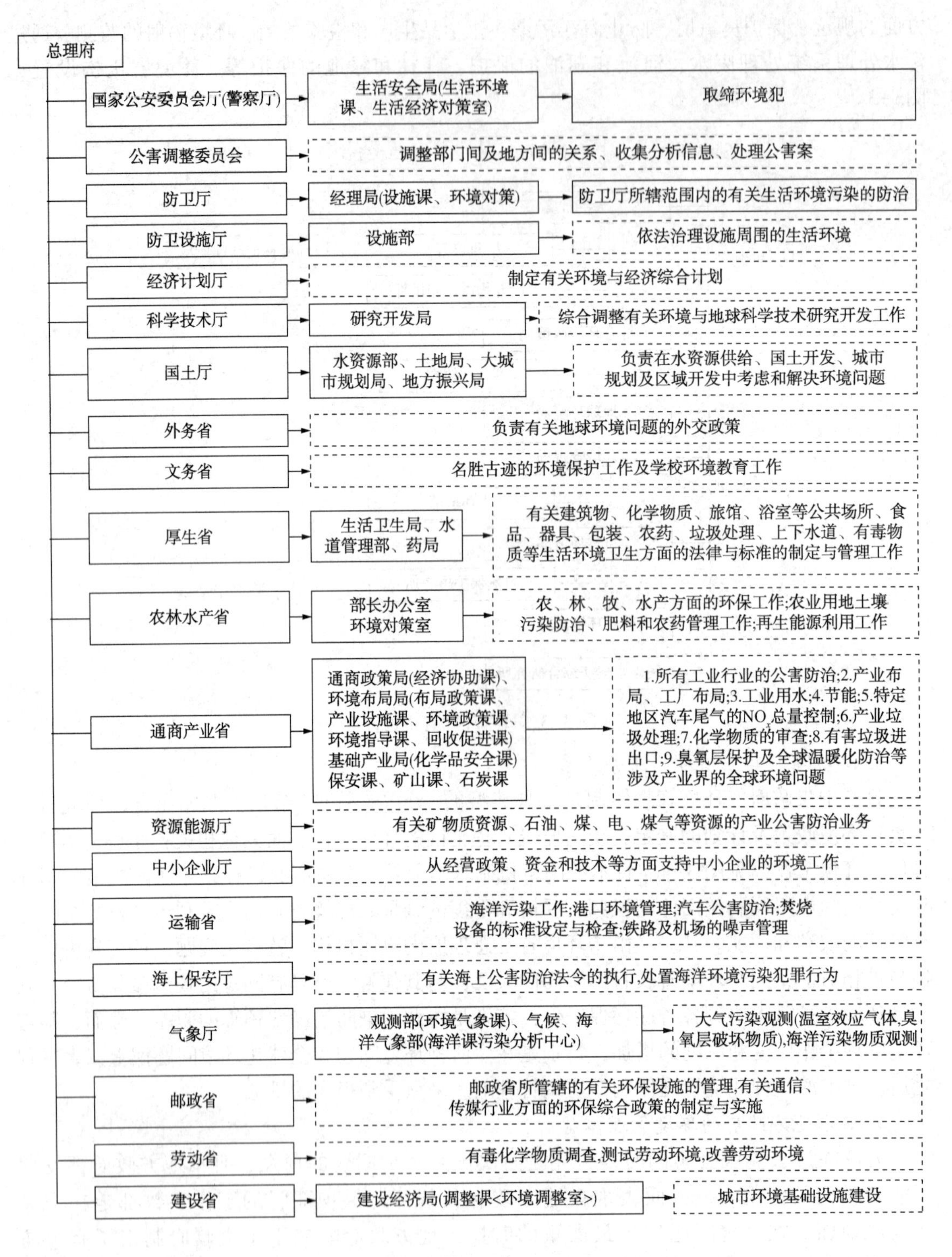

图 3-4　日本中央政府其他省厅担负的环保职能

(1) 都道府县和政令指定都市的环境管理机构

① 环境主管部门。日本地方政府下设的环保部门的名称不统一，一般与生活保健业务合并为生活环境部，也有单设为环境部或局的。在部(局)之下，根据各地的业务需要，设

若干课、处或科，如环境政策课、自然保护课、大气保全课等。地方环境主管部门只对当地政府负责，环境省与地方的业务关系往来的对象是地方政府，多数情况不直接对地方环保部门。

地方环保部门的主要职责是负责环境质量监测，一般是在重要的场所进行经常或定时监测，对其他场所进行移动式监测，同时负责固定污染源监测；进行污染发生源与环境污染的关系分析；制定地方环境工作的目标与对策；指导污染源污染控制工作；指导新开发项目的环保工作(审查、技术指导)。

② 有关环境审议和咨询部门。诸如环境审议会、公害审查会、自然环境保护审议会、环境影响评价审议会、景观保护审议会、公园审议会、大气污染受害者的认定审查会等都是地方的环境审议和咨询部门，隶属于地方政府。各地方政府根据本地区的特殊情况设置各种审议会，请相关领域的专家和相关利益团体的代表来参与讨论和决策，相当于智囊机构。这些机构的意见可以直接反映到地方政府，是地方政府在决策时必须参考的意见之一。另外，审议会还召开各种听众会议，有关部门、非政府团体以及市民等可以参加这种听众会议，发表其意见和建议。特别是在某项政策出台之前，地方政府一般多次召开这种会议，征求多方面的意见。例如，北九州市政府在制定其21世纪议程的过程中，先后面向市民和社会各界召开过21次听证会，市民提出772条意见，被采纳的意见有42条。所以，各种环境审议会不仅发挥了科学决策和提供咨询服务，而且成为联系政府与民间的桥梁和纽带，为政策制定和实施发挥了重要的沟通和协调作用，使政策既具有较强的科学性，又有较广泛的群众基础。

③ 环境科学研究机构。日本地方政府一般都有环境科学研究中心、所或类似的研究单位，从事为地方环保工作提供科学上的依据与解决办法，属技术保障机构。这些环境科学研究单位属于地方政府机构，研究人员及其他工作人员属公务员，预算全部来自地方政府，为研究工作提供了全面的保障。

④ 派出行政机构。根据需要，日本地方县(省)政府在所辖市、町可以建立环保派出机构，这些派出机构只负责某一具体业务，与当地的环保管理部门不同。

(2) 政令指定都市的环境管理机构

政令指定都市一般都设有环境保护课，其机构组织形式及职能与都道府县一级相似，有些方面更具体些，其主要负责生活环境的保护与改善工作，包括对水、大气、噪声、震动等方面的污染进行监测；现场调查、指导及管理污染控制工作；对特殊有毒物质和产业垃圾进行管理，负责绿化及自然保护工作。

5. 日本企业环境管理体制

日本企业为了防止环境污染的发生，将环境保护及治理加入了企业长期发展计划中，制定出了完善的环境管理机制，内容包括：企业发展、环境目标、共同发展指标。其次，创建完善的环境管理措施。企业在执行环境管理措施的过程中，要求企业中的工作人员具有环境保护理念，使环境保护及社会经济的发展作为企业的责任，将环境保护理念渗透到企业中每个工作人员心中。最后，制定产品生产过程中的环境管理。企业在产品生产的过程中，应以绿色设计为主，在对产品进行清洁和采购过程中，按照国际制定的环境管理标准，以降低环境负荷的材料及设备为主。企业在产品的制造过程中，使用的是对环境没有危害的工艺及设备，利用废弃物的循环再利用技术，尽可能地减少产品在生产及使用过程中对人体及环境的伤害。

日本企业环境管理体制见图 3-5。

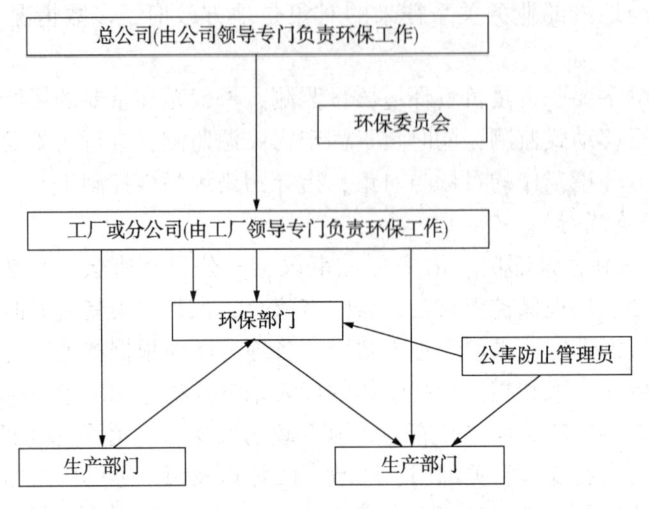

图 3-5　日本企业环境管理机制

都道府县是日本的行政区划，与中国的行政区划——省市自治区类似。共有 1 都、1 道、2 府、43 县。

1 都：东京都，日本的政治、经济和文化等的中心。

1 道：北海道，其开发比日本国内其他地方略晚。

2 府：京都府和大阪府，关西地区的主要地方，是关西历史和经济的中心地带。

43 县：除都、道、府以外，分布在日本全国的 43 个县。

政令指定都市是日本的一种行政区制。当一个都市人口超过 500000 人，并且在经济和工业运作上具有高度重要性时，该都市将被认定为日本的“主要都市”。政令指定都市享有一定程度的自治权，但原则上仍隶属于上级道、府、县的管辖。

如果没有企业界的配合和努力，在一定程度上，日本不可能在短短的十几年中就取得大气污染防治上的成功，其他环保工作也会难以开展。一般而言，日本企业的决策过程和行动特点与政府相似，即在公司决定采取公害对策之前，许多大公司都要为能使公司内各部门以及分公司形成统一的认识而花费较长的时间，但是一旦取得一致意见和总公司推出统一的公害对策方案之后，全公司上上下下都会认真彻底地加以贯彻执行，这也是日本企业文化的特点之一。在这一过程中，建立和完善公司内部的环境管理体制是一个关键的细节。

在体制建立之前或发展过程中，公司首先明确所经营的行业与环境的关系以及其应负的责任，形成有关本公司对于环境保护方面的基本认识和原则。总公司一般都设有由公司领导挂帅的环保委员会，指导各分公司的环保工作。然后，在污染物排放在一定标准以上的分公司(工厂)内设置环境管理部门，并由相应的分公司领导负责。在公害防治阶段还建立了“企业公害防止管理员”制度。

公害防止管理员制度是指在企业中由企业选拔聘任公害防止管理员，他们经过专门的资格测试后，负责对本企业排放的污染物进行测定，对污染处理设施进行管理，并对测定的数据进行记录、整理并向有关的行政部门进行汇报。凡未经公害防止管理员签字的数据均不能被认定为正式数据。这是为了促进并保证企业加强对环境问题加强自主管理的一项基本措施。

“企业公害防止管理员制度”的基本作用在于确保企业遵守法令规定的限制标准，自觉地对污染物排放设施进行管理，从质和量两方面掌握污染负荷(对污染物进行测定和记录)，并对公害防止设施进行管理和保养。此外，它还在行政管理部门—企业—当地居民之间架起了一座联系的桥梁。

法律规定，公害防止管理员必须通过国家专门的统一考试。考试每年举行一次，要求非常严格，合格率通常只有10%~20%。公害防止管理员在经选拔聘任后，由公司领导直接管理。公害防止管理员若严重失职，按法律规定，可能被入监，处罚非常严厉。所以他们的工作都非常努力和卓有成效。另外，他们本身又属于公司的一员，对公司的商业利益和环保成效具有很高的责任感。日本的公害防止管理员分三个等级，即公害防止负责人，负责统管有关防止公害的全面工作；公害防止主任管理员，协助公害防止负责人，具体指导公害防止管理员开展工作；公害防止管理员，负责开展具体工作。

6. 中央政府和地方政府在环境管理上的关系

日本虽然实行了地方自治制度，但中央政府对地方环境管理有很大的影响。中央政府除了控制整个国家立法、政策框架之外，还可通过财政补贴以及债券发放来直接影响地方环境管理的运作效果，如地方的环境监测设施和环保研究开发等能力建设。另外，通过中小企业污染处理设施、技术开发提供补助而影响到地方环境管理及政策。多年来，日本的地方环境管理较大地依赖于中央财政补贴制度，这些补贴是地方环保资金的一个重要来源。总体上，地方政府对产业污染和城市环境问题的解决上作用较大，但是在大范围的区域环境管理中的作用还是有限的。因为像土地开发、道路建设、港口建设、水资源开发等有关政策及相关的保护问题都在中央政府的控制之下，另外，日本的大部分土地属国家所有，地方政府在这些方面的权限很少，发挥不了较大的作用，这就是为什么在产业污染得到成功防治的同时，海岸带生态环境却在退化的原因之一。

但地方政府在解决环境污染问题上所能发挥的重要作用越来越明显。一方面，在20世纪60年代到70年代中期，通产省和产业界是排放标准及其他政策制定过程中的主要影响力量，而目前这种中央政府部门对污染防治政策形成的影响已逐渐弱化，同时，由于整体环境意识的提高，企业已开始自觉采取长期的污染防治措施，大多数企业已把环境保护工作纳入企业的生产体系之中，通产省对企业的管理逐渐减弱，而地方政府可以与企业直接交涉，与中央政府相比，对于企业的影响越来越大。

从中央政府和地方政府的责任结构来看，污染控制措施的具体实施主要是由地方政府来完成的。《公害防止基本法》要求在建立国家标准的同时，考虑到地方的实际情况和经验，在地方污染防治政策的制定上给予了较大的权限。

7. 日本环境管理体制的特点

(1) 一个国家的环境管理体制的结构与运作机制极大地依赖于它的政治经济体制、市场机制和社会文化背景。日本的民主政治与经济体制，地方自治和自下而上由来的环境保护方式是影响日本环境管理体制的三个重要因素。

(2) 总体上，日本环境管理体制的垂直结构是一种地方主导与自主型的，即地方政府对本管辖区的环境质量全面负责，地方环境管理机构及企业环境管理组织是全国环境管理行为的主导力量。地方政府享有较高程度的自治权。特别是预算、立法和发展自主权。另外，最重要的机制是日本的地方政府及长官必须直接面对公众的环境舆论与运动(公害时期)，直接面对由市民手中的选举权所带来的挑战与压力，因而使地方政府在环境管理中表现出很高的自觉性和主动性。这样，大大地减轻了中央政府的环境管理负担，可以使中央政府集中精力研究大政方针。

总的来说，日本环境管理体制的垂直结构是一种比较合理的和成本有效的结构。在中央政府与地方政府，政府与企业的职能分工与管理关系的划分上较为明确和合理。这样的结构对保证政策的顺利实施和减少上一级管理成本具有重要的意义。

（3）日本中央政府管理体制是一种权力分散式的格局，环境省负责政策制定、监督管理和部门协调，具体实施由相关省厅负责。这种结构有利有弊，利在能充分发挥各职能省厅的专业优势，形成经济部门、产业部门和文化教育等部门共同管理的局面。弊在若没有统一认识的条件下，协调成本过高，如果最高领导和机构不能综合决策，各职能部门缺乏环境意识和积极配合的态度，那么共同管理就可能成为谁都不管的局面。所以这种水平结构在没有一定的基础条件的支撑下，各部门达成一致意见和行动的交易成本非常昂贵。这也是日本整体决策机制的优势和缺陷之所在。日本20世纪60年代未能及时对产业公害做出反应，厚生省和通产省之间的观点难以协调是一个重要的因素之一，为此日本后来付出了很大的事后成本。但应该肯定的是，在经济得到充分发展和各部门的意见取得一致后，日本中央政府这种分散式的环境管理体制是值得提倡的。

（4）由专家和不同利益团体代表组成的审议和咨询机构，既促进了科学决策，又推进了民主决策。一方面专家、学者的意见可以代表一部分市民的意愿，另一方面，他们充当着政府与公众的桥梁和纽带，双向传递信息，有时还可以充当协调人的角色，所以这样的决策，一般具有较强的科学性和广泛的群众基础，这对有效顺利的政策实施意义重大。

（5）日本环境管理部分职能的社会化也是其特点之一。如在环境监测方面是由地方政府和企业负责。政府只负责环境质量监测和颁布技术标准及监测资格的认证，点源污染监测的责任在企业自身。这样一方面降低了政府的监测成本，同时扩大了监测能力。因为政府通过法律和政策的形式提出监测要求以后，具体监测的能力建设由相关的责任人和社会团体进行，即能力建设完全取决于监测市场的供求关系。

再如，企业的环境管理员制度。政府通过能力考试和资格认证，使企业的部分环境管理社会化和规范化。企业环境管理员制度既提高了企业环境管理的技术水平，又向社会提供了一个新的就业渠道。

思考题

1. 什么是生态环境监督管理体制？
2. 我国对于生态环境监督管理体制是如何规定的？
3. 我国生态环境监督管理体制如何构成及其特征？
4. 我国生态环境监督管理机构建立和发展经历哪几个阶段？各阶段的特征是什么？
5. 简述美国环境管理机构的构成及其各自的主要职能。
6. 简述日本环境管理机构的构成及其各自的主要职能。
7. 简述日本环境管理体制的特点。

第四章 环境政策

本章重点

本章要求熟悉我国环境政策的发展历程，掌握我国环境政策体系构成以及基本环境政策、三大环境政策。

一、环境政策概述

（一）概念

环境政策是国家为保护和改善人类环境而对一切影响环境质量的人为活动所规定的行为准则。中国的环境政策是党和政府总结了国内外社会发展历史和环境状况，为有效地保护和改善环境而制定和实施的环保工作方针、路线、原则、制度及其他各种政策的总称，是中国环境保护和管理的实际行为准则。

（二）渊源和体系

1. 环境政策的渊源

环境政策的渊源是指环境政策的表现形式。一般来说，任何环境政策都必须以某种形式的书面材料表现出来，这种表现政策内容的正式书面材料，就是环境政策的渊源，其主要有三种形式：

（1）党的政策文件。主要指中国共产党的领导机关制定或批准的有关环境保护的决定、通知等文件，例如《中共中央关于制定“十三五”规划的建议》、中共中央批转的《国务院环境保护领导小组办公室环境保护工作汇报要点》、《生态文明体制改革总体方案》(2015 年)、《党政领导干部生态环境损害责任追究办法(试行)》(2015 年)。

（2）党的领导机关和国家机关联合发布的政策文件。例如中共中央和国务院联合发布的《关于大力开展植树造林的指示》(1980 年)、《关于加快林业发展的决定》(2003 年)、《关于加快推进生态文明建设的意见》(2015 年)。

（3）国家机关颁布的政策文件。例如国务院发布的《关于结合技术改造防治工业污染的几项规定》(1983 年)，《国务院落实科学发展观加强环境保护的决定》(2005 年)、《大气污染防治行动计划》(2013 年)、《水污染防治行动计划》(2015 年)、《环境保护公众参与办法》(2015 年)、《关于优化生态环境保护执法方式提高执法效能的指导意见》(2021 年)。

在环境政策的这三类表现形式中，以第三类数量最多，第一、第二类数量不多，但很重要。在我国，中国共产党是唯一的执政党，它对各项事业的领导主要是通过政策进行宏观上、政治上的领导。因此，党的环境政策常常对环境保护工作中带有根本性、方向性的问题做出规定。国家机关制定的环境政策则多是执行性的，涉及具体问题较多。

此外，党和国家领导人的讲话、报告等有时也能成为环境政策的一种渊源，其条件是讲话、报告等涉及的是政策调整的重大问题，提出重大政策主张，并且这种主张获得国家机关的认可。例如，"环境保护是我国的一项基本国策"这一重大环境政策，就是李鹏同志在第二次全国环境保护会议开幕式上的讲话中首次提出来的，随后被公认为是我国的一项基本环境政策；2018年5月18日至19日，习近平在全国生态环境保护大会上提出"坚持人与自然和谐共生""绿水青山就是金山银山""良好生态环境是最普惠的民生福祉""山水林田湖草是生命共同体""用最严格制度最严密法治保护生态环境""共谋全球生态文明建设"六大原则，是建设美丽中国的进军号令，是永葆绿水青山的行动指南。

2. 环境政策的分类

国家环境政策内容繁纷，以不同的分类标准可有多种分类。从环境保护调控机制看，以下几种分类比较重要：

(1) 从制定政策的主体看，有党的环境政策和国家的环境政策。这一分类有利于区别不同政策的作用，并便于理解政策和法律间的关系。

(2) 按政策的性质和作用不同，可分为基本环境政策和一般环境政策。目前，我国已明确认定"环境保护是一项基本国策"，它在环境政策体系中居于主要和中心的位置，其他有关环境政策都围绕它开展并且必须服从它。

(3) 从政策调整的内容范围看，可分为综合环境政策和具体环境政策，前者对环境保护中的多个问题和领域进行调控，而后者常常只对某一具体的重要问题进行调整。

(4) 从政策调整的具体内容也可作多种分类。从保护对象出发，可以把环境政策分为保护和改善生态环境的政策、保护和改善生活环境的政策；从防治对象看，可以分为防治环境污染的政策、防治生态破坏的政策。

3. 环境政策的体系

环境政策尽管数量众多、内容繁纷，但各项政策之间并非是互相独立、毫不关联的，而是存在着有机的联系。所谓环境政策的体系，就是指由相互联系、相互制约、相互补充的各项环境政策组成的有机整体。环境政策体系是与环境法体系并行的一套规范系统。

体系的特点在于其系统性，具有一定的结构和层次。在环境政策体系中，其层次性常表现出两种纵向关系，即(1) 内容上的层次性，国策—综合环境政策—具体(单项)环境政策；(2) 制定主体和适用区域、效力等级上的层次性，中央—省级—市—县。这两种层次性直接影响有关环境政策的适用，也涉及环境执法活动(图4-1)。

(三) 环境政策的地位和作用

1. 地位

从环境管理的角度看，国家环境政策的地位主要体现在两个方面：

(1) 国家环境政策是环境管理规范体系的重要组成部分。环境管理需要综合调整，环境管理规范体系中包含法律规范、技术规范和政策性规范，其中政策性规范是重要组成部分。从环境管理的实践看，很多领域是依靠政策调整的。

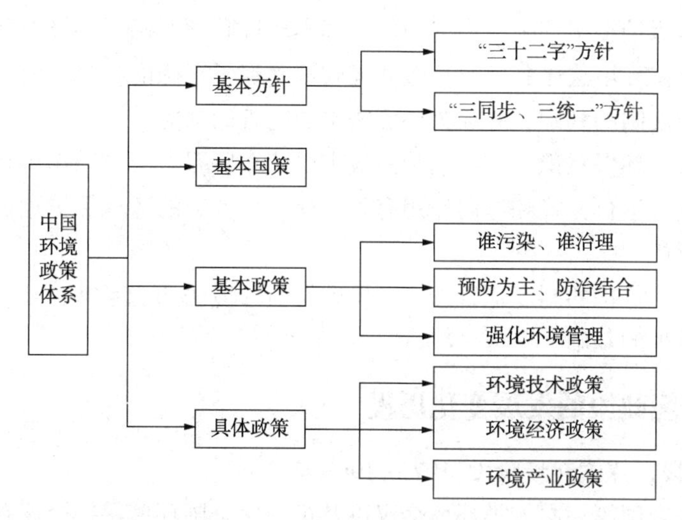

图 4-1　中国环境政策体系

（2）国家环境政策与环境法规有密切关系。法律法规是政策的法制化、定型化。

第一，党和国家的政策是立法的基础和依据。从宏观上看，党和国家的有关政策为环境立法指明了方向，划定了原则；从微观上看，许多环境法律制度都是先以政策的形式存在，在试行成熟后才上升为法律，环境影响评价制度、排污收费制度的出台莫不如此。1973 年 12 月 31 日中共中央批转的国务院环境保护领导小组通过的《环境保护工作汇报要点》是一项关于环境保护问题的政策性文件，也是我党历史上第一次以党的名义对环境保护工作做出的指示。该政策文件的许多重要规定后来都被纳入 1979 年颁布的《环境保护法(试行)》，从而完成了政策向法规的转变，是经实践证明相对成熟的政策法制化、定型化。

第二，国家环境政策是环境法规的重要补充。随着环境法体系的不断完善和环境法制的不断健全，环境管理将逐渐演变为严格的法制管理，但这绝非排斥环境政策的作用，事实上国家环境政策仍是环境管理的重要依据，其原因有三：①环境管理中将不断遇到新问题，对这些问题的管理一般首先由政策予以调整；②环境政策和环境法规一样，也存在不同的效力等级。下级环境政策往往构成上级环境法规的补充；③在科技性要求很高的环境管理领域，大量的技术政策是法规所无法代替的，它们也构成环境法规的补充，弥补环境法制管理中可能存在的空白点。

当然，并非所有的环境政策都必须转变为环境法规。环境政策既可能被废止，也可能继续发挥作用。能否转变为法规，依其内容、性质以及环境管理的实际需要而定。

环境政策和环境法既有密切联系，又有着原则区别。环境政策是制定环境法的基础和依据，环境法则是环境政策的法定化形式。它们都是保护环境的工具，但其表现形式和社会效力不同。环境政策由政府机关制定，表现于国家有关保护环境的决议，通知、决定、批文等；而环境法则只能由国家立法机关按规定程序制定，表现于法规之中。环境政策具有较强的操作性和指导性，谁违反了就要追究行政责任；环境法具有法律的规范性和强制性，谁违反了就要依法追究法律责任。

2. 作用

国家环境政策的作用非常广泛，主要包括以下四个方面：

（1）确定环境保护在国家生活中的地位。基本环境政策明确了环境保护事业的重要社会地位和意义，为具体环境法律制度及一般环境政策确定了正确的政策导向。

（2）奠定环境法制的基础，并成为环境法不断完善的动力。

（3）提高社会的环保意识。环境政策一般主要依靠感召力、鼓动作用和指导性而影响人们的行为，它的这种运行方式和导向作用有利于提高全社会的环境保护意识，促进良好环境保护社会风气的形成。

（4）完善对环境保护的制度化管理。环境政策与环境法功能互补，共同构成对环境保护活动进行制度化管理的基础。

二、中国环境政策的发展变化历程

（一）第一阶段，探索起步阶段（1972~1983年）

中国从参加联合国第一次人类环境会议以及第一次全国环境保护会议召开，开始意识到环境问题会对经济社会发展产生的影响。通过出台《关于保护和改善环境的若干规定（试行）》，中国环境保护事业开始起步，随后《工业“三废”排放试行标准》等法规标准政策颁布。1979年，《中华人民共和国环境保护法（试行）》颁布。1981年出台《关于在国民经济调整时期加强环境保护工作的决定》。这个阶段我国在工业“三废”处理等方面进行了初期探索，确定了北京、杭州、苏州、桂林等重点治理城市，但由于受发展阶段、意识理念等限制，只有少量命令控制型政策出台。

（二）第二阶段，初创建立阶段（1984~1991年）

这个阶段环境保护地位有所提升，环境政策得到完善，政策体系初见雏形。我国召开了第二次全国环保会议，环境保护上升到基本国策，并被写入政府工作报告，纳入国民经济和社会发展计划。截至1991年，共制定并颁布了12部资源环境法律，20多件行政法规，20多件部门规章，出台《关于进一步加强环境保护工作的决定》、“三大政策”“八项制度”，初步建立了中国环境管理政策体系，特别是环境目标责任制、排污收费制度、“三同时”制度、环境影响评价制度影响深远。

（三）第三阶段，框架完善阶段（1992~2002年）

1992年，我国参加在巴西里约热内卢召开的联合国环境与发展大会，颁布《中华人民共和国环境与发展报告》和《关于出席联合国环境与发展大会的情况及有关对策的报告》，提出实行可持续发展战略。这一阶段，国家提出了建立和完善适应社会主义市场经济体制的环境政策、法律、标准和管理制度体系，提出了“一控双达标”，实施“33211工程”，环境经济政策发挥了一定作用，明确了环保投资的渠道，排污许可制度开始试点，推进清洁生产，推行环境标志制度，给予环保产业减税、提高排污收费标准等一系列措施。

（四）第四阶段，提升发展阶段（2003~2012年）

我国提出了科学发展观和建设资源节约型和环境友好型社会的方针，加强了污染物总量控制，环境经济政策蓬勃发展，产业政策相继出台，环境与贸易、气候与能源受到关注，环境保护政策出台力度大，综合环境政策体系逐步建立。2005年国务院发布《关于落实科学发展观加强环境保护的决定》，2007年第六次全国环保大会提出“三个转变”，强调了环境保护的重要战略位置。这一时期，中国加入WTO世贸组织，开始积极参与WTO环境与贸易、自由贸易协定、APEC 环境产品清单等相关谈判，《中国应对气候变化国家方案》出台。这个时段重要的环境政策是生态补偿、绿色金融，许多环境经济政策开始实施，许多政策创新力度大。

（五）第五阶段，改革突破阶段（2013 年至今）

生态文明建设纳入中国特色社会主义事业“五位一体”总体布局，强调绿色低碳循环发展，实施以改善环境质量为核心的工作方针。2015 年，新环保法正式施行，对企事业排污行为实施严惩重罚。2018 年，“生态文明”写入宪法，召开全国生态环境保护大会，正式确立习近平生态文明思想，生态环境保护事业进入了新的历史发展阶段。国家颁布实施水、气、土十条，强化生态环保问责机制，大力推动绿色发展，改革环境经济政策，推进建设绿色金融体系。这个阶段，改革排污许可证，推行企事业信息公开，创立实施生态红线管控，以中央生态环境保护督察为代表的党委政府及其有关部门责任体系基本建立，形成了大环保格局。

为了加强经济手段的激励效果，国务院有关部门正在按照“污染者付费、利用者补偿、开发者保护、破坏者恢复”的原则，在基本建设、综合利用、财政税收、金融信贷以及引进外资等方面，制定与完善有利于环境保护的经济政策与措施。对于流域性的环境整治，中央政府已连续两年给予政策支持与一定的资金支持，如：对于在建的城市污水处理厂和垃圾处理厂，东部地区，中央政府补贴 1/6 的建设资金；中部地区，补贴 30%；西部地区（如三峡库区），补贴 70%。还将逐步提高排污收费标准，并研究实施环境税。2018 年 1 月 1 日起，《中华人民共和国环境保护税法》施行。

目前中国环境政策中常用的手段见表 4-1。

表 4-1　目前中国环境政策中常用的手段

命令-控制手段	市场经济手段	自愿行动	公众参与
污染物排放浓度控制	征收排污费	环境标志	公布环境状况公报
污染物排放总控制	超过标准处以罚款	ISO14000 环境管理体系	公布环境统计公报
环境影响评价制度	二氧化硫排放费	清洁生产	公布河流重点断面水质
“三同时”制度	二氧化硫排放权交易	生态农业	公布大气环境质量指数
限期治理制度	二氧化碳排放权交易	生态示范区（县、市、省）	公布企业环保业绩试点
排污许可证制度	对于节能产品的补贴	生态工业园	环境影响评价公众听证
污染物集中控制	生态补偿费试点	环境保护非政府组织	加强各级学校环境教育
城市环境综合治理		环保模范城市 环境优美乡镇 环境友好企业	中华环保世纪行
定量考核制度			（舆论媒介监督）
环境行政督察	绿色 GDP 核算试点		

三、中国环境政策体系

（一）综合性环境政策——环境与发展十大对策

1992 年联合国环境与发展大会之后，我国在世界上率先提出了《环境与发展十大对策》，第一次明确提出转变传统发展模式，走可持续发展道路。中共中央、国务院批准并转发了中国外交部和国家环保局《关于出席联合国环境与发展大会的情况及有关对策的报告》，提出了中国环境与发展的十大对策。随后我国又制定了《中国 21 世纪议程——中国 21 世纪人口、环境与发展白皮书》《中国环境保护行动计划》等纲领性文件，确定了实施可持续发展战略的政策框架、行动目标和实施方案。至此，可持续发展战略成为我国经济和社会发展的基本指导思想。环境与发展十大对策内容见表 4-2。

表 4-2　环境与发展十大对策

序号	环境对策名称	序号	环境对策名称
1	实行可持续发展战略	6	大力推广科技进步，加强环境科学研究，积极发展环保产业
2	采取有效措施，防治工业污染	7	运用经济手段保护环境
3	深入开展城市环境综合整治，认真治理城市“四害”（烟尘、污水、废物和噪声）	8	加强环境教育，不断提高全民族的环境意识
4	提高能源利用效率，改善能源结构	9	健全环境法制，强化环境管理
5	推广生态农业，坚持不懈地植树造林，切实加强生物多样性的保护	10	参照国际社会环境与发展精神，制定我国的行动计划

（二）基本环境政策

中国的环境政策涉及基本国策、基本方针和基本政策三个层次的含义。

1. 环境保护是我国的一项基本国策

（1）地位。基本国策是指党和国家在环境保护领域所采取的根本性的、决定其他一切环境政策的总政策。在所有的环境政策中，国策居于最高的地位，是立国之策，治国之策，兴国之策。

“环境保护是我国的一项基本国策”，这是对我国基本环境政策的最精练概括，同时也是基本环境政策最核心、最根本、最重要的内容。

1983 年 12 月 31 日，李鹏同志在第二次全国环境保护会议开幕式上的讲话中，第一部分即以“环境保护是我国的一项国策”为题，并首次明确提出：“环境保护，是我国现代化建设中的一项战略任务，是一项重大国策”；“环境保护是我国的一项基本国策”。这一基本政策的提出，为其他环境政策提供了新的视角和基础。

（2）中国把环境保护作为一项基本国策的必然性。① 中国国情的迫切需要。中国虽然资源丰富，但人均资源占有量很低，同时人均资源和能源消耗量低，但是由于人口多，造成资源和能源绝对消耗量大的现实，10 多亿人口每天都在消耗着大量的资源和能源，同时向环境排放大量的“三废”。由于中国贫穷落后，生产力发展水平低，科学技术不发达，生产手段落后，这就从客观上决定了中国的原材料利用率低，浪费惊人，中国的能源结构以煤为主，更是加重了大气和固体废物污染状况。过去对环境保护没有充分重视，全民族环境意识差，国家政策存在失误，致使许多地区出现对生态资源进行盲目地过度开发，造成大范围的生态破坏和环境污染。综上所述，如不抓紧环境保护工作，在未来一段时期，中国的环境污染和生态破坏，将成为积重难返的问题。为防止自毁家园、祸及子孙的悲剧发生，中国把环境保护列为一项国策是非常正确的。

② 治理环境污染和防止生态进一步破坏的客观要求。我国目前的环境污染和生态破坏都已达到相当严重的程度，而且随着人口的增长和经济的发展，生产规模迅速增长，由此产生的污染物也相应增加，对自然资源的需求量也在不断增大，这些给环境造成的压力越来越大。中国目前基本环境状况是：局部有所控制，总体还在恶化，前景堪忧，搞不好就会使环境污染和生态破坏进一步加剧，而把环境保护列为国策，确定了它在整个国民经济中的战略地位，为防治环境污染和生态破坏提供了政策上的保障。

③ 促进社会、经济、环境之间协调发展的需要。为了实现新时期社会经济发展总目标，必须把社会、经济与环境作为一个整体系统来进行规划、管理，使三者协调发展。把环境保护作为基本国策，这就意味着把环境与社会、经济发展放到了同等重要的地位来考虑，把环境保护的思想贯彻到全国各部门以及各项工作中去，形成包括计划部门、经济部门和其他有关部门在内的大环境管理体系，只有这样，才能使环境保护不仅仅是一种口头宣传，而是一种切实促进社会经济发展的动力。

④ 国际履约责任的需要。作为最大的发展中国家和环境大国，我国一直积极参与全球环境合作和履约工作。近年来，我国在参与和推动国际环境合作与交流方面日益活跃，扩大了影响，树立了负责任的环境大国形象；同时，在双边、多边和区域国际环境合作中，坚持“以外促内”原则，围绕我国的环境保护事业，维护国家权益，争取最大利益，极大地促进了我国的环境保护。

2. 环境保护方针——“三同步，三统一”方针

在1983年召开的第二次全国环境保护会议上，我国提出同步发展方针，即经济建设、城乡建设和环境建设要同步规划、同步实施、同步发展，使经济效益、社会效益和环境效益相统一的方针。

同步发展可以看成是我国环境保护战略的总方针、总政策。它体现了经济、社会与环境保护发展相统一的理念，摒弃了“先污染后治理”的道路，指明了正确处理环境与发展关系的方向，符合建设中国特色的社会主义现代化的目标和要求。我国提出的“同步发展方针”，早于联合国专家委员会提出的“可持续发展”战略报告5年，两者的基本政策思路是一致的，而我国的同步发展方针目标和重点更加明确，更具有操作性。联合国环境规划署官员就曾高度评价过这条方针。很显然，如果各项事业都与环境保护同步发展，并按三个效益相统一去检验，环境问题就比较容易解决了，就不会形成目前这种严峻环境形势了。不过，从环境保护的理念上看，这条方针并未过时，仍然具有现实指导意义。

“三同步”的基点在于“同步发展”，它是制定环境保护规划、确定政策、提出措施以及组织实施的出发点和落脚点，它明确指出要把环境污染和生态破坏解决在经济建设和社会建设过程之中。“同步规划”的实质是根据环境保护和经济发展之间相互制约的关系，以预防为主，搞好“合理规划、合理布局”，在制定环境目标和实施标准时，要兼顾经济效益、社会效益和环境效益，要采取各种有效措施，运用价值规律和经济杠杆，从投资、

物资和科学方面保证规划落实。“同步实施”就是要在制定具体的经济技术政策和进行具体经济建设项目的工作中，全面考虑上述三种效益的统一，采用一切有效手段保证“同步发展”的实现。

3. 环境管理三大基本政策

经过长期的探索与实践，我国制定了“预防为主、防治结合、综合治理”“谁污染谁治理”以及“强化环境管理”的三大环境保护的基本政策。这三大政策以强化环境管理为核心，靠规划、法规、监督和适当的投入控制污染，保护环境，以经济、社会与环境的协调发展为目的，走具有中国特色的环境保护道路。

(1) 预防为主、防治结合、综合治理的政策。环境保护政策是把环境污染控制在一定范围，通过各种方式达到有效率的污染控制水平。因此，预先采取措施，避免或者减少对环境的污染和破坏，是解决环境问题的最有效率的办法。中国环境保护的主要目标就是在经济发展过程中，防止环境污染的产生和蔓延。其主要措施是：把环境保护纳入国家和地方的中长期及年度国民经济和社会发展计划；对开发建设项目实行环境影响评价制度和“三同时”制度。

① 基本思想。把消除污染、保护生态环境的措施实施在经济开发和建设过程之前或之中，从根本上消除环境问题得以产生的根源，从而减轻事后治理所要付出的代价。

② 确定“预防为主”政策的基本依据。中国虽然是一个资源大国，但人均资源占有量很低，环境与资源基础脆弱，如果放任环境问题恶化下去，不仅会制约经济的长远发展，就是在当前也难以顺利进行下去。

预防环境问题的发生，比环境问题产生后再去治理代价要小得多。据日本环境厅 1991 年编写的环境报告中指出：从经济上计算的结果是，事先采取对策比事后采取治理措施更节省。就整个日本的硫氧化物造成的大气污染而言，可以推算出不采取对策时产生的受害金额是采取预防措施后受害金额的 10 倍。以水俣市的水俣病为例，推算结果是 100 倍。再者，通过预防措施，可以使经济的发展过程建立在对资源、能源的有效、合理利用的基础上，这不仅不会减慢经济发展速度，还将促进和提高经济发展的质量。

世界上几乎所有的发达国家，在发展经济的同时，都曾因忽视环境保护而出现了严重的环境问题。到后来，不得不回过头来解决这些问题。但是，这种“先污染后治理”的道路需要付出巨大的牺牲和代价，发达国家的深刻教训给了我们前车之鉴，为了避免重蹈发达国家走过的老路，必须实行“预防为主”的政策。

我国经济还不发达，却也出现了比较严重的环境问题，主要是由于我们缺乏经验；再者，我国在发展经济的同时，没有抓好抓紧环境保护。近年来，由于我们重视了环境保护，在经济建设中有效地避免了再产生一些新的重大环境问题。因此，在环境保护领域，应该实行“预防为主”的政策。

③ 为了在防治环境污染和保护生态环境中有效地实行“预防为主，防治结合”的政策，目前我国在环境保护中主要采取了如下几个方面的政策措施。

Ⅰ、把环保纳入国民经济与社会发展计划。在 1949~1982 年的 33 年当中，中国进行过五个五年计划，但都没有把环境保护作为国民经济和社会发展的一项内容。在 1982 年末公布的第六个国民经济和社会发展计划当中，环境保护第一次被纳入进去。我国从“六五”计划开始，把环保作为国民经济和社会发展的一项基本任务，并且专门列了环境保护的一章，规定了防治工业污染、保护重点城市和农村生态环境、保护江河水质、保护和改善自然生态环境等方面的任务，并提出包括政策、法规、监督管理和资金在内的五项措施。各地区、各部门也按照国家计划的要求，在自己的计划中对环境保护做出了安排。

国民经济和社会发展五年计划中关于环保的内容见表4-3。

表4-3 国民经济和社会发展五年计划中有关环保的内容

时间	计划名称	内容
1991~1995年	第八个五年计划	①坚持经济发展与环境保护协调发展的战略思想，②强调将环境规划列入国民经济发展规划，③加强环境管理和科技进步是90年代中国环境保护事业的基础，④将城市和工业列为90年代中国环境保护的重点。环保“八五”计划的目标是“控制环境污染，改善部分重点城市和地区的环境质量，遏制自然生态环境的恶化，并在部分地区实现好转，以此作为实现2000年环境目标的基础”。 构成环保“八五”计划核心部分的分项计划，主要有“全国城市环境保护十年规划和第八个五年计划”(下称“城市环保八五计划”)。在城市环保“八五”计划纲要中，提出了城市环境保护目标和重要计划措施，把主要计划指标在52个环境保护重点城市进行分配，共计设定了24个总量控制指标和7个环境指标。城市环保“八五”计划的目标是“遏制城市环境污染的恶化，改善部分城市的环境，建设环境达标城市和地区”。 城市环保“八五”计划的特征：①实行城市功能分区管理和城市环境综合规划；②推行八大制度(“三同时”制度、排污收费制度、环境影响评价制度、环境保护目标责任制度、城市环境综合整治定量考核制度、排污申报登记与排污许可证制度、污染集中控制制度、限期治理污染源制度)，加强环境管理；③结合各地实际情况开拓环境资金筹资渠道；④推行重点工业污染源防治措施；⑤建设城市环境基础设施(污水处理厂、垃圾处理厂、供气厂)；⑥保护集中式饮用水水源地；⑦保护住宅、文教和观光地区的水环境和大气环境。
1996~2000年	第九个五年计划	“国家环境保护第九个五年计划和2010年远景目标”(以下称“环保九五计划”)的目标是“基本建立比较完善的环境管理体系和与社会主义市场经济体制相适应的环境法规体系，力争使环境污染和生态破坏加剧的趋势得到基本控制，部分城市和地区的环境质量有所改善，建成若干经济快速发展、环境清洁优美、生态良性循环的示范城市和示范地区”。 环保“九五”计划的特征：①实施环境与发展综合决策，推进经济增长方式的根本性转变；②完善环境法制建设；③把环境保护计划纳入国民经济和社会发展计划，逐步增加环境保护投入。实施污染物总量控制，实施《中国跨世纪绿色工程规划》，集中建设一批重点污染治理项目；④加强政府的环境保护职能，强化环境管理；⑤推进科技进步，发展环保产业；⑥深入开展环境宣传教育，广泛动员公众参与环境保护；⑦积极开展国际合作，引进环保技术和资金。 污染防治以水环境和大气环境为重点，水污染防治是“三河三湖”(淮河、海河、辽河、太湖、滇池、巢湖)、大气污染防治是“两控区”(酸雨控制区和二氧化硫污染控制区)、城市环境治理和海洋污染防治分别将北京、渤海作为重点对象地区(称作“33211”)。生态环境保护方面则是将重点放在三峡工程区、珠江三角洲、晋陕蒙接壤地区、内蒙古阿拉善地区和海南省。1998年制定了积极的财政政策，把重点放在环境基础设施的建设上，将国债资金优先分配给了污水处理厂和垃圾处理厂的建设。对于“九五”期间环保工作的主要进展，中央政府指出“尽管有了一定的发展和进步，但部分地区仍然在继续严重恶化”。

续表

时间	计划名称	内容
2001~2005年	第十个五年计划	"国家环境保护十五计划"(以下称"环保十五计划")的目标是"环境污染状况有所减轻，生态环境恶化趋势得到初步遏制，城乡环境质量特别是大中城市和重点地区的环境质量得到改善，健全适应社会主义市场经济体制的环境保护法律、政策和管理体系"。在治理地区上，延续环保"九五"计划，把重点放在"33211"地区。大气污染防治目标是，二氧化硫排放量比2000年减少10%，"两控区"的二氧化硫排放量减少20%。中国国家环境保护总局根据这一宏观目标，将目标值分配到了各省。而且，为了确保大气污染的防治手段和沿海地区的电力能源供给，作为国家重点工程正式启动了天然气管线建设项目"西气东输"工程。同时，在治理城市水污染方面，提出了要把城市生活污水集中处理率达到45%的目标。 环保"十五"计划的特征：①建立综合决策机制，促进环境与经济的协调发展；②完善环境保护法规体系，切实依法保护环境；③政府调控与市场机制相结合，努力增加环境保护投入；④运用激励性政策措施，营造环境保护良好氛围；⑤加强环境管理能力建设，提高环境管理现代化水平；⑥加强环境科学技术研究，依靠科技进步保护环境；⑦规范环保产业市场，促进环保产业发展；⑧加强环境宣传教育，提高全民环境意识；⑨积极参加全球环境保护，广泛开展国际环境合作；⑩落实环境保护责任制，保证规划实施效果。 吸取环保"九五"计划的经验，环保"十五"计划一直在切实推进各项政策。不过，由于经济增长率高出当初计划的7.3%，实际达到了9.0%，所以排放量一直在增加，令人担心二氧化硫控制难以达到当初目标。另外，环保"十五"计划将重点放在城市大气污染治理，污染源由城市中心地区向郊外转移，控制了城市的土地利用。例如，钢铁厂(首都钢铁集团)原是北京市主要的大气污染源，现已经搬迁到河北省唐山市。
2006~2010年	第十一个五年计划	第十一个五年计划的特征是：计划把中国建设成资源节约型国家。为实现这一目标，研究以下几点：①开展循环经济，具体示范城市选定日本的川崎市、北九州市等生态城市；②在资源利用方面，提高环境敏感城市的能源效率；③进行各种修复和改善，以遏制生态环境的恶化；④有必要普及绿色消费意识。 同时，第十一个五年计划提出科学发展观(以人为本，全面、统筹协调、可持续的发展观)，其中论述了5个协调发展。5个协调发展的优先顺序是：①地区协调发展，②城乡协调发展，③经济与社会协调发展，④人与自然协调发展，⑤国内政策与对外政策协调发展，其中④直接与环境相关。
2011~2015年	第十二个五年计划	国家环保"十二五"规划体系分为如下几个层面：①以改善民生为基本出发点，兼顾重点行业、重点区域、重点城市，在重点流域、重点海域、地下水、三区九群大气、土壤(城市和农村)三大要素五项规划中体现削减总量、改善质量、防范风险的系统集成。②以总量控制为主线，按照环境质量响应、技术可达可控、经济可承受综合分析，编制基础条件具备、保障措施可行、全面可达的节能减排综合性工作方案、节能减排"十二五"规划、节能环保产业规划、城市污水垃圾处理规划。③以工业污染全防全控为主攻方向，编制实施核安全规划、全国重金属污染综合防治、主要行业持久性有机污染物污染防治、化学品环境风险防控、危险废物污染防治等规划，确保环境安全。④编制实施全国生态保护、农村环境整治和国际环境履约等规划，力争重点领域有所突破。⑤体现国家环境与健康发展要求，强化人才保障、科技支撑，完善国家环保标准体系，谋划环境经济体制改革，促进监测事业发展，全面提升国家环境监管能力，体现规划对环保工作的先导性和引领作用。

续表

时间	计划名称	内容
2016~2020年	第十三个五年计划	“十三五”时期是全面深化改革和推进经济转型升级的攻坚时期，是全面建设“生态环境、创造美好生活”的关键时期，该期间环境保护工作面临严峻的挑战。生态建设与环境保护“十三五”规划的编制并实施，是确保在社会经济迅速发展的同时，生态环境得到有效改善的重要保障。 第一，生态资源。与生态文明建设有关的资源包括能源资源、土地资源、水资源等。“十三五”期间主要考虑三个方面：一是总量控制。现在国家在强调能源总量控制，特别是煤炭总量控制、耕地总量控制(十八亿亩耕地红线制度)、水资源消费总量控制等。二是结构优化。从能源结构优化来看，主要发展新能源、清洁能源等，同时尽可能降低传统化石能源的消费比重。还有土地资源和水资源的结构优化。三是效率提高。不仅是能源利用效率要提高，而且土地资源、水资源利用效率也要提高。 第二，生态环境。生态环境涉及两方面：一是环境污染治理，包括大气污染治理、水污染治理、土壤污染治理等。此外，还要注重新污染的治理，比如说光污染、声音污染、电子垃圾污染等的治理。二是生态建设。主要包括植树造林、湿地保护、荒漠治理、生物多样性保护等。 第三，生态经济。生态经济包括四个基本内容。一是淘汰高消耗、高污染、高排放“三高”产业。二是发展绿色低碳产业，通过发展高附加值的新兴绿色低碳产业，将生态建设与创新驱动相结合，实现生态建设与经济建设的统一。三是转型升级传统产业。四是要大力发展循环经济。 第四，生态空间。生态空间需要强调三个方面。一是主体功能区建设，其中最重要的是生态保护区的建设。二是国土整治，包括防治水土流失、荒漠化、石漠化等问题。三是推进新型绿色城镇化，包括发展绿色交通、绿色建筑、绿色建材等。 第五，生态社会。生态社会建设重点也有三个方面：一是生态文化建设，即要解决生态文明建设的思想观念问题。二是进行生态行动，让机关、企业、居民各个方面都积极参与到生态文明建设中。三是强化生态文明建设的国际合作。

Ⅱ、实行城市环境综合整治。实行城市环境综合整治，调整城市产业结构和工业布局，建立区域性“生产地域综合体”。实现资源多次综合利用，改善能源结构，减少污染产生和排放总量，改善城市产业结构的比例，使城市的生产力布局能与环保要求相协调。

城市是中国环境污染最集中、最严重的地区。多年来，虽经多方治理，但是成效不大。究其原因主要是对城市环境问题的复杂性认识不足，缺乏整体规划，头疼医头，脚疼医脚，没有把城市环境视作一个大系统。近年来，通过不断实践和总结，认识到单项治理措施的不足，提出城市环境综合整治的方针。

Ⅲ、加强新、扩、改建工程项目的环境管理，严格控制新污染源。在构成水、气、渣、噪声的污染因素中，来自工业的占70%以上。因此要控制环境污染，首先要控制工业污染。中国的工业建设正在大规模地进行，工业产值每年以高于10%的速度增长。因此，控制工业新污染源就具有积极意义。在这方面，我国主要实行了两项政策：一是环境影响评价制度，二是“三同时”制度。这两项制度都取得了很大成功。

环境影响评价制度是对建设项目可能对周围环境产生的不良影响进行分析、预测和评估。它的重要作用在于保证项目选址的合理性。环境影响评价制度的另一个作用是可以对建设项目提出防治污染的措施，控制新污染源。

防治污染设施必须与生产主体工程同时设计、同时施工、同时投产的制度，人们简称为“三同时”制度。这项规定早在20世纪70年代就已提出，但是直到1979年《环境保护法(试行)》颁布后才真正成为必须遵守的法律规定，在工业建设中普遍推行起来。

实践证明，环境影响评价制度和“三同时”制度，对控制新污染源积极有效。

Ⅳ、在工业生产中推行清洁生产方式。所谓清洁生产，是指既能满足人们的需要又能合理使用自然资源和能源，并保护环境的实用生产方式和措施。其实质是一种物料和能耗最少的人类生产活动的规划与管理，将废物减量化、资源化和无害化，或消灭于生产过程中。

(2)“谁污染谁治理”的政策。从环境经济学的角度看，环境是一种稀缺性资源，又是一种共有资源，为了避免“共有地悲剧”，必须由环境破坏者承担治理成本，这也是国际上通用的污染者付费原则的体现，即由污染者承担其污染的责任和费用。其主要措施有：对超过排放标准向大气、水体等排放污染物的企事业单位征收超标排污费，专门用于防治污染；对严重污染的企事业单位实行限期治理；结合企业技术改造防治工业污染。治理污染、保护环境是给环境造成污染和其他公害的单位或个人不可推卸的责任和义务，由污染产生的损害以及治理污染所需要的费用，都必须由污染者负担和补偿。

中国的“谁污染谁治理”政策由日本环境政策中“污染者负担”引申而来。实行这一政策，主要解决两个问题：分清环境责任；开辟环境污染治理资金的来源。

环境经济学家认为，当一个人或企业的经济活动依赖或影响其他人或企业的经济活动时，就产生了外部性。外部性可能是好的，称为正效益；也可能是坏的，称为负效益，又称为“外部不经济性”。企业生产活动造成的环境污染是外部不经济性的典型例子。面对这种现实，在70年代以后，环境经济学家们提出了“外部不经济性内在化”的观点，并提出了运用价格机制、税收、信贷、赔偿等经济杠杆，以使社会损失计入生产成本，把外在因素内在化，使环境资源得以保护并达到合理分配，并进而演化出了“污染者负担”这一重要的环境经济政策原则。

但是环境污染主要是由于排污者排放污染物造成的，把治理环境污染和生态破坏的责任和费用平均摊派给社会成员的做法是不合理的。同时，保护环境，防治污染和生态破坏牵涉面很广，所需资金又很多，不可能由国家或某个部门把治理所有的环境污染和生态破坏的费用都包下来。最公平合理和现实可行的办法是由造成环境污染者承担治理污染的责任。根据上述理论和客观依据，确立和推行“谁污染谁治理”的政策。

为了有效地实施“谁污染谁治理”的政策，我国目前实行的政策措施主要包括：结合技术改造防治工业污染，严格控制污染物的排放，对已经造成的环境污染实行限期治理等。

① 结合技术改造防治工业污染。我国的环境污染主要来自工业生产。结合技术改造防治工业污染是指在对现有工业企业进行技术改造时，把防治工业污染作为一项重要内容和任务，并规定防治污染的费用不得低于总费用的7%。通过采用先进的技术和设备，提高资源能源利用率，把污染尽量消除在生产过程之中。

我国工业企业大部分是20世纪50年代发展起来的。据调查，60%左右的工艺技术处于落后水平。由于工艺技术落后，普遍存在燃料、原料消耗高，废弃物排放量大，污染严重的问题。因此，开展工业的技术改造就成为扩大生产能力，提高经济效益的积极措施，也是减少污染，改善环境的根本出路。目前我国对现有工业企业进行技术改造时，把防治工业污染作为一项重要内容和任务。

为了把“工业三废”治理、综合利用同技术改造紧密结合起来，达到消除污染、保护环境、促进生产、提高效益的目的，国务院在《关于结合技术改造防治工业污染的几项规定》中，要求所有工业企业及其主管部门在编制技术改造规划时，必须提出防治污染的要求和技术措施，作为规划的组成部分，并在年度计划中组织实现。

各工业企业还应紧密结合技术改造，开展废弃物综合利用，充分回收工厂的余热和可燃性气体，作为工业或民用燃料和热源，采用清污分流、闭路循环、一水多用等措施，提高水的重复利用率，尽量把废弃物中的有用物质加以分离回收，或进行深度加工，使其转化为新的产品。

② 对排污单位征收环境税。利用价值规律和经济政策，使排放污染物的单位支付环境税。收费对象是在中华人民共和国领域和中华人民共和国管辖的其他海域，直接向环境排放应税污染物的企业事业单位和其他生产经营者。税目类别为水污染物、大气污染物、固体废物、噪声。征收环境税为“谁污染谁治理”的政策增添了新的活力。

③ 对工业污染实行限期治理。限期治理就是各级政府为了保护和改善环境，对辖区内已经造成了污染损害的企事业单位发布命令，采取强制措施，限定其在某一时期内，把污染问题解决到规定程度。

由于长期实行传统发展战略，污染严重，环保欠账很多，短时间内很难解决。只能区分污染对环境危害的轻重缓急，分期分批加以解决。从 1987 年起，我国共安排限期治理项目 12 万多个，解决了一大批老污染源问题。限期治理项目的资金主要由企业自筹，政府给以适当补助。限期治理方式通常是由各级人民政府发布文件通知，限期治理项目的执行情况由各级环境管理部门监督。

限期治理的对象可大致分为三类，一是某个单位的某一个问题，如某工厂的某种废水治理；二是某个企业，如某工厂的全厂污水治理；三是某个地区，如某市某区的大气治理，或某个水源地的保护等。

(3) 强化环境管理的政策。由于交易成本的存在，外部性无法通过私人市场进行协调而得以解决。解决外部性问题需要依靠政府的作用。污染是一种典型的外部行为，因此，政府必须介入环境保护，担当管制者和监督者的角色，与企业一起进行环境治理。强化环境管理政策的主要目的是通过强化政府和企业的环境治理责任，控制和减少因管理不善带来的环境污染和生态破坏。其主要措施有：逐步建立和完善环境保护法规与标准体系，建立健全各级政府的环境保护机构及国家和地方监测网络；实行地方各级政府环境目标责任制；对重要城市实行环境综合整治定量考核。

解决环境问题的对策，从总体上讲，有两个方面，一是进行环境治理，二是实行环境管理。在我国实行“强化环境管理”的政策的原因如下。

第一，我国在短期内不具备依靠高投入治理环境污染的条件

我国属于发展中国家，在很长时期内，不可能拿出很多资金来治理环境。也就是说，光靠国家拿钱来治理环境的路走不通。

第二，现在的许多环境问题是因管理不善、管理不严造成的

据调查，我国工业污染的一半左右是由于管理不善造成的。据全国工业废水处理设施运

行情况调查表明，在调查的22个省市的5556套废水处理设施中，因报废、闲置、停运等完全没有运行的占32%。虽运行，但运行设施的总有效率只有44.9%，考虑到完全没有运行的占32%，则总投资效益仅为31.3%，也就是说2/3的投资未能取得环境效益。又如，北京现有企业末端污染控制设备运行率只有1/2左右，许多大量投资建设的污染控制设施长期闲置不用。这里有政策、技术以及管理等多方面的因素。其结果导致大量污染物没有经任何处理外排。因此，只要加强管理，不需要花很多钱，就可以解决大量环境污染问题。实践证明，通过管理，不但能有效地控制新污染的产生和扩大，而且也能有效地控制和减少已有污染源的排污量。

第三，实行强化环境管理的政策是符合现阶段中国国情的

中国目前正处于社会主义的初级阶段，生产力水平不高，经济实力不强。在这种国情下，保护和改善环境，既不能像日本那样提出“环境优先”原则，也不能像西方国家那样依靠高投资、高技术。我们政策的基点只能放在强化环境管理上，充分发挥各种管理手段和措施的作用，并且使有限的资金发挥更大的环境效益。

① 强化环境管理的内容。强化环境管理应着重加强区域环境管理、建设项目环境管理和污染源管理。

Ⅰ、区域环境管理。区域环境是指占有特定地域空间的自然环境和社会环境。区域环境管理包含区域环境质量管理和生态环境管理两个方面。前者是指大气环境质量、水域环境质量、土地环境质量的管理等，后者是指城市、乡村、森林、草原、自然保护区、风景游览区管理等。区域环境管理是以区域整体为管理对象，通过各种管理措施达到改善环境质量，维护生态平衡的目的。例如：美丽乡村建设。以小孟镇梁家村为例，村庄占地面积200多亩，人口1067人。2012年以来，小孟镇党委政府结合镇村实际，以梁家村、苏户村等6个村为示范点，倾力打造美丽乡村片区。梁家村积极争取利用上级奖励政策和资金，加上村民自发集资，制定了村容整治计划。几个月后梁家村实现了华丽蜕变，硬化了进村道路1380多米，村里的4条主干道和15条小街巷，也都变成了平整的水泥路；路两边的排水渠干干净净，渠边还栽上了花草树木；对老坑塘进行清运、放水、清淤、固堤、硬化；建设人工月亮湖，并栽种了300余株黄金柳，使整个坑塘面貌焕然一新，实现了“臭水坑”向“风景区”的完美蜕变；将废弃的垃圾坑清理填埋后，建成了一个占地800多平方米的娱乐休闲广场，装上了LED显示屏和液晶电视，建成了篮球场，安放了乒乓球台和健身器材，村民们有了健身的好去处。

Ⅱ、建设项目环境管理。建设项目环境管理是指依据环境保护法规的规定，对一切新建、改建、扩建工程项目进行的环境监督，其目的是为了防止和控制因发展而带来新的环境问题。

建设项目环境管理的主要依据是国务院发布的《建设项目环境保护管理条例》，其主要内容包括环境影响评价、环境保护设施建设。

Ⅲ、污染源管理。污染源管理是指各级环境管理部门依法对所有造成污染的企事业单位进行的环境管理。目的在于限制和监督这些单位的污染行为。

对污染源管理的主要内容包括实行排污许可证制度、征收环境税，限期治理制度等，并依据《全国污染源普查条例》规定，每10年开展一次全国污染源普查工作。国务院于2016

年10月26日印发了《国务院关于开展第二次全国污染源普查的通知》(国发〔2016〕59号)，决定于2017年开展全国范围内的污染源普查。全国污染源普查是重大的国情调查，是环境保护的基础性工作。普查对象是中华人民共和国境内有污染源的单位和个体经营户。普查范围包括工业污染源、农业污染源、生活污染源、集中式污染治理设施、移动源及其他产生、排放污染物的设施。普查内容包括普查对象的基本信息、污染物种类和来源、污染物产生和排放情况、污染治理设施建设和运行情况等。

② 强化环境管理的措施。

Ⅰ、加强环境保护立法和执法。

环境法规是实行环境管理的依据。我国从1979年颁布了《环境保护法(试行)》以来，目前已先后颁布了《大气污染防治法》《水污染防治法》《海洋环境保护法》等多部专项环保法律，并在《森林法》《水法》等十几部环境资源法中突出强调了环保的要求。尽管与发达国家相比，我国的法规还不够完善，但对主要环境领域和主要污染源都有了管理法规。

第一次全国污染源普查情况

普查对象总数592.6万个，包括：工业源157.6万个，农业源289.9万个，生活源144.6万个，集中式污染治理设施4790个。

主要污染物全国排放总量：各类源废水排放总量2092.81亿吨，废气排放总量637203.69亿立方米。主要污染物排放总量：化学需氧量3028.96万吨，氨氮172.91万吨，石油类78.21万吨，重金属(镉、铬、砷、汞、铅，下同)0.09万吨，总磷42.32万吨，总氮472.89万吨；二氧化硫2320.00万吨，烟尘1166.64万吨，氮氧化物1797.70万吨。

Ⅱ、建立环境管理机构和全国性环境保护管理网络。建立强有力的环境管理机构是实行强化环境管理政策的组织保证。自1973年第一次全国环境保护会议以来，各级政府中都设有环境保护管理机构，到目前为止，我国已建立起五级环境管理机构，即国家级、省级、市级、县级和乡级。其中国家、省、市三级还建立了环境监测、科学研究和宣传教育等配套机构。

Ⅲ、广泛开展环境保护宣传，提高全民族的环境意识。我国是一个拥有14亿人口的国家，保护环境关系到全体人民的切身利益，让广大人民群众都来了解环境保护，关心环境状况，实行群众性的环境监督，无疑具有重要意义。为此，就要向群众宣传环境保护的方针政策，普及环境保护知识。

在我国更为重要的是要向各级领导、各级决策者和管理者宣传，使他们能够重视环境保护，自觉地执行环境保护的方针和政策。

(4)“三大政策”的相互关系。三项基本政策互为支撑，缺一不可，相互补充，不可替代。预防为主的环境政策是从增长方式、规划布局、产业结构和技术政策角度来考虑的；“谁污染、谁治理”的环境政策是从经济和技术角度来考虑的；强化管理是从环境执法、行政管理、宣传教育角度来考虑的。三项政策是一个有机整体，是环境保护工作的原则性规定。

(三) 环境技术政策

环境技术政策是指为了解决一定历史时期的环境问题，落实环保战略方针使之达到预期目标，由国家机关制定并以特定形式发布的环境保护的技术原则、途径、方向、手段和要求。简单地说，环境技术政策就是国家制定的有关环境保护技术的具体规定。

环境技术政策一般可分为法定化的环境技术规范(具有法律强制性)和非法定化的环境技术规范。

环境技术政策是进行环境技术管理的基础，是我国环境政策的一个重要组成部分。我国制定了一系列环境技术政策，如1956年国务院颁布的《国有林采伐试行规程》和1973年的《森林采伐更新规程》，就规定了森林采伐方面的技术政策；但长期以来由于存在轻视技术，把技术同政策、法律截然分开的问题，致使制定专门性环境技术政策提不到议事日程，造成我国环境技术政策不系统、不完整、不配套的局面。中共十一届三中全会以后，国务院及其有关部门相继制定了《环境质量报告书编写技术规定(试行)》(1982年3月)、《污染源统一监测分析方法(试行)》(1982年9月)、《工业污染源调查技术要求及其建档技术规定》(1984年7月)、《关于防治煤烟型污染技术政策的规定》(1984年10月)等。1986年9月，国务院发布了中国科学技术白皮书第一号《中国科学技术政策指南》，共含12个领域的技术政策，《环境保护技术政策要点》是其中的一个重要组成部分。1986年11月，国务院环境保护委员会又颁布了《关于防治水污染技术政策的规定》等。但我国环境技术政策的制定真正走向专门化、系统化和完整化是从1998年开始的，目前我国已发布了机动车排放污染、草浆造纸工业、城市污水处理、城市生活垃圾处理、印染行业、危险废物、燃煤二氧化硫7项污染防治技术政策，通过这7项技术政策，明确了相应行业污染防治的目标、技术路线、技术原则和技术措施，为这些行业的污染防治工作提供明确的技术指导。这几项技术政策的实施取得了良好的社会效果，得到了相关行业的拥护和支持。我国环保技术政策总体框架体系见表4-4。

表4-4 环保技术政策总体框架体系

行业污染防治技术政策	技术政策名录
水污染防治技术政策	1. 城市污水处理及污染防治技术政策； 2. 草浆造纸工业废水污染防治技术政策； 3. 印染行业废水污染防治技术政策； 4. 畜禽养殖业污染防治技术政策； 5. 硫酸工业污染防治技术政策； 6. 合成氨工业污染防治技术政策； 7. 造纸工业污染防治技术政策； 8. 制药工业污染防治技术政策； 9. 水泥工业污染防治技术政策； 10. 电解锰行业污染防治技术政策； 11. 饮料酒制造业污染防治技术政策； 12. 船舶水污染防治技术政策； 13. 铅锌冶炼工业污染防治技术政策； 14. 制糖工业污染防治技术政策； 15. 黄金行业污染防治技术政策； 16. 城镇污水处理厂污泥处理处置及污染防治技术政策(试行)； 17. 制革、毛皮工业污染防治技术政策； 18. 白酒制造业污染防治技术政策； 19. 生活垃圾填埋场渗滤液污染防治技术政策； 20. 黑臭水体治理技术政策

续表

行业污染防治技术政策	技术政策名录
大气污染防治技术政策	1. 机动车排放污染防治技术政策； 2. 柴油车排放污染防治技术政策； 3. 摩托车排放污染防治技术政策； 4. 燃煤二氧化硫污染防治技术政策； 5. 水泥工业污染防治技术政策； 6. 挥发性有机物（VOCs）污染防治技术政策； 7. 二噁英污染防治技术政策； 8. 环境空气细颗粒物污染综合防治技术政策； 9. 机动车污染防治技术政策； 10. 非道路移动机械污染防治技术政策； 11. 石油天然气开采业污染防治技术政策； 12. 火电厂污染防治技术政策； 13. 火电厂氮氧化物防治技术政策； 14. 黄金工业污染防治技术政策； 15. 钢铁工业污染防治技术政策
固体废物污染防治技术政策	1. 城市生活垃圾处理及污染防治技术政策； 2. 危险废物污染防治技术政策； 3. 砷污染防治技术政策； 4. 水泥窑协同处置固体废物污染防治技术政策； 5. 铅蓄电池再生及生产污染防治技术政策； 6. 废电池污染防治技术政策； 7. 水泥窑协同处置固体废物污染防治技术政策； 8. 废弃家用电器与电子产品污染防治技术政策 9. 汞污染防治技术政策； 10. 医疗废物污染防治技术政策
环境噪声污染防治技术政策	地面交通噪声污染防治技术政策
生态环境保护技术政策	1. 农村生活污染防治技术政策； 2. 矿山生态环境保护与污染防治技术政策； 3. 湖库富营养化防治技术政策； 4. 煤炭工业生态环境保护与污染防治技术政策

（四）环境经济政策

环境经济政策是指按照市场经济规律的要求，运用价格、税收、财政、信贷、收费、保险等经济手段，调节或影响市场主体的行为，以实现经济建设与环境保护协调发展的政策手段。它以内化环境行为的外部性为原则，对各类市场主体进行基于环境资源利益的调整，从而建立保护和可持续利用资源环境的激励和约束机制。与传统行政手段的“外部约束”相比，环境经济政策是一“内在约束”力量，具有促进环保技术创新、增强市场竞争力、降低环境治理成本与行政监控成本等优点。

根据控制对象的不同，环境经济政策包括：控制污染的经济政策，如环境税；用于环境基础设施的政策，如污水和垃圾处理收费；保护生态环境的政策，如生态补偿和区域公平。根据政策类型分，环境经济政策又包括：市场创建手段，如排污交易；环境税费政策，如环境税、排污收费、使用者付费；金融和资本市场手段，如绿色信贷、绿色保险；财政激励手段，如对环保技术开发和使用给予财政补贴；当然还有以生态补偿为目的的财政转移支付手段等。目前我国主要的环境经济政策见表 4-5。

表 4-5　目前我国主要的环境经济政策

环境经济政策类型	具体政策名称
环境税	《中华人民共和国环境保护税法》
征收资源税的政策	1. 超额使用地下水的收费 2. 征收矿产资源税 3. 征收土地税和实行土地许可证制度
奖励综合利用的政策	1.《国家经委关于开展资源综合利用若干问题的暂行规定》 2.《关于治理“三废”开展综合利用的几项规定》 3.《资源综合利用目录》
环境保护经济优惠政策	1. 实行税收优惠政策 2. 价格上的优惠政策 3. 财政援助政策 4. 其他经济优惠政策 5. 罚款、赔偿与直接管制
关于环保资金渠道的政策	1. 基本建设项目“三同时”的环境保护投资 2. 更新改造资金中的环境保护投资 3. 城市维护费中的环保投资 4. 超标排污费 5. 工矿企业为防治污染而进行综合利用，其利润留成用于环境保护的资金 6. 贷款 7. 专项资金 8. 环保部门的自身建设经费

环境经济政策体系之所以重要，是因为它是国际社会迄今为止，解决环境问题最有效、最能形成长效机制的办法。在社会主义市场经济体制下，作为宏观经济政策的重要组成部分，环境经济政策对中央科学发展观的具体实施至关重要。

我国全新的环境经济政策包括：第一，绿色税收；第二，环境收费；第三，绿色资本市场；第四，生态补偿；第五，排污权交易；第六，绿色贸易；第七，绿色保险。新环境经济政策体系将成为中国现代化道路上的重要标志。一旦推行环境经济政策，不仅对中国环保事业有重大意义，也为中国落实科学发展观与推进行政体制改革提供了坚实的制度支撑。

全新的环境经济政策体系包括以下七方面内容。

（1）绿色税收。绿色税收（环境税）已被西方广泛采用。广义地讲，环境税包括专项环境税、与环境相关的资源能源税和税收优惠，以及消除不利于环保的补贴政策和收费政策。狭义来讲，环境税主要是指对开发、保护、使用环境资源的单位和个人，按其对环境资源的开发利用、污染、破坏和保护的程度进行征收或减免。

通常做法仍是“激励”与“惩罚”两类。一方面，对于环境友好行为给予“胡萝卜”，实行税收优惠政策，如所得税、增值税、消费税的减免以及加速折旧等；另一方面，针对环境不友好行为挥舞“大棒”，建立以污染排放量为依据的直接污染税，以间接污染为依据的产品环境税，以及针对水、气、固废等各种污染物为对象的环境税。

（2）环境收费。国际经验表明，当污染者上缴给政府治理费用高于自己的治理费用时，污染者才会真正感到压力。而如今，中国的排污收费水平过低，不但不能对污染者产生压力，有时反会起到鼓励排污的副作用。

为此，环保部门要主动联合有关部门，运用价格和收费手段推动节能减排。一是推进资源价格改革；二是落实污染者付费的政策；三是促进资源回收利用。

(3) 绿色资本市场。构建绿色资本市场可能是当前全国环保工作的一个突破口，是一个可以直接遏制“两高”企业资金扩张冲动的行之有效的政策手段。通过直接或间接“斩断”污染企业资金链条，等于对它们开征了间接污染税。

对间接融资渠道，推行“绿色贷款”或“绿色政策性贷款”，对环境友好型企业或机构提供贷款扶持并实施优惠性低利率；而对污染企业的新建项目投资和流动资金进行贷款额度限制并实施惩罚性高利率，如生态环境部与银监会、央行共同发布了《关于落实环保政策法规防范信贷风险意见》，成为绿色信贷的基础文件。

环境税

又称生态税、绿色税，它是把环境污染和生态破坏的社会成本内化到生产成本和市场价格中，再通过市场机制来分配环境资源的一种经济手段。《中华人民共和国环境保护税法》从2018年1月1日正式施行。

收费对象：在中华人民共和国领域和中华人民共和国管辖的其他海域，直接向环境排放应税污染物的企业事业单位和其他生产经营者。

税目类别：水污染物、大气污染物、固体废物、噪声。

征收范围：污水、生活垃圾集中处理场所超标排放、贮存或者处置固体废物不符合标准。

根据《中华人民共和国环境保护税法》第十二条规定，下列情形，暂予免征环境保护税：

(一) 农业生产(不包括规模化养殖)排放应税污染物的；

(二) 机动车、铁路机车、非道路移动机械、船舶和航空器等流动污染源排放应税污染物的；

(三) 依法设立的城乡污水集中处理、生活垃圾集中处理场所排放相应应税污染物，不超过国家和地方规定的排放标准的；

(四) 纳税人综合利用的固体废物，符合国家和地方环境保护标准的；

(五) 国务院批准免税的其他情形。

前款第五项免税规定，由国务院报全国人民代表大会常务委员会备案。

第十三条规定，纳税人排放应税大气污染物或者水污染物的浓度值低于国家和地方规定的污染物排放标准百分之三十的，减按百分之七十五征收环境保护税。纳税人排放应税大气污染物或者水污染物的浓度值低于国家和地方规定的污染物排放标准百分之五十的，减按百分之五十征收环境保护税。

意义：某些税收优惠政策在扶持或保护一些产业或部门利益的同时，却对生态环境造成了污染和破坏，此举有利于保护和改善环境，减少污染物排放。

计算：某污染物的污染当量数=该污染物的排放量(kg)/该污染物的污染当量值(kg)。

例如：总汞的污染当量值为0.0005(查表)，如果排放水中含有$x$kg的汞，那么总汞污染当量为：$x/0.0005$，排污税额为：$1.4x/0.0005$元

与间接融资渠道相比，在直接融资渠道上的“招”更硬。企业发行股票、债券都要通过证监部门。环保部门要联合证监会等部门，研究一套针对“两高”企业的，包括资本市场初始准入限制、后续资金限制和惩罚性退市等内容的审核监管制度。凡没有严格执行环评和“三同时”制度、环保设施不配套、不能稳定达标排放、环境事故多、环境影响风险大的企业，在上市融资和上市后的再融资等环节进行严格限制，甚至可考虑以“一票否决制”截断其资金链条；而对环境友好型企业的上市融资提供各种便利条件。

(4) 生态补偿。生态补偿政策不仅是环境与经济的需要，更是政治与战略的需要。它是以改善或恢复生态功能为目的，以调整保护或破坏环境的相关利益者的利益分配关系为对象，具有经济激励作用的一种制度。目前，发达国家大都采用了生态补偿政策，且成效显著。

在我国，生态补偿政策已萌芽。第一类在政策设计上明确含有生态补偿的性质，如生态公益林补偿金政策和退耕还林还草工程、天然林保护工程、退牧还草工程、水土保持收费政策、"三江源"生态保护工程等。第二类可以作为建立生态补偿机制的平台，如矿产资源补偿费政策。第三类属资源补偿性，实际上会产生生态补偿效果，如耕地占用补偿政策。第四类是政策设计上没有生态补偿性质，但实际上发挥了一定作用，今后将发挥更大作用的是财政转移支付政策、扶贫政策、西部大开发政策、生态建设工程政策。

总体上看，我国现行补偿政策具有明显的部门色彩，没有统一的政策框架和实施规划。今后生态补偿政策的构建应首先集中在水源地保护方面，为建立宏观有效的生态补偿政策创造条件。

发达地区对不发达地区、城市对乡村、富裕人群对贫困人群、下游对上游、受益方对受损方、"两高"产业对环保产业进行以财政转移支付手段为主的生态补偿政策，一旦实施成功，将为中国制订可持续发展战略(如主体功能区划与产业布局的重新调整)，为社会主义核心价值的进一步实现，为建立全球环境公平补偿原则奠定基础。

(5) 排污权交易。排污权交易是利用市场力量实现环境保护目标和优化环境容量资源配置的一种环境经济政策。从20世纪70年代开始，美国就尝试将排污权交易应用于大气及河流污染源的管理。其经验在全球具有代表性。

从国外实践看，排污权交易的一般做法：首先是由环境主管部门根据某区域的环境质量标准、污染排放状况、经济技术水平等因素综合考虑来确定一个排污总量，然后建立起排污权交易市场，具体可分为两步：第一步是排污权的初始分配，由政府以招标、拍卖、定价出售、无偿划拨等形式将排污权发放到排污者手中；第二步是排污者之间的交易，他们根据自身治污成本、排污需要以及排污权市场价格等因素，在市场上买卖排污权，这是实现排污权优化配置的关键环节。余下的，政府部门须做好对参与排污权交易企业的监测和执法，同时规范好交易秩序。

排污权交易最大的好处就是既能降低污染控制的总成本，又能调动污染者治污的积极性。

(6) 绿色贸易。西方国家开始设立绿色贸易壁垒，对中国贸易进行挤压，我国的贸易政策应做出相应调整。

要改变单纯追求数量增长，而忽视资源约束和环境容量的发展模式，平衡好进出口贸易与国内外环保的利益关系。首先需要看好两道门。一个是出口。严格限制能源产品、低附加值矿产品和野生生物资源的出口，并对此开征环境补偿费，逐步取消"两高一资"产品的出口退税政策，必要时开征出口关税。另一个是进口。强化废物进口监管，征收大排气量汽车进口的环境税费。一方面构建防范环境风险法律法规体系；另一方面建立跨部门的工作机制；还需加强各部门联合执法，对走私野生动植物、木材与木制品、废旧物资、破坏臭氧层物质的违法行为进行严惩。如果条件成熟，还应开展贸易政策的环境影响评价，实现贸易和环境利益的高度统一。

（7）绿色保险。绿色保险又叫生态保险，是在市场经济条件下，进行环境风险管理的一项基本手段。其中环境污染责任保险最具代表性，就是由保险公司对污染受害者进行赔偿。

近期生态环境部已与保监会建立合作机制，准备在有条件的地区和环境危险程度高、社会影响大的行业，联合开展试点，共同推进环境风险责任的强制保险立法。

以上七项环境经济政策若在我国实施成功的话，不仅对中国环保事业有重大意义，也为中国落实科学发展观与推进行政体制改革提供了坚实的制度支撑。新的环境经济政策体系将成为中国现代化道路上的重要标志。

（五）环境产业政策

环境保护产业是在我国环境保护过程中崛起的一项新兴事业，是国民经济结构中以防治环境污染、改善生态环境、保护自然资源为目的所进行的技术开发、产品生产、产品流通、资源利用、信息服务、工程承包等一系列活动的总称。作为一项绿色产业，环境保护产业在环境保护中的作用不可估量；作为一项新兴事业，环境保护产业需要扶持和引导，需要国家采取必要的政策倾斜。为此，国务院环委会第 17 次会议审议并通过了《关于积极发展环境保护产业的若干意见》。1992 年 4 月在北京召开的首次环境保护产业工作会议，明确提出了近期发展我国环境保护产业的指导思想，即“理顺关系，调整结构，依靠科技，提高质量”。2001 年，原国家经济贸易委员会等 8 个部门联合发布的《关于加快发展环保产业的意见》中明确指出，当前国家优先发展的环保产业重点领域：一是环保技术与装备、环保材料和环保药剂；二是资源综合利用；三是环境服务。

环保产业政策指有利于环境保护的关于产业结构调整与发展的专项政策，包括两个方面：

1. 环境保护产业发展政策

据不完全统计，改革开放以来，全国制定了环保产业政策约 200 项，其中环保产业管理方面的政策数量约占 70%，其余为环保产业专门技术政策和经济政策。这些政策初步构成了我国环保产业的政策体系。

各个时期出台的环保产业政策对推动环保产业快速、健康发展，不断满足环境保护对环保产业的需求，产生了重要的影响。如 20 世纪 80 年代初，国家制定的《环境保护技术政策》《机械工业技术政策》等重点领域技术政策，确定了环保技术装备的发展方向和重点，至今仍有重要的现实指导意义；1990 年国务院办公厅转发国务院环境保护委员会《关于积极发展环保产业的若干意见》、1992 年国务院环境保护委员会发布的《关于促进环境保护产业发展的若干意见》、1996 年发布的《国务院关于环境保护若干问题的决定》等，确立了环保产业在我国国民经济中的地位，明确了发展环保产业的指导方针和政策措施；2001 年国家经济贸易委员会等 8 个部门联合发布的《关于加快发展环保产业的意见》，从宏观指导、强化政策导向、加快结构调整、推动技术创新、提高环保技术装备水平、规范市场、建立完善的环保产业发展机制和运行机制等方面，做了全面部署；进入 21 世纪，国家经济贸易委员会、国家发展改革委员会发布的《资源综合利用目录》（2003 年修订）、《当前国家鼓励发展的节水设备（产品）目录》（共两批）、《当前国家鼓励发展的环保产业设备（产品）目录》（共两批）、《国家重点行业清洁生产技术导向目录》（共两批）等，对改善和优化我国环保产业的产品结构和技术结构，促进产业升级，起到了重要的作用。

国债项目的实施，推动了环保装备的国产化进程。自1999年以来，国家计委共安排了环保装备国产化项目96个，总投资45.8亿元；原国家经济贸易委员会也安排了16个环保装备项目，总投资9.4亿元。这些项目涉及城市污水、工业废水、城市生活垃圾、危险废物(含医疗垃圾)处理及除尘脱硫、汽车尾气净化、环境监测、生态环境保护等领域。目前，国债仍在继续支持一些重点环保装备国产化项目。

资源综合利用减免税收政策的实施，保障了综合利用企业的健康发展，提高了资源综合利用水平。国家先后出台了工业固体废物综合利用税收减免优惠政策、废旧物资回收利用税收减免优惠政策、垃圾综合利用电厂税收减免优惠政策、城市污水处理厂中水回用税收减免优惠政策等，这对鼓励企业积极开展资源综合利用、提高资源综合利用企业经济效益起到了十分重要的作用。

国家出台了相关的收费政策，增加了环保资金的来源：一是排污收费政策，扩大了收费范围，提高了收费标准，这在一定程度上提高了企业治理污染的积极性，筹集了污染治理资金，为环保产业的发展创造了条件；二是出台了城市污水、垃圾、有毒有害废弃物的收费政策，为城市污水、垃圾、有毒有害废弃物处理的产业化发展奠定了基础。

一些地方省市的扶持政策推动了当地环保产业的发展，如全国首家建立省级环保产业发展专项资金的河北省，于2001年、2002年用专项资金支持了25家企业，吸引资金7亿元。目前，许多省市已有专项资金来引导和扶持企业发展环保产业。一些省市还出台了鼓励企业发展环保产业的专项政策，如优先安排土地政策、减免地方税费政策等。

我国所面临的严峻环境形势，带来了环境产业的巨大投资需求。我国政府对环境治理的投入空前，综合环境产业的发展规律和国家政策情况来看，中国现在整治环境污染的力度超过历史上的任何时期。“十一五”期间国家在环保领域的投入达到15000亿元，占GDP的1.5%。未来15~20年将保持高速发展，环保投资的高峰即将到来。未来五年，环境产业投资总规模将达万亿，其中污水处理投资将达4700亿，自来水投资达3130亿，固废处理投资达2290亿。

环境服务业具有广阔的前景，对中国而言，我国环境资源基础设施建设高潮将在10~15年后基本结束。5~10年后环保产业将逐步向环境服务业过渡。一方面，巨大的环境治理投入带来环境服务业市场总量的增长，另一方面，未来服务价格较大的上升空间为环境服务也提供了空间。然而，我国目前环保资本是严重不足的，这也为投资者提供了进入机会。

1992年以来全国环境保护产业工作会议见表4-6。

表4-6　1992年以来全国环境保护产业工作会议

序号	时间	地点	主要内容
1	1992年 4月19日至22日	北京	国务委员、国务院环境保护委员会主任宋健作了《发展环保产业，保证永续发展》的讲话，曲格平局长作了《发展我国环境保护产业势在必行》的工作报告。
2	2008年4月16日	厦门	来自全国各地环境保护产业协会的100余名代表参加了会议。中国环境保护产业协会王心芳会长出席会议并作了重要讲话。中国环境保护产业协会杜琳副秘书长代表秘书处作了上一年度的工作报告。

续表

序号	时间	地点	主要内容
3	2017年1月4日	北京	中国环境保护产业协会会长樊元生，副会长刘启风、张联、牟广丰、史捍民、邢振纲，副会长兼秘书长易斌，副秘书长滕建礼，及来自全国各省、自治区、直辖市、计划单列市、副省级城市的40多家环保产业协会的会长、秘书长等120余人参加了此次会议。会议由中国环境保护产业协会会长樊元生主持。 中国环境保护产业协会秘书长易斌深入分析了“十三五”期间环保产业发展面临的新形势、新问题，指出“十三五”期间，我国环保产业估计仍将保持年均20%左右的增长速度，产业总体向好，协会发展的机遇与挑战并存。提出要将中国环境保护产业协会打造成国际知名、国内一流社团的总目标，要实现此目标，易斌秘书长介绍了协会的事业发展思路和9个方面的重点任务，易斌秘书长特别强调要与地方协会密切联系，形成上下联动、合作共赢的工作机制。同时，易斌秘书长还介绍了中国环境保护产业协会的脱钩进展情况。 中国环境保护产业协会副秘书长滕建礼对协会2016年的主要工作进行了总结，并对2017年协会的重点工作进行了展望，2017年将是协会发展史中的关键一年，我们要力争做到稳妥脱钩，实现持续发展。
4	2018年4月11日	北京	中国环境保护产业协会2018年分支机构工作会在京召开，中国环境保护产业协会会长樊元生以及19个分支机构负责人等约70人参加了此次会议。各分支机构负责人就2017年工作开展情况、2018年重点工作计划和本领域行业发展中存在的问题及对策措施进行了热烈讨论。
5	2019年1月11日	北京	2019年全国环保产业协会工作会议第二天，近120名全国各地环保产业协会的代表齐聚一堂，分享经验、共谋发展，围绕如何打赢污染防治攻坚战展开了交流探讨。

2. 产业结构调整的环境政策

我国发布的关于产业结构调整的环境政策有《关于制止电解铝行业违规建设盲目投资的若干建议》《关于防止水泥行业盲目投资加快结构调整的若干建议》《关于发展热电联产的规定》《关于制止钢铁行业盲目投资的若干意见》《工商投资领域制止重复建设目录(第一批)》《外商投资产业指导目录》《淘汰落后生产能力、工艺和产品的名录》等，以上环境政策都是我国为促进国民经济按照可持续发展战略的原则，适应国内外市场的需求，促进产业技术进步和经济结构的合理化，节约资源和改善生态环境，实现国家对经济的宏观调控而制定的有关产业政策。

中国已公布主要产业政策清单见表4-7。

表4-7 中国已公布主要产业政策清单

序号	发布部门	政策名称	发布时间(年-月-日)	主要内容
1	国务院	《新能源汽车产业发展规划（2021～2035年）》	2020-10-20	确定了新能源汽车产业总体部署，提高产业的技术创新能力，构建新型产业生态，推动产业融合发展，完善基础设施体系，深化开放合作，以及保障措施等。

续表

序号	发布部门	政策名称	发布时间(年-月-日)	主要内容
2	国务院	《新时期促进集成电路产业和软件产业高质量发展的若干政策》	2020-07-27	进一步优化集成电路产业和软件产业发展环境，深化产业国际合作，提升产业创新能力和发展质量，制定了财税政策、投融资政策、研究开发政策、进出口政策、人才政策、知识产权政策、市场应用政策、国际合作政策等。
3	人民代表大会常务委员会	《中华人民共和国固体废物污染环境防治法》	2020-4-29	为了保护和改善生态环境，防治固体废物污染环境，保障公众健康，维护生态安全，推进生态文明建设，促进经济社会可持续发展。
4		《关于修改〈中华人民共和国土地管理法〉的决定》第二次修正	2019-4-28	为了加强土地管理，维护土地的社会主义公有制，保护、开发土地资源，合理利用土地，切实保护耕地，促进社会经济的可持续发展。
5	财政部、税务总局、国家发展改革委、生态环境部	关于从事污染防治的第三方企业所得税政策问题	2019-4-13	鼓励污染防治企业的专业化、规模化发展，更好支持生态文明建设。
6		废弃电器电子产品回收处理管理条例	2019-3-2	规范废弃电器电子产品的回收处理活动，促进资源综合利用和循环经济发展，保护环境，保障人体健康。
7	环境保护部	《生活垃圾焚烧发电建设项目环境准入条件(试行)》	2018-03-04	确定了生活垃圾焚烧发电建设项目环境的准入条件。
8	环境保护部	关于提供环境保护综合名录(2017年版)	2018-1-12	一、“高污染、高环境风险”产品名录(2017年版)；二、环境保护重点设备名录(2017年版)。
9	国务院	《“十三五”节能减排综合工作方案》	2016-12-20	提出了总体要求和目标，优化产业和能源结构，加强重点领域节能，强化主要污染物减排，大力发展循环经济，实施节能减排工程，强化节能减排技术支撑和服务体系建设等内容。
10	国务院	《“十三五”国家战略性新兴产业发展规划》	2016-12-19	到2020年，战略性新兴产业增加值占国内生产总值比重达到15%，形成新一代信息技术、高端制造、生物、绿色低碳、数字创意等5个产值规模10万亿元级的新支柱，并在更广领域形成大批跨界融合的新增长点，平均每年带动新增就业100万人以上。产业结构进一步优化，产业创新能力和竞争力明显提高，形成全球产业发展新高地。
11	国务院	“十三五”控制温室气体排放工作方案	2016-10-27	为加快推进绿色低碳发展，确保完成“十三五”规划纲要确定的低碳发展目标任务，推动我国二氧化碳排放2030年左右达到峰值并争取尽早达峰。

续表

序号	发布部门	政策名称	发布时间（年-月-日）	主要内容
12	环境保护部	《现代煤化工建设项目环境准入条件（试行）》	2015-12-22	确定了现代煤化工建设项目环境的准入条件。
13	环境保护部	《农药产业政策》	2015-06-11	加快农药工业产业结构调整步伐，增强农药对农业生产和粮食安全的保障能力，引导农药工业持续健康发展。
14	国家能源局	《页岩气产业政策》	2013-10-22	合理、有序开发页岩气资源，推进页岩气产业健康发展，提高天然气供应能力，促进节能减排，保障能源安全。
15	工业和信息化部	《铸造行业准入条件》	2013-05-10	确定了铸造行业的准入条件。
16	国家发改委 财政部	关于推进园区循环化改造的意见	2013-03-21	中央财政资金加大对园区循环化改造重点项目的支持力度，各地研究完善促进园区循环化改造的综合配套政策措施。
17	发展改革委、国土资源部、环境保护部、质检总局、银监会和电监会	玻璃纤维行业准入条件（2012年修订）	2012-9-27	为有效遏制玻璃纤维行业重复建设和盲目扩张，规范市场竞争秩序，促进产业结构转型升级，根据国家有关法律法规和产业政策，按照促进产业升级、有效竞争、降低消耗、保护环境和安全生产的原则，对玻璃纤维行业提出准入条件。
18	工业和信息化部、环境保护部	《再生铅行业准入条件》	2012-08-27	制订了再生铅行业准入条件，包括项目建设与企业生产布局，生产规模、工艺和装备，能源消耗及资源综合利用，环境保护，安全、卫生与职业病防治，监督与管理等内容。
19	工业和信息化部	《稀土行业准入条件》	2012-07-26	确定了稀土行业的准入条件。
20	工业和信息化部	《钼行业准入条件》	2012-07-17	确定了钼行业的准入条件。
21		《“十二五”国家战略性新兴产业发展规划》	2012-07-09	加快培育和发展节能环保、新一代信息技术、生物、高端装备制造、新能源、新材料、新能源汽车等战略性新兴产业。
22	国务院	《关于印发“十二五”节能环保产业发展规划的通知》	2012-06-16	指出了我国节能环保产业发展现状及面临的形势，确定了产业的指导思想、基本原则和总体目标以及重点领域、重点工程、政策措施、组织实施等。
23	工业和信息化部、环境保护部	《铅蓄电池行业准入条件》	2012-05-11	对铅蓄电池行业的企业布局，生产能力，不符合准入条件的建设项目，工艺与装备等要求。

续表

序号	发布部门	政策名称	发布时间(年-月-日)	主要内容
24	国务院	《关于加快发展海水淡化产业的意见》	2012-02-14	制定海水淡化产业的总体思路和发展目标，确定了产业的重点工作，明确了产业政策措施，加强产业组织协调。
25		《工业转型升级规划(2011—2015年)》	2011-12-30	加强对工业园区发展的规划引导，提升基础设施能力，提高土地集约节约利用水平，促进各类产业集聚区规范有序发展。
26		《关于加强国家生态工业示范园区建设的指导意见》	2011-12-05	在资金、招商引资、对外经济技术合作和服务等方面加大对国家生态工业示范园区的扶持力度，引导和鼓励社会资金、外商投资更多地投入国家生态工业示范园区。
27	工业和信息化部	《镁行业准入条件》	2011-03-07	确定了镁行业的准入条件。
28	工业和信息化部	《氟化氢行业准入条件》	2011-02-14	确定了氟化氢行业的准入条件。
29	工业和信息化部	《日用玻璃行业准入条件》	2010-12-30	确定了日用玻璃行业的准入条件。
30	工业和信息化部	《水泥行业准入条件》	2010-11-16	确定了水泥行业的准入条件。
31		《国务院关于加快培育和发展战略性新兴产业的决定》	2010-10-10	提出当前我国加快培育和发展的战略性新兴产业重点领域和方向，包括节能环保、新能源、新一代信息技术、生物、高端装备制造、新材料、新能源汽车等。
32	工业和信息化部	《轮胎产业政策》	2010-09-15	制订了轮胎产业的目标、产品调整、技术政策、配套条件建设、行业准入、投资管理、进出口管理、品牌与服务、废旧轮胎回收与利用等内容。
33	国务院	《关于进一步加大节能减排力度加快钢铁工业结构调整的若干意见》	2010-06-18	充分认识加强钢铁工业节能减排和结构调整工作的重要意义、坚决抑制钢铁产能过快增长、加大淘汰落后产能力度、进一步强化节能减排、加快钢铁企业兼并重组、大力实施企业技术创新和技术改造、切实规范铁矿石流通秩序、推进国内铁矿开发和“走出去”战略的实施、加强工作的组织协调。
34		《关于抑制部分行业产能过剩和重复建设引导产业健康发展的通知》	2009-09-30	提高环保准入门槛，严格建设项目环评管理，坚决抑制产能过剩和重复建设，加快产能过剩、重复建设行业中重污染企业的退出步伐。钢铁、水泥、平板玻璃、煤化工、多晶硅、风电设备等被列入产能过剩和重复建设限制行业。
35	国务院	《促进生物产业加快发展的若干政策》	2009-6-2	加快把生物产业培育成为高技术领域的支柱产业和国家的战略性新兴产业。
36		《十大重点产业调整和振兴规划》	2009-2-25	汽车、钢铁、船舶、纺织、装备制造、石化、轻工、电子信息、有色金属和物流产业的振兴规划。

续表

序号	发布部门	政策名称	发布时间(年-月-日)	主要内容
37	工业和信息化部	《黄磷行业准入条件》	2008-12-21	确定了黄磷行业的准入条件。
38	国家发展改革委	乳制品加工行业准入条件	2008-3-21	规定自2008年4月1日起，新上加工项目(企业)必须符合"与周围已有乳制品加工企业距离在60公里以上，且加工规模为日处理原料乳能力(两班)200吨以上"等条件。
39	国家发展改革委	铁合金行业准入条件(2008年修订)和电解金属锰行业准入条件(2008年修订)	2008-2-4	国家发改委对铁合金和电解金属锰行业的准入条件进行修订，以遏制铁合金及电解金属锰行业低水平重复建设和盲目发展，其中对工艺与装备、能源消耗、资源消耗、环境保护和监督与管理进行了修订。修订过的准入条件自3月1日起实施。
40	国家发展改革委	中国的能源状况与政策	2007-12-26	中国将深化能源体制改革，积极稳妥地推进能源价格改革，逐步建立能够反映资源稀缺程度、市场供求关系和环境成本的价格形成机制；中国并将加强能源领域的国际合作。中国将深化煤炭价格改革，全面实现市场化；推进电价改革，逐步做到发电和售电价格由市场竞争形成、输电和配电价格由政府监管；逐步完善石油、天然气定价机制，及时反映国际市场价格变化和国内市场供求关系。
41	国家发展改革委	中国第一部煤炭产业政策	2007-11-29	政策明确鼓励发展大型煤炭企业集团，并提出要完善煤炭价格形成机制及煤炭工业税费政策，建立矿区开发环境承载能力评估制度和评价指标体系等；并提出要建立健全煤炭交易市场体系，鼓励煤炭供、运、需三方建立长期合作关系；在大型煤炭基地内推进煤炭、煤层气等资源的协调开发和基础设施的高效利用；并对煤矿资源回收率提出规定性要求。
42	国家发展改革委	铝行业准入条件	2007-10-29	新增生产能力的电解铝项目，必须经过国务院投资主管部门核准。近期只核准环保改造项目及国家规划的淘汰落后生产能力置换项目。利用国内铝土矿资源的氧化铝项目起步规模必须是年生产能力在80万吨及以上。对于改造的电解铝项目，必须有氧化铝原料供应保证，并落实电力供应、交通运输等内外部生产条件。
43	国家发展改革委	氯碱(烧碱、聚氯乙烯)行业准入条件	2007-11-2	新建氯碱生产企业应靠近资源、能源产地，有较好的环保、运输条件，并符合本地区氯碱行业发展和土地利用总体规划。除搬迁企业外，东部地区原则上不再新建电石法聚氯乙烯项目和与其相配套的烧碱项目；新建烧碱装置起始规模必须达到30万吨/年及以上(老企业搬迁项目除外)，新建、改扩建聚氯乙烯装置起始规模必须达到30万吨/年及以上。

续表

序号	发布部门	政策名称	发布时间(年-月-日)	主要内容
44	国家发展改革委	核电中长期发展规划(2005~2020年)	2007-11-2	到2020年，核电运行装机容量争取达到4000万千瓦，并有1800万千瓦在建项目结转到2020年以后续建。核电占全部电力装机容量的比重从现在的不到2%提高到4%，核电年发电量达到26002800亿千瓦时。到2020年，全面掌握先进压水堆核电技术，形成较大规模批量化建设中国品牌核电站的能力。核电发展将通过引进国外先进技术，进行消化、吸收和再创新，实现核电站工程设计、设备制造和工程建设与运营管理的自主化。
45	国家发展改革委	造纸产业发展政策	2007-11-2	到2010年，纸及纸板新增产能2650万吨，淘汰现有落后产能650万吨，有效产能达到9000万吨。实现产业结构优化升级，加大技术创新力度，转变增长方式，到2010年实现造纸产业吨产品平均取水量由2005年103立方米降至80立方米、综合平均能耗(标煤)由2005年1.38吨降至1.10吨、污染物(COD)排放总量由2005年160万吨减到140万吨。
46	国家发展改革委	《平板玻璃行业准入条件》	2007-9-13	为规范平板玻璃行业投资行为，防止盲目投资和重复建设，促进结构调整，实现协调和可持续发展。
47	国家发展改革委	天然气利用政策	2007-8-30	天然气利用领域归纳为四大类，即城市燃气、工业燃料、天然气发电和天然气化工。综合考虑天然气利用的社会效益、环保效益和经济效益等各方面因素，根据不同用户用气的特点，将天然气利用分为优先类、允许类、限制类和禁止类。城市燃气列为优先类，禁止以天然气为原料生产甲醇；禁止在大型煤炭基地所在地区建设基荷燃气发电站；禁止以大、中型气田所产天然气为原料建设LNG项目。
48	发展改革委、环保总局、电监会、能源办	节能发电调度办法(试行)	2007-8-2	节能发电调度是指在保障电力可靠供应的前提下，按照节能、经济的原则，优先调度可再生发电资源，按机组能耗和污染物排放水平由低到高排序，依次调用化石类发电资源，最大限度地减少能源、资源消耗和污染物排放。
49	国家发展和改革委	关于进一步贯彻落实加快产业结构调整政策措施遏制铝冶炼投资反弹	2007-4-2	针对铝冶炼投资盲目快速增长、产能急剧扩张等问题，国家采取了宏观调控和加快产业结构调整的措施。
50	国家发展和改革委	玻璃纤维行业准入条件	2007-1-18	新建玻璃纤维生产企业选址必须符合土地利用总体规划、城镇规划和产业布局规划；依法立即淘汰陶土坩埚玻璃纤维拉丝生产工艺与装备，禁止生产和销售高碱玻璃纤维制品；待国家颁布有关玻璃纤维工业污染物排放标准后，玻璃纤维工业污染物排放应按新标准的要求执行。

续表

序号	发布部门	政策名称	发布时间(年-月-日)	主要内容
51	国家发展和改革委	钨、锡、锑三个行业准入条件	2006-12-22	依据《工业品生产许可证管理条例》《危险化学品安全管理条例》，企业生产属于国家生产许可制度管理的产品，应当依法取得工业生产许可证，不得生产、销售或在经营活动中使用未获得生产许可证的产品。
52	国家发展和改革委、财政部	关于加强生物燃料乙醇项目建设管理，促进产业健康发展的通知	2006-12-14	任何地区无论是以非粮原料还是其他原料的燃料乙醇项目核准和建设一律要报国家审定；凡违规审批和擅自开工建设的，不得享受燃料乙醇财政税收优惠政策，造成的经济损失将依据相关规定追究有关单位的责任。
53	国家发展和改革委	水泥工业产业发展政策	2006-10-17	2008年底前，各地要淘汰各种规格的干法中空窑、湿法窑等落后工艺技术装备，进一步消减机立窑生产能力，有条件的地区要淘汰全部机立窑；禁止采用对资源破坏大的开采方式，加强对民办矿山环境的治理和整顿，对民采民运的供应方式进行有效监管。
54	国家发展和改革委、财政部、国土资源部、商务部、中国人民银行	关于规范铅锌行业投资行为，加快结构调整指导意见的通知	2006-9-13	2010年淘汰落后生产能力后，将精铅年产能控制在400万吨以内，锌年产能控制在500万吨以内；加快制定铅锌冶炼市场准入条件，从布局和外部生产条件、工艺装备、能源消耗、资源消耗、环境保护、安全生产等方面严把准入关，促进结构优化。
55	国家发展和改革委	电解金属锰企业行业准入条件	2006-8-8	单条生产线(一台变压器)规模达到10000吨/年及以上；企业总的生产规模达到30000吨/年及以上；新建和改扩建电解金属锰项目必须符合准入条件，电解金属锰项目的投资管理、土地批租、贷款融资等也必须依据上述准入条件。电解二氧化锰生产企业如转产电解金属锰，也适用本准入条件。
56	国家发展和改革委、国土资源部、建设部、安全监管总局、煤矿安监局	关于加强煤炭建设项目管理的通知	2006-7-3	煤矿建设项目要按照核准批复的建设规模进行设计与建设，建设和设计单位不得擅自扩大生产环节能力。煤矿建设项目移交生产后原则上三年内不得申请改扩建，也不能通过生产能力核定扩大规模。国家核准煤炭规划矿区内煤炭项目由国家发展改革委组织验收，国家规划建设矿区以外的煤炭项目由省级发展改革委或省级政府指定的部门会同省级发展改革委组织验收。竣工验收通过后，方可申请办理煤炭生产许可证，正式投入生产。
57	国家发展和改革委	铜冶炼行业准入条件	2006-6-30	新建或者改建的铜冶炼项目必须符合环保、节能、资源管理等方面的法律、法规，符合国家产业政策和规划要求，符合土地利用总体规划、土地供应政策和土地使用标准的规定。 单系统铜熔炼能力在10万吨/年及以上，落实铜精矿、交通运输等外部生产条件，自有矿山原料比例达到25%以上，项目资本金比例达到35%及以上。

续表

序号	发布部门	政策名称	发布时间(年-月-日)	主要内容
58	国家发展和改革委、财政部、商务部、中国人民银行	关于加快纺织行业结构调整促进产业升级若干意见的通知	2006-5-30	到“十一五”(2006~2010年)末，纺织纤维加工总量达到3600万吨，比“十五”(2001~2005年)末增长35%左右；人均劳动生产率提高60%以上；万元增加值的能源消耗下降20%；吨纤维耗水下降20%。对限制和淘汰类纺织项目，要严格控制，禁止投资；对淘汰类纺织工艺设备，要加快淘汰，禁止转移。严格执行对新建聚酯项目的核准和纺织项目的登记备案制度，防止低水平产能的扩张。
59	国家发展和改革委、国土资源部、银监会	关于加快电石行业结构调整有关意见的通知	2006-5-11	彻底关闭和淘汰5000千伏安以下(1万吨/年以下)电石炉及开放式电石炉、排放不达标的电石炉；严格控制新上电石项目，通过三年努力，使生产能力与市场需求相适应；加强排放控制和污染治理，电石生产企业各项污染物排放要达到环保要求；强化准入管理，发展大型、现代化的电石生产装置，优化行业结构，提高行业整体技术水平和产业集中度。
60	国家发展和改革委、财政部、商务部、中国人民银行	关于推进铁合金行业加快结构调整的通知	2006-4-11	严格行业准入管理，控制生产能力增长。严格执行《铁合金行业准入条件》，禁止新建25000千伏安以下，以及25000千伏安及以上但环境保护、资源消耗、能源消耗、工艺装备等达不到准入要求的铁合金矿热电炉项目，其中中西部具有独立运行的小火电和矿产资源优势的国家确定的重点贫困地区禁止新建12500千伏安以下的矿热电炉项目。禁止新建300立方米以下的锰铁高炉项目。
61	国家发展改革委、财政部、国土资源部、人民银行、环保总局	《关于制止铜冶炼行业盲目投资的若干意见》	2005-11-03	尽快制止铜冶炼行业盲目投资的势头，促进铜工业持续健康发展，要求认真做好项目的清理整顿工作、强化产业政策导向和市场准入管理、调整相关经济政策、加强信贷管理、加强环境保护监督管理、加大铜冶炼产业结构调整力度。
62	国家发展和改革委	钢铁产业发展政策	2005-7-8	到2010年，钢铁冶炼企业数量较大幅度减少，国内排名前十位的钢铁企业集团钢产量占全国产量的比例达到50%以上；2020年达到70%以上。 钢铁产业布局调整，原则上不再单独建设新的钢铁联合企业、独立炼铁厂、炼钢厂，不提倡建设独立轧钢厂，必须依托有条件的现有企业，结合兼并、搬迁，在水资源、原料、运输、市场消费等具有比较优势的地区进行改造和扩建。禁止企业采用国内外淘汰的落后二手钢铁生产设备。境外钢铁企业投资中国钢铁工业，须具有钢铁自主知识产权技术，其上年普通钢产量必须达到1000万吨以上或高合金特殊钢产量达到100万吨。

续表

序号	发布部门	政策名称	发布时间(年-月-日)	主要内容
63	国家发展和改革委	汽车产业发展政策	2004-5-21	2010年前使中国成为世界主要汽车制造国，汽车产品满足国内市场大部分需求并批量进入国际市场。2010年前，乘用车新车平均油耗比2003年降低15%以上。要依据有关节能方面技术规范的强制性要求，建立汽车产品油耗公示制度。 引导和鼓励发展节能环保型小排量汽车。汽车产业要结合国家能源结构调整战略和排放标准的要求，积极开展电动汽车、车用动力电池等新型动力的研究和产业化，重点发展混合动力汽车技术和轿车柴油发动机技术。国家在科技研究、技术改造、新技术产业化、政策环境等方面采取措施，促进混合动力汽车的生产和使用。国家支持研究开发醇燃料、天然气、混合燃料、氢燃料等新型车用燃料，鼓励汽车生产企业开发生产新型燃料汽车。

思考题

1. 环境政策的概念是什么？
2. 环境政策在环境管理中地位和作用如何？
3. 简述中国环境政策的发展变化历程。
4. 为什么说环境保护是我国的一项基本国策？
5. 我国同步发展方针的含义是什么？
6. 简述我国环境管理三大基本政策的基本思想及其实现措施。
7. 在我国，为什么要实行强化环境管理的政策？
8. 简述我国的环境技术政策体系。
9. 我国主要的环境经济政策类型有哪些？试举几例。
10. 我国的环境产业政策包括哪两个方面？

第五章　环　境　法

本章重点

本章要求理解我国环境保护法的含义，熟悉我国环境保护法体系，掌握我国的主要环境要素法、主要自然资源法、环境法律责任的类型、环境法的构成要件及其制裁形式、新《刑法》关于破坏环境保护罪的规定。

第一节　环境法概述

一、产生和发展

（一）世界环保法产生和发展历程

从历史发展的宏观角度看，环境法的发展可以分为三个时期：一是第一次工业革命(18世纪末)之前的环境法，又称古代环境法，古代环境法虽然历经几千年，但发展相当缓慢，所保留的资料很少。二是第一次工业革命至第二次世界大战结束时期(1945年)的环境法，又称近代环境法，近代环境法大约经历了近200年的时间，虽然环境法规的数量远远超过前者，但缺乏特色，没有形成环境法体系。三是第二次世界大战结束后的环境法，又称现代环境法。现代环境法虽然只有70多年的时间，但其发展速度远远超过前面两个时期，并且已经形成了富有特色的环境法体系。

1. 第一阶段(资产阶级产业革命以前)

这个时期，人类对环境的影响不大，只是利用、改造了某些与人类生产、生活密切相关的环境和自然资源。当时的环境问题，主要是由于乱砍滥伐森林和破坏草地而引起的水土流失、土地沙漠化和某些城市由于人口拥挤、乱倒垃圾而引起的水污染等。为了解决这些环境问题，历代统治者都颁布了一些零散的客观上起着保护环境作用的法规。例如在中国，有关保护环境和自然资源的最早记载是春秋时期的《逸周书·大聚篇》中“春三月，山林不登斧，以成草木之长；夏三月，川泽不入网，以成鱼鳖之长。”早在殷商时期就有关于禁止抛弃垃圾的规定，如“殷之法，刑弃灰于街者。”后来的《唐律》《明律》《清律》中也有许多关于保护山林、禁苑以及巷街阡陌、山野湖泊等有关环境保护的法律规定。

在国外，《汉谟拉比法典》规定了对牧场、林木的保护；还规定，鞋匠住在城外，以免污染水源及空气。英国在1306年就颁发国王诏告：在议会开会期间禁止用“海煤”取暖，违者将受重罚。

由此可见，古代具有环境保护作用的法律条文，一般都不是专门为了保护环境的目的而制定的，它们往往夹杂在其他法律中，且仅仅包含对局部环境的保护，特别是对统治者生活居住环境的保护，还谈不上现代意义的环境保护概念和环境保护法律。

2. 第二阶段(第一次产业革命以后~“二战”结束前)

产业革命以后，随着资本主义大工业的出现，社会生产力得到极大的提高，人类对环境的影响也越来越大。除了上述环境和自然资源的污染和破坏之外，伴随着工业产品的生产和消费过程出现了“三废”污染，一些工业发达国家的环境问题日益严重，出现了如1930年比利时马斯河谷烟雾和1943年美国洛杉矶烟雾等世界著名的公害事件。这些严重的环境问题促使工业发达的资本主义国家陆续颁布了一些单独的专门的环境保护法律，如英国1863年颁布的《碱业法》，要求制碱者防止对大气的污染；1864年美国制定了《煤烟法》，用于控制煤烟污染；1896年日本在《河川法》中提出“公害”一词；1918年苏俄颁布了《灌溉与自然资源保护条例》；1925年美国制定了《油污染防止法》，以防止海洋石油污染；1941年，瑞典制定了《水系保护法》，以保护水体等。与此同时，关于自然保护的立法也有了一定的发展，如法国、奥地利等国家在19世纪已经有了比较完整的森林法规。我国在1928年颁布了《农产物检查条例》，1929年颁布了《渔业法》，1932年颁布了《森林法》和《狩猎法》等。

与第一阶段相比，环境保护法再也不是仅仅夹杂在其他法律里面的零星条文了，而是已经出现了许多单独的专门的环境保护法规。这是环境保护法发展上的一大进步，具有重大的意义。

3. 第三阶段(“二战”结束以来)

这个时期，现代工业生产突飞猛进，生产力、科学技术急速发展，人口膨胀，大城市急剧增多，人类生产和生活活动产生的大量废弃物排向天空、水域和大地，大大超过自然的净化能力；再加上大规模开发活动消耗了地球上有限的资源和能源，形成了大区域甚至全球性污染，严重地威胁生态系统的平衡和人类本身的健康与安全。环境问题已成为20世纪突出的社会问题。为了解决这些问题，环境科学和环境保护事业应运而生。反映到法律上，不但各种环境保护的单行法规大量出现，而且还颁布了综合性的基本法，即所谓“环境保护基本法”。

现代环境法从20世纪60年代起得到迅速发展，到20世纪70年代达到高潮，在20世纪80年代进入调整、完善阶段，从20世纪80年代后期，特别是进入20世纪90年代后，环境法进入全面、深入发展的新阶段。由于现代环境法的内容非常丰富，在70年中的发展变化较大，有人将现代环境法的发展历程分为如下三个阶段：

一是从“二战”结束至1972年斯德哥尔摩联合国人类环境会议的召开，即“斯德哥尔摩前时期”，这是现代环境法酝酿和逐步兴起的阶段；

二是从1972年斯德哥尔摩会议到1992年巴西联合国环境与发展大会，即“斯德哥尔摩时期”；

三是1992年巴西环境与发展大会至今，即“斯德哥尔摩后时期”或“可持续发展时期”，这是现代环境法全面、蓬勃发展的阶段。

1966年，联合国大会专门讨论了人类环境问题。美、英、德、日等工业发达国家相继在环境立法方面取得突破。例如，美国在1969年制定了《国家环境政策法》，首次明确规定了环境影响评价制度，设立了总统环境质量委员会；1970年4月22日，美爆发了一场由1500多所大学和一万多所中学参与的全国性环保运动，即"土地日"活动，同年12月，联邦政府设立了国家环保局，这些都对世界各国产生了广泛的影响。

1972年6月，在斯德哥尔摩举行了联合国人类环境会议，来自113个国家的约1200名代表参加了会议。这次会议通过的《人类环境宣言》、行动计划以及在大会上印发的《只有一个地球》等材料，集中地反映了第一次国际性环保高潮，即"斯德哥尔摩时期"的特点。会后，许多国家纷纷制定环境专门法律，建立环境管理专门机构，成立环境社会团体，促进了环境法的迅速发展。

联合国人类环境会议七点共同看法的大意是：

① 由于科学技术的迅速发展，人类能在空前规模上改造和利用环境。人类环境的两个方面，即天然和人为的两个方面，对于人类的幸福和对于享受基本人权，甚至生存权利本身，都是必不可少的。

② 保护和改善人类环境是关系到全世界各国人民的幸福和经济发展的重要问题；也是全世界各国人民的迫切希望和各国政府的责任。

③ 在现代，如果人类明智地改造环境，可以给各国人民带来利益和提高生活质量；如果使用不当，就会给人类和人类环境造成无法估量的损害。

④ 在发展中国家，环境问题大半是由于发展不足造成的，因此，必须致力于发展工作；在工业化的国家里，环境问题一般是同工业化和技术发展有关。

⑤ 人口的自然增长不断给保护环境带来一些问题，但采用适当的政策和措施，可以解决。

⑥ 我们在解决世界各地的行动时，必须更审慎地考虑它们对环境产生的后果。为现代人和子孙后代保护和改善人类环境，已成为人类一个紧迫的目标。这个目标将同争取和平和全世界的经济与社会发展两个基本目标共同和协调实现。

⑦ 为实现这一环境目标，要求人民和团体以及企业和各级机关承担责任，大家平等地从事共同的努力。各级政府应承担最大的责任。国与国之间应进行广泛合作，国际组织应采取行动，以谋求共同的利益。会议呼吁各国政府和人民为全体人民和他们的子孙后代的利益而做出共同的努力。

1987年，世界环境与发展委员会发表了著名的《布伦特兰报告》，即《我们共同的未来》。该报告提出："可持续发展是既能满足当代人的需要，又不妨碍后代人满足其需要的发展方式"。经过一段时间的研究、筹划和推广，"可持续发展战略"逐渐被许多国际组织和国家采纳和实施。1990年，美国国会通过了《污染预防法》，该法宣布"对污染应该尽可能地实行预防或削减是美国的国策"，规定了以"末端控制"为特征的污染削减制度，对世界各国的环境法产生了很大的影响。

1992年6月，在巴西召开的联合国环境与发展大会，有183个国家的代表团、联合国及其下属机构等70个国家组织的代表出席了会议。这次会议通过、签署了5个体现可持续发展新思想、贯彻可持续发展战略的文件。其中，《里约环境与发展宣言》多次提到可持续发展，强调"各国应当合作，加强本国能力的建设，以实现可持续发展"；《21世纪议程》提供了一个涉及与全球可持续发展有关的所有领域的行动计划，是在全球、区域和各国范围内实现可持续发展的行动纲领，它还要求各国制订和组织实施相应的可持续发展战略、计划、政策和法律。这次大会标志着全球中心议题从“斯德哥尔摩时期”的环境保护向“可持续发展时期”的环境保护的重大转变。会后，许多国际组织和国家纷纷制定、贯彻可持续发展的战略、环境大法、国际法律、政策文件和行动计划，掀起了一场可持续发展的社会变革运动，环境法开始进入“可持续发展时期”。

另外，在国际环境保护法领域，也产生了一系列国际公约和其他国际协定，以及环保双边、多边和区域性协定。如1954年的《防止海洋石油污染的国际公约》，1970年的《大陆架公约》，1973年的《国际防止船舶污染海洋公约》，1982年的《海洋法公约》，1983年的《南极条约》，1992年制定的《气候变化框架公约》《生物多样性公约》等。

在这个阶段中，环境保护法不仅内容日趋丰富，形式日益多样，而且从国内环境保护法扩大到国际环境保护法，出现了国家间的环境保护公约、环境保护协定等。在一些发达国家，环境保护法已经成为一个独立的法律部门，它作为保护环境的重要手段已经得到越来越多的承认。随着环境保护法的出现，也诞生了一门生机勃勃的环境保护法学。

从零散的夹杂在其他法律中的环境保护条文，到侧重某一方面的单行保护法规，再到形成一个自成体系的独立的法律部门，这就是环境保护法产生和发展过程的简单概括。

（二）我国环保法产生和发展历程

1. 起步阶段

1949年新中国成立至1973年第一次全国环境保护会议召开。这一时期我国环境保护法经历了孕育和产生过程。新中国成立后，随着经济建设的进行，环境问题逐渐增多。国家在保护土地资源、矿产资源、水产资源、野生动植物、森林、文化遗产以及农药管理和工业污染治理等方面颁布了一些法规和规范性文件。如《国家建设征用土地办法》（1953年）、《矿产资源保护试行条例》（1956年）、《关于加强农药安全管理的规定（草案）》（1959年）、《放射性工作卫生防护暂行规定》（1960年）、《森林保护条例》（1963年）等。由于这一时期，我国工业建设尚处于初创阶段，环境污染还不突出，因此环境保护的法律规范多为保护自然资源的内容，有关的立法也较零散。

2. 发展阶段

1973年第一次全国环境保护会议召开以后至1978年中国共产党十一届三中全会召开，这一时期，我国环境保护法经历了创建发展过程。进入70年代，我国建立了比较完整的工业体系，农业生产有了比较大的发展。但由于对环境问题认识不足，再加上有关政策上的失误，在经济和人口增长的同时，环境污染和破坏也达到了严重程度。工业发达国家不断出现震惊世界的公害事件。在此情况下，1972年联合国在瑞典的斯德哥尔摩召开了第一次人类环境会议，对中国的环境保护事业起到了很大的促进作用。1973年，我国召开了第一次全国环境保护会议，制定了环境保护方针，建立了环境保护机构，国务院批转了《关于保护和改善环境的若干规定（试行草案）》，这是我国第一个综合性的环境保护法规，为以后的环境保护立法起到了奠基作用。这一阶段颁布的法规、标准主要有：《中华人民共和国防治沿海水域污染暂行规定》（1974年）、《关于治理工业“三废”开展综合利用的几项规定》（1977年）、《工业“三废”排放试行标准》（1973年）、《生活饮用水卫生标准（试行）》（1976年）等。

党的十一届三中全会以后，我国环境保护立法进入了新的发展时期，1978年修订的《中华人民共和国宪法》第一次明确规定了保护环境和自然资源，防治污染和其他公害的内容，为环境保护法制建设提供了宪法基础和根本依据。这一时期，环境保护法虽然有所发展，但很不完善，没有形成体系，也没有成为独立的法律部门。

近年来，我国与环境有关的法律法规不断更新，新环保法于2014年4月24日修订，2015年1月1日起实施；大气污染防治法于2018年10月26日发布并实施；固体废物污染环境防治法于2020年4月29日修订，自2020年9月1日起施行；环境影响评价法于2018年12月29日修订并施行，环保税法于2016年12月25日颁布，自2018年1月1日起实行。

3. 完善阶段

1979年第五届全国人民代表大会常务委员会第十一次全体会议原则通过了《中华人民共和国环境保护法(试行)》，这部环境保护基本法的颁布，标志着我国环境保护工作进入了法治阶段，环境保护法体系开始建立，环境保护法制建设也迈入了蓬勃发展和不断完善的时期。1982年《宪法》在原基础上对环境保护有关内容作了更为明确严格的规定。

二、环境法概念

关于环境法的内涵和外延，在学术界和实践领域都有一些不同的看法。在环境保护工作中，一般把环境保护法律、法规和标准统称为环境法。有人认为环境法的主要任务是防治环境污染，环境法就是狭义的环境保护法或污染控制法，但更多的人认为环境法有着更广泛的内涵和外延。在我国，环境保护法是指调整因保护和改善生活环境和生态环境，合理利用自然资源，防治环境污染和其他公害而产生的各种社会关系的法律规范的总称。

(一) 规范的基本概念

规范就是规则、准则、标准、尺度。规范分为技术规范和社会规范。技术规范是调整人与自然之间关系的规则。社会规范是调整人与人之间关系的行为规则。法律规范是一种特殊的社会规范，是调整典型社会关系的具有一定逻辑结构的一般规则。

(二) 法律规范的结构

一个法律规范在逻辑上由两部分组成：行为模式和法律后果。法律上一般规定三种行为模式：一是可以这样行为模式；二是应当或必须这样行为模式；三是不应该(禁止)这样行为模式。例如《环境保护法》第41条第2款规定：因环境污染损害引起的赔偿责任和赔偿金额的纠纷，可以根据当事人的请求，由环境保护行政主管部门处理；当事人对处理决定不服的，可以向人民法院起诉。《水污染防治法》第36条规定：含病原体的污水应当经过消毒处理；符合国家有关标准后，方可排放。《海洋环境保护法》第61条规定：禁止在海上焚烧废弃物。

法律后果是法律规定的，人们在做出符合或违反法律规范的行为(包括作为和不作为)时，应当承担的相应的法律上的后果。法律后果包括两种形式：(1)肯定性后果：法律允许的行为，加以肯定和保护。(2)否定性后果：从事了法律不符的行为，否定并承担责任。

环境保护法所调整的社会关系按其内容大体可分为两大类：一是因保护和改善生活和生

态环境而产生的社会关系；二是因防治环境污染和其他公害而产生的社会关系。这些社会关系，表面上看，似乎是人与物之间的关系，实质上是一种人与人之间的关系。因此，只有通过对人与人之间关系的调整，才能调整人与物之间的关系。

三、环境法的任务、目的、作用

（一）任务

我国环境法的任务，一般规定在《宪法》和《环境保护法》中，具体来说，我国环境法具有以下两项任务。

1. 保护和改善生活环境与生态环境，合理利用自然资源

现行《宪法》和《环境保护法》对环境保护法的任务规定得很明确，如《宪法》第26条规定："国家保护和改善生活环境和生态环境，防治污染和其他公害。国家组织和鼓励植树造林，保护林木"。《环境保护法》第1条规定："为保护和改善生活环境和生态环境，防治污染和其他公害，保障人体健康，促进社会主义现代化建设的发展，制定本法。"《环境保护法》不仅要求保护环境，还要求改善环境；它明确将环境区分为生活环境与生态环境，并且突出了对生态环境的保护和改善，尤其是要加强对农业环境和海洋环境的保护；它对水、土地、矿藏、森林、草原、野生动植物等自然资源的保护，是作为环境要素加以保护的，而且主要是为了保护和改善生态环境，防止在利用自然资源中造成浪费和破坏。

2. 防治环境污染和其他公害

防治环境污染也称防治"公害"，就是指防治在生产建设和其他活动中产生的废气、废水、废渣、粉尘、恶臭气体、放射性物质对环境的污染，以及防治噪声、振动、电磁波等对环境的危害。防治"其他公害"则是指防治除前述的环境污染和危害之外，目前尚未出现而今后可能出现的，或者已经出现但尚未包括在前述的"公害"的环境污染和危害。

（二）目的

"保障人体健康"和"促进社会主义现代化建设的发展"，是我国环境法的双重目的，两者之间是辩证的关系。发展经济是我国的根本目的，实现现代化，包括要保护和创造良好的生活环境和生态环境。经济发展以污染环境和牺牲人民的身体健康为代价，不符合人民群众的愿望，也不是我们现代化建设的目的。

（三）作用

环境管理所采取的主要手段是法律、行政、经济、技术和教育等，而其中特别重要的是运用法律手段管理环境。这一点，已为国内外的环境保护实践所证明。因为法律的一个重要特点就是具有强制性，任何人不得违反，否则将受到相应的制裁。要把环境保护的方针、政策、措施、办法等，用法律的形式固定下来，以取得全社会一体遵行的效力，做到有章可循，依法办事，从而保证环境保护工作的顺利开展。行政手段、经济手段和技术手段等，也都被规定在许多环境保护法中，是法律手段的体现。至于教育手段，社会主义法律本身就具有教育和宣传作用，环境保护法也是如此。对干部和群众进行环境教育时，环境保护法是一部很重要的教材。

第二节　环境法体系

一、环境法体系及其分类

环境法体系是指由一国开发、利用、保护、改善环境的全部法律规范按照其内在联系而分类组合在一起的统一整体。它是按照不同法律文件的级别、层次、内容、功能而进行的系统排列与组合。

对于环境法体系，可以从不同的角度进行分类。按不同的国家来分，可以分为中国环境法体系和外国环境法体系；按照法律规范的主要功能来分，包括环境预防法、环境行政管制法和环境纠纷处理法；按照传统法律部门来分，主要包括环境行政法、环境刑法(或称公害罪法)、环境民法(主要是环境侵权法和环境相邻关系法)等；按国家和地方来分，可分为国家环境法体系和地方环境法体系。另外，有人还提出了环境法规体系、环境法学体系、现行体系、目标体系和学术体系等。

二、我国环境法体系的构成

对我国环境法的体系，可以从纵向和横向两个不同的侧面来考察其构成。

(一) 我国环境法体系的纵向结构

从我国环境法体系中法律、法规效力大小和制定机构来看，也就是从纵向结构看，我国环境法体系由不同级别和层次的法律、法规所组成。其构成关系如图 5-1 和图 5-2 所示。

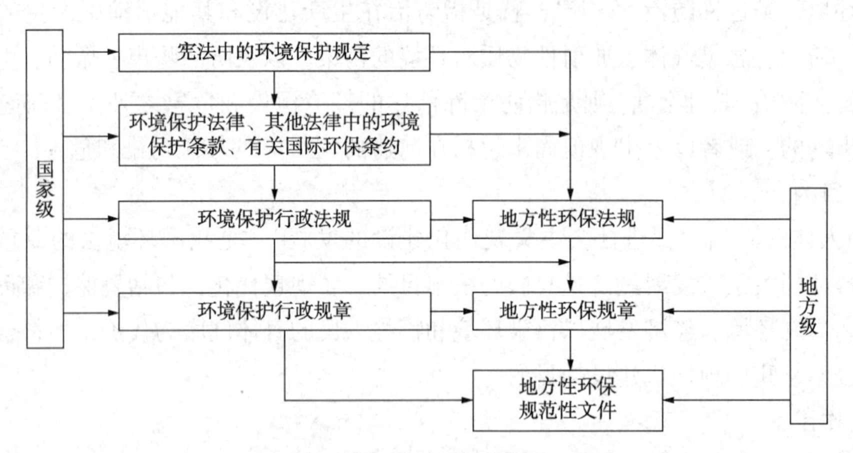

图 5-1　环境法体系的层次结构示意图

从法律的效力层级来看，我国的国家级环境法体系主要包括下列几个组成部分：宪法关于保护环境资源的规定；环境保护基本法；环境资源单行法；环境标准；其他部门法中关于保护环境资源的法律规范。此外，我国缔结或参加的有关保护环境资源的国际条约和国际公约也是我国环境法体系的有机组成部分。

1. 环境保护法律、法规的制定权限

环境保护法律法规的制定权限见表 5-1。

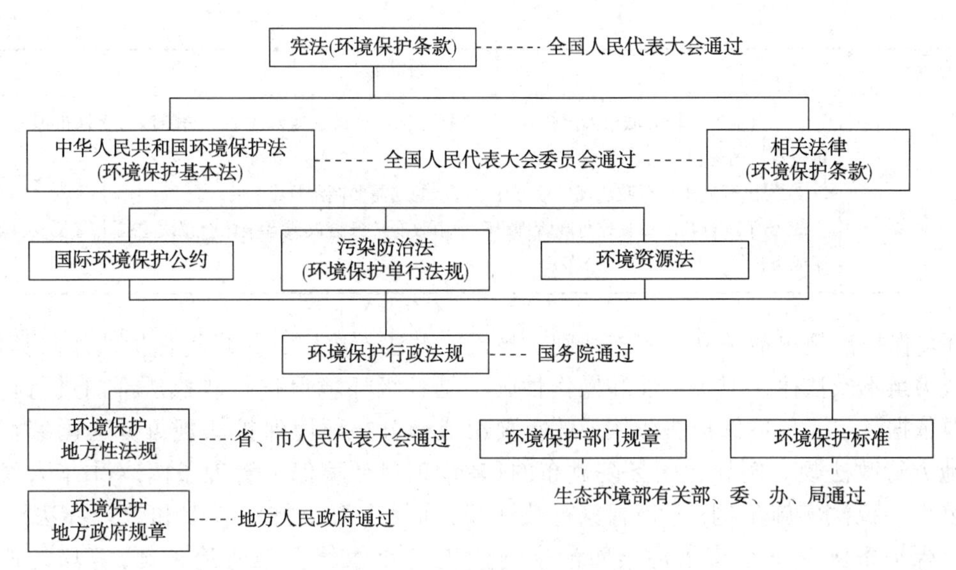

图 5-2　我国环境法体系结构

表 5-1　我国环境保护法律、法规的制定权限

名称	制定权限
宪法	全国人民代表大会制定
环境保护法律及其他法律	全国人民代表大会或人大常委会制定，以国家主席令予以公布
我国签署的有关环境保护国际公约、条约	由全国人大常委会或国务院批准缔结或参加
环境保护行政法规	由国务院总理签署国务院令公布(30 日内人大常委会备案)。国务院制定，内容包括： ① 为执行法律的规定需要制定行政法规的事项； ② 国务院行政管理职权事项； ③ 人大、人大常委会授权决定先制定行政法规的事项
环境保护行政规章	国务院各部、委员会、中国人民银行、审计署和具有管理职能的直属机构，根据行政法规，决定、命令在本部门权限范围内制定规章，行政规章由部门首长签署命令予以公布，由部务会议或委员会、常委会决定。
地方性环保法规、自治条例和单行条例	① 省、自治区、直辖市人大及其常委会根据本行政区域具体情况、实际需要，在不与宪法、法律、行政法规相抵触的前提下，可以制定地方性法规，报全国人大常委会和国务院备案。 ② 较大城市人大、人大常委会根据本市具体情况、实际需要，在不与宪法、法律、行政法规、本省(自治区)的地方性法规相抵触的前提下，可以制定地方性法规，报省、自治区人大常委会批准后实行，由省报国家人大常委会和国务院备案。内容包括：(ⅰ)为执行法律、行政法规规定；(ⅱ)属于地方性事务须制定地方性法规(不包括只能制定法律事项)。 ③ 民族自治区条例和单行条例报全国人大常委会批准后生效；自治州、自治县的自治条例和单行条例，报省、自治区、直辖市人大常委会、国务院备案。 ④ 自治区、直辖市人大制定法规，由同级大会主席团发布公告予以公布。 ⑤ 省、自治区、直辖市人大常委会制定法律，由同级人大常委会发布公告予以公布。

续表

名称	制定权限
地方性环保规章	省、自治区、较大城市人民政府可以根据法律、行政法规和本省、自治区、直辖市地方法规制定规章。内容包括： ① 为执行法律、行政法规、地方性法规、规定需要制定规章； ② 属于本行政区域具体行政管理事项，由政府常务会议或者全体会议决定，由首长或自治区主席或市长签署命令，予以公布。

环境保护法规包括条例、实施细则、规定、办法、决定，是环境保护法律的具体化。法律效力虽不及法律，但实用性和操作性强，是各级环境保护行政执法部门进行行政法的重要依据，也是环境保护法律体系的重要组成部分。环境保护法规可分为国家行政法规和地方行政法规。例如，国务院颁布的《建设项目环境保护管理条例》《中华人民共和国环境保护税法实施条例》等是国家行政法规，而《上海市排污收费和管理办法》《上海市环境保护条例》《北京市水污染防治条例》《北京市大气污染防治条例》等均是地方行政法规。

环境保护行政规章分部门行政规章和地方行政规章两类，包括决定、规定、办法等。

（1）部门行政规章。以环境保护法律、法规为依据，由国务院环境行政主管部门或其他有关部门制定并发布的环境保护法规性文件。部门规章可由国务院的一个部门单独制定并发布，也可由国务院两个以上部门联合制定发布。例如《环境影响评价公众参与办法》《建设项目环境影响评价分类管理名录》《粉煤灰综合利用管理办法》《机动车强制报废标准规定》等。

（2）地方行政规章。地方环境保护行政规章是由各省、直辖市、自治区、省会城市以及国务院批准的较大城市的人民政府制定并公布的有关环境保护的法规性文件。地方行政规章是以国家环境法律、法规为依据，以解决本地区某一特殊环境问题为目标，结合本地区实际制定的。例如《上海市饮用水水源保护条例》《上海市社会生活噪声污染防治办法（沪府令 94 号）》《北京市环境噪声污染防治办法》《北京市限制销售、使用塑料袋和一次性塑料餐具管理办法》《河北省环境保护管理暂行办法》等。但规章的规定不能与法律、法规的规定相冲突。

环境保护规范性文件是指居于普遍约束力的决定、规定、办法、制度、说明、意见、通知等。环境保护规范性文件是环境保护法律、法规、规章在环境保护实际工作中针对某一领域或某一特定环境问题的具体运用，不是具体行政行为，但与具体行政行为密不可分，是具体行政行为的延伸，而不能与之相悖。环境保护规范性文件可与国务院有关行政主管部门单独或联合制定，也可以由省级人民政府各部门、无法规制定权的各级（地区、州）、县（市、区）人民代表大会及常务委员会和相应的人民政府制定。如国家环保局、国家土地管理局 1995 年颁发的《自然保护区土地管理办法》，国家环保局 1996 年发布的《环境监理工作制度（试行）》，北京市环境保护局 2016 年 3 月 17 日颁布的《北京市环境保护局对举报环境违法行为实行奖励有关规定（暂行）》，上海各区生态环境局、市固体废物管理中心、市环境监察总队、上海自贸区管委会 2019 年 3 月 29 日颁布的《上海市产业园区小微企业危险废物集中收集平台管理办法》、上海市环境保护局 2017 年 7 月 17 日颁布的《上海市燃煤发电机组环保排序办法》等。

2. 效力层次

法的效力层次是指规范性法律文件的效力等级关系。根据我国《立法法》的有关规定，我国法的效力层次可以概括为：上位法的效力高于下位法，即规范性法律文件的效力层次决定于其制定主体的法律地位，行政法规的效力高于地方性法规。同一位阶的法律之间，特别法优于一般法。即同一事项，两种法律都有规定时，特别法比一般法优先，优先适用特别法。新法优于旧法。这也是在同一位阶的法律之间发生的情形。

3. 环境法的具体适用

环境保护法律法规的具体适用见表5-2。

表5-2　环境保护法律法规的具体适用

法律法规	具体适用
宪法	具有最高法律效力，一切法律、行政法规、地方性法规、自治条例、单行条例、规章都不得同宪法相抵触
法律	效力高于行政法规、地方性法规、规章(法律解释同法律具有同等效力)
行政法规	效力高于地方性法规、规章
地方性法规	效力高于本级和下级地方政府规章
省、自治区人民政府制定规章	效力高于本行政区域内较大城市人民政府规章
自治条例和单行条例	依法对法律、行政法规、地方性法规作变通规定的，在本自治区地方适用
经济特区法规	依据法律授权对法律、行政法规、地方性法规作变更规定的，在本经济特区适用
部门规章之间、部门规章与地方政府规章之间	具有同等效力，在各自权限范围内施行
同一机关制定的，特别规定与一般规定不一致	适用特别规定
同一机关制定的，新的规定与旧的规定不一致	适用新的规定
新的一般规定与旧的特别规定不一致	法律的适用，由人大常委会裁决 行政法规适用，由国务院裁决
地方性法规与部门规章规定不一致	由国务院提出意见：认为适用地方性法规，决定适用地方性法规；认为适用部门规章，应当提请全国人大常委会裁定

由表5-2可见，环境保护法由宪法、综合性保护基本法、自然资源和生态保护法、环境污染防治法、环境保护纠纷解决程序法和其他法律关于环境与资源保护的规定等构成。

(1) 宪法关于环境保护的条款。宪法关于保护环境资源的规定在整个环境法体系中具有最高法律地位和法律权威，是环境立法的基础和根本依据。

宪法第九条第二款、第十条第五款、第二十二条第二款和第二十六条，明确规定环境保护是我国的一项基本国策，具体规定了环境保护的任务、内容和范围，为我国实行环境监督管理、制定环境保护法律、法规、规章提供了根本依据。不足之处是，未对公民环境权做出明确规定。宪法的这些规定明确了国家环境管理的职责和任务，构成了环境立法的宪法基础。

（2）环境保护基本法。环境保护基本法是对环境保护方面的重大问题做出规定和调整的综合性立法，在环境法体系中，具有仅次于宪法规定的最高法律地位和效力。

《中华人民共和国环境保护法》是中国环境保护的基本法，在环境法体系中占有核心地位，它对环境保护的重大问题做出了全面的原则性规定，是构成其他单项环境法的依据。环境保护法不仅明确了环境保护的任务和对象，而且对环境监督管理体制、环境保护的基本原则和制度、保护自然环境和防治污染的基本要求以及法律责任做了相应规定，其主要规定见表 5-3。

表 5-3 《中华人民共和国环境保护法》的主要规定

序号	主要规定
1	环境保护的任务
2	环境保护的对象是那些直接或间接影响人类生存和发展的环境要素的总体
3	规定了一切单位和个人都有保护环境的义务，对污染和破坏环境的单位和个人有监督和控告的权利
4	规定了我国环境保护应采用的基本原则和制度
5	规定了保护自然环境的基本要求和开发利用环境资源者的法律义务
6	规定了防治环境污染的基本要求和相应的义务
7	规定了违反环境法的法律责任
8	规定了中央和地方管理机构对环境监督的权限和责任

（3）环境保护单行法。环境保护单行法是针对特定的生态环境保护对象和特定的污染防治对象而制定的单项法律。这些单行法都是由我国全国人大常委会制定的。它分为两大类：一类为生态环境保护立法，主要包括森林法、草原法、渔业法、矿产资源法、土地管理法、水法、野生动物保护法和水土保持法等十几部法律；另一类为污染防治法，主要包括水污染防治法、大气污染防治法、海洋环境保护法、噪声污染防治法、固体废物防治法、放射性污染防治法、环境影响评价法 7 部法律。

我国主要环境保护单行法见表 5-4。

表 5-4 环境保护单行法

环境保护单行法类型	法律名称	现行版本发布日期	现行版本实施日期
污染防治法	水污染防治法	2017 年 6 月 27 日修订	2018 年 1 月 1 日
	大气污染防治法	2018 年 10 月 26 日修订	2018 年 10 月 26 日
	环境噪声污染防治法	2018 年 12 月 29 日修订	2018 年 12 月 29 日
	固体废物污染环境防治法	2020 年 4 月 29 日修订	2020 年 9 月 1 日
	海洋环境保护法	2017 年 11 月 4 日修订	2017 年 11 月 5 日
	放射性污染防治法	2003 年 6 月 28 日	2003 年 10 月 1 日
	环境影响评价法	2018 年 12 月 29 日修订	2018 年 12 月 29 日

续表

环境保护单行法类型	法律名称	现行版本发布日期	现行版本实施日期
生态环境保护法	水法	2016年7月2日修订	2016年7月2日
	节约能源法	2018年10月26日修订	2018年10月26日
	防沙治沙法	2018年10月26日修订	2018年10月26日
	草原法	2013年6月29修订	2013年6月29日
	文物保护法	2017年11月4日修订	2017年11月5日
	森林法	2009年8月27日修订	2009年8月27日
	渔业法	2013年12月28日修订	2013年12月28日
	矿产资源法	2009年8月27日修订	2009年8月27日
	土地管理法	2019年8月26日修改	2020年1月1日
	水土保持法	2010年12月25日修订	2011年3月1日
	野生动物保护法	2018年10月26日修订	2018年10月26日
	防洪法	2016年7月2日修订	2016年7月2日
	自然保护区条例	2017年10月7日修订	2017年10月7日
	风景名胜区条例	2016年2月6日修订	2016年2月6日
	基本农田保护条例	2011年1月8日	2011年1月8日

（4）环境行政法规。环境行政法规是由国务院制定并公布或者经国务院批准而由有关主管部门公布的有关环境保护的规范性文件。主要包括两部分内容：一部分是为执行环境保护基本法和单行法而制定的实施细则或条例，如《大气污染防治法实施细则》《水污染防治法实施细则》《森林法实施细则》《土地管理法实施细则》等；另一部分是对环境保护工作中出现的新领域或尚未制定相应法律的某些重要领域所制定的规范性文件，如《结合技术改造防治工业污染的几项规定》《对外经济开发地区环境管理暂行规定》《关于加强乡镇、街道企业环境管理的规定》等。

（5）环境保护部门规章。环境保护部门规章是由国务院环境保护行政主管部门或有关部委发布的环境保护规范性文件，如国家生态环境部发布的《固定污染源排污许可分类管理名录（2019年版）》《固体废物进口管理办法》等。

（6）地方环境法规和地方政府规章。各省、自治区、直辖市、省人民政府所在地的城市以及国务院批准的较大城市的人民代表大会或其常委会制定的有关环境保护的规范性文件称为地方环境法规；各省、自治区、直辖市、省人民政府所在地的城市以及国务院批准的较大城市的人民政府制定的有关环境保护的规范性文件称之为地方规章。这些地方环境法规和地方政府规章都是以实施国家环境法律、行政法规为宗旨，以解决本地区某一特殊环境问题为目标，因地制宜而制定的，如《北京市实施<中华人民共和国大气污染防治法>办法》《上海市黄浦江上游饮用水源保护条例》《上海市长江口中华鲟自然保护区管理办法》等。

（7）环境标准。环境标准是环境法效力体系中的一个特殊的、不可缺少的组成部分。我国环境标准有国家标准和地方标准两级。国家级环境标准由国家生态环境部制定，地方级环境标准由省级人民政府制定，报生态环境部备案。环境标准主要分为环境质量标准、污染物排放标准、环境基础标准、样品标准和方法标准。环境质量标准与污染排放标准均为强制性标准。另外还有一些环境保护的行业标准。

（8）国际环境保护条约。为加强环境保护领域的国际合作，维护国家的环境权益，同时也承担应尽的义务，我国本着对国际环境与资源保护事物积极负责的态度，先后缔结和参加了《保护臭氧层维也纳公约》《控制危险废物越境转移及处置巴塞尔公约》《气候变化框架公约》《生物多样性公约》《南极环境保护协定书》等30项国际环境保护条约，具体见表5-5。此外，我国还与20多个国家签订了双边的环境保护协定书、议定书、备忘录或联合公报，内容涉及环境信息的交流、联合开展科学研究、人员培训、举办研讨会、展览会或就某一具体问题开展合作等。国际环境保护公约和条约由全国人民代表大会常务委员会或国务院批准缔结或参加。

表5-5 我国签字和参加的主要环保宣言和条约

签字时间	签字地点	宣言或条约名称	主要内容
1954年	伦敦	《防止船舶污染公约》	规定应采取一切可行的措施对船舶违章排污进行侦查和监测等内容。
1958年	日内瓦	《大陆架公约》	规定大陆架的定义。规定了大陆架的法律地位和制度。规定与其他沿海国大陆架的划界问题。
1959年	华盛顿	《南极条约》	严格禁止"侵犯南极自然环境"，严格"控制"其他大陆的来访者，严格禁止向南极海域倾倒废物，以免造成对该水域的污染。禁止在南极地区开发石油资源和矿产资源。
1969年	布鲁塞尔	《国际油污损害民事责任公约》	为解决海上事故引起的油类污染赔偿而签订的国际公约。
1971年	拉姆萨	《国际重要湿地公约》	规定各缔约国应至少指定一个国立湿地列入国际重要湿地名单，设立自然保护区并进行资料交换等内容。
1972年	斯德哥尔摩	《人类环境宣言》	规定了各国在全球环境保护方面的权利和义务，提出了保护和改善人类环境所应采用的7个共同观点和26项原则。
1972年	巴黎	《世界文化和自然遗产保护公约》	主要规定了文化遗产和自然遗产的定义，文化和自然遗产的国家保护和国际保护措施等条款。
1973年	华盛顿	《濒危野生动植物种国际贸易公约》	管制而非完全禁止野生物的国际贸易，该公约管制国际贸易的物种，可归类成三项附录，附录一的物种为若再进行国际贸易会导致灭绝的动植物，规定禁止其国际性的交易；附录二的物种则为目前无灭绝危机，管制其国际贸易的物种，若仍面临贸易压力，族群量继续降低，则将其升级入附录一。附录三是各国视其国内需要，区域性管制国际贸易的物种。
1973年	伦敦	《关于油类以外物质造成污染时在公海进行干涉的议定书》	缔约国可以在公海上采取必要的措施，以防止、减轻或消除海难事故后油类以外物质引起的污染或污染威胁对其海岸线或有关利益造成严重和紧急的危险；1969年发生油污事故时在公海上进行干涉的国际公约第1条第2款和第2条~第8条以及其附件适用于本公约；由适当机构负责制定一份这类物质的清单并加以保管。

续表

签字时间	签字地点	宣言或条约名称	主要内容
1972 年	伦敦	《防止因倾弃废物及其他物质而引起海洋污染的公约》	控制因倾弃而导致海洋污染。
1978 年	伦敦	《国际防止船舶造成污染公约》	议定书主要对 1973 年防污公约的附则 I 做了补充要求。
1980 年	布鲁塞尔	《国际油污染损害民事责任公约》	规定船舶所有人应对因事故而使船舶溢油或排污所造成的任何损害负赔偿责任等内容。
1981 年	华盛顿	《濒危野生动植物物种国际贸易公约》	规定对濒危野生动植物物种的国际贸易实行严格的管理控制措施等。
1982 年	内罗毕	《内罗毕宣言》	提出了包括综合治理、解决越界污染、合理分配技术和资源等 10 项共同原则。
1985 年	维也纳	《保护臭氧层维也纳公约》	规定各缔约国应采取适当措施，防止臭氧层的破坏，并在观察、研究、资料交换、立法和行政措施等方面进行合作。
1985 年	巴黎	《保护世界文化和自然遗产公约》	规定了保护文化和自然遗产的各种措施、建立世界文化遗产和自然遗产政府间委员会、对文化和自然遗产保护提供国际援助等项内容。
1987 年	蒙特利尔	《关于消耗臭氧层物质的蒙特利尔议定书》	各缔约国必须分阶段减少氯氟烃的生产和消费，在 1990 年使生产量和消费量维持在 1986 年的水平；到 1993 年，生产和消费量要比 1986 年减少 20%；到 1998 年，保证使氯氟烃的年生产量和消费量减少到 1986 年的 50%。从 1993 年 1 月 1 日起，任何缔约国都不得向非本议定书缔约国的任何国家出口任何控制物质。
1989 年	巴塞尔	《控制危险废物越境转移及其处置巴塞尔公约》	规定各国应尽量减少有害废物的产生量，对于不可避免产生的有害废物应尽可能以对环境无害的方式处置等内容。
1992 年	里约热内卢	《关于环境与发展的里约宣言》	提出了人类环境权、国家主权、发展权、环境合作与交流、污染者付费、环境影响评价等 27 项原则。
1992 年	里约热内卢	《生物多样性公约》	规定《公约》的管辖范围、缔约国之间的合作、保护和持久使用方面的一般措施等内容。
1992 年	里约热内卢	《气候变化框架公约》	气候系统的保护目标、气候变化的研究和系统观测、缔约国承诺采取的行动和措施等规定。
1996 年	维也纳	《核安全公约》	（1）通过加强本国措施与国际合作，包括适当情况下与安全有关的技术合作，以在世界范围内实现和维持高水平的核安全。 （2）在核设施内建立和维持防止潜在辐射危害的有效防御措施，以保护个人、社会和环境免受来自此类设施的电离辐射的有害影响。 （3）防止带有放射性后果的事故发生和一旦发生事故时减轻此种后果。

续表

签字时间	签字地点	宣言或条约名称	主要内容
1997年	京都	《联合国气候变化框架公约》	(1)确立应对气候变化的最终目标。《公约》第2条规定："本公约以及缔约方会议可能通过的任何法律文书的最终目标是：将大气温室气体的浓度稳定在防止气候系统受到危险的人为干扰的水平上。这一水平应当在足以使生态系统能够可持续进行的时间范围内实现"。 (2)确立国际合作应对气候变化的基本原则，主要包括"共同但有区别的责任"原则、公平原则、各自能力原则和可持续发展原则等。 (3)明确发达国家应承担率先减排和向发展中国家提供资金技术支持的义务。《公约》附件一国家缔约方(发达国家和经济转型国家)应率先减排。附件二国家(发达国家)应向发展中国家提供资金和技术，帮助发展中国家应对气候变化。 (4)承认发展中国家有消除贫困、发展经济的优先需要。《公约》承认发展中国家的人均排放仍相对较低，因此在全球排放中所占的份额将增加，经济和社会发展以及消除贫困是发展中国家首要和压倒一切的优先任务。
1997年	维也纳	乏燃料管理安全和放射性废物管理安全联合公约	2006年4月29日第十届全国人民代表大会常务委员会第二十一次会议通过。
2001年	斯德哥尔摩	关于持久性有机污染物的斯德哥尔摩公约	强调持久性有机污染物的生产者在减少其产品所产生的有害影响并向用户、政府和公众提供这些化学品危险特性信息方面负有责任的重要性，意识到需要采取措施，防止持久性有机污染物在其生命周期的所有阶段产生的不利影响，重申《关于环境与发展的里约宣言》之原则16，各国主管当局应考虑到原则上应由污染者承担治理污染费用的方针，同时适当顾及公众利益和避免使国际贸易和投资发生扭曲，努力促进环境成本内部化和各种经济手段的应用，鼓励那些尚未制定农药和工业化学品管制与评估方案的缔约方着手制定此种方案。认识到开发和利用环境无害化的替代工艺和化学品的重要性，决心保护人类健康和环境免受持久性有机污染物的危害。
2009年	哥本哈根	哥本哈根协定	这份协定共有12项内容。协定规定，各国应采取措施减少温室气体排放，把温度上升的幅度控制在2℃以内。
2009年	哥本哈根	中国-东盟环保合作战略2009~2015	《战略》对中国和东盟的环境保护合作具有长期指导作用，分为六个部分：背景、合作回顾、挑战与机遇、目标与原则、合作领域、实施机制。
2010年	印度尼西亚	《努沙杜瓦宣言》	强调了生物多样性的极端重要性，应对气候变化以及在今年末举行的墨西哥联合国气候变化大会取得良好成果的紧迫性，以及加速向低碳而高效的绿色经济转型的必要性。
2013年	日本熊本	《关于汞的水俣公约》	本公约是里约+20会议以后国际社会通过的第一个多边环境条约，对于控制汞污染具有十分重要的积极意义，其签署必将促进我国的重金属污染防治工作。

续表

签字时间	签字地点	宣言或条约名称	主要内容
2015 年	奥地利维也纳	《维也纳核安全宣言》	新建核电厂的设计、选址和建造要能防止调试和运行过程中发生事故，一旦发生事故时要能减轻放射性核素造成场外污染的可能释放，并避免需要采取长期防护措施和行动的早期放射性释放或大规模放射性释放。对现有核电厂，应在其整个寿期内进行定期和经常的安全评价，以识别满足上述目标的安全改进，及时实施合理可行的安全改进行动。

根据我国宪法的有关规定，经过中国批准和加入的国际条例、公约和议定书，与国内法同具法律效力。因此，国际环境保护条约也是中国环境法体系中的重要组成部分。

(9) 其他部门法中有关保护环境资源的法律规范。在行政法、民法、刑法、经济法、劳动法等部门法中也有一些有关保护环境资源的法律规范，其内容较为庞杂。例如，《治安管理处罚条例》第 25 条第 1 款关于对故意污损国家保护的文物、名胜古迹，尚不够刑事处分者处以 200 元以下罚款或者警告的规定，第 6 款、第 7 款关于对破坏草坪、花卉、树木者以及在城镇使用音响器材，音量过大，影响周围居民工作或休息，不听制止者，处以 50 元以下罚款或者警告的规定；《民法通则》第 123 条关于高度危险作业侵权的规定，第 124 条关于环境污染侵权的规定；《对外合作开采石油资源条例》第 24 条关于作业者、承包者在实施石油作业中应当保护渔业资源和其他自然资源，防止对大气、海洋、河流、湖泊、陆地等环境的污染和损害的规定；《刑法》第六章第六节关于“破坏环境保护罪”的规定等，均属于环境资源法体系的重要组成部分。

在环境法体系的这种纵向结构中，国家一级的环境法对地方一级的环境法起着统帅和制约作用，它制约着地方性环境法的范围、限度，决定着地方性环境法的发展方向，保证着我国环境法基本原则和制度的统一。地方性环境法必须以中央环境法为依据。同时，地方性环境法又补充、完善国家环境法的规定，为国家环境法的实施铺平道路。其效力大小为：国家环境法的效力高于地方性环境法的效力。上一层次的效力高于下一层次的效力，我国参加和批准的国际环境法的效力高于国内环境法的效力，特别法的效力高于普通法的效力，新法的效力高于旧法的效力。其例外是：严于国家污染物排放标准的地方污染物排放标准的效力高于国家污染物排放标准。

根据环境法体系中这种不同层次法律、法规的效力关系，在具体适用环境法时，应当首先适用层次较高的环境法律、法规，然后是环境规章，最后才是其他环境保护规范性文件。

(二) 环境法体系的横向结构

从组成环境法体系的内容来看，也就是从环境法体系的横向结构来看，环境法体系由不同方面、不同功能的环境法律、法规所组成。其主要构成因素如图 5-3所示。

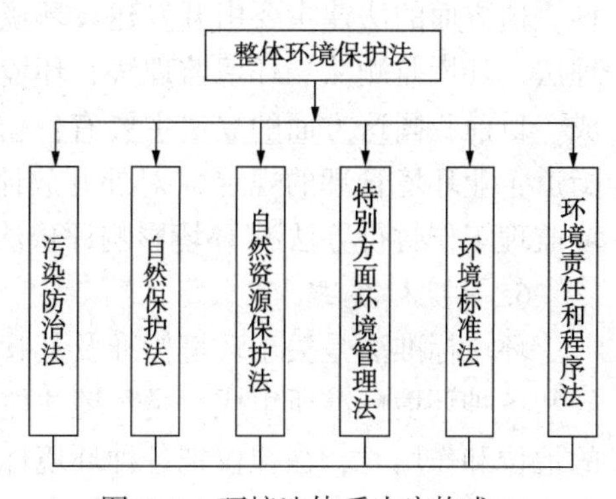

图 5-3　环境法体系内容构成

1. 整体环境保护法

整体环境保护法又称综合性环境保护法，是把各种环境要素作为一个整体加以全面综合保护的法律规范的总称。其内容通常比较概括抽象，涉及的环境要素较多。这方面的法律主要由宪法的环境保护条款、环境保护基本法、环境规划法、国土整治法、城乡规划法等组成。目前我国已颁布的这方面的法律、法规，除了宪法关于环境保护的规定外，还有《环境保护法》《城市规划法》《村庄和集镇规划建设管理条例》等。

2. 污染和其他公害防治法

这部分法律是为预防和治理人们排放的物质或释放的能量对环境造成污染危害而制定的法律规范的总称。这方面的法律主要有《大气污染防治法》《水污染防治法》《海洋污染防治法》《环境噪声污染防治法》《固体废物污染防治法》《放射性污染防治法》等组成。

3. 自然保护法

自然保护法有广义和狭义之分。广义的自然保护法是指一切保护环境和自然资源的法律。狭义的自然保护法是专指调整因保护国家公园、自然保护区、风景名胜区、生物多样性、大自然纪念物和人类文化历史遗产等特殊环境因素而产生的社会关系的法律规范的总称。它着重于对某些具有特殊意义的天然和人工环境因素的保护。这里所说的自然保护法是狭义的自然保护法。这方面的法律主要由自然保护基本法、风景名胜区保护法、野生动物保护法、野生植物保护法、水土保持法、荒漠化防治法、湿地保护法、风景名胜保护法、自然遗迹保护法、人文遗迹保护法、海岸带保护法、绿化法等组成。目前我国已颁布的这方面的法规主要有：《野生动物保护法》及其两个《实施条例》《水土保持法》及其《实施细则》《自然保护区条例》《风景名胜区管理暂行条例》《城市绿化条例》等。

4. 自然资源保护法

自然资源保护法是关于合理开发利用和保护各种自然资源法律规范的总称。它与自然保护法既有联系，又有区别。其主要区别在于：自然保护法通过对各种自然环境要素的保护，使其以特有的性质、含量、分布、存在状态以及各要素间的相互影响和作用来保持自然环境的完整与和谐，维护生态平衡，而自然资源保护法在涉及作为资源的环境要素时，则主要规定如何开发、增殖、分配、储备、使用各种自然资源，以便最大限度地发挥其经济效能。因此，二者在环境法中可以分属两个不同的部分。自然资源法主要由土地资源保护法、水资源保护法、森林资源保护法、草原资源保护法、矿产资源保护法、水产资源保护法等组成。目前我国已颁布的自然资源保护法律、法规主要有：《土地管理法》及其《实施条例》《森林法》及其《实施细则》《渔业法》及其《实施细则》《矿产资源法》及其《实施细则》《草原法》《水法》《基本农田保护条例》《土地复垦规定》《森林防火条例》等。

5. 特别方面环境管理法

特别方面环境管理法是关于对某一特定方面的环境保护加以专门管理的法律规范的总称。这方面的法律主要由开发建设环境管理法、乡镇企业环境管理法、对外开放地区环境管理法、环境监测法、环境监理法、环境宣传教育法、清洁生产促进法、环境影响评价法等组成。目前我国这方面的立法主要有：《建设项目环境保护管理条例》《国务院关于加强乡镇、街道企业环境管理的规定》《对外开放地区环境管理暂行规定》《全国环境监测管理条例》《环境监理工作暂行办法》《环境影响评价法》《清洁生产促进法》等。

6. 环境标准法

环境标准法是关于环境标准及其管理的法律规范的总称。它由环境标准管理的法律、法规和各种环境标准所组成，是环境法体系的重要组成部分之一。过去，人们在论述环境标准的地位和作用时，往往仅把各种环境标准作为环境法体系的组成部分，这是不全面的。因为环境标准仅是对环境保护的各项技术要求加以限定的规范，其本身不能确定自己的作用、效力以及违反标准要求的法律责任。它只有与有关环境标准管理的法律、法规结合在一起，才能构成完整的法律规范。截至目前，我国这方面的立法主要有《环境标准管理办法》和环境标准，共有20余类，环境保护标准体系建设实现了跨越式发展。

7. 环境责任和程序法

环境责任和程序法是关于污染或破坏环境行为的法律责任承担及其追究责任程序的法律规范的总称。这方面的立法主要由环境行政处罚法、环境损害赔偿法、环境犯罪惩治法、环境税法、环境行政执法程序法、环境纠纷处理法、环境诉讼程序法等组成。目前我国这方面的立法主要有《中华人民共和国环境保护税法实施条例》《环境行政处罚办法》等。

第三节　环境法律关系

一、概念和特征

（一）概念

环境法律关系是指环境法主体在参加与环境有关的社会经济活动中形成的，由环境法律规范确认和调整的具有环境权利和义务内容的社会关系。

在现实的社会生产和生活中，人与人之间要发生各种各样的联系，从而形成各种各样的社会关系，而经过法律规范确认和调整后所形成的权利和义务关系便成为法律关系。一个国家调整多种多样的社会关系的法律规范多种多样，从而形成的法律关系也是多种多样。例如具有平等性质的社会关系为民法调整之后，即形成了民事法律关系；具有行政隶属性质的社会关系为行政法调整之后，即形成了行政法律关系；人们在开发利用、保护、改善环境活动中形成的社会关系为环境法所调整后，即形成了环境法律关系。

（二）特征

环境法律关系除具有法律关系的共性外，还具有一些不同于一般法律关系的特征。

（1）环境法律关系是基于环境而产生的人与人之间的社会关系，并通过这种特定的社会关系体现人与自然的关系。人类在生产、生活活动中形成的社会关系多种多样，但是只有那些人们在同自然环境打交道的过程中，即涉及环境的开发、利用、污染、破坏、保护、改善环境的活动中形成的人与人之间的关系才有可能成为环境法律关系，离开人与环境的关系，便无法形成环境法律关系。

环境法规定环境资源的开发者、利用者必须履行各种法律义务，并规定对危害环境的违法行为给予行政的、民事的或刑事的制裁等，这些看起来是直接调整人的行为，表现为人与人的关系，但是调整人与人之间的社会关系，并不是环境法的唯一目的，其最终在于通过调整人与人的关系来防止人类活动对环境造成的损害，从而协调人同自然的关系。

（2）环境法律关系是由环境法律规范确认和调整的具有环境权利义务内容的法律关系。人们在利用、保护和改善环境的活动中，即基于环境可以产生许多社会关系，在这些社会关系中，只有受环境法律规范确认和调整的社会关系才是环境法律关系。此外，也只有环境法律关系主体在同自然环境打交道过程中具有环境权利义务内容的社会关系，才能构成环境法律关系。

（3）环境法律关系具有广泛性。环境法律关系与环境法一样具有广泛性和综合性的特征。作为环境法律关系的主体，不仅包括国家、国家机关，也包括企业事业单位、社会团体和公民个人。作为适用环境法律体系中各种相关法律的法律关系，有环境刑事法律关系、环境民事法律关系、环境行政法律关系等。

二、构成要素

环境法律关系的构成要素是指构成一个具体的环境法律关系的必要条件。它是由主体、内容、客体三要素构成。这三要素相互联系，相互制约，缺一不可。一个要素变更，原来的法律关系也随之发生变化。

（一）主体

环境法律关系的主体是指环境法律关系的参加者或当事人，或者说是指环境权利的享有者和环境义务的承担者。在环境法律关系中，享有环境权利或环境职权一方为权利主体；承担环境义务或环境职责一方为义务主体或职责主体。在我国，国家、国家机关、企事业单位、其他社会组织和公民都是环境法律关系的主体。

国家作为一个实体，能够参与环境法律关系，成为环境法律关系的主体，如土地、森林、水资源等自然资源属国家所有，国家可以成为这些自然资源所有权的法律关系的主体。国家机关，包括国家权力机关、司法机关、行政管理机关和军事机关，通过环境立法、司法和环境行政管理活动参加环境法律关系。企事业单位或其他组织，有的要开发利用环境和资源，有的要排放各种污染物等，会与其他环境法律关系主体就环境权益发生各种关系，从而成为环境法律关系的主体。公民个人，既有享受良好环境的权利，又有保护环境的义务，是环境法律关系广泛的参加者。

（二）内容

环境法律关系的内容是指环境法律主体依法所享受的环境权利和应承担的环境义务。这种权利和义务的实现受到法律的保护和强制。

环境权利是指法律规定的，环境法律关系主体的权利，只有通过主体主张才可能实现。环境法律主体主张权利的力量来源是法律，但实现自己利益的行为又必须遵守法律规定的范围，如作为环境法律主体的各级环境保护行政主管机关，依法享有审批环境影响报告书的权利，但同时也必须遵守有关管辖、时限等方面法律规定，不得超逾法律的轨道。

环境义务是指环境法律规范对环境法律关系主体规定的必须履行的某种责任。它表现为义务主体必须做出某种行为或不能做出某种行为。它是一种约束力，是与环境权利相对应的概念，是实现环境权利的前提和保障，如对环境可能产生影响的建设项目的建设者，事先必须进行环境影响评价；对成熟用材林进行砍伐的集体和个人，必须要在当年或次年完成更新造林任务，这都是环境法律关系主体应承担的义务。

（三）客体

环境法律关系的客体是指环境法律关系主体的环境权利和义务所指的对象。它是环境法律关系产生和变化的原因和基础。环境法律关系的客体包括物和环境行为两类。

在环境法律关系中作为环境权利和义务的对象的物是指表现为自然物的各种环境要素，例如环境资源，国家禁止破坏和污染，禁止任何组织和个人以任何手段侵占和转让，对环境资源只能是依法合理开发利用，并且进行综合利用，实现环境效益和经济效益统一。

作为环境法律关系客体之一的环境行为是指参加环境法律关系的主体的行为，包括作为和不作为。作为，又称为积极的行为，是指要求从事一定的行为，如一切新建、改建和扩建可能对环境造成损害的建设项目的建设者，必须执行“三同时”制度。而不作为，又称消极的行为，是指不能从事一定的行为，如禁止制造、销售或进口超过规定的噪声限值的汽车。

第四节　法律责任

法律的一个重要特点是具有国家强制性，环境法也是如此。我国环境法不仅规定了奖励条款，还在《环境保护法》中设专章规定了对破坏、污染环境者给予应得的惩罚，以做到有奖有惩，赏罚分明。其他有关环境保护单行法律、条例等，以及地方性环境保护法规，也有类似的规定。

根据我国环境保护法律的规定，违反环境保护法规的公民和法人所应承担的法律责任，分为行政责任、民事责任和刑事责任三种，具体类型见图5-4。

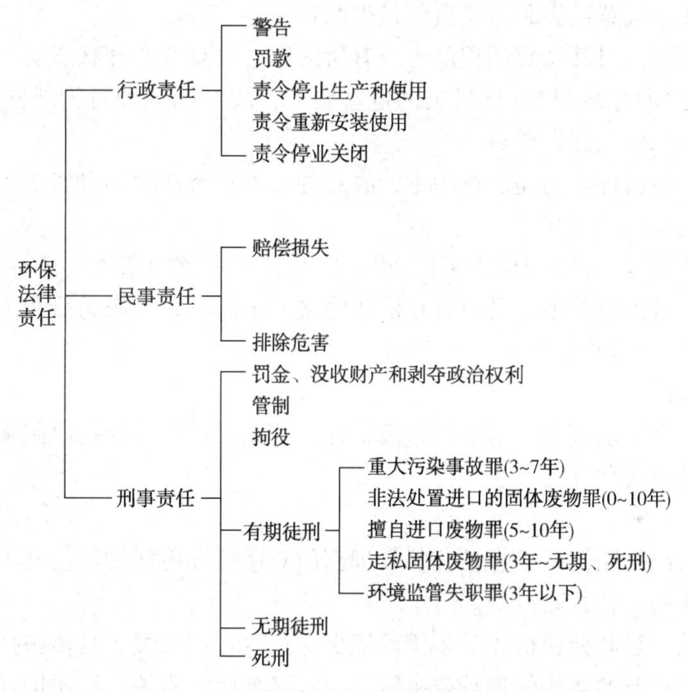

图5-4　违反环保法规应承担的法律责任

其中，收费、处罚、赔偿三者之间的关系：相互不能代替；一事不能再罚；收费和处罚可强制执行；赔偿只能协调处理，不能强制执行。

一、行政责任

（一）概念

行政责任是指违反环境保护法规者所应承担的行政方面的法律责任。

承担行政责任者，可以是实施了违反环境保护法规的自然人，也可以是法人。既包括中国人，也包括在我国境内的外国人。

（二）构成要件

构成要件是指承担违反环境保护法规的行政责任所必须具备的条件。

（1）行为违法，即行为人实施了违反环境保护法的行为。这是承担行政责任的第一个必要条件。

(2) 行为有危害结果，指违法行为造成了破坏或者污染环境、损害人体健康、农作物死亡等后果。这是承担行政责任的第二个条件，例如企业超标排放污染物造成秧苗枯黄、鱼类死亡等。

(3) 违法行为与危害结果之间有因果关系，即违法行为与破坏或者污染环境危害后果之间存在内在的、必然的联系，而不是偶然的、表面的联系。

(4) 行为人的过错，是指实施破坏、污染环境者的一种心理状态。过错分为故意和过失两种。故意就是行为人明知自己的行为会造成破坏或污染环境的后果并且希望或放任这种结果发生；如果希望这种危害后果发生，称直接故意。如果放任其发生，则称间接故意。过失是指行为人应当预见自己的行为可能发生危害环境的结果，因疏忽大意而没有预见，或者已经预见到但轻信可以避免，以致发生破坏或污染环境的结果。由上述过失定义可知，过失的心理状态可分为疏忽大意过失和过于自信过失两种。

过错的形式不同，对其惩罚的程度也应有所区别。故意的心理状态表明行为人对环境与人体健康的危害是“明知故犯”，比过失的危害要大，故在同一种行为或同一程度危害结果的情况下，对其制裁应比过失严重。

在各种破坏、污染环境的违法行为中，故意的心理状态在破坏自然资源中较常见，在环境污染中则多为过失的心理状态。

行为违法和有过错，是行为人承担行政责任所必须具备的条件，可称“必要条件”；危害结果和违法行为有因果关系，则只有在法律明文规定的场合才成为行为人承担行政责任的必要条件，故可称为“选择条件”。

(三) 行政制裁

在我国的环境保护法规中，对承担行政责任者的惩罚措施称为行政制裁。行政制裁分为行政处罚和行政处分两种。

1. 行政处罚

(1) 概念。行政处罚指环境保护监督管理部门对违反环境保护法但又不够刑事惩罚的单位或者个人，实施的一种行政制裁。

(2) 处罚机关。行政处罚机关只限于环境保护行政管理机关。具体包括三类：一是主管机关，即各级人民政府的环境保护行政主管部门；二是协管机关，即协助环保部门依法行使环境监督管理权的部门；三是各级人民政府。

(3) 处罚对象。处罚对象只限于环境管理相对人。公民、法人或其他组织，如果违反了环境保护法规或规章，在符合法定处罚条件和情节时，可成为处罚对象。

(4) 处罚形式。行政处罚的形式是多种多样的。《环境保护法》规定了警告、罚款、责令停止生产或使用、责令重新安装使用、责令停业或关闭5种形式。在其他环境保护单行法规中，针对各自保护或防治对象的特点，还规定了行政处罚的其他形式。在我国环境保护法规众多的行政处罚方式中，使用最为普遍的形式是罚款。

2. 行政处分

(1) 概念。行政处分又称纪律处分，是国家机关、企业事业单位依照行政隶属关系，根据有关法规对犯有违法失职行为或者违反纪律行为尚不够刑事惩罚的所属人员的一种制裁。这就是说，这种处分是行政机关、企业事业单位内部的一种处分，是行政机关、企业事业单位、政府的主管机关依法给予他的下级工作人员的一种处分。

（2）种类。对国家工作人员的行政处分分为：警告、记过、记大过、降级、降职、撤职、开除留用察看和开除八种。对企业职工的行政处分分为：记过、记大过、降级、降职、撤职、留用察看和开除七种。

（3）行政处分必须符合的条件：

有处分事由。有两种情况：一是由于企事业有关责任人员的过错违反环境保护法律规定，造成污染事故，并且情节较重；二是环境监督管理人员滥用职权、玩忽职守、徇私舞弊。

有被处分人。包括两类：一是企事业单位中对污染事故的发生负有直接责任的有关人员；二是各级环境保护部门的环境监督管理人员。

有处分人，即行使处分权的主体，只限于所在单位或者政府主管机关。

3. 行政处罚与行政处分的区别

行政处罚与行政处分虽同属于行政制裁的性质，但制裁的机关、情节、对象、形式和程序等都有明显的区别。

（1）制裁的机关不同。行政处罚由特定的行政机关，即环境保护行政主管部门或者其他依照法律规定行使环境监督管理权的部门做出；行政处分则只能由受处分人所在单位或者政府主管机关依照行政上的隶属关系做出。

（2）制裁的情节不同。根据现行环境保护法的规定，只有在受到行政处罚的单位破坏或者污染环境的"情节较重"时，才对该单位有关责任人员进行行政处分。

（3）制裁的对象不同。行政处罚是对违反环境保护法规的机关、企业、事业单位和非履行公职的公民适用；行政处分则只对正在履行公职的国家行政工作人员和企业、事业单位的职工适用。

（4）制裁的形式不同。行政处罚包括罚款等形式，行政处分则包括记过、开除公职等形式。

（5）制裁的程序不同。不服行政处罚的单位或个人在一定期限内可申请复议或人民法院起诉；不服行政处分者则只能向做出处分决定的机关或向上一级机关提出申诉。

二、民事责任

（一）概念

民事责任指公民、法人因破坏或污染环境而侵害社会主义公共财产或者他人的人身、财产而应承担的民事方面的法律责任。

（二）分类

1. 污染环境的民事责任

（1）定义。污染环境的民事责任是指行为人因污染环境而对他人民事权益造成损害，依法承担的民事法律后果。

（2）构成要件。对环境保护法律规定的承担因污染发生的民事责任，必须具备以下三个要件：

行为人实施了排污行为，即把污染物排入环境；

引起环境污染并产生了污染危害后果。危害后果主要表现为两种形式：一是造成财产损失；二是造成人身伤害或死亡；

排污行为与危害结果之间有因果关系。

（3）制裁形式：分为两种，即排除危害和赔偿损失。

2. 破坏资源的民事责任

破坏资源的民事责任是指行为人因破坏资源而对他人民事权益造成损害，依法承担的民事法律后果。

制裁形式包括停止侵害、恢复原状、赔偿损失。

(三) 两种主要的民事制裁方式

民事制裁是指对应负民事责任者采取的惩罚措施。在环境保护法规中，规定公民或法人承担民事责任的方式主要有排除危害和赔偿损失两种，而主要方式是赔偿损失。

“赔偿损失”是国家依照环境保护法规，强制污染或破坏环境者用自己的(或法人的)财产来弥补对他人所造成的财产损失。

由于民事责任主要是一种财产责任，如果污染危害环境的行为造成了财产损失而又不能返还原物或者恢复原状时，致害人可以用财产弥补受害者的损失。因此，这种制裁方式在民事制裁中最为普遍。

公害民事赔偿责任确定赔偿损失范围的原则遵循对财产损失全部赔偿原则，对人体健康生命的损害赔偿由此引起的财产损失原则，和适当考虑当事人经济状况原则。关于赔偿金额的计算方法，我国环境保护法至今尚未作具体的规定。

“排除危害”的制裁方式主要是用于公民或法人的财产(人身)可能由于其他单位或个人污染或破坏环境而带来的危害，或其财产(人身)受到环境污染或破坏行为带来的危害继续存在的情形。在环境保护实践中，由于“排除危害”包括对已经发生的和可能发生的侵害的排除，采取这种制裁形式可以减轻甚至避免对环境的污染危害和对人体健康、经济发展的危害，是一种典型的预防性民事责任形式，因而具有更加积极的意义。

环境保护法规中的赔偿损失和排除危害，可以单独适用，也可以合并适用。

三、刑事责任

(一) 概念

刑事责任是公民或者法人因违反环境保护法规，严重污染或破坏环境，造成人身伤亡或财产重大损失，触犯刑法构成犯罪所应承担的刑事方面的法律责任。

(二) 构成要件

行为人由于违法而承担刑事责任，必须符合一定条件，即具备一定的犯罪构成要件。犯罪构成要件，是指刑法所规定的，组成犯罪构成有机整体的必要条件。这些要件是任何一种犯罪都必须具备的。一般认定某一行为是否构成犯罪，由犯罪客体、犯罪客观方面、犯罪主体和犯罪主观方面这四个要素决定。

1. 犯罪客体

犯罪客体就是《刑法》所保护而被犯罪行为侵害的社会主义社会利益。危害环境的犯罪所侵害的客体依现《刑法》，至少有五类：

① 污染环境类的犯罪，侵害的是公共安全；

② 破坏森林、大气、水和野生动物资源的犯罪，侵犯的是社会主义经济秩序；

③ 破草原、土地、养殖水体等资源的犯罪，侵犯的是公共财产权；

④ 破坏珍贵文物、名胜古迹的犯罪，侵犯的是社会管理秩序；

⑤ 如果是因国家机关人员的过错而造成严重危害环境的，所侵犯的客体则是国家机关的正常管理秩序。

2. 犯罪客观方面

犯罪客观方面是指行为者实施污染、破坏环境的行为以及危害后果。在实践中，危害环境犯罪在客观方面通常有两种形式：

有危害环境的行为。

造成严重的危害后果。一般有三种形态：一是造成严重的环境污染；二是造成严重的资源破坏；三是由于环境污染或者破坏而导致公私财产重大损失或者人身伤亡的严重后果。

3. 犯罪主体

犯罪主体是指实施了危害社会行为的单位和个人。犯罪主体也包括在我国境内实施了危害社会行为的外国人、无国籍人和单位。

4. 犯罪的主观方面

犯罪的主观方面是指实施危害社会行为者主观上有罪过，即故意或者过失犯罪。故意是指行为人明知其行为会发生危害环境的后果，并且希望或放任这种后果发生；故意是任何一种犯罪构成的必要条件。故意犯罪，应当负刑事责任。过失则是指行为人应当预见其行为可能发生危害环境的后果，因为疏忽大意而没有预见，或者虽已预见而轻信能够避免，以致发生这种后果。过失实施危害社会的行为，法律有规定的才负刑事责任。

在环保实践中，造成环境污染的犯罪很多是过失犯罪。破坏自然资源的犯罪很多是出于故意，而且大多具有牟取非法利益的犯罪目的。

上述犯罪构成的四个要件是有机的整体，缺一不可。客体和主体，客观要件与主观要件是不能分离的，它们都是结合在一起来表明行为人的社会危害性和危害的程度。

四、新《刑法》关于破坏环境资源保护罪的规定

2020年12月26日第十三届全国人民代表大会常务委员会第二十四次会议通过中华人民共和国刑法修正案(十一)，修改后的《刑法》自2021年3月1日起施行。

新《刑法》分则第六章第六节规定的“破坏环境资源保护罪”类，是指因违反环境保护法污染或者破坏环境资源，造成或者可能造成公私财产重大损失或者人身伤亡的严重后果，依照《刑法》规定应受刑事处罚的行为。从该定义可知，此类犯罪既包括污染环境构成犯罪的行为，也包括破坏环境资源构成犯罪的行为。

新刑法分则第六章妨碍社会管理秩序罪中设立了专门一节为破坏环境资源保护罪，从338条到346条，共9条16款，包括以下罪类：污染环境罪，非法处置进口的固体废物罪，擅自进口固体废物罪，走私固体废物罪，非法捕捞水产品罪，非法猎捕、杀害珍贵、濒危野生动物罪，非法收购、运输、出售珍贵濒危野生动物、珍贵、濒危野生动物制品罪，非法占用农用地罪，非法采矿罪，破坏性采矿罪，非法采伐、毁坏国家重点保护植物罪，非法收购、运输、加工、出售国家重点保护植物、国家重点保护植物制品罪，盗伐林木罪，滥伐林木罪，非法收购、运输盗伐、滥伐的林木罪，单位犯破坏环境资源保护罪。

(一) 污染环境罪

违反新《刑法》第338条规定，凡是排放、倾倒或者处置有放射性的废物、含传染病病原体的废物、有毒物质或者其他有害物质，严重污染环境的，处3年以下有期徒刑或者拘役，并处或者单处罚金；情节严重的，处3年以上7年以下有期徒刑，并处罚金。有下列情形之一的，处7年以上有期徒刑，并处罚金：

1. 在饮用水水源保护区、自然保护地核心保护区等依法确定的重点保护区域排放、倾

倒、处置有放射性的废物、含传染病病原体的废物、有毒物质、情节特别严重的；

2. 向国家确定的重要江河、湖泊水域排放、倾倒、处置有放射性的废物、含传染病病原体的废物、有毒物质、情节特别严重的；

3. 致使大量永久基本农田基本功能丧失或者遭受永久性破坏的；

4. 致使多人重伤、严重疾病的，或者致人严重残疾、死亡的。

（二）非法处置和擅自进口固体废物罪、走私固体废物罪

该罪是针对发达国家近年来为转嫁污染，向不具备处置能力的发展中国家出口固体废物而又屡禁不止的状况制定的。《刑法》第339条规定，凡是违法将境外的固体废物进境倾倒、堆放、处置，处5年以下有期徒刑或者拘役，并处罚金；造成重大环境污染事故，致使公私财产遭受重大损失或者严重危害人体健康，处5年以上10年以下的有期徒刑，并处罚金；后果特别严重的，处10年以上有期徒刑，并处罚金。未经国务院有关主管部门许可，擅自进口固体废物用作原料，造成重大环境污染事故，致使公私财产遭受重大损失或者严重危害人体健康的，处5年以下有期徒刑或者拘役，并处罚金；后果特别严重的，处5年以上10年以下有期徒刑，并处罚金。

（三）破坏自然资源罪

《刑法》第340条至第345条分别规定了破坏水产资源、野生动物、土地、矿产和森林资源的刑事责任。

为保护水产资源，《刑法》第340条规定，违反保护水产资源法规，在禁渔区、禁渔期或者使用禁用的工具、方法捕捞水产品，情节严重的，处3年以下有期徒刑、拘役、管制或者罚金。

《刑法》第341条规定，非法捕猎、杀害国家重点保护的珍稀、濒危野生动物的，或者非法收购、运输、出售上述野生动物及其制品的，处5年以下有期徒刑或者拘役，并处罚金；情节严重的，处5年以上10年以下有期徒刑，并处罚金；情节特别严重的，处10年以上有期徒刑，并处罚金或者没收财产。在禁猎区、禁猎期或者使用禁用的工具方法进行狩猎，破坏野生动物资源，情节严重的，处3年以下有期徒刑、拘役、管制或者罚金。

为保护土地特别是耕地资源，《刑法》第342条规定，违反土地管理法规，非法占用耕地、林地等农用地，改变被占用土地用途，数量较大，造成耕地、林地等农用地大量毁坏的，处5年以下有期徒刑或者拘役，并处或者单处罚金。

破坏矿产资源追究刑事责任的，分两种情况：第一种是未取得采矿许可证擅自采矿的，擅自进入国家规划矿区、对国民经济具有重要价值的矿区范围内采矿的，或擅自开采国家规定的实行保护性开采的特定矿种，情节严重的，处3年以下有期徒刑、拘役或管制，并处或者单处罚金；情节特别严重的，处3年以上7年以下有期徒刑，并处罚金。第二种是违反矿产资源法的规定，采取破坏性的开采方法开采资源，造成矿产资源严重破坏，处5年以下有期徒刑或者拘役，并处罚金。

破坏森林资源的犯罪区别三种情况。一是非法采伐、毁坏国家重点保护植物或非法收购、运输、加工、出售国家重点保护植物、国家重点保护植物制品，对违反国家规定，非法采伐、毁坏珍贵树木或者国家重点保护的其他植物的，或者非法收购、运输、加工、出售珍贵树木或者国家重点保护的其他植物及其制品的，处3年以下有期徒刑、拘役或者管制，并处罚金；情节严重的，处3年以上7年以下有期徒刑，并处罚金。二是盗伐、滥伐森林或者其他林木，数量较大的，处3年以下有期徒刑、拘役或者管制，并处或者单处罚金；盗伐数量巨大的处3年以上7年以下有期徒刑，并处罚金；盗伐数量特别巨大的，处7年以上有期徒刑，并处罚金，盗伐、滥伐国家级自然保护区内的森林或者其他林木的，从重处罚。第三，以牟利为目的，非法收购、运输明知是盗伐、滥伐的林木，情节严重的，处3年以下有期徒刑、拘役或者管制，并处或者单处罚金；情节特别严重的，处3年以上7年以下有期徒刑，并处罚金。

(四) 非法引进、释放或者丢弃外来入侵物种

违反国家规定，非法引进、释放或丢弃外来入侵物种，情节严重的，处3年以下有期徒刑或者拘役，并处或者单处罚金。

(五) 单位犯破坏环境资源保护罪

单位犯第338条至345条规定之罪的，对单位判处罚金；并对直接或其他人员进行处罚。

破坏环境犯罪的刑事责任的承担方式，实际上就是环境犯罪人所受到的不同种类的刑罚处罚。中国刑法中规定的刑罚种类有：生命刑，即死刑；自由刑，包括管制、拘役、有期徒刑、无期徒刑；财产刑，包括罚金和没收财产；资格刑，包括剥夺政治权利和驱逐出境。对于环境犯罪人，这些刑罚种类基本上都适用。不过对于法人构成环境犯罪的，目前能够适用的刑罚只有财产刑。

行政责任、民事责任、刑事责任是法律责任的不同形式，可以单独使用，也可以同时使用。行为人承担了一种责任，并不免除其承担的其他责任。

第五节　环境污染犯罪典型案例

一、案例1：刘祖清污染环境案

(一) 基本案情——排放含重金属的污染物严重超标，构成污染环境罪

2013年10月以来，被告人刘祖清伙同他人，在未按国家规定办理工商营业执照及环境影响评价审批手续，未建设配套水污染防治等环保设施的情况下，雇佣工人从事鞋模加工。期间，产生的废水未经过处理，通过连接围堰的管道排至村庄排水渠。经监测，上述加工厂总外排口废水中重金属浓度为镍23200mg/L、总铬8.64mg/L、铜36mg/L、锌132mg/L，分别超过《污水综合排放标准》(GB 8978—1996)规定的排放标准23199倍、4.76倍、35倍、25.4倍。

(二) 裁判结果

福建省晋江市人民法院一审判决、泉州市中级人民法院二审裁定认为：被告人刘祖清伙同他人在鞋模加工时，违反国家规定，排放含镍、铬、铜、锌的废水，超过国家规定的排放标准23199倍、4.76倍、35倍、25.4倍，严重污染环境，其行为已构成污染环境罪。据此，以污染环境罪判处被告人刘祖清有期徒刑二年八个月，并处罚金人民币五万元。

二、案例2：田建国、厉恩国污染环境案

(一) 基本案情——非法炼铅污染环境，判处有期徒刑四年半

被告人田建国租赁炼铅厂，未取得危险废物经营许可证，未采取任何污染防治措施，利用火法冶金工艺进行废旧铅酸蓄电池还原铅生产。自2012年8月至2013年10月，被告人田建国先后从张柱芳等人(已另案处理)处购买价值人民币108330105元的废旧铅酸蓄电池

共计13500余吨，用于还原铅生产，严重污染环境。被告人厉恩国建设炼铅厂租赁给田建国，且为田建国经营提供帮助。田建国归案后如实供述自己的犯罪行为。

（二）裁判结果

江苏省徐州市云龙区人民法院一审判决、徐州市中级人民法院二审裁定认为：田建国非法收购废旧铅酸电池，利用火法冶金工艺进行炼铅，在非法处置过程中，产生的大量废水、废气均未经处理直接排放，溢出的粉尘用自制布袋收集，生产的成品铅锭露天堆放，造成严重污染，构成污染环境罪。厉恩国构成污染环境罪的共同犯罪。综合考虑污染行为持续时间、经营规模、污染范围以及排放污染物的数量等因素，二被告人的行为应当认定为“后果特别严重”。据此，以污染环境罪判处被告人田建国、厉恩国各有期徒刑四年六个月，并处罚金人民币十万元。

三、案例3：浙江汇德隆染化有限公司等污染环境案

（一）基本案情——一万八千余吨精馏残液倾倒海塘，判处罚金二千万元

被告单位浙江汇德隆染化有限公司（以下简称“汇德隆公司”）是一家年产4万吨保险粉及3800吨亚硫酸钠的化工企业，绍兴腾达印染有限公司（以下简称“腾达公司”）主要经营印花、染色等项目，上述两公司实际控制人均为被告人严海兴。在保险粉合成、过滤干燥过程中产生的精馏残液（含有甲醇、甲酸钠、亚硫酸钠等成分），属于危险废物。2012年7、8月间，为缓解汇德隆公司处理精馏残液的排污压力，严海兴经与被告人潘得峰（汇德隆公司总经理）、潘华林（腾达公司土建主管）商议，将汇德隆公司的精馏残液外运至无危险废物处置资质的腾达公司。精馏残液经与腾达公司自身产生的废水混合后，通过暗管直接排入管网，累计排放5000余吨。2012年10月起，为缓解汇德隆公司处理精馏残液的排污压力，潘得峰又以50~80元/吨的价格委托无危险废物处置资质的被告人汝建国外运处置汇德隆公司的精馏残液，严海兴明知且默许上述外运处置行为。汝建国伙同被告人汝建成、汝俊，分别雇佣被告人徐夫锁、唐长征、李镇华、罗卫杰等人采用槽罐车将上述精馏残液运至杭州湾上虞工业园区外海塘等地直接倾倒，累计倾倒18000余吨。被告人潘德凤（汇德隆公司仓库主管）明知汇德隆公司非法外运处置精馏残液，仍接受潘得峰的指派，组织人员负责对运输精馏残液的槽罐车过磅、填写供货清单等工作。

（二）裁判结果

浙江省绍兴市上虞区人民法院一审判决、绍兴市中级人民法院二审裁定认为：被告单位汇德隆公司伙同被告人汝建国、汝建成、汝俊等违反国家规定，排放、倾倒、处置有毒物质，严重污染环境，构成污染环境罪，且属后果特别严重。综合考虑案发后自首、立功、如实供述、退缴违法所得、补缴污水处理费等情节，以污染环境罪判处被告单位浙江汇德隆染化有限公司罚金人民币二千万元；判处被告人严海兴有期徒刑四年六个月，并处罚金人民币一百万元；判处被告人潘得峰、汝建国各有期徒刑四年，并处罚金人民币三十万元；判处被告人潘华林有期徒刑三年，并处罚金人民币六万元；判处被告人汝建成有期徒刑一年六个月，并处罚金人民币五万元；判处被告人汝俊有期徒刑一年三个月，并处罚金人民币三万元；判处被告人潘德凤、徐夫锁各有期徒刑十个月，缓刑一年，并处罚金人民币一万元；判处被告人唐长征、李镇华各有期徒刑六个月，缓刑一年，并处罚金人民币一万元；判处被告人罗卫杰拘役六个月，缓刑十个月，并处罚金人民币一万元；禁止被告人徐夫锁、唐长征、李镇华、罗卫杰在缓刑考验期限内从事与排污相关的活动。

四、案例4：王秋为等污染环境案

（一）基本案情——居民区附近非法填埋生活垃圾，判处有期徒刑五年

2014年10月起，被告人王秋为承包现代农业物流园用地回填工程，并转包给他人，在明知该物流园用地不具备生活垃圾处置功能，且他人无处置生活垃圾资质的情况下，任其倾倒、填埋生活垃圾。该填埋场西北侧为吴淞江，东侧为农田，500米内有村庄3座，最近的村庄距离该填埋场125米。王秋为和被告人李伟根系合伙关系，其中王秋为总体负责填埋工程。被告人刘红海系南侧填埋工地负责人，被告人韩洋应刘红海之邀作为合伙人参与南侧填埋工程。该填埋场采用生活垃圾和建筑垃圾分层填埋的方式填埋生活垃圾。填埋生活垃圾被发现后，王秋为派人移除北侧部分生活垃圾，南侧继续填埋生活垃圾直至2015年3月。经测算，北侧所倾倒、填埋生活垃圾的留存量为48236立方米，南侧所倾倒、填埋生活垃圾的留存量为146935立方米。经评估，王秋为、李伟根填埋生活垃圾造成公私财产损失合计人民币约12067009.94元，刘红海、韩洋填埋生活垃圾造成公私财产损失合计人民币约9084680.27元。

（二）裁判结果

江苏省苏州市姑苏区人民法院判决认为：被告人王秋为、李伟根明知涉案物流园用地不具备生活垃圾处置功能，且他人无处置生活垃圾资质，任其倾倒、填埋生活垃圾，造成公私财产重大损失；被告人刘红海、韩洋违反国家规定，无资质倾倒、填埋生活垃圾，造成公私财产重大损失。上述各被告人的行为均构成污染环境罪，且属“后果特别严重”。据此，以污染环境罪判处被告人王秋为有期徒刑五年，并处罚金人民币二十万元；被告人刘红海有期徒刑四年八个月，并处罚金人民币十五万元；被告人李伟根有期徒刑三年六个月，并处罚金人民币十万元；被告人韩洋有期徒刑二年六个月，并处罚金人民币六万元。该判决已发生法律效力。

五、案例5：湖州市工业和医疗废物处置中心有限公司污染环境案

（一）基本案情——危险废物处置企业非法处置危险废物，后果特别严重

湖州市工业和医疗废物处置中心系具有处置危险废物资质的企业，其许可经营项目为湖州市范围内医药废物、有机溶剂废物、废矿物油、感光材料废物等危险废物和医疗废物的收集、贮存、处置。2011年至2014年4月，被告人施政（法定代表人）指使、授意或者同意其下属经营管理人员，将该中心收集的危险废物共计5950余吨交由没有相应资质的单位和个人处置，从中牟利。其中，部分危险废物被随意倾倒。

（二）裁判结果

浙江省湖州市吴兴区人民法院一审判决、湖州市中级人民法院二审判决认为：被告单位湖州市工业和医疗废物处置中心有限公司违反国家规定，处置危险废物，严重污染环境。被告人施政系被告单位直接负责的主管人员，指使、授意或者同意其下属经营管理人员实施上述行为。被告单位和被告人的行为均已构成污染环境罪，且属后果特别严重。综合考虑本案相关犯罪情节，判决被告单位湖州市工业和医疗废物处置中心有限公司犯污染环境罪，判处罚金人民币四十万元；被告人施政犯污染环境罪，判处有期徒刑三年十个月，并处罚金人民币十五万元，与其所犯行贿罪判处的刑罚并罚，决定执行有期徒刑六年三个月，并处罚金人民币二十五万元。

六、案例6：建滔（河北）焦化有限公司污染环境案

（一）基本案情——挥发酚超标直排大气，判处罚金二百四十五万元

2014年3月，被告单位建滔（河北）焦化有限公司二期生化处理站的生化池出现活性污

泥死亡，不能达标处理蒸氨废水。被告人王成武(公司总经理)、张剑甫(公用工程部经理)、胡晓晶(公用工程部副经理)、陈瑞(二期生化处理站主任)和张铸(岗位责任人)发现这一情况后，在未采取有效措施使蒸氨废水处理达标的情况下，为逃避环保部门的监管，由张剑甫指使陈瑞、张铸捏造达标的虚假水质检测表，并将这些未达标处理的蒸氨废水用于熄焦塔补水，导致蒸氨废水中的挥发酚被直接排入大气，严重污染环境，经检测，熄焦塔补水中的有毒物质挥发酚超出国家规定标准137倍。

(二) 裁判结果

河北省邢台市桥东区人民法院判决认为：被告单位建滔(河北)焦化有限公司违反国家规定排放严重危害环境、损害人体健康的污染物，严重污染环境，构成污染环境罪。被告人张剑甫、张铸、陈瑞、王成武、胡晓晶作为直接负责的主管人员或者其他直接责任人员，应当承担相应的刑事责任。案发后被告单位建滔(河北)焦化有限公司投入大量资金对设备进行改造，达到环保要求，可以酌情从轻处罚。据此，以污染环境罪判处被告单位建滔(河北)焦化有限公司罚金人民币二百四十五万元；被告人张剑甫有期徒刑一年，并处罚金人民币五万元；被告人张铸有期徒刑十个月，并处罚金人民币三万元；被告人陈瑞有期徒刑十个月，并处罚金人民币三万元；被告人王成武有期徒刑六个月，缓刑一年，并处罚金人民币二万元；被告人胡晓晶罚金人民币二万元。该判决已发生法律效力。

七、案例7：白家林、吴淑琴污染环境案

(一) 基本案情——非法处置含矿物油的包装桶，构成污染环境罪

润滑油等矿物油系危险废物，根据《国家危险废物名录》的规定，含有或直接沾染危险废物的废弃包装物、容器亦属于危险废物。2014年10月至2015年4月，被告人白家林在未取得危险废物经营许可证的情况下，从被告人吴淑琴等人处收购沾染有矿物油、涂料废物及废有机溶剂等物的废旧包装桶，并雇佣工人清洗或者切割后出售。对于清洗废旧包装桶产生的废水，白家林指使工人倾倒在地上，通过铺设的管道排放至外环境。据查，吴淑琴先后向白家林出售沾染有润滑油的废旧包装桶共计50.5吨。

(二) 裁判结果

重庆市渝北区人民法院一审判决认为：被告人白家林违反国家规定，非法处置危险废物三吨以上，严重污染环境；被告人吴淑琴明知白家林无经营许可证，向其提供危险废物，严重污染环境，构成共同犯罪。据此，综合考虑被告人吴淑琴系初犯，庭审中自愿认罪等情节，以污染环境罪判处被告人白家林有期徒刑一年八个月，并处罚金150000元；被告人吴淑琴有期徒刑一年，缓刑二年，并处罚金80000元。被告人白家林提起上诉后申请撤回上诉，重庆市第一中级人民法院经审查裁定准许。

八、案例8：浙江金帆达生化股份有限公司等污染环境案

(一) 基本案情——非法倾倒草甘膦母液三万五千余吨，判处罚金七千五百万元

方埠化工厂系浙江金帆达生化股份有限公司(下称金帆达公司)下属企业，专门生产农药草甘膦。2011年，方埠化工厂生产产生的危险废物草甘膦母液因得不到及时处理而胀库。为不影响生产，并降低处理成本，被告人杜忠祥(金帆达公司副总经理)、宋秋琴(金帆达公司国内贸易部经理)，经被告人蒲建国(金帆达公司总经理)默许，委托不具备危险废物处置资质的杭州联环化工有限公司(以下简称“联环公司”)、湖州德兴化工物资有限公司(以下简

称“德兴公司”)、富阳博新化工有限公司(以下简称“博新公司”)及被告单位衢州市新禾农业生产资料有限责任公司(以下简称“新禾公司”)等有业务往来的化工原料提供单位非法外运处置草甘膦母液。被告人李小峰(方埠化工厂分管物管部的副厂长)明知生产产生的草甘膦母液应委托有处理资质的企业处置，仍负责联系宋秋琴通知新禾公司等单位非法拉运草甘膦母液。从2011年10月至2013年5月，金帆达公司共非法处置草甘膦母液35000余吨，直接倾倒至外环境。

2011年下半年，被告单位新禾公司为谋取利益，在不具备危险废物处置资质的情况下，违反国家规定，经被告人吴贵长(新禾公司法定代表人)同意，由被告人洪国女(新禾公司副总经理)与杜忠祥、宋秋琴联系，约定为金帆达公司处置草甘膦母液，并收取每吨80~100元的处置费用。从2012年初至2013年5月期间，新禾公司通过被告人黄小东、王飞合伙经营的槽罐车将共计5000余吨的草甘膦母液从方埠化工厂运至衢州，倾倒在小溪、沙滩、林地等处，并支付黄小东、王飞每吨50~60元的处置费用。被告人严琦(新禾公司股东)负责与黄小东、王飞及金帆达公司结算草甘膦母液处置费用、开具发票等事宜。被告人林树木、舒文忠、柴荣贵、杨建云、傅国祥、陈卸荣、张仙国、方岳良、邱土良、蒋东华作为槽罐车的驾驶员、押运员，参与草甘膦母液的运输及协助倾倒。

(二)裁判结果

浙江省龙游县人民法院一审判决、浙江省衢州市中级人民法院二审裁定认为：被告单位浙江金帆达生化股份有限公司、衢州市新禾农业生产资料有限责任公司与被告人黄小东、王飞等人违反国家规定，倾倒、处置危险废物，严重污染环境，其行为均已构成污染环境罪，且属后果特别严重。综合考虑案发后自首、如实供述、退缴违法所得等情节，以污染环境罪判处被告单位浙江金帆达生化股份有限公司罚金人民币七千五百万元；判处被告单位衢州市新禾农业生产资料有限责任公司罚金人民币四百万元；判处被告人杜忠祥有期徒刑六年，并处罚金人民币一百万元；以及其他各被告人相应有期徒刑和罚金。

此外，浙江省杭州市富阳区人民法院、萧山区人民法院、杭州市中级人民法院、德清县人民法院、湖州市中级人民法院均已分别对涉案的博新化工、联环化工、德兴化工及相关被告人依法做出裁判。

思考题

1. 环境法的概念是什么？
2. 简述我国环境法体系的构成及其制定权限。
3. 我国环境保护单行法主要类型有哪些？各举几例说明。
4. 什么是环境法律关系？环境法律关系的特征有哪些？
5. 简述环境法律关系的构成要素。
6. 我国环境保护法律的法律责任有哪几种？
7. 简述行政责任的构成要件？
8. 试比较行政处罚与行政处分的区别？
9. 简述民事责任的构成要件及其制裁形式？
10. 刑事责任的构成要件包括哪些？
11. 试述新《刑法》中关于破坏环境资源保护罪的规定？

第六章　环境管理制度

本章重点

本章要求熟悉我国环境管理制度的作用及违反后果，掌握八项环境管理制度的内容及其适用条件。

第一节　环境影响评价制度

一、概念

（一）环境影响评价

环境影响评价是指在开发利用之前，对规划或建设项目实施后可能造成的环境影响进行分析、预测和评估，提出预防或者减轻不良环境影响的对策和措施，并进行跟踪监测的方法与制度。

环境影响评价的内涵包括：①评价的对象是拟定的政府有关的经济发展规划或建设单位新建的建设项目；②评价单位要分析、预测和评估评价对象在其实施后可能造成的环境影响；③评价单位通过分析、预测和评估，提出具体而明确的预防或者减轻不良环境影响的对策和措施；④建设单位对规划或建设项目实施后的实际环境影响，要进行跟踪监测和评估。

（二）环境影响评价制度

把环境影响评价工作以法律、法规或部门规章的形式确定下来从而必须遵守的制度。

（三）环境敏感区

环境敏感区是指依法设立的各级各类保护区域和对建设项目产生的环境影响特别敏感的区域，主要包括生态保护红线范围内或者其外的下列区域：

自然保护区、风景名胜区、世界文化和自然遗产地、海洋特别保护区、饮用水水源保护区；

基本农田保护区、基本草原、森林公园、地质公园、重要湿地、天然林、野生动物重要栖息地、重点保护野生植物生长繁殖地、重要水生生物的自然产卵场、索饵场、越冬场和洄游通道、天然渔场、水土流失重点防治区、沙化土地封禁保护区、封闭及半封闭海域；

以居住、医疗卫生、文化教育、科研、行政办公等为主要功能的区域，以及文物保护单位。

（四）环境保护目标

指环境影响评价范围内的环境敏感区及需要特殊保护的对象。

二、产生与发展

（一）国外发展历程

环境影响评价的概念最早是在1964年加拿大召开的一次国际环境质量评价学术会议上提出来的。而环境影响评价作为一项正式的法律制度则首创于美国。到1970年末，美国绝大多数州相继建立了各种形式的环境影响评价制度。1977年，纽约州还制定了专门的《环境质量评价法》。美国的环境影响评价制度确立以后，很快得到其他国家的重视，并为许多国家所借鉴。瑞典在其1969年的《环境保护法》对环境影响评价制度做了规定；日本于1972年6月6日由内阁批准了公共工程的环境保护办法，首次引入环境影响评价思想。澳大利亚于1974年制定了《环境保护（建议的影响）法》，法国于1976年通过的《自然保护法》第2条规定了环境影响评价制度，英国于1988年制定了《环境影响评价条例》。德国于1990年、加拿大于1992年，日本于1997年先后制定了以《环境影响评价法》为名称的专门法律。俄罗斯于1994年制定了《俄罗斯联邦环境影响评价条例》。我国台湾地区、香港地区亦有专门的环境影响评价法或条例。据统计，到1996年全世界已有85个国家和地区制定了有关环境影响评价的立法。

（二）国内发展历程

1. 成长期（1978~1997年）

我国于1978年制定的《关于加强基本建设项目前期工作内容》中提出了进行环境影响评价的问题，并使其成为基本建设项目可行性研究报告中的一项重要篇章。1979年5月《全国环境保护工作情况的报告》提出我国环境评价制度的初步概念，即要从环境影响预评价等基本建设前期工程抓起，防止产生新的污染源。1979年9月发布的《中华人民共和国环境保护法（试行）》将这一制度法律化。该法第6条规定“一切企业、事业单位的选址、设计、建设和生产，都必须充分注意防止对环境的污染和破坏。在进行新建、改建和扩建工程时，必须提出对环境影响的报告书，经环境保护部门和其他有关部门审查批准后才能进行设计”。第7条还规定“在老城市改造和新城市建设中，应当根据气象、地理、水文、生态等条件，对工业区、居民区、公用设施、绿化地带等做出环境影响评价”。

1981年5月，国家计委、国家建委、国家经委和国务院环境保护领导小组联合颁发了《基本建设项目环境保护管理办法》，对环境影响评价的基本内容和程序作了规定，1986年3月，以国务院环境保护委员会、国家计委、国家经委的名义又一次联合颁布了《建设项目环境保护管理办法》。1989年颁布的《中华人民共和国环境保护法》明确规定：“建设污染环境的项目，必须遵守国家有关建设项目环境保护管理的规定。建设项目的环境影响报告书，必须对建设项目产生的污染和对环境的影响做出评价，规定防治措施，经项目主管部门预审并依照规定的程序报环境保护行政主管部门批准。环境影响报告书经批准后，计划部门方可批准建设项目设计任务书”。

该阶段环境影响评价制度通过被纳入项目审批程序而得以实施：在项目的可行性研究报告阶段必须开展环境影响评价，这样计划部门可以通过对可行性研究的审批保障环境影响评价程序的履行。同时，环境影响评价技术体系逐步形成，在20世纪90年代相继出台了一系列环境影响评价技术导则，明确了环境影响评价的技术思路、工作内容以及工作方法。这一时期，环境影响评价制度的社会知名度不高，执行率低，环保措施落实率更低。

2. 发展期(1998~2003年)

1998年颁布的《建设项目环境保护管理条例》，第一次通过行政法规明确规定国家实行环境影响评价制度，标志我国环境影响评价制度的实行进入了一个新的时期。该条例明确了环境影响评价分类审批要求、行业主管部门责任，提出了与环境影响评价制度配套实施的“环保竣工验收”制度，极大地提高了环境影响评价制度的操作性，环境影响评价制度开始逐渐被企业认可并实施。

2002年，当时的国家计划委员会和国家环境保护总局联合发文《关于规范环境影响咨询收费有关问题的通知》，规范了环境影响评价报告编制费用。按文件要求，各类项目根据投资、行业、所在区域以环境影响评价文件的类别不同，环境影响评价收费为1万元到110万元不等。收费标准的出台保障了环境影响评价从业人员的经济利益，吸引了大量环保科研人员加入环境影响评价工作中。

2003年，《环境影响评价法》颁布实施，极大地提高了环境影响评价的社会地位和知名度，也提高了环境影响评价的执行率。用法律把我国的环境影响评价从项目环境影响评价拓展到规划环境影响评价，该法的颁布是我国环境影响评价史的重要里程碑，我国环境影响评价制度自此跃上新台阶，发展到一个新阶段。至此，环境影响评价不仅具有了坚实的经济基础，更有了坚强的法律保障，成为一项蓬勃发展的朝阳行业。

原国家环境保护总局依照法律的规定，初步建立了环境影响评价基础数据库；颁布了《规划环境影响评价技术导则(试行)》，明确规划环境影响评价的基本内容、工作程序、指标体系及评价方法等；制定了《专项规划环境影响报告书审查办法》(国家环保总局令第18号)、《环境影响评价审查专家库管理办法》(国家环保总局令第16号)；设立了国家环境影响评价审查专家库。

为了加强环境影响评价管理，确保环境影响评价质量，2004年2月，人事部、原国家环境保护总局决定在全国环境影响评价行业建立环境影响评价工程师职业资格制度，对环境影响评价这门科学和技术以及从业者提出了更高的要求。

3. 壮大期(2004~2011年)

《环境影响评价法》实施后，环境影响评价事业的发展进入快车道。环境影响评价逐渐为社会熟知，并最终成为知名度最高的环境管理制度之一。2005年的圆明园事件，使得环境影响评价首次大规模地进入中国普通社会公众的视线。2005年3月，兰州大学生命科学学院教授质疑圆明园湖底防渗工程破坏生态；随后，当时的国家环境保护总局表示，该工程未进行建设项目环境影响评价，应该立即停止建设，依法补办环境影响评价审批手续；4月，国家环境保护总局举行公众听证会，就圆明园遗址公园湖底防渗工程项目的环境影响问题，听取专家、社会团体、公众和有关部门的意见。“圆明园事件”在环境影响评价发展史上的重要意义在于：它客观上完成了一次全民环保教育，使环境影响评价走出实验室和办公室，走向普通百姓，并深入人心。

2006年开始的“环评风暴”又将环境影响评价推到了环保工作的最前沿。2006年，环保部门首次公布了一批大型企业的环境影响评价违法问题，在社会各界引起强烈反响，被媒体称为“环评风暴”。

2007 年年初，环保部门对环境影响评价违法违规现象突出的流域、区域和行业首次实行“区域限批”“行业限批”。2008 年修订的《水污染防治法》使“区域限批”法制化。此后，环境影响评价逐渐成为环保部门的重要工作抓手，很多执行不力的管理制度开始搭环境影响评价这趟车借机落实。总量控制、环境风险评价等章节逐渐被增加到环境影响评价报告中来，成为重要审查内容。期间，环境影响评价作为项目建设前的一道重要门槛，在控制污染物排放、提高清洁生产水平、减小生态破坏、节约自然资源、调整产业结构和布局、优化经济增长、推动决策的科学化和民主化等方面发挥了重要作用。以 2010 年为例，环境保护部对 44 个总投资近 2500 亿元的涉及“两高一资”、低水平重复建设和产能过剩项目做出退回报告书、不予批复或暂缓审批处理。在环境影响评价管理的效果日益显著的同时，环境影响评价制度的自身建设也在这一时期得到发展。

2004~2005 年，《环境影响评价工程师职业资格制度暂行规定》《环境影响评价工程师职业资格考试实施办法》《建设项目环境影响评价资质管理办法》等系列文件发布，日后对环境影响评价行业影响深远的环境影响评价工程师制度开始实施。环保部门还相继出台了《地下水评价导则》《环评公众参与暂行办法》，修订了《大气环境影响评价导则》《生态环境影响评价导则》。环境影响评价工程师制度的实施和技术导则的完善，为提高环境影响评价队伍的工作能力、保证环境影响报告书质量起到了积极的作用，环境影响评价工作更加严谨专业。

4. 问题高发期(2012~2016 年)

环境影响评价行业经历了快速发展之后，自身问题也不断暴露出来。环境影响评价作为一项管理制度，执行率和措施落实率不高是影响其权威性的重要因素。以济南市历下区为例，2012 年需要办理环境影响评价的企业 1846 家，已经办理环境影响评价审批手续的 689 家，环境影响评价办理率 37. 3%。企业“未批先建”现象突出，环保部门对未执行环境影响评价程序的企业处罚力度小甚至不处罚，环境影响评价的严肃性经受考验。2015 年，中央巡视组对环境保护部的巡视意见中，第一条即为环境影响评价“未批先建”问题，反映出这一问题的严重性和普遍性。

与“未批先建”同样饱受诟病的，是评价机构管理混乱，人员挂证、机构借证问题突出。由于规定了个人资质对单位资质的支撑要求，环境影响评价工程师成为各个评价单位竞相争夺的对象，演化到后期，出现了大量挂证的乱象。环境影响评价机构最初以各地环科院、高校以及行业单位为主，随着环境影响评价知名度不断增加，一大批背景复杂、以盈利为唯一目标的公司加入环境影响评价机构中来。这些公司往往既无单位资质，也无个人资质，以承揽项目为优势，为专职环境影响评价单位介绍项目，或干脆自己组织人马编写报告，再寻找有证单位借证，成为真正的中介机构。这些机构工作质量差，但市场生存能力强，极大地败坏了环境影响评价行业的声誉。环境影响评价制度的主要参与方——建设单位也对环境影响评价工作存在诸多不满，主要集中在环境影响评价工作周期长、费用高等方面。由于环境影响评价导则更趋复杂，而且报告必须一次性通过技术审查，评价单位通常宁滥勿缺、宁深勿浅，环境影响报告书越写越厚，工作周期和工作费用也就大幅上升，成为项目各项前置审批中最为费时费钱的工作。许多环境敏感项目的建设单位为保证尽快取得批复，更愿意将环境影响评价工作委托给与审批部门关系密切的环境影响评价机构，即“红顶中介”。环保系统所属评价机构承接了大量环境敏感的重大项目，在协调环境保护和经济建设方面发挥了重要作用，客观上也形成了一定程度的技术垄断，甚至造成社会上的诸多误解。比上述问题更加严重的是，由于环境质量日益下降且公众的环保意识日渐提高，公众对环境管理的不满集中发泄到环境影响评价制度上。2012 年短短四个月内，发生了三起环境群体性事件，分别是什邡市反对钼铜项目事件、启东市反对王子造纸厂排海工程事件和宁波市反对 PX 项目事件。在这些事件中，社会公众和媒体不约而同地将批评声指向环保部门，矛头更是直指知名度最高的环境影响评价制度。环境影响评价制度面临是否有效甚至是否必要的挑战。环境影响评价制度实行三十余年后，无论是社会公众还是建设单位，甚至环境影响评价从业人员，都对这项制度提出了批评，环境影响评价改革势在必行。自 2010 年起，环境保护部开始启动环保系统事业单位环境影响评价机构体制改革，促使环境影响评价技术服务机构与行政主管部门脱钩，向专业化、规模化方向发展。2015 年，环保系统所属的环境影响评价单位首当其冲，作为“红顶中介”被清理出环境影响评价队伍。

5. 环保咨询期(2017 年至今)

随着环境影响评价机构资质改革的落幕，之前专职或兼职从事环境影响评价的各地环科院、高校以及行业单位均不能再开展环境影响评价工作，活跃在环境影响评价市场的只剩下环保技术服务公司。环境影响评价资质取消后，并不意味着环境管理放松，相反，《环境影响评价法》对监督管理、责任追究做出了更加严格的规定，赋予了各级生态环境部门更强有力的监管武器，将对相关违法行为形成有效震慑。在此期间国家生态环境部针对环境影响评价印发了《关于取消建设项目环境影响评价资质行政许可事项后续相关工作要求的公告(暂行)》，对过渡期的相关要求做出暂行规定。一方面，生态环境部按照法律规定，加快制定了建设项目环境影响报告书(表)审批程序规定、建设项目环境影响报告书(表)编制监督管理办法、能力建设指南、编制单位和编制人员信用信息公开管理规定等配套文件，构建以质量为核心、以信用为主线、以公开为手段、以监管为保障的管理体系，进一步规范环境影响报告书(表)编制行为，保障编制质量，维护环境影响评价技术服务市场秩序。另一方面，生态环境部进一步加大环境影响评价文件技术复核力度，在日常考核基础上，辅以大数据、智能化手段，定期对全国审批的报告书(表)开展复核，强化重点单位和重点行业靶向监管，对发现的违规单位和人员实施严管重罚。抓紧建设全国统一的环境影响评价信用平台，落实信用管理要求，营造守信者受益、失信者难行的良性市场秩序。

2019 年 8 月，生态环境部部务会审议通过了《建设项目环境影响报告书(表)编制监督管理办法》，自 2019 年 11 月 1 日起施行。该办法的出台是落实《中华人民共和国环境影响评价法》相关要求，深化环评领域“放管服”改革的重要举措，对规范建设项目环境影响报告书(表)编制行为，保障环评工作质量，维护资质许可事项取消后的环境影响评价技术服务市场秩序，具有十分重要的意义。2020 年 11 月，生态环境部印发部门规章《生态环境部建设项目环境影响报告书(表)审批程序规定》，为落实有关法律法规修改、提高环境治理能力现代化的要求，贯彻落实党中央、国务院关于“放管服”改革和优化营商环境工作部署，对原有审批程序规定进行优化修订。

《办法》明确：①不再强制由具有资质的单位编制报告书(表)，建设单位可以委托技术单位也可自行编制报告书(表)。②通过规范编制要求、强化监督检查、实施信用管理以及严肃责任追究等事中事后监管措施，确保环境影响评价资质许可取消后，环境影响评价质量不下降、环境影响评价有关预防环境污染和生态破坏的作用不降低，为保证环境影响评价制度的有效实施提供技术支撑。③进一步完善日常检查考核机制，对审批后的报告书(表)开展复核，强化重点单位、重点行业靶向监管。实行编制单位和编制人员双重负责制。对出现报告书(表)质量问题的相关单位和人员提出行政处理处罚与失信记分双重惩戒的管理措施，加大质量责任追究力度。④突出建设单位主体责任，强调建设单位对报告书(表)内容和结论负责。对报告书(表)存在质量问题的，无论建设单位自行编制还是委托技术单位编制，都要追究建设单位责任；对编制单位和编制人员存在失信行为的，一律公开相关建设单位和报告书(表)基础信息。要求建设单位在报告书(表)编制过程中，如实提供基础资料，落实环保投入和资金来源，加强环境影响评价过程管理。⑤积极探索建立编制单位和编制人员环境影响评价信用管理体系，营造守信者受益、失信者难行的良性市场秩序。

为深化建设项目环境影响评价"放管服"改革，优化和规范环境影响报告表编制，提高环境影响评价制度有效性，2020 年 12 月生态环境部修订了《建设项目环境影响报告表》内容及格式。根据建设项目环境影响特点将报告表分为污染影响类和生态影响类，配套制定了《建设项目环境影响报告表编制技术指南(污染影响类)(试行)》和《建设项目环境影响报告表编制技术指南(生态影响类)(试行)》。《建设项目环境影响报告表》内容、格式及编制技术指南，自 2021 年 4 月 1 日起实施。

在此背景下，各种规模的环境影响评价机构迅速诞生，环境影响评价市场有了更大的发展机遇与空间，环境影响评价管理也井然有序，整体朝着稳中向好的方向发展。

三、主要内容

(一) 环境影响评价适用范围

我国领域内对环境有影响的一切基建项目、技改项目、区域开发项目和规划，其中包括中外合资、中外合作、外商独资的建设项目、区域开发项目和规划、计划等。

(二) 环境影响评价的形式

建设项目和区域环境影响评价的形式包括环境影响报告书、环境影响报告表、环境影响登记表三种。规划环境影响评价的形式包括环境影响篇章或说明、环境影响报告书两种。

1. 建设项目环境影响报告书

建设项目环境影响报告书主要内容包括：总论、建设项目概况、建设项目周围地区的环境状况调查、建设项目对环境可能造成影响的分析、预测和评估、环保措施及技术经济论证、环境监测制度建议、环境影响经济损益简要分析、结论、存在的问题与建议等方面。其中的结论应当包括建设项目对环境质量的影响，建设规模、性质、选址是否合理，是否符合环境保护要求，所采取的防治措施在技术上是否可行，经济上是否合理，是否需要再做进一步的评价等内容。

2. 专项规划的环境影响报告书

专项规划的环境影响报告书包括下列内容：

（1）实施该规划对环境可能造成影响的分析、预测和评估；

（2）预防或者减轻不良环境影响的对策和措施；

（3）环境影响评价的结论。

3. 规划环境影响的篇章或者说明

规划环境影响的篇章或者说明应当对规划实施后可能造成的环境影响做出分析、预测和评估，提出预防或者减轻不良环境影响的对策和措施。规划环境影响篇章至少包括4个方面的内容：前言、环境现状描述、环境影响分析与评价、环境影响减缓措施。

4. 环境影响报告表

环境影响报告表是由建设单位向环境保护行政主管部门填报的关于建设项目概况及其环境影响的表格。其目的是为了弄清建设项目的基本情况及其环境影响情况，以便有针对性地采取环境保护措施。为深化建设项目环境影响评价“放管服”改革，优化和规范环境影响报告表编制，提高环境影响评价制度有效性，生态环境部修订了《建设项目环境影响报告表》内容及格式。根据建设项目环境影响特点将报告表分为污染影响类和生态影响类，配套制定了《建设项目环境影响报告表编制技术指南（污染影响类）（试行）》和《建设项目环境影响报告表编制技术指南（生态影响类）（试行）》。

污染影响类报告表主要内容包括：建设项目基本情况，建设项目工程分析，区域环境质量现状、环境保护目标及评价标准，主要环境影响和保护措施，环境保护措施监督检查清单，结论。

生态影响类报告表主要内容包括：建设项目基本情况，建设内容，生态环境现状、保护目标及评价标准，生态环境影响分析，主要生态环境保护措施，生态环境保护措施监督检查清单，结论。

5. 环境影响登记表

环境影响登记表包括项目概况、项目内容及规模、原辅材料及主要设施规格、数量、水及能源消耗量、废水排水量及排放去向、周围环境简况、生产工艺流程简述、拟采取的防治污染措施等内容。

（三）环境影响评价的程序

环境影响评价的程序是进行环境影响评价所应遵循的步骤和履行的手续的总称。根据环境影响评价不同阶段的内容，可把环境影响评价程序分为评价形式筛选、评价工作程序和环境影响报告书（表）审批程序。

1. 评价形式筛选

（1）建设项目环境影响评价形式筛选。环境影响评价形式筛选的主要任务是确定一个开发建设项目是编制环境影响报告书还是填写环境影响报告表。目前主要是根据开发建设项目的规模大小和环境影响的大小决定环境影响评价形式。

根据《建设项目环境管理条例》第7条的规定，国家根据建设项目对环境的影响程度，实行分类管理。第一类是对环境可能造成重大影响的建设项目，应当编制环境影响报告书，对建设项目产生的污染和对环境的影响进行全面、详细的评价。第二类是对环境可能造成轻度影响的建设项目，应当编制环境影响报告表，对建设项目产生的污染和对环境的影响进行分析或者专项评价。第三类是对环境影响很小，不需要进行环境影响评价的建设项目，应当填报环境影响登记表。

《建设项目环境保护分类管理名录》根据建设项目特征和所在区域的环境敏感程度，综合考虑建设项目可能对环境产生的影响，对建设项目的环境影响评价实行分类管理。建设单位应当按照本名录的规定，分别组织编制建设项目环境影响报告书、环境影响报告表或者填报环境影响登记表。

（2）规划环境影响评价形式筛选。国务院有关部门、设区的市级以上地方人民政府及其有关部门，对其组织编制的土地利用的有关规划，区域、流域、海域的建设、开发利用规划，应当在规划编制过程中组织进行环境影响评价，编写该规划有关环境影响的篇章或者说明。

国务院有关部门、设区的市级以上地方人民政府及其有关部门，对其组织编制的工业、农业、畜牧业、林业、能源、水利、交通、城市建设、旅游、自然资源开发的有关专项规划(以下简称专项规划)，应当在该专项规划草案上报审批前，组织进行环境影响评价，并向审批该专项规划的机关提出环境影响报告书。

2. 评价工作程序

评价工作程序包括委托、环评文件编写与报送、环境影响评价文件修改与报批。

需要编写环境影响报告书的项目，建设单位可以委托编制单位对其建设项目开展环境影响评价工作。建设单位应当对建设项目环境影响报告书、环境影响报告表的内容和结论负责，接受委托编制建设项目环境影响报告书、环境影响报告表的技术单位对其编制的建设项目环境影响报告书、环境影响报告表承担相应责任。设区的市级以上人民政府生态环境主管部门应当加强对建设项目环境影响报告书、环境影响报告表编制单位的监督管理和质量考核。负责审批建设项目环境影响报告书、环境影响报告表的主管部门应当将编制单位、编制主持人和主要编制人员的相关违法信息记入社会诚信档案，并纳入全国信用信息共享平台和国家企业信用信息公示系统向社会公布。

环境影响评价工作程序见图6-1。

环境影响评价工作大体分为三个阶段：

第一阶段为准备阶段，主要工作为研究有关文件，进行初步的工程分析和环境现状调查，筛选重点评价项目，确定各单项环境影响评价的工作等级。

第二阶段为正式工作阶段，其主要工作为进一步做工程分析和环境现状调查，并进行环境影响预测和评价环境影响。

第三阶段为报告书编制阶段，其主要工作为汇总、分析第二阶段工作所得的各种资料、数据，给出结论，完成环境影响报告书的编制。

3. 环境影响报告书(表)审批程序

环境影响报告书(表)审批程序包括评价报告书(表)审查、评价报告书(表)审批。环境保护行政主管部门作为管理主体，对建设单位执行环境影响评价制度的情况和编制单位开展环境影响评价工作的情况进行监督和检查，提出修改意见，指导环境影响评价工作。

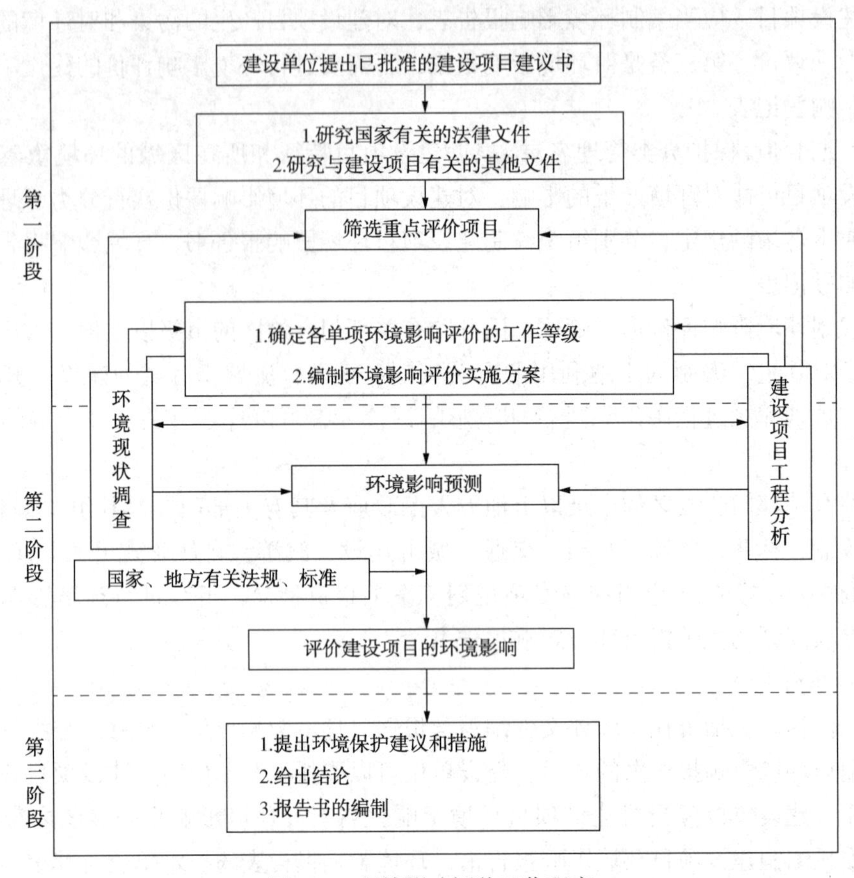

图 6-1　环境影响评价工作程序

（1）审批流程图。生态环境部审查的环境影响报告书审批程序见图 6-2。

生态环境部负责审批环境影响评价文件的程序：

① 申请与受理。按照《建设项目环境保护分类管理名录》的规定，建设单位应当对可能造成重大环境影响的建设项目组织编制环境影响报告书。采取法定形式向生态环境部提出申请，提交相关材料。生态环境部行政审批大厅受理建设单位提交的建设项目环境影响报告书及相关材料，并进行核验，做出予以受理或不予受理的处理。

② 项目审查。生态环境部环境影响评价与排放管理司对建设项目环境影响报告书进行审查。需要进行技术评估的，由评估机构组织专家对环境影响报告书进行技术评估，评估机构应在 30 个工作日内提交评估报告。

③ 项目批准。生态环境部环境影响评价与排放管理司根据审查和评估结论提出审批建议，经相关司会签后报部长专题会和部务会审议，经审议通过后办理批件。

④ 听证与信息公开。生态环境部在政府网站（网址：www. zhb. gov. cn）公布受理的建设项目信息；在做出予以批准的决定前，公示拟批准的建设项目信息；做出批准决定后，公开审批结果。对可能影响项目所在地居民生活环境质量以及存在重大意见分歧的建设项目，可以举行听证会、论证会、座谈会，征求有关单位、专家和公众的意见。国家规定需要保密的建设项目除外。

省、市级生态环境部门审查的环境影响报告书审批程序见图 6-3。

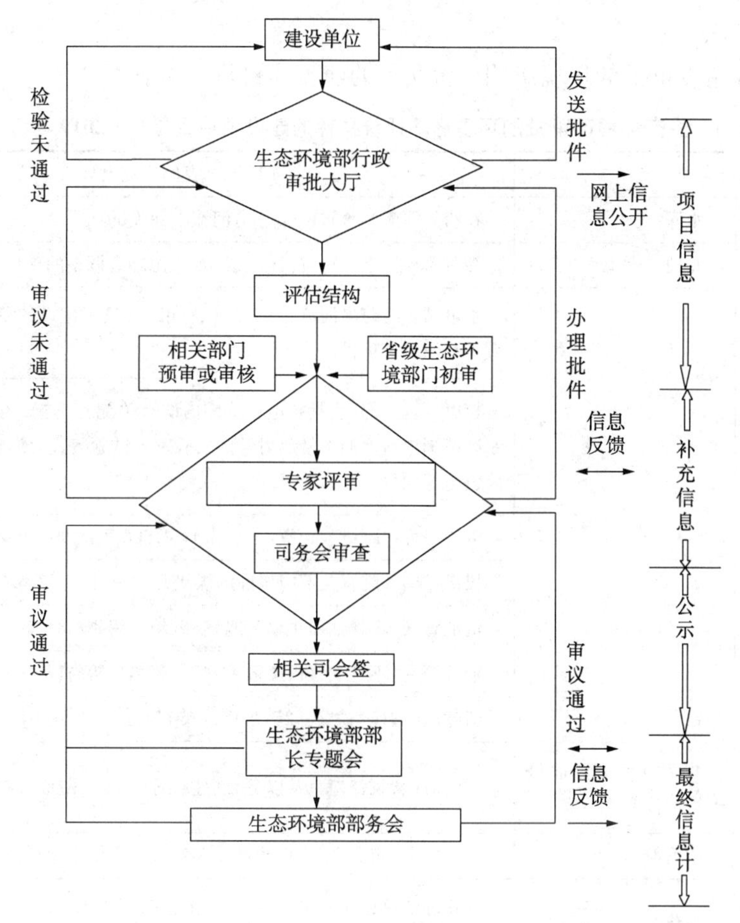

图 6-2　生态环境部审查的环境影响报告书审批程序

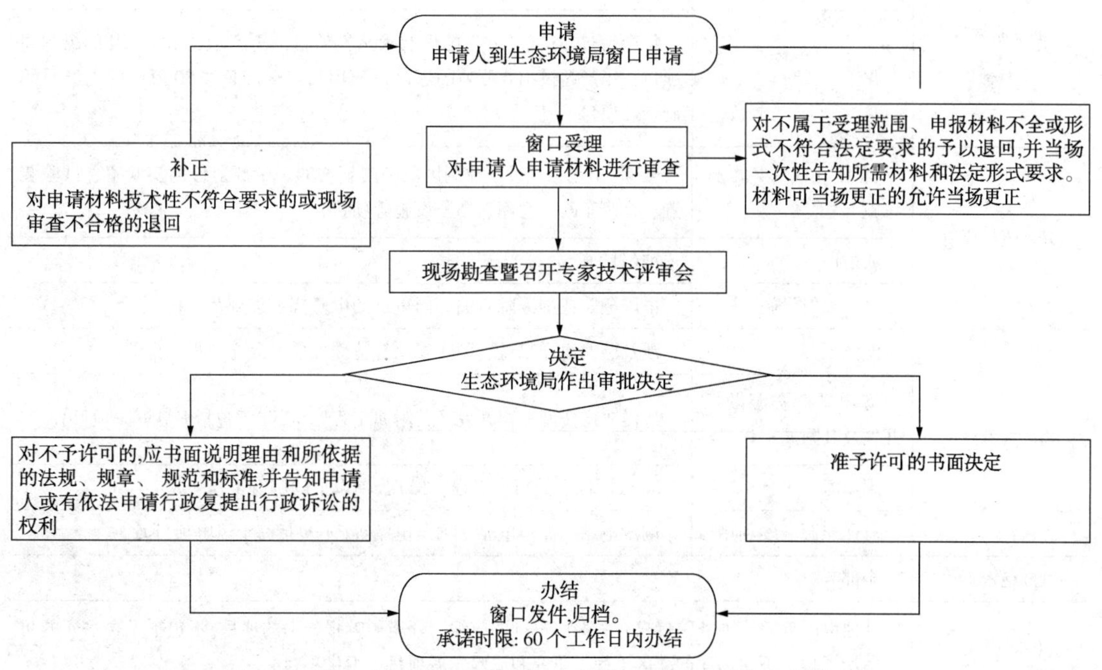

图 6-3　省、市级生态环境部门审查的环境影响报告书审批程序

（2）审批权限

生态环境部负责审批的环境影响评价文件的建设项目目录见表6-1。

表6-1 生态环境部审批的环境影响评价文件的建设项目目录(以2019年为例)

项目类别		项目投资规模或建设规模
(一)水利	水库	在跨界河流、跨省(区、市)河流上建设的项目
	其他水事工程	涉及跨界河流、跨省(区、市)水资源配置调整的项目
(二)能源	电力	水电站：在跨界河流、跨省(区、市)河流上建设的单站总装机容量50万千瓦及以上项目
		核电厂：全部(包括核电厂范围内的有关配套设施，但不包括核电厂控制区范围内新增的不带放射性的实验室、试验装置、维修车间、仓库、办公设施等项目)
		电网工程：跨境、跨省(区、市)(±)500千伏及以上交直流输变电项目
		煤矿：国务院有关部门核准的煤炭开发项目
		输油管网(不含油田集输管网)：跨境、跨省(区、市)干线管网项目
		输气管网(不含油气田集输管网)：跨境、跨省(区、市)干线管网项目
(三)交通	铁路	新建(含增建)铁路：跨省(区、市)项目
	煤炭、矿石、油气专用泊位	在沿海(含长江南京及以下)新建年吞吐能力1000万吨及以上项目
	内河航运	跨省(区、市)高等级航道的千吨级及以上航电枢纽项目
(四)原材料	石化	新建炼油及扩建一次炼油项目(不包括列入国务院批准的国家能源发展规划、石化产业规划布局方案的扩建项目)
	化工	年产超过20亿立方米的煤制天然气项目；年产超过100万吨的煤制油项目；年产超过100万吨的煤制甲醇项目；年产超过50万吨的煤经甲醇制烯烃项目
(五)核与辐射	除核电厂外的核设施	全部(不包括核设施控制区范围内新增的不带放射性的实验室、试验装置、维修车间、仓库、办公设施等项目)
	放射性	铀(钍)矿
	电磁辐射设施	由国务院或国务院有关部门审批的电磁辐射设施及工程
(六)海洋	海洋工程	涉及国家海洋权益、国防安全等特殊性质的海洋工程：全部
	海洋矿产资源勘探开发及其附属工程	海洋矿产资源勘探开发及其附属工程：全部(不包括海砂开采项目)
	围填海	50公顷以上的填海工程，100公顷以上的围海工程
	海洋能源开发利用	潮汐电站、波浪电站、温差电站等(不包括海上风电项目)
(七)绝密工程	全部	
(八)其他	其他由国务院或国务院授权有关部门审批的应编制环境影响报告书的项目(不包括不含水库的防洪治涝工程，不含水库的灌区工程，研究和试验发展项目，卫生项目)	

省生态环境厅负责审批下列建设项目环境影响评价文件。

① 由省政府审批或核准的建设项目、省政府授权有关部门审批或核准的建设项目和省政府有关部门备案的建设项目；

② 除核设施、绝密工程等特殊性质的建设项目外，其他辐射类或伴有辐射的项目；

③ 有色金属冶炼及矿山开发、钢铁加工、电石、铁合金、焦炭、垃圾焚烧及发电、制浆、投资5000万元以上的化工等对环境可能造成重大影响的建设项目；

④ 跨设区市行政区域的项目。

(3) 审批内容。建设项目环境影响评价文件审查，将依据生态环境部发布的有关行业审查要点和要求，以及有关技术法规、规范进行审查把关。审查主要从下列方面进行审查。

① 建设项目选址、布局、规模是否符合环境保护相关法律、法规和有关政策，是否符合城乡建设规划、土地利用规划等各类规划，以及符合规划环境影响评价、生态红线等“三线一单”及空间管控要求。

② 建设项目是否符合国家产业政策和清洁生产技术政策；建设项目采取的措施是否满足防止生态破坏和污染物达标排放要求；建设项目采取的措施实施后是否满足环境质量改善目标要求。

③ 环境影响评价文件依据基础资料、数据是否可靠，内容是否符合技术规范、导则等要求；评价结论是否明确。

④ 依法依规应当审查的其他内容。

四、违反环境影响评价制度的法律后果

(一) 建设项目环境影响评价的法律责任

1. 建设单位环境影响评价的法律责任

建设单位未依法报批建设项目环境影响报告书、报告表，或者未依照《中华人民共和国环境影响评价法》第24条的规定重新报批或者报请重新审核环境影响报告书、报告表，擅自开工建设的，由县级以上生态环境主管部门责令停止建设，根据违法情节和危害后果，处建设项目总投资额百分之一以上百分之五以下的罚款，并可以责令恢复原状；对建设单位直接负责的主管人员和其他直接责任人员，依法给予行政处分。

建设项目环境影响报告书、报告表未经批准或者未经原审批部门重新审核同意，建设单位擅自开工建设的，依照前款的规定处罚、处分。

建设单位未依法备案建设项目环境影响登记表的，由县级以上生态环境主管部门责令备案，处五万元以下的罚款。

海洋工程建设项目的建设单位有本条所列违法行为的，依照《中华人民共和国海洋环境保护法》的规定处罚。

建设项目环境影响报告书、环境影响报告表存在基础资料明显不实，内容存在重大缺陷、遗漏或者虚假，环境影响评价结论不正确或者不合理等严重质量问题的，由设区的市级以上人民政府生态环境主管部门对建设单位处五十万元以上二百万元以下的罚款，并对建设单位的法定代表人、主要负责人、直接负责的主管人员和其他直接责任人员，处五万元以上二十万元以下的罚款。

接受委托编制建设项目环境影响报告书、环境影响报告表的技术单位违反国家有关环境影响评价标准和技术规范等规定，致使其编制的建设项目环境影响报告书、环境影响报告表

存在基础资料明显不实，内容存在重大缺陷、遗漏或者虚假，环境影响评价结论不正确或者不合理等严重质量问题的，由设区的市级以上人民政府生态环境主管部门对技术单位处所收费用三倍以上五倍以下的罚款；情节严重的，禁止从事环境影响报告书、环境影响报告表编制工作；有违法所得的，没收违法所得。

编制单位有本条第一款、第二款规定的违法行为的，编制主持人和主要编制人员五年内禁止从事环境影响报告书、环境影响报告表编制工作；构成犯罪的，依法追究刑事责任，并终身禁止从事环境影响报告书、环境影响报告表编制工作。

2. 负责预审、审核、审批环境影响评价文件的部门的法律责任

《环境影响评价法》第 33 条规定：负责审核、审批、备案建设项目环境影响评价文件的部门在审批、备案中收取费用的，由其上级机关或者监察机关责令退还；情节严重的，对直接负责的主管人员和其他直接责任人员依法给予行政处分。

《环境影响评价法》第 34 条规定：生态环境主管部门或者其他部门的工作人员徇私舞弊，滥用职权，玩忽职守，违法批准建设项目环境影响评价文件的，依法给予行政处分；构成犯罪的，依法追究刑事责任。

（二）规划环境影响评价的法律责任

1. 规划编制部门的法律责任

《环境影响评价法》第 29 条规定：规划编制机关违反本法规定，未组织环境影响评价，或者组织环境影响评价时弄虚作假或者有失职行为，造成环境影响评价严重失实的，对直接负责的主管人员和其他直接责任人员，由上级机关或者监察机关依法给予行政处分。

2. 规划审批机关的法律责任

《环境影响评价法》第 30 条规定：规划审批机关对依法应当编写有关环境影响的篇章或者说明而未编写的规划草案，依法应当附送环境影响报告书而未附送的专项规划草案，违法予以批准的，对直接负责的主管人员和其他直接责任人员，由上级机关或者监察机关依法给予行政处分。

五、环境影响评价制度的作用

实施环境影响评价制度具有以下作用：一是从国家的技术政策方面对新建项目提出了新的要求和限制，以减少重复建设、杜绝新污染的产生，贯彻“预防为主”的环境保护政策。二是对可以开发建设的项目提出了超前的污染预防对策和措施，强化了建设项目的环境管理。三是促进了国家科学技术、检测技术、预测技术的发展。四是为开展区域政策环境影响评价，实施环境与发展综合决策创造了条件。

第二节 “三同时”制度

一、概念

“三同时”制度指建设项目中的环境保护设施必须与主体工程同时设计、同时施工、同时投产使用的制度。它是我国环境管理的基本制度之一，也是我国独创的一项环境法律制度，同时也是控制新污染源的产生，实现预防为主原则的一条重要途径。它与环境影响评价

制度相辅相成，是防止新污染和破坏的两大“法宝”，是我国“预防为主”方针的具体化、制度化。

二、产生与发展

1972 年 6 月，在国务院批转的《国家计委、国家建委关于官厅水库污染情况和解决意见的报告》中第一次提出了“工厂建设和‘三废’利用工程要同时设计、同时施工、同时投产”的要求。1973 年，经国务院批转的《关于保护和改善环境的若干规定》中规定：“一切新建、扩建和改建的企业，防治污染设施，必须和主体工程同时设计、同时施工、同时投产”，“正在建设的企业没有采取防治措施的，必须补上。各级主管部门要会同环境保护和卫生等部门，认真审查设计，做好竣工验收，严格把关”。从此，“三同时”成为我国最早的环境管理制度之一。但起初执行“三同时”的比例还不到 20%，新的污染仍不断出现。这是因为当时处于我国环境保护事业的初创阶段，人们对环境保护事业的重要性了解不深；国家经济有困难，拿不出更多的钱防治污染；有关“三同时”的法规不完善，环境管理机构不健全，进行监督管理不力。

1979 年，《中华人民共和国环境保护法(试行)》对“三同时”制度从法律上加以确认，第 6 条规定：“在进行新建、改建和扩建工程时，必须提出对环境影响的报告书，经环境保护部门和其他有关部门审查批准后才能进行设计；其中防止污染和其他公害的设施，必须与主体工程同时设计、同时施工、同时投产；各项有害物质的排放必须遵守国家规定的标准。”随后，为确保“三同时”制度的有效执行，国家又规定了一系列的行政法令和规章。如 1981 年 5 月由国家计委、国家建委、国家经委、国务院环境保护领导小组联合下达的《基本建设项目环境保护管理办法》，把“三同时”制度具体化，并纳入基本建设程序。于是，到 1984 年大中型项目“三同时”执行率上升到 79%。第二次全国环境保护会议以后又颁布了《建设项目环境设计规定》，进一步强化了这一制度的功能。至 1988 年，大中型项目“三同时”执行率已接近 100%，小型项目也接近 80%，有些地方的乡镇企业也试行了这一制度。

《中华人民共和国环境保护法》总结了实行“三同时”制度的经验，在第 26 条中规定：“建设项目中防治污染的设施，必须与主体工程同时设计、同时施工、同时投产使用。防治污染的设施必须经原审批环境影响报告书的环境保护行政主管部门验收合格后，该建设项目方可投入生产或者使用”。针对现有污染防治设施运行率不高、不能发挥正常效益的问题，该条还规定：“防治污染的设施不得擅自拆除或者闲置，确有必要拆除或者闲置的，必须征得所在地的环境保护行政主管部门同意”。第 36 条还对违反“三同时”的法律责任做出了规定。

“三同时”制度虽然推行多年，但仍有些不完善之处，需要进一步予以解决。“三同时”制度基本上是以单项治理为主，就是各个污染源都要上一套治理装置，这在经济上是不合理的，即使是一个污染源达到排放标准，也会对其所在区域的环境增加污染负荷。所以，可以考虑采取社会化的集中治理的办法，以取得更好的经济效益和环境效益。那么，“三同时”制度就有必要在这方面加以充实和完善。“三同时”制度对污染治理的要求一般只限于搞治理设施，进行无害化处理以实现“浓度达标”，却忽略了对污染物总量的降低。“三同时”制度应当促进废弃物综合利用，促进通过工艺改革、技术进步，以节能、节水、节约原材料。这是既杜绝浪费，提高经济效益，又不用治理设施就能控制污染的途径。

三、主要内容

（一）适用范围

“三同时”制度开始只适用于新建、改建和扩建的项目，后来其适用的范围不断扩大。目前“三同时”制度可适用于以下几个方面的开发建设项目：

（1）新建、扩建、改建项目。新建项目，是指原来没有任何基础，而从无到有开始建设的项目。扩建项目，是指为扩大产品生产能力或提高经济效益，在原有建设的基础上又建设的项目。改建项目，是指在原有设施的基础上，为了改变生产工艺、产品种类或者为了提高产品产量、质量，在不断扩大原有建设规模的情况下而建设的项目。

（2）技术改造项目。技术改造项目是指利用更新改造资金进行挖潜、革新、改造的建设项目。

（3）一切可能对环境造成污染和破坏的工程建设项目。这方面的项目包括的范围特别广，几乎不分建设项目的大小、类别，也不管是新建、扩建或改建，只要可能对环境造成污染和破坏，就要执行“三同时”。

（4）确有经济效益的综合利用项目。1985年国家经委在《关于开展资源综合利用若干问题的暂行规定》中规定：“对于确有经济效益的综合利用项目，应当同治理环境污染一样，与主体工程同时设计、同时施工、同时投产。”这是对原有“三同时”规定的一大发展。

（二）“三同时”制度在不同建设阶段的要求

“三同时”制度在不同建设阶段的要求见图6-4。

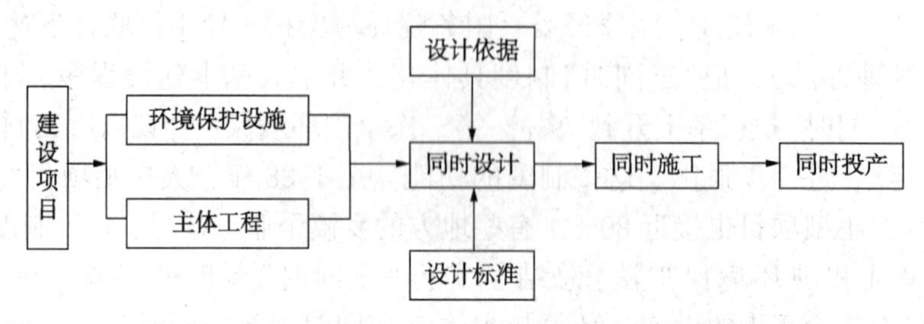

图6-4 “三同时”制度在不同建设阶段的要求

（1）同时设计。要求建设项目配套的环保设施与主体工程同时设计，这是“三同时”的第一阶段。其中，环保设施的设计标准是浓度控制标准（达标排放）或总量控制标准，设计能力要有发展余地，设计的依据是建设项目环境影响报告书或者环境影响报告表的要求和建议。

（2）同时施工。要求完成同时设计的环保设施与主体工程同时施工，这是“三同时”的第二阶段，其目的是保证同时投产。环保设施施工方案要以设计方案为依据，按照设计方案要求进行施工。达不到设计要求或者不按要求设计进行施工，其结果将无法实现浓度控制或总量控制的目标。

（3）同时投产。要求完成同时施工的环保设施与建设项目主体工程同时投入运行。其中，同时投产的前提是环保设施与主体工程同时进行竣工验收，分期建设、分期投入生产或使用的建设项目，其相应的环境保护设施应当分期验收，环境保护设施经验收合格，该建设项目方可正式投入生产或者使用。

四、违反"三同时"制度的法律后果

初步设计环境保护篇章未经环境保护行政主管部门审查批准，擅自施工的，除责令停止施工，补办审批手续外，还可以对建设单位及其责任人处以罚款；建设项目的环境保护设施没有建成或者没有达到国家规定的要求，投入生产或使用的，由批准该建设项目环境影响报告书的环境保护行政主管部门责令停止生产或者使用，可以并处罚款。

因违反"三同时"制度而造成环境污染破坏和其他公害的，除承担赔偿责任外，环境保护行政主管部门还可以对其给予行政处罚。

五、"三同时"制度的作用

我国对环境污染的控制包括两个方面：一是对原有老企业污染的治理，二是对新建项目产生的新污染的防治。我国在1950年以前建立的老企业，一般都没有防治污染的设施，这是我国环境污染严重的原因之一。如果新建项目不采取污染防治措施，势必随着国家建设的发展，大量增加新的污染源，这样我国将面临一种污染不能控制而且恶化的局面。"三同时"制度的建立，是防止新污染产生的卓有成效的法律制度。"三同时"制度的实行和环境影响评价制度结合起来，成为贯彻"预防为主"方针的完整的环境管理制度。因为只有"三同时"而没有环境影响评价，会造成选址不当，只能减轻污染危害，而不能防止环境隐患，而且投资巨大。把"三同时"和环境影响评价结合起来，才能做到合理布局，最大限度地消除和减轻污染，真正做到防患于未然。违反环保"三同时"制度的典型建设项目见表6-2。

表6-2　环境保护主管部门公布的违反环境保护"三同时"制度的典型建设项目

项目名称	基本情况	处理结果
辽宁南票劣质煤坑口电厂2台100MW凝汽式燃煤发电机组项目	2004年1月开始投入试生产，但2005年9月才申请竣工环境保护验收；同时，一期工程配套的窑沟灰场尚未建成就已经开始堆灰，灰场和煤场周围也未种植防护林带	对其一期工程下达停产通知，对二期工程环境影响报告书不予批准
辽宁华锦化工(集团)合成氨尿素装置节能增产改造项目	2004年1月开始试生产，但2005年8月才申请环境保护竣工验收，属于没有验收就投入生产项目	企业须补办竣工验收环保手续
广东亨达利水泥有限公司155万吨/年和60万吨/年新型干法水泥生产线技改项目	2005年5月，环保部门经现场检查发现，60万吨/年水泥生产线项目不符合环境影响报告书及批复要求，配套的环保设施未经环保部门检查同意已于2004年11月投入使用；此外，总局要求该企业淘汰的60MW余热回收锅炉于2004年5月擅自生产，造成环境污染	60万吨/年水泥生产线须停止建设，拆除60MW余热回收锅炉
丹拉公路支线天津南段工程项目	工程穿越天津古海岸与湿地国家级自然保护区的缓冲区，环保总局曾要求其依法对保护区功能或范围、界线等进行调整，并要得到有关部门的批准；该公路于2003年底建成通车，至今未向环保总局报送对保护区功能或范围、界线依法进行调整的文件；同时，该工程在建设中穿越两道贝壳堤，对其地形地貌产生破坏性的影响；桩基的开挖也破坏了自然保护区的整体性	督办公路建设单位依法办理穿越保护区的相关手续，否则高速公路必须改线

续表

项目名称	基本情况	处理结果
丽水市莲都区碧湖万洋智造小镇17-18地块的机制砂项目	2019年7月25日，生态环境局在开展执法检查时发现该公司存在“未批先建”的违法行为；做出处罚，责令立即改正；2020年6月29日，发现该公司仍存在未批先产的情况	2019年，先处罚3万元人民币；2020年，再罚款10万元人民币
肇庆市高要区顺胜陶瓷有限公司二车间技术改造项目	2017年11月肇庆市环保局执法人员发现，该公司二车间技术改造项目于2016年10月高要区环保局审批，但在检查时该项目从2016年10月开始试生产至检查时没有通过环保验收	责令顺胜陶瓷公司在2018年2月前完成二车间技术改造项目的环保验收手续并处罚款20万元人民币
南京地铁二号线东延线工程及东延线延伸段项目	南京地铁二号线东延线工程及东延线延伸段项目自2007年开工建设，2010年5月通车运行，至检查时两项目均未办理建设项目环保竣工验收手续，同时南京地铁二号线东延线延伸段项目至检查时未取得环境影响评价审批意见	南京市生态环境局责令其立即改正违法行为，对违反“三同时”的行为合计处罚84万元
山东环亿资源综合利用股份有限公司二期工程	2019年1月10日，淄博市生态环境局大气污染防治专项行动第六检查组对山东环亿资源综合利用股份有限公司进行现场检查，发现该公司二期工程2017年建成投产，至今未进行项目竣工环保验收，精选车间所有生产工序未按照环境影响评价批复要求在密闭车间内进行，现场检查发现精选车间正常生产，部分粉性物料用铲车铲运至精选车间西、南两侧，露天堆放，铲运过程中造成扬尘污染	处以20万元罚款
中炊公司扩建粮食烘干项目	2017年6月，如皋市环保局执法人员到该公司检查时，发现该公司扩建粮食烘干项目已于2016年11月开始投产，但未配套建设环境保护设施	责令中炊公司停止粮食烘干项目生产，并对中炊公司做出4万元的行政处罚
深圳市长特发科技有限公司塑胶发泡材料生产项目	该公司从事塑胶发泡材料生产，主要设有发泡、挤出、造粒、复合工艺，已办理环保批文，但未按照环保批文和环境影响评价文件的要求配套废气治理设施，其中挤出、造粒、复合工艺废气未经收集处理直接排放，发泡工艺废气经管道收集后通到楼顶直接排放	限期一个月内配套废气治理设施，拟对其处以罚款20万元
山西吕梁焦化厂年产60万吨机焦项目(一期工程)	两台焦炉分别于2003年10月和2004年4月投运，至今未申请环保验收；焦化废水处理站未建成，焦化废水经稀释后排放到三川河，最终排入黄河；煤气净化系统和地面除尘站未建成；该企业二期工程的两台机焦炉未经环境影响评价审批已基本建成	责令停止试生产，限期改正，逾期达不到要求的，进一步处罚
山东沾化电厂热电联产扩建工程	2×150MW机组分别于2005年7月和10月投运，至今未申请环保验收；脱硫设施未与主体设备同步建成投运，未按环评要求建设全封闭煤场和安装烟气在线监测装置	责令停止试生产，限期改正，逾期达不到要求的，进一步处罚

续表

项目名称	基本情况	处理结果
四川江油电厂2×300MW扩建工程	2×300MW机组分别于2005年11月和2006年2月投入试生产，向四川省环保局申请试生产，未获准；该工程脱硫装置与主体发电设施未能同步建成；未落实同步完成对2×330MW老机组进行脱硫和对4×50MW老机组实施关停的环境影响评价批复要求	责令停止试生产，限期改正，逾期达不到要求的，进一步处罚
山东海化股份有限公司24kt/a三聚氰胺工程	该工程分二期建设，一、二期工程分别于2003年6月和2004年8月投料试车，未经环保验收擅自投运；自备电厂锅炉二氧化硫排放浓度严重超标；污水处理站处理效果差，造成氨无组织排放严重，潍坊市环保局多次接到该项目环境污染投诉	责令停止试生产，限期改正，逾期达不到要求的，进一步处罚
唐山发电厂技术改造项目(1×300MW)、唐山发电厂二期改造项目(1×300MW)工程	一、二期工程2×300MW供热机组分别于2004年1月和9月投入试生产，至今未申请环保验收，未落实环境影响评价批复中“以大代小”淘汰5×50MW供热机组的要求	责令限期改正，逾期达不到要求的，进一步处罚
上海市外环线一、二期工程	2004年7月，一期工程曾因噪声扰民问题被总局下达过限期改正，至今未落实整改要求，沿线声环境敏感点未采取隔声降噪措施；二期工程于2003年初建成，至今未申请环保验收，仍有部分敏感点未按环境影响评价批复要求落实噪声防治措施	责令限期改正，逾期达不到要求的，进一步处罚
甬金公路(宁波K42+437至嵊州K89+400段)、(嵊州K89+954至金华K183+974段)	于2005年12月全线通车，至今未申请环保验收；全线未对声环境敏感点采取隔声降噪措施；公路沿线跨越东阳江、绿溪江等水体，未按环境影响评价批复要求落实桥面排水收集系统	责令限期改正，逾期达不到要求的，进一步处罚
青岛-银川公路冀鲁界至石家庄段工程	2006年3月全线通车，至今未申请环保验收；沿线声敏感点未按环境影响评价要求建设隔声屏障	责令限期改正，逾期达不到要求的，进一步处罚

第三节　环境保护税

一、概念

环境保护税制度是深入贯彻落实党的十九大精神，树立和践行绿水青山就是金山银山的理念、打好污染防治攻坚战的重要举措，对于保护和改善环境，减少污染物排放，实现高质量发展具有十分重要的意义。环境保护税法的总体思路是由“费”改“税”，即按照“税负平移”原则，实现排污费制度向环保税制度的平稳转移。环境保护税的征税对象为大气污染物、水污染物、固体废物和噪声等4类。

二、产生与发展

1982 年国务院公布了《征收排污费暂行办法》。《征收排污费暂行办法》是我国最早提出并施行的环境经济政策。由此，排污费在全国范围内开始实施，并主要集中于废水、废气、固体废弃物的治理。排污费的施行，在提高公众环保意识、改善环境质量和促进经济与社会协调发展方面发挥了重大作用。

随着市场经济的发展以及环保治理工作的推进，1982 年发布的《征收排污费暂行办法》已不能适应社会发展的需要，我国排污费制度亟须进一步优化与调整以适应现实需要。由此，在 2003 年国务院公布了《排污费征收使用管理条例》，进一步规范了排污费的征收和使用管理规定。随后在 2014 年，我国对排污收费制度再次进行调整，并上调了排污费的征收率。经过不断地调整和优化，排污费在控制污染物排放、筹措环保资金等方面起到了一定的积极作用。但由于其自身存在执法刚性不足、政府干预、征收标准偏低、征收范围偏窄等弊端，难以适应可持续发展的要求。在这一情况下，环境保护税的开征显得尤为必要。

征收环境保护税的必要性从国内形势来看，第一，排污费的弊端日渐显现，难以实现可持续发展；第二，随着税制改革的不断深化，我国已经积极稳妥地进行了增值税、企业所得税以及个人所得税在内的多项税种改革，但是我国在很长一段时间中并没有设立有关环境保护的独立型税种；第三，环境污染形势依然严峻。从国际形势来看，世界各发达国家在 20 世纪末已开始进入环境税的完善阶段。相比较而言，我国在环境税方面起步较晚，有必要借鉴他国的优良成果，如以 OECD 各国为代表推行的“绿色税制改革”。

2014 年 11 月 3 日，全国人大财经委透露，财政部会同环境保护部、国家税务总局积极推进中华人民共和国环境保护税立法工作，已形成《中华人民共和国环境保护税法》(草案稿)并报送国务院。2015 年 6 月 10 日，国务院法制办公室下发了《关于<中华人民共和国环境保护税法(征求意见稿)>公开征求意见的通知》，国务院法制办将财政部、税务总局、环境保护部起草的《中华人民共和国环境保护税法(征求意见稿)》及说明全文公布，征求社会各界意见。2015 年 8 月 5 日，环境保护税法被补充进第十二届全国人大常委会立法规划。2016 年 8 月 29 日至 9 月 3 日，第十二届全国人大常委会第二十二次会议对《中华人民共和国环境保护税法(草案)》进行了初次审议。《中华人民共和国环境保护税法》已由中华人民共和国第十二届全国人民代表大会常务委员会第二十五次会议于 2016 年 12 月 25 日通过，自 2018 年 1 月 1 日起施行，施行了近 40 年的排污收费制度正式退出历史舞台。

作为我国第一部专门以环境保护为目标的独立型环境税税种，有利于改善排污费制度存在执法刚性不足、地方政府和部门干预等问题。而且此次的“费改税”绝不是简单的名称变化，而是从制度设计到具体执行的全方位转变。从执法刚性来说，税收的执法刚性比收费要强。税收以法律的形式确定了“污染者付费”的原则，税务部门依据法律条款严格执法，多排放多缴纳成为企业生产刚性的制约因素。此外，收费与收税虽然都是政府的一种财政行为，但对于具有税收性质的收费转变为税收的形式征收，有助于规范政府收入体系，优化财政收入结构。

2018 年环境保护税收入规模达 209 亿元。与 2015 年的 178.5 亿元的排污费收入规模相比，环境保护税增加 30.5 亿元的规模，增长 14.6%左右，其中重点污染企业贡献了大部分税收。

从上述数据可知，税收规模扩大，以税治污成效初显。这一态势有利于发挥环境保护税的正向引导作用，从而增加企业治污的主动性，逐步引导更多企业加大环境保护资金的投入，改进生产方式，促进绿色创新，走可持续发展道路。以湖北省为例，东风汽车集团有限公司热电厂在二季度升级改造大气污染物排放口，前三季度环保税降幅达到23.47%；湖北华电襄阳发电有限公司通过精细化管理，加大环保设施投入，二氧化硫、氮氧化物等污染物排放浓度均低于排放标准50%，前三季度比上年同期排污费少缴纳291.96万元。

三、主要内容

（一）征收对象

在中华人民共和国领域和中华人民共和国管辖的其他海域，直接向环境排放应税污染物的企业事业单位和其他生产经营者为环境保护税的纳税人，应当依照本法规定缴纳环境保护税。

依法设立的城乡污水集中处理、生活垃圾集中处理场所超过国家和地方规定的排放标准向环境排放应税污染物的，应当缴纳环境保护税。

企业事业单位和其他生产经营者贮存或者处置固体废物不符合国家和地方环境保护标准的，应当缴纳环境保护税。

（二）应税污染物

是指《中华人民共和国环境保护税法》所附《环境保护税税目税额表》《应税污染物和当量值表》规定的大气污染物、水污染物、固体废物和噪声，其中大气污染物有44种、水污染物有61种（包括第一类和第二类水污染物）、固体废物有4类和噪声有6类。

（三）收税标准

依照《中华人民共和国环境保护税法》第七条，应税污染物的计税依据，按照下列方法确定：

（1）应税大气污染物按照污染物排放量折合的污染当量数确定；

（2）应税水污染物按照污染物排放量折合的污染当量数确定；

（3）应税固体废物按照固体废物的排放量确定；

（4）应税噪声按照超过国家规定标准的分贝数确定。

依照《中华人民共和国环境保护税法》第八条，应税大气污染物、水污染物的污染当量数，以该污染物的排放量除以该污染物的污染当量值计算。每种应税大气污染物、水污染物的具体污染当量值，依照本法所附《应税污染物和当量值表》执行。

依照《中华人民共和国环境保护税法》第九条，每一排放口或者没有排放口的应税大气污染物，按照污染当量数从大到小排序，对前三项污染物征收环境保护税。

每一排放口的应税水污染物，按照本法所附《应税污染物和当量值表》，区分第一类水污染物和其他类水污染物，按照污染当量数从大到小排序，对第一类水污染物按照前五项征收环境保护税，对其他类水污染物按照前三项征收环境保护税。

依照《中华人民共和国环境保护税法》第十一条，环境保护税应纳税额按照下列方法计算：

（1）应税大气污染物的应纳税额为污染当量数乘以具体适用税额；

（2）应税水污染物的应纳税额为污染当量数乘以具体适用税额；

（3）应税固体废物的应纳税额为固体废物排放量乘以具体适用税额；

（4）应税噪声的应纳税额为超过国家规定标准的分贝数对应的具体适用税额。

（四）征收管理

依照《中华人民共和国环境保护税法》第十四条，环境保护税由税务机关依照《中华人民共和国税收征收管理法》和本法的有关规定征收管理。

县级以上地方人民政府应当建立税务机关、生态环境主管部门和其他相关单位分工协作工作机制，加强环境保护税征收管理，保障税款及时足额入库。

依照《中华人民共和国环境保护税法》第十五条，生态环境主管部门和税务机关应当建立涉税信息共享平台和工作配合机制。

生态环境主管部门应当将排污单位的排污许可、污染物排放数据、环境违法和受行政处罚情况等环境保护相关信息，定期交送税务机关。

税务机关应当将纳税人的纳税申报、税款入库、减免税额、欠缴税款以及风险疑点等环境保护税涉税信息，定期交送生态环境主管部门。

纳税人申报缴纳时，应当向税务机关报送所排放应税污染物的种类、数量，大气污染物、水污染物的浓度值，以及税务机关根据实际需要要求纳税人报送的其他纳税资料。

依照《中华人民共和国环境保护税法》第二十条，税务机关应当将纳税人的纳税申报数据资料与生态环境主管部门交送的相关数据资料进行比对。

税务机关发现纳税人的纳税申报数据资料异常或者纳税人未按照规定期限办理纳税申报的，可以提请生态环境主管部门进行复核，生态环境主管部门应当自收到税务机关的数据资料之日起十五日内向税务机关出具复核意见。税务机关应当按照生态环境主管部门复核的数据资料调整纳税人的应纳税额。

依照《中华人民共和国环境保护税法》第二十一条，依照本法第十条第四项的规定核定计算污染物排放量的，由税务机关会同生态环境主管部门核定污染物排放种类、数量和应纳税额。

第四节　环境保护目标责任制度

环境保护目标责任制的出台是我国环境管理思想发展到一定阶段的产物。我国环境管理思想的演变，大体经历了由单纯治理为主到以管促治，由点源单项治理到区域综合防治，由定性为主的浓度控制到以定量为主的总量控制发展的过程。其实质就是变微观操作为宏观调控，逐步地使污染物从无组织排放变为有组织排放，进而减少排放。而转变环境管理机构的职能，分清职责，明确责任主体和实行目标管理，则是实现上述转变的先决条件，也是实现环境目标责任制的先决条件。

一、概念

环境保护目标责任制度是通过签订责任书的形式，具体落实到地方各级人民政府和有污染的单位对环境质量负责的行政管理制度。

这项制度确定了一个区域、一个部门乃至一个单位环境保护的主要责任者和责任范围，运用目标化、定量化、制度化的管理方法，把贯彻执行环境保护这一基本国策作为各级领导的行为规范，推动环境保护工作的全面、深入发展。

环境保护目标责任制与其他管理制度的主要区别是明确地方政府的区域环境质量责任。因此，这项制度的执行主体是各级地方政府，环保部门作为政府的职能部门具有指导与监督的作用。

二、主要内容

（一）以社会主义初级阶段的基本国情为基础

从环境状况看，我国人口众多，人均资源少，科学技术水平低，环境污染和生态破坏都相当严重。广大人民群众对改善和保护环境的要求日益迫切，对政府强化环境管理，搞好环境保护工作坚决拥护。从社会制度看，我国经济运行体制是社会主义市场经济，国家依靠行政手段，强化政府职能，各级政府行政首长具有很大的责任和权限；同时，由于我国人口素质还不高，人们法制观念还比较淡薄，这些都使运用行政权威遏制污染蔓延成为现实可行的手段。从经济实力看，我国不可能拿出许多钱来治理污染。我国的环境污染在很大程度上是管理不善造成的，在现阶段环境保护工作就是要向管理要质量，而强化管理必须依靠行政力量，环境保护目标责任制则是一项有效的行政管理制度。

（二）以现行法律为依据

《环境保护法》第六条“一切单位和个人都有保护环境的义务。地方各级人民政府应当对本行政区域的环境质量负责。企业事业单位和其他生产经营者应当防止、减少环境污染和生态破坏，对所造成的损害依法承担责任。公民应当增强环境保护意识，采取低碳、节俭的生活方式，自觉履行环境保护义务”。

第四十二条“排放污染物的企业事业单位和其他生产经营者，应当采取措施，防治在生产建设或者其他活动中产生的废气、废水、废渣、医疗废物、粉尘、恶臭气体、放射性物质以及噪声、振动、光辐射、电磁辐射等对环境的污染和危害。排放污染物的企业事业单位，应当建立环境保护责任制度，明确单位负责人和相关人员的责任。重点排污单位应当按照国家有关规定和监测规范安装使用监测设备，保证监测设备正常运行，保存原始监测记录。严禁通过暗管、渗井、渗坑、灌注或者篡改、伪造监测数据，或者不正常运行防治污染设施等逃避监管的方式违法排放污染物”。

（三）以责任制为核心

在过去相当长的时间里，资源的利用和保护环境方面没有明确的责任，呈现一种责任界定模糊状态。在治理污染、保护资源和环境方面又互相推诿。资源利用和培植不合理，必然会导致低效、高费和对环境的严重污染。而环境保护目标责任制诱发了内在动因，启动了责任机制，有效地解决了资源培植方面环境保护责任不明的弊端。

（四）以行政制约为机制

环境保护目标责任制的责任者主要是政府的行政首长。因而行政制约有很强的力量。通过层层签订责任书，层层分解环境责任，逐级负责，这就使各个层次的领导都有了责任压力，加之以广泛的社会舆论监督和必要的奖罚手段，会进一步强化行政制约机制的作用。

三、制定环保目标责任书步骤和类型

目标责任书的内容既包含区域环境质量目标，也包含污染控制指标，还可以包含改善区域环境质量所完成的工作指标；既可以将“老三项”制度作为管理内容纳入责任书，又可以将其他管理制度作为内容纳入责任书。因此说，环境保护目标责任制在环境管理制度体制中占有举足轻重的地位。

（一）省市长责任书的制定步骤

由省生态环境厅组织专门班子，代表省政府分赴各市进行调查研究。在与当地政府和生态环境部门充分协商的基础上，提出"责任书"的制定原则和指标体系。

各市成立相应的工作班子，协助政府组织有关部门，在摸清现状、搞清底数的基础上，提出各项指标的具体内容和定额，然后将初步方案上报省生态环境厅。

省生态环境厅对初步方案进行审查，对各市综合平衡，协商修改，然后再经市政府研究同意后，上报省政府审定。

"责任书"的正式文本，通过一定仪式，由省长和市长共同签字生效。

（二）责任制的类型

确定政府任期目标和环境管理指标，通过行政机构逐层签订责任书，对指标进行层层分解，逐级下达，直至企业，这种类型最普遍，如甘肃、山东、山西、江苏都属此类。其中山东的"五长负责制"最具代表性，即省长对市长、市长对区县长、区县长对乡长或厂长经理签状，层层负责。

各个系统、各个部门都签责任书，如天津将城市环境综合整治定量考核纳入责任制，先由市长和分管某一方面的副市长签，副市长和自己分管的厅、局、委、办领导签，厅、局、委、办领导又和所属公司、企业、学校签，这样立体垂直进行杜绝了死角和缺口，使各行各业、方方面面都有保护环境的义务和责任。

政府直接与企业签订责任书或实行环境保护指标承包，如南京环保局代表市政府依据本市工业企业承包经营责任制的执行情况和环保工作任务的轻重，分批下达实行企业环境保护责任制的企业名单，与企业厂长或经理签订"企业环保目标责任书"。

把环境效益与经济效益挂钩签订责任书，如浙江省兰溪市规定企业工资总额随其环境效益的变化而变化；城市的环境质量状况及环境保护工作目标完成程度与全市机关事业单位广大干部职工的奖金挂钩，奖金的核定根据环境质量状况与环境保护目标完成程度而上下浮动，使全体干部、全体职工都关心环境质量的改善。

四、环境保护目标责任制的特点

环境保护目标责任制作为新五项制度之一，虽然出台时间不长，但在社会上产生了强烈影响，究其原因，是由其性质决定的。环境保护目标责任制的性质就是社会主义制度下各级政府领导人依照法律应当承担的环境保护责任、义务和权利，用建立责任制的形式固定下来，并把它引入到环境管理中来的一种特有的环境管理模式。这一制度经过充实和发展，逐步形成了如下特点。

有明确的时间和空间界限，一般以一届政府的任期为时间界限，以行政单位所辖地域或行业、企业为空间界限；有明确的环境质量目标，定量要求和可以分解的质量指标；有明确的年度工作指标；有配套的措施，支持保证系统和考核奖惩办法；有定量化的监测和控制手段。

五、环境保护目标责任制的作用

环保目标责任制的作用主要表现在以下几个方面。

（1）加强了各级政府对环境保护的重视和领导，使环保真正列入各级政府的议事日程，使环境保护这一国策得以具体贯彻。

(2) 有利于把环境保护纳入国民经济和社会发展计划及年度工作计划，疏通环保资金渠道，使环保工作得以真正落实。

(3) 有利于协调环保部门和政府有关部门齐抓共管环保工作，调动各部门的积极性，大家动手，改变过去环保部门一家孤军作战的局面。

(4) 有利于由单项治理、分散治理转向区域综合防治，实现整体环境的改善。

(5) 有利于把环保工作从软任务变成硬指标，实现由一般化管理向科学化、定量化、指标化管理的转变。

(6) 促进了环保机构的建设，强化了环保部门的统一监督管理职能。

(7) 增加了环保工作的透明度，有利于动员全社会对环境保护参与和监督。

总之，这项制度是环境管理制度的“龙头”，它既可以将上述老三项制度纳入责任状，也可将其他四项制度纳入责任状，所以，从环保角度讲，这项制度具有全局性。它已成为各级环境保护部门全方位推进环保管理工作的载体，是协调环境与发展的有效手段。

第五节　城市环境综合整治定量考核制度

一、概念

城市环境综合整治定量考核制度是城市环境保护目标管理的重要手段，也是推动城市环境综合整治的有效措施。它以城市环境综合整治规划为依据，在城市政府的统一领导下，通过科学的、定量化的城市环境综合整治指标体系，把城市各行各业、各个部门组织起来，开展以环境、社会、经济效益统一为目标的环境建设、城市建设、经济建设，使城市环境综合整治定量化。

城市环境综合整治的目的在于解决城市环境污染和提高城市环境质量。为此，综合整治规划的制定，对策的选择，任务的落实，乃至综合整治效果的评价，都必须以改善和提高环境质量为依据。

二、产生与发展

作为环境保护发展到一定阶段产生的环境保护思想和技术手段，城市环境综合整治自1984年起在我国得到广泛推行。1984年10月中共中央在《关于经济体制改革的决定》中明确指出城市政府应当“进行环境的综合整治”。该思想和措施在全国推行后，在城市环境治理中取得了较好的成效，为了巩固成效和进一步推广，必须把城市环境综合整治纳入法制管理轨道，由此产生了我国环境管理中的“城市环境综合整治定量考核制度”。

1988年，国务院环境保护委员会在总结各地经验的基础上发布了《关于城市环境综合整治定量考核的决定》，要求自1989年1月1日起实施城市环境综合整治定量考核工作，引起全国各地的普遍重视。

1989年1月，国务院环境保护委员会又发布了《关于下达<关于城市环境综合整治定量考核实施办法(暂行)>的通知》。1989年，第3次全国环境保护会议确定“城市环境综合整治定量考核制度”作为八项环境管理制度之一，从此，城市环境综合整治定量考核作为一项制度纳入了市政府的议事日程，在国家直接考核的32个城市和省(自治区)考核的城市中普遍开展起来。

三、法律依据

1985 年 10 月，国务院召开了“全国城市环境保护工作会议”，通过了《关于加强城市环境综合整治的决定》。但对于如何整治、整治的内容和标准是什么等问题，一直未得到解决。1988 年 4 月，吉林省提出了一个城市环境综合整治定量考核方案，受到原国家环保总局重视。1988 年 9 月，国务院在《关于城市环境综合整治定量考核的决定》中确定了考核的范围。同年 12 月，国务院环境保护委员会发出《定量考核实施办法》及有关技术文件，决定自 1989 年 1 月开展考核工作。1989 年第三次全国环境保护会议把城市环境综合整治定量考核确定为一项环境管理制度。1995 年以前的考核指标包括三个方面共计 21 项：包括环境质量 6 项、污染控制 9 项，基础设施建设 6 项。

随着环境管理的不断深化，“九五”期间，进一步调整了城市环境综合整治定量考核指标，除原有三个方面以外，又增加了环保机构建设、环境保护投入、排污收费状况、重点污染物总量削减率等指标，共计 26 项指标，进一步反映城市污染控制的综合性要求。

1997 年 8 月 21 日原国家环保总局又发出了“关于调整‘九五’城市环境综合整治定量考核指标的通知”，从 1997 年起，国家对城市环境综合整治定量考核采用新体系，由环境质量、污染控制、环境建设和环境管理四个方面 20 个项目指标构成。

“十一五”期间，原国家环保总局下发《“十一五”城市环境综合整治定量考核指标实施细则》和《全国城市环境综合整治定量考核管理工作规定》，考核指标分为环境质量、污染控制、环境建设和环境管理等 19 个项目指标。

根据《“十二五”城市环境综合整治定量考核指标实施细则》的有关规定，考核指标包括环境空气质量、集中式饮用水水源地水质达标率、城市水环境功能区水质达标率、区域环境噪声平均值、交通干线噪声平均值、清洁能源使用率、机动车环保定期检验率、工业固体废物处置利用率、危险废物处置率、工业企业排放稳定达标率、万元工业增加值主要工业污染物排放强度、城市生活污水集中处理率、生活垃圾无害化处理率、城市绿化覆盖率、环境保护机构和能力建设、公众对城市环境保护满意率共计 16 个指标。

四、城市环境综合整治的重点

各个城市都有各自不同的情况和特点，一般说来就是要控制水体、大气、固体废弃物和噪声污染。其中保护水体和大气是重点，而保护饮用水源和控制烟尘污染是重点中的重点。

五、主要内容

（一）考核对象

主要是城市政府。从实施考核的主体看，可分为两级：

（1）国家级考核。由国家直接对部分重点城市的环境综合整治工作进行考核。目前，国家直接考核的城市共有 47 个，包括中央直辖市、省会和自治区首府城市、部分风景旅游城市和计划单列市。

（2）省、自治区考核。省、自治区考核本辖区内县级以上城市，具体名单由各省、自治区人民政府自行确定。

（二）考核指标

（1）指标包括的内容见表 6-3。

（2）各项指标的权重分配。权重的设计主要遵循两条原则。一是从指标内容对城市环境质量影响的大小考虑；二是从指标内容在综合整治中的难易程度和对改善环境的作用考虑；同时参考了远期和近期环境规划目标的不同要求。

表 6-3 "十二五"城市环境综合整治定量考核指标及赋分表

序号	考核指标	分值(总分 100 分)
1	环境空气质量	15
2	集中式饮用水水源地水质达标率	8
3	城市水环境功能区水质达标率	8
4	区域环境噪声平均值	3
5	交通干线噪声平均值	3
6	清洁能源使用率	2
7	机动车环保定期检验率	5
8	工业固体废物处置利用率	2
9	危险废物处置率	12
10	工业企业排放稳定达标率	10
11	万元工业增加值主要工业污染物排放强度	3
12	城市生活污水集中处理率	8
13	生活垃圾无害化处理率	8
14	城市绿化覆盖率	3
15	环境保护机构和能力建设	7
16	公众对城市环境保护满意率	3

(三) 考核程序及结果

（1）考核程序。定量考核每年进行一次。考核的具体程序是，每年年终由城市政府组织有关部门对各项指标完成情况进行汇总，填写《城市环境综合整治定量考核结果报表》，经省(自治区)生态环境厅审查后报国家生态环境部复查。结果核实后，按得分排出全国名次公布结果。各省、自治区政府组织对所辖城市进行考核，并在当地公布结果。城市环境综合整治定量考核的对象是地方政府，年度考核结果通过报刊、年鉴等各种媒体向社会公布。自2002 年起发布国家环境保护重点城市环境管理和综合整治年度报告。

（2）考核结果名次排列方法：

按综合指标得分情况排列；

按环境质量指标得分情况排列；

按污染控制指标得分情况排列；

按环境建设指标得分情况排列。

六、城市环境综合整治定量考核制度的作用

（1）可以使城市环境保护工作逐步由定性管理转向定量管理，有利于污染物排放总量控制制度和排污许可证制度的实施；

（2）该制度明确了城市政府在城市环境综合整治中的职责，可以给城市环境保护工作和各级领导带来动力和压力。通过考核评比，能大致衡量城市环境综合整治的状况和水平，找出差距和问题，促进这项工作的深入发展；

（3）可以增加透明度，接受社会和群众的监督，发动广大人民群众共同关心和参与环境保护工作。

第六节　排污许可制度

一、概念

（一）排污许可制

是指环境保护主管部门依排污单位的申请和承诺，通过发放排污许可证法律文书形式，依法依规规范和限制排污单位排污行为并明确环境管理要求，依据排污许可证对排污单位实施监管执法的环境管理制度。

排污许可制是企事业单位生产运营期排污的法律依据。排污许可制度衔接环境影响评价管理制度，融合总量控制制度，为排污收费、环境统计、排污权交易等工作提供统一的污染物排放数据，减少重复申报，减轻企事业单位负担，提高管理效能，明确企业主体责任，规范企业排污行业，厘清监管执法边界，许可证的核发更有利于推进技术进步、产业升级，规范企业排污，督促企业履行主体责任，规范执法监管，改善环境质量。

（二）排污单位

纳入固定污染源排污许可分类管理名录的企业事业单位和其他生产经营者（以下简称排污单位）。

（三）排污许可证有效期

排污许可证自发证之日起生效。首次发放的排污许可证有效期为三年，延续换发排污许可证有效期为五年。

（四）国家排污许可证管理信息平台

依据《污染物排放许可制实施方案（国办字〔2016〕81 号）和《排污许可证管理暂行规定》的要求，于 2017 年建成全国排污许可证管理信息平台，至 2020 年，已完成所有固定污染源的排污许可证核发工作，全国排污许可证管理信息平台有效运转（图 6-5）。

排污许可证管理信息平台架构包括“一库四系统”，“一库”指国家固定污染源数据库，“四系统”指排污许可证申请核发系统、固定污染源监管系统、全国固定源数据挖掘与应用系统以及信息公开系统。

目前，已将排污许可证申领、核发、监管执法等工作流程及信息纳入平台，各地现有的排污许可证管理信息平台逐步接入，并在统一社会信用代码基础上适当扩充，制定了全国统一的排污许可证编码。通过排污许可证管理信息平台统一收集、存储、管理排污许可证信息，实现了各级联网、数据集成、信息共享。平台形成的实际排放数据作为环境保护部门排污收费、环境统计、污染源排放清单等各项固定污染源环境管理的数据来源。

国家排污许可管理信息平台的目标是各级各类固定污染源环境管理信息的整合共享，促进固定污染源环境管理系统化、精细化、科学化，实现“一证式”管理。

全国排污许可证管理信息平台 公开端

2020年12月30日晚18:00-22:00进行系统更新，更新期间请勿使用系统，谢谢。本次更新延续可变更修改基本信息等表单。
届时许可平台企业端、管理端将无法访问，系统更新期间请勿操作，谢谢合作。

申请前信息公开　许可信息公开　限期整改　登记信息公开　许可注销公告　许可撤销公告　许可遗失声明　重要通知　法规标准　网上申报　更多

省/直辖市	地市	许可证编号	单位名称	行业类别	有效期限	发证日期	查看
上海市	市辖区	9131011313348788760...	上海盘龙实业有限公司	危险废物治理	2021-02-07至2024-02...	2021-02-07	
广东省	清远市	91441802787990799N...	清远市恒润铜业有限公司	有色金属冶炼和压延	2018-12-20至2021-12...	2018-12-20	
广东省	清远市	91441802699715658X0...	广东兴成铝业有限公司	铝冶炼	2019-01-08至2022-01...	2019-01-08	
广东省	清远市	9144180269971581850...	清远市广雄铝业有限公司	有色金属冶炼和压延	2018-11-30至2021-11...	2018-11-30	
天津市	市辖区	91120223761286306B0...	天津市福胜金属制品有限公司	金属丝绳及其制品制	2019-12-20至2022-12...	2019-12-20	
天津市	市辖区	91120223058717143J0...	天津众腾体育用品有限公司	其他建筑、安全用金	2020-04-16至2023-04...	2020-04-16	
安徽省	合肥市	91340100730004409J0...	丝艾（合肥）包装材料有限..	包装装潢及其他印刷	2021-02-07至2024-02...	2021-02-07	
陕西省	汉中市	91610700664144285Y0...	陕西汉源油脂有限公司	食用植物油加工	2019-05-23至2022-05...	2019-05-23	
青海省	海东市	1263212271052592870...	民和回族土族自治县第二人..	综合医院	2020-07-30至2023-07...	2020-07-30	
青海省	海东市	91632122MA7525N3X...	民和县弘捷生物科技有限公司	有机肥料及微生物肥	2020-07-10至2023-07...	2020-07-10	

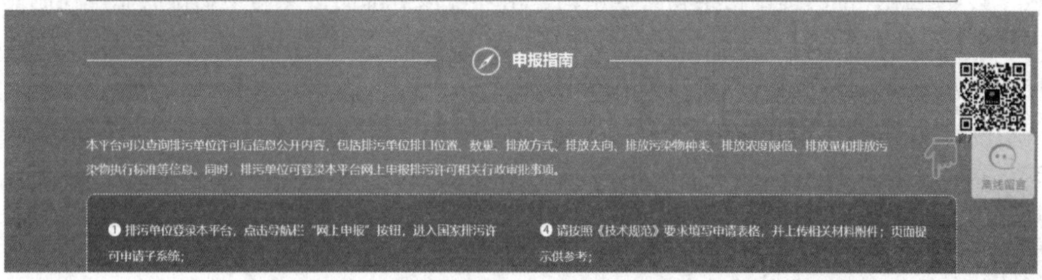

全国排污许可证管理信息平台

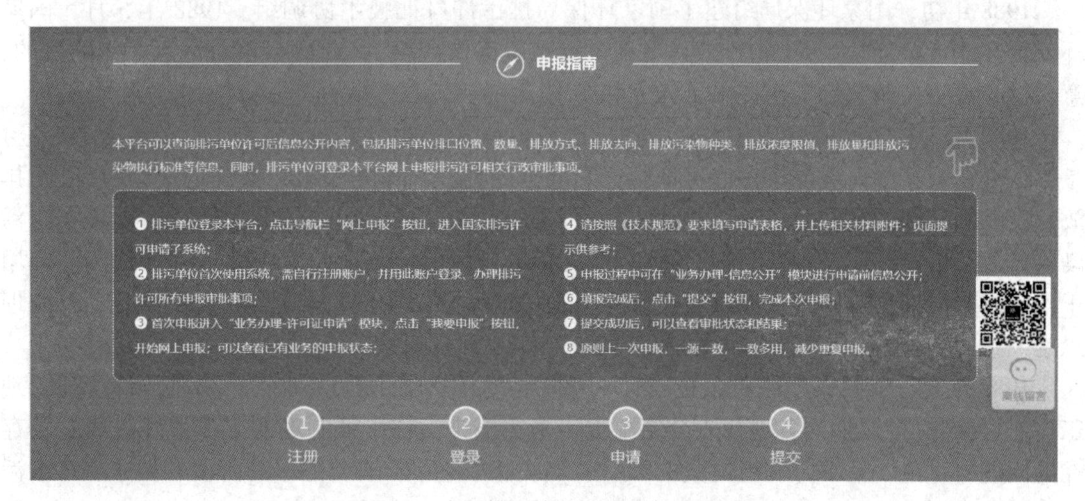

图6-5　全国排污许可证管理信息平台

二、产生与发展

（一）产生阶段（1972~1989年）

20世纪七八十年代，我国环境保护意识处于启蒙时期，在环境污染蔓延、环境保护制度初步建设阶段，排污许可制度的前身——排污申报和排污许可证制度产生，从20世纪80年代后期开始，各地陆续试点实施排污许可制，取得初步成效。但总体看，排污许可制在推动企事业单位落实治污主体责任方面的作用发挥不突出，环保部门依证监管不到位。

1989年，第三次全国环境保护会议上提出了环境保护三大政策和八项管理制度，“排污申报登记和排污许可证制度”是八项管理制度之一，而这一制度正是排污许可制度的前身。然而，由于排污申报登记和排污许可证制度还处在探索过程中，1989年的《环境保护法》中并未对排污申报登记和排污许可证制度进行规定。

国家环境保护行政主管部门在长期的水环境管理中，认识到当前我国水环境存在的主要问题和环境管理中的弱点，决心将总量控制和排污许可证制度作为一项新的环境管理制度推向全国。

我国排污许可制最早萌芽于上海。1985年4月19日通过的《上海市黄浦江上游水源保护条例》最早明确规定“一切有废水排入上述水域的单位应在本条例生效后三个月内，向所在区、县环境保护部门提出污染物排放申请，由环境保护部门按照污染物排放总量控制的要求进行审核、批准，统一颁发《排污许可证》”。这是我国第一部明确提出使用“排污许可证”管理的地方法规，标志着我国排污许可制的产生。

1987年7月，国家环保局在烟台召开了“实行排污申报登记和排污许可证制度座谈会”，与会代表们讨论了《水污染物排放申报登记管理办法（草稿）》，提出不少修改意见。烟台会议是我国实施排污许可证制度进程中第一次重要会议，是一个新的起点。这次会议从思想上解决了“我国要不要实行许可证制度”和“能不能实行许可证制度”两个问题。会议明确提出：“总量控制可分为容量总量控制和目标总量控制两种做法”，对建立适合我国国情的排污许可证制度有开拓性的意义。

1988年初，国家环保局组建了国家环保局排污许可证技术协调组。1988年5月，国家环保局在北京召开“水污染物排放许可证试点城市工作会议”，此次会议对试点工作的目的、意义做了说明，对试点工作提出了任务和要求。

1988年3月22日发布的《水污染物排放许可证管理暂行办法》（〔88〕环水字第111号）是第一部在国家层面规范排污许可证管理的规范性文件。该办法第二条规定，“在污染物排放浓度控制管理的基础上，通过排污申报登记，发放水污染物《排放许可证》，逐步实施污染物排放总量控制”。对超出排污总量控制指标的排污单位，设计了《临时排放许可证》，用于限期削减污染物排放量。通过对比研究，发现这一办法中的许多理念与30年后今天的理念是一致的。

1988年8月，国家环保局在北戴河环境技术交流中心召开了“水污染物排放许可证管理工作研讨会”，会议期间各地代表介绍了近年来实施排污许可证制度的工作情况、经验及存在的问题，讨论了技术协调组提交的“水污染物排放许可证试点工作的阶段和要求”“《水污染物排放申报登记与排污许可证审批表》填报说明”等三个技术文件，并提出了修改意见。此次会议明确了实施许可证制度的四个阶段及每个阶段的任务和要求。

1989年初，作为我国排污许可证制度发源地的上海市，首先完成了总量控制和排污许可证制度的试点工作。随后，常州、徐州、金华、石河子、湘潭等试点城市也都通过了验收。1989 年 9 月，第二次全国水污染防治工作会议在河南安阳市召开，总量控制和排污许可证制度是会议的中心议题。

1989 年 7 月 12 日国务院批准了《中华人民共和国水污染防治法实施细则》(国家环境保护局令第 1 号)，第九条规定，“企业事业单位向水体排放污染物的，必须向所在地环境保护部门提交《排污申报登记表》。环境保护部门收到《排污申报登记表》后，经调查核实，对不超过国家和地方规定的污染物排放标准及国家规定的企业事业单位污染物排放总量指标的，发给排污许可证”，“对超过国家或者地方规定的污染物排放标准，或者超过国家规定的企业事业单位污染物排放总量指标的，应当限期治理，限期治理期间发给临时排污许可证”，“新建、改建、扩建的企业事业单位污染物排放总量指标，应当根据环境影响报告书确定”，“已建企业事业单位污染物排放总量指标，应当根据环境质量标准、当地污染物排放现状和经济、技术条件确定”，“排污许可证的管理办法由国务院环境保护部门另行制定”。这是排污申报与排污许可证制度首次写入部门规章。

1989 年，排污许可制首次涉足大气污染防治领域，国家环境保护局下发了《排放大气污染物许可证制度试点工作方案》，分两批组织 23 个环境保护重点城市及部分省辖市环保局开展试点工作。

在产生阶段，排污许可制度具有如下特点：一是我国排污许可制最早应用于水污染防治领域，然后延伸至大气污染防治领域；二是排污许可制最早仅与污染物排放总量控制制度相衔接，后来变为与污染物排放总量控制制度和环境影响评价制度都衔接；三是排污许可制与排污收费制挂钩；四是对超标和超总量的企业事业单位要求限期治理，发放临时排放许可证；五是由于这一时期我国尚未制定《行政许可法》，因此没有统一的行政许可规范。

(二) 发展阶段(1990~2012 年)

20 世纪 90 年代到 21 世纪的前十几年，环境污染加剧，是从规模治理阶段到环保综合治理阶段，排污许可制度在这一阶段不断探索和发展。

自 1990 年起，许多地市陆续制定了专门的排放水污染物许可证的管理办法。例如，沈阳市人民政府 1990 年制定的《沈阳市排放水污染物许可证管理暂行办法》、济南市人民政府 1990 年制定的《济南市排放水污染物许可证管理办法》、合肥市人民政府 1990 年制定的《合肥市实施排放水污染物许可证管理暂行办法》、厦门市人民政府 1991 年制定的《厦门市水污染物排放许可证管理实施办法》、淄博市人民政府 1991 年制定的《淄博市水污染物排放许可证管理暂行办法》、淮南市人民政府 1992 年制定的《淮南市水污染物排放许可证管理办法》、齐齐哈尔市人民政府 1992 年制定的《齐齐哈尔市排放水污染物许可证管理办法》、贵阳市人民政府 1994 年制定的《贵阳市大气污染物排放许可证管理暂行办法》以及东莞市人民政府 1996 年制定的《东莞市水污染物排放许可证管理办法》等。

1996 年，《水污染防治法》中首次规定了排污申报登记制，这是排污许可制的前身第一次写入法律。2000 年发布的《水污染防治法实施细则》将发放排污许可证的条件从标准和总量都符合要求改为“不超过排放总量控制指标”。1999 年修订的《海洋环境保护法》要求排放陆源污染物的单位必须申报。2000 年修订的《大气污染防治法》规定“按照核定的主要大气污染物排放总量核发主要大气污染物排放许可证”。2001 年国家环境保护总局发布《淮河和太湖流域排放重点水污染物许可证管理办法(试行)》，这是国家制定的第一部重点流域许可证专项规章。2003 年，《行政许可法》出台，确立了行政许可制度。自此，排污许可制度作为一项行政许可，必须符合《行政许可法》的规定。2004年国家环境保护总局对唐山市、沈阳市、杭州市、武汉市、深圳市、银川市发出《关于开展排污许可证试点工作的通知》，开展综合排污许可证试点，开始综合许可的探索。2008年《水污染防治法》规定"国家试行排污许可制度"，由此开始，排污申报和排放许可证制度改为排污许可制度。

在发展阶段，排污许可制度具有如下特点：一是在法律依据上，国家法律逐步写入排污申报制和排污许可制，水污染物、陆源污染物向海排放和大气污染物的排放许可先后得到了国家法律和行政法规的确认和规定，试点地方也开展了排污许可立法工作；二是在推行范围上，在地方开展了一系列试点，尚未在全国范围推行；三是在许可种类上，从针对水或大气污染的单一许可开始转变为探索综合许可；四是在许可对象上，仍然只针对重点污染源，许可事项只包含重点污染物排放。

在发展阶段的20多年中，排污许可制度发展缓慢，1989年《水污染防治法实施细则》规定的"排污许可证的管理办法由国务院环境保护部门另行制定"始终没有落实。2008年，国家环保总局发布了《关于征求<排污许可证管理条例>(征求意见稿)意见的函》，至今已经12年时间，可见《排污许可管理条例》制定过程的曲折与漫长。

(三)改革阶段(2013~2020年)

党的十八大以后，生态文明建设被纳入"五位一体"总体布局，提高到前所未有的高度。环境管理的目标从以管控污染物总量为主，向以改善环境质量为主转变。

作为生态文明建设的一项关键制度，排污许可制度受到前所未有的重视，大量的中央和国家文件开始提出完善排污许可制度的要求，排污许可制逐步成为固定污染源的核心环境管理制度。2013年，党的十八届三中全会要求加快建立系统完整的生态文明制度体系，《中共中央关于全面深化改革若干重大问题的决定》明确规定"完善污染物排放许可制"。2015年，《中共中央国务院关于加快推进生态文明建设的意见》在"完善生态环境监管制度"一节中规定，"建立严格监管所有污染物排放的环境保护管理制度。完善污染物排放许可证制度，禁止无证排污和超标准、超总量排污"。2015年，《生态文明体制改革总体方案》单独设立"完善污染物排放许可制"一节，规定"尽快在全国范围建立统一公平、覆盖所有固定污染源的企业排放许可制，依法核发排污许可证，排污者必须持证排污，禁止无证排污或不按许可证规定排污"。2016年，《国民经济和社会发展第十三个五年规划纲要》提出"推进多污染物综合防治和统一监管，建立覆盖所有固定污染源的企业排放许可制，实行排污许可'一证式'管理"。2018年《中共中央国务院关于全面加强生态环境保护坚决打好污染防治攻坚战的意见》提出，"加快推行排污许可制度，对固定污染源实施全过程管理和多污染物协同控制，按行业、地区、时限核发排污许可证，全面落实企业治污责任，强化证后监管和处罚""2020年，将排污许可证制度建设成为固定源环境管理核心制度，实现'一证式'管理"。2019年，《中共中央关于坚持和完善中国特色社会主义制度、推进国家治理体系和治理能力现代化的若干重大问题的决定》规定，"构建以排污许可制为核心的固定污染源监管制度体系"，再次确认了排污许可制的核心地位，并要求建立监管制度体系。

党的十八大后，排污许可管理制度法治化成为排污许可制度改革的重要内容，逐步形成了排污许可管理法律体系。2014年修订的《环境保护法》第45条规定，"国家依照法律规定实行排污许可管理制度。实行排污许可管理的企业事业单位和其他生产经营者应当按照排污许可证的要求排放污染物；未取得排污许可证的，不得排放污染物"，并规定对"违反法律规定，未取得排污许可证排放污染物，被责令停止排污，拒不执行的"但尚不构成犯罪的，处以拘留。这是我国第一次在《环境保护法》中确立排污许可管理制度。2015 年修订的《大气污染防治法》第 19 条规定了大气污染领域应当取得排污许可证的范围，并明确规定“排污许可的具体办法和实施步骤由国务院规定”，这也是《排污许可管理条例》的直接立法依据，此外还明确了对“未依法取得排污许可证排放大气污染物的”采取按日连续处罚；2017 年修订的《水污染防治法》不仅规定了水污染领域应当取得排污许可证的范围和处罚，还规定了对“实行排污许可管理的企业事业单位和其他生产经营者”的监测要求以及主体责任。

2016 年 11 月，国务院办公厅印发的《控制污染物排放许可制实施方案》是对完善控制污染物排放许可制度、实施企事业单位排污许可证管理的总体部署和系统安排，推动了排污许可管理制度改革，为《排污许可管理条例》的制定指明了方向。2016 年 12 月，环境保护部颁布的《关于印发<排污许可证管理暂行规定>的通知》(环水体〔2016〕186 号)规定了排污许可证的核发与实施。2017 年 6 月，环境保护部通过了《固定污染源排污许可分类管理名录(2017 年版)》，为有序发放排污许可证明确了发放范围与时限。2017 年 11 月，环境保护部通过了《排污许可管理办法(试行)》，这一办法是根据中央文件和法律要求，在《排污许可证管理暂行规定》的基础上对排污许可管理制度进行完善，对完成《控制污染物排放许可制实施方案》提出的“到 2020 年，完成覆盖所有固定污染源的排污许可证核发工作”起到有力地推进作用。2017 年，全国完成火电、造纸、钢铁、水泥、石化等重点管理的 15 个行业企业，共计 2 万余张排污许可证核发；管控主要大气污染物排放口 3. 54 万个，管控废水主要排放口 1. 80 万个，有效地推动了我国重点工业行业污染物减排任务落实(图 6-6)。

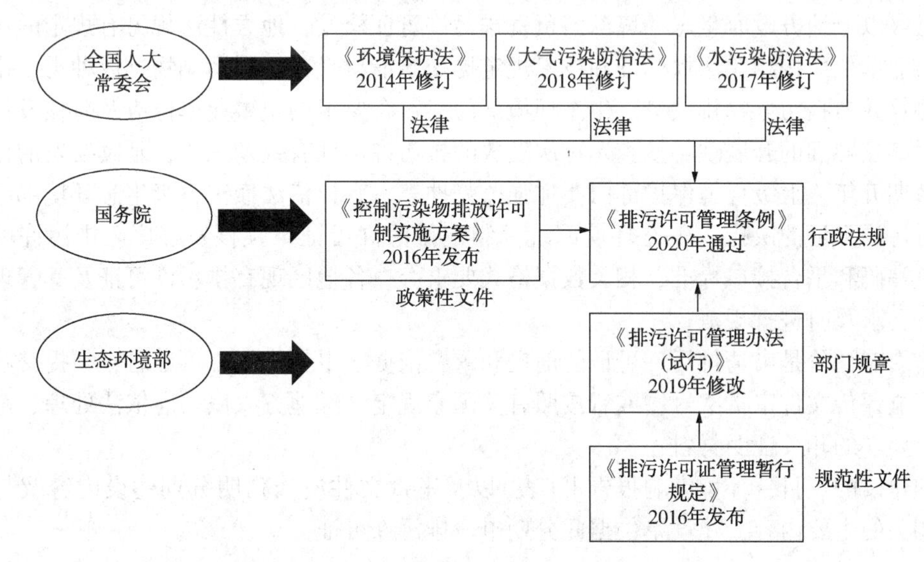

图 6-6 排污许可制度法律体系图

2019 年 12 月，生态环境部审议通过了《固定污染源排污许可分类管理名录(2019 版)》，相较于 2017 版，有两大变化：一是扩大了管理范围，增加了登记管理类；二是删除了行业发放时限要求。

在改革阶段，排污许可制度具有如下特点：一是在法律依据方面，国家多部法律确立了排污许可管理制度的法律地位，中共中央和国务院的文件确立了排污许可制作为固定污染源管理核心制度的地位，并要求建立排污许可管理制度体系；二是在推行范围上，在全国范围统一推行，地方开展的排污许可证工作要根据国家发证的时间安排，逐步变更为按照国家规定统一发放排污许可证；三是在许可种类上，确定为主要针对排放水和大气污染物的综合许可；四是在许可对象上，由只针对重点污染源扩展为重点管理的排污单位和简化管理的排污单位，按行业分步推进；五是在制度衔接上，不仅衔接了污染物排放总量控制制度和环境影响评价制度，还衔接了环境监测、环境执法等制度；六是在监管要求上，严格规定无证不得排污。

三、生态环境行政主管部门与企事业单位的责任

（一）生态环境行政主管部门的责任

1. 制定排污许可管理名录

生态环境部依法制定并公布排污许可分类管理名录，确定实行排污许可管理的行业类别。对不同行业或同一行业内的不同类型企事业单位，按照污染物产生量、排放量以及环境危害程度等因素进行分类管理，对环境影响较小、环境危害程度较低的行业或企事业单位，简化排污许可内容和相应的自行监测、台账管理等要求。

《建设项目环境影响评价分类管理名录》与《固定污染源排污许可分类管理名录》衔接，按照建设项目对环境的影响程度、污染物产生量和排放量，实行统一分类管理。

可能造成重大环境影响、应当编制环境影响报告书的，原则上实行排污许可重点管理；可能造成轻度环境影响、应当编制环境影响报告表的，原则上实行排污许可简化管理。

2. 规范排污许可证核发

由县级以上地方政府生态环境部门负责排污许可证核发，地方性法规另有规定的从其规定。企事业单位应按相关法规标准和技术规定提交申请材料，申报污染物排放种类、排放浓度等，测算并申报污染物排放量。生态环境部门对符合要求的企事业单位应及时核发排污许可证，对存在疑问的开展现场核查。首次发放的排污许可证有效期三年，延续换发的排污许可证有效期五年。上级环境保护部门要加强监督抽查，有权依法撤销下级生态环境部门做出的核发排污许可证的决定。生态环境部统一制定排污许可证申领核发程序、排污许可证样式、信息编码和平台接口标准、相关数据格式要求等。各地区现有排污许可证及其管理要按国家统一要求及时进行规范。

环境影响评价是申请排污许可证的前提和重要依据。申领排污许可证时，须提交建设项目环境影响评价文件审批文号，或者按照有关国家规定，经地方人民政府依法处理、整顿规范并符合要求的相关证明材料。

分期建设的项目，环境影响报告书（表）以及审批文件应当列明分期建设内容及与污染物排放相关的主要内容，建设单位据此分期申请排污许可证。

3. 合理确定许可内容

排污许可证中明确许可排放的污染物种类、浓度、排放量、排放去向等事项，载明污染治理设施、环境管理要求等相关内容。根据污染物排放标准、总量控制指标、环境影响评价文件及批复要求等，依法合理确定许可排放的污染物种类、浓度及排放量。按照《国务院办公厅关于加强环境监管执法的通知》（国办发〔2014〕56 号）要求，经地方政府依法处理、整顿规范并符合要求的项目，纳入排污许可管理范围。地方政府制定的环境质量限期达标规划、重污染天气应对措施中对企事业单位有更加严格的排放控制要求的，应当在排污许可证中予以明确。

环保部门结合排污许可证申请与核发技术规范，对建设项目环境影响报告书（表）进行

审查。严格核定排放口数量、位置以及每个排放口的污染物种类、允许排放浓度和允许排放量、排放方式、排放去向、自行监测计划等与污染物排放相关的主要内容。

2015 年 1 月 1 日及以后取得建设项目环境影响评价审批意见的排污单位，环境影响评价文件及审批意见中与污染物排放相关的主要内容，应当纳入排污许可证。排污许可证核发部门按照污染物排放标准、总量控制要求、环境影响报告书(表)以及审批文件，从严确定其许可排放量。

4. 分步实现排污许可全覆盖

排污许可证管理内容主要包括大气污染物、水污染物，并依法逐步纳入其他污染物。按行业分步实现对固定污染源的全覆盖，率先对火电、造纸行业企业核发排污许可证，2017 年完成《大气污染防治行动计划》和《水污染防治行动计划》重点行业及产能过剩行业企业排污许可证核发，2020 年全国基本完成了排污许可证核发。

5. 依证严格开展监管执法

依证监管是排污许可制实施的关键，重点检查许可事项和管理要求的落实情况，通过执法监测、核查台账等手段，核实排放数据和报告的真实性，判定是否达标排放，核定排放量。企事业单位在线监测数据可以作为环境保护部门监管执法的依据。按照“谁核发、谁监管”的原则定期开展监管执法，首次核发排污许可证后，应及时开展检查；对有违规记录的，应提高检查频次；对污染严重的产能过剩行业企业加大执法频次与处罚力度，推动去产能工作。现场检查的时间、内容、结果以及处罚决定应记入排污许可证管理信息平台。

排污许可证执行情况是环境影响后评价的重要依据。排污许可证执行报告、台账记录以及自行监测执行情况等，将作为开展建设项目环境影响后评价的重要依据。

无证排污或不按证排污的，建设单位不得出具项目验收合格的意见。

改扩建项目的环境影响评价，排污许可证执行情况将作为现有工程回顾评价的主要依据，在申请环境影响报告书(表)时，须提交相关排污许可证执行报告。

6. 严厉查处违法排污行为

根据违法情节轻重，依法采取按日连续处罚、限制生产、停产整治、停业、关闭等措施，严厉处罚无证和不按证排污行为，对构成犯罪的，依法追究刑事责任。环境保护部门检查发现实际情况与环境管理台账、排污许可证执行报告等不一致的，可以责令做出说明，对未能说明且无法提供自行监测原始记录的，依法予以处罚。

7. 提高管理信息化水平

2017 年建成全国排污许可证管理信息平台，将排污许可证申领、核发、监管执法等工作流程及信息纳入平台，各地现有的排污许可证管理信息平台逐步接入。在统一社会信用代码基础上适当扩充，制定全国统一的排污许可证编码。通过排污许可证管理信息平台统一收集、存储、管理排污许可证信息，实现各级联网、数据集成、信息共享。形成的实际排放数据作为生态环境部门排污收费、环境统计、污染源排放清单等各项固定污染源环境管理的数据来源。

8. 加大信息公开力度

在全国排污许可证管理信息平台上及时公开企事业单位自行监测数据和生态环境部门监管执法信息，公布不按证排污的企事业单位名单，纳入企业环境行为信用评价，并通过企业信用信息公示系统进行公示。与环保举报平台共享污染源信息，鼓励公众举报无证和不按证排污行为。依法推进环境公益诉讼，加强社会监督。

（二）企事业单位环境保护责任

1. 落实按证排污责任

纳入排污许可管理的所有企事业单位必须按期持证排污、按证排污，不得无证排污。企事业单位应及时申领排污许可证，对申请材料的真实性、准确性和完整性承担法律责任，承诺按照排污许可证的规定排污并严格执行；落实污染物排放控制措施和其他各项环境管理要求，确保污染物排放种类、浓度和排放量等达到许可要求；明确单位负责人和相关人员环境保护责任，不断提高污染治理和环境管理水平，自觉接受监督检查。

2. 实行自行监测和定期报告

企事业单位应依法开展自行监测，安装或使用监测设备应符合国家有关环境监测、计量认证规定和技术规范，保障数据合法有效，保证设备正常运行，妥善保存原始记录，建立准确完整的环境管理台账，安装在线监测设备的应与环境保护部门联网。企事业单位应如实向环境保护部门报告排污许可证执行情况，依法向社会公开污染物排放数据并对数据真实性负责。排放情况与排污许可证要求不符的，应及时向环境保护部门报告。

四、《排污许可管理条例》的作用

排污许可制在我国历经了30年的探索，按照中共中央和国务院的部署，根据有关法律要求，制定《排污许可管理条例》是一项十分急迫的任务，这将是我国第一部专门规定排污许可管理的行政法规。在当前生态环境保护形势下，这部行政法规对打好打赢污染防治攻坚战具有重要推进作用，主要需要完成以下目标和要求：

一是构建以排污许可制为核心的固定污染源监管制度体系，明确排污许可制与其他环境管理制度的关系。根据生态环境保护工作的需要，我国已经建立了一系列环境管理制度。《排污许可管理条例》最重要的任务就是要将排污许可制度打造为固定污染源管理的核心制度，并构建以排污许可制为核心的固定污染源监督管理制度体系。这就要求排污许可制除了发挥核心作用以外，还要与有关环境管理制度互相衔接。制度体系的总体设计应当为：环境影响评价、污染物排放总量控制制度、排放标准、环境监测和可行技术等制度作为发放排污许可证的前提条件；监督监测和环境执法制度应当依据排污许可证记载的标准、总量和环境管理要求，对排污单位进行监督和管理；环境统计和污染源排放清单制度以排污单位或排污许可证的执行报告有关数据为依据进行统计或制定清单；而信息公开制度则应当贯穿排污许可证发放前、中、后的全过程。上述固定污染源的环境管理制度将以排污许可制为核心，形成一套完整的制度体系（见图6–7）。

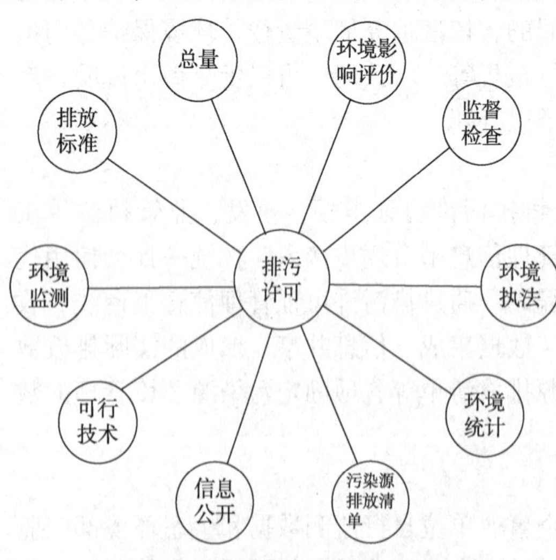

图6–7　以排污许可为核心的固定污染源环境管理制度体系图

二是完成覆盖所有固定污染源的排污许可证核发任务。从国际经验来看，无论是欧盟还是美国，排污许可制都是针对污染影响达到一定程度的部分行业的污染项目进行的，欧盟二十几个国家实施了排污许可制几十年，也只发放了5万~6万张工业排放许可证。也就是说，排污许可制度在其他国家尚未有覆盖所有固定污染源的经验。覆盖所有固定污染源就意味着要将排污许可制的管理范围扩大到全部排污单位，对于我国这样大体量、工业也比较发达的国家来说，这项任务十分艰巨，要在2020年完成更是难上加难。要推进这项任务的完成，《排污许可管理条例》不仅采取分级管理制，还采取逐步推进的方式，一方面对排污单位实施重点管理和简化管理，另一方面对污染物产生量、排放量和对环境的影响程度都很小的企业事业单位和其他生产经营者，采取填报排污登记表的方式，不需要申请取得排污许可证。这也就是说，我国排污许可制是排污许可证加排污登记制，根据生态环境质量要求和治理进展情况，不断调整需要申领排污许可证排污单位的范围，不用申领排污许可证的企事业单位和其他生产经营者通过登记程序纳入排污管理范围，实现固定污染源全覆盖。

三是强化排污单位主体责任，加强排污许可制度的监管与执法，厘清法律责任。对于当前政府承担过多监管责任的“保姆式”环境监管问题，《排污许可管理条例》强化排污单位的主体责任，应当由排污单位承担起相应的排污管理责任，应当专章规定规范化污染物排放口的要求，污染排放的监测、记录、报告以及信息公开的责任；对于《排污许可管理办法(试行)》中缺乏监督执法规定的问题，《排污许可管理条例》专章对监督检查和执法进行了规定；对于《排污许可管理办法(试行)》法律责任条款规定太少的问题，《排污许可管理条例》对所有违反排污许可有关规定的情形一一对应设置罚则，厘清法律责任，规定过罚相当的处罚。

第七节　限期治理制度

一、概念

限期治理制度是指对污染严重的项目、行业和区域，由有关国家机关依法限定在一定期限内完成治理任务并达到治理目标的规定的总称。限期治理包括污染严重的排放源(设施、单位)的限期治理、行业性污染的限期治理和污染严重的区域的限期治理。

这一制度包含下述几层意思：

(1) 限期治理不是随便哪污染严重就对哪限制，而是要经过科学的调查评价，明确污染源、污染物的性质、排放地点、排放状况、迁移转化规律、对周围环境的影响等各种因素，并要在总体规划指导下进行；

(2) 限期治理必须突出重点，分期分批解决污染危害严重、群众反映强烈的污染源与污染区域；

(3) 限期治理要具有四大要素：即限定时间、治理内容、限期对象和治理效果，四者缺一不可。

二、产生与发展

“限期治理”的观念在1973年第一次全国环境保护工作会议上提出，在这次会议上，《关于全国环境保护会议情况的报告》提出了“对污染严重的城镇、工矿企业、江河湖泊和海湾，要一个一个地提出具体措施，限期治好”的要求，从此，“限期治理”的口号，在环境保护工作中产生了极为深刻的影响。

限期治理由观念上升为环境保护法律制度，是在此后1978年中央转批的《环境保护工作汇报要点》和1979年的《中华人民共和国环境保护法（试行）》中。《中华人民共和国环境保护法（试行）》第十七条规定："在城镇生活居住区、水源保护区、名胜古迹、风景游览区、温泉、疗养区和自然保护区，不准建立污染环境的企业、事业单位。已建成的，要限期治理、调整或者搬迁。"

限期治理制度确立于1989年修改后的《环境保护法》，在其后的《中华人民共和国噪声污染防治法》《中华人民共和国海洋环境保护法》《中华人民共和国水污染防治法》《中华人民共和国固体废物污染环境防治法》等环保单行法中得以继承。

2014年修订的《环境保护法》和2015年修订的《大气污染防治法》对超标超总量的违法行为规定的处理措施是限制生产和停产整治。环境保护部已于2014年12月出台《环境保护主管部门实施限制生产、停产整治办法》（部令第30号）中细化了对超标超总量的违法行为实施限制生产、停产整治的规定。

三、主要内容

（一）限期治理的对象和范围

1. 限期治理的对象

目前法律规定的限期治理对象主要有两类：

（1）位于特别保护区域内的超标排污的污染源。在国务院、国务院有关主管部门和省、自治区、直辖市人民政府划定的特别保护区域内建设工业生产设施；建设其他设施，其污染物排放不得超过规定的排放标准；已经建成的设施，其污染物排放超过规定的排放标准的，要限期治理，目的在于确保特别区域的环境质量。

（2）造成严重污染的污染源。对这一类污染源的限期治理，并不是超标排污就限期治理，而是造成了严重污染才限期治理。究竟何为"严重污染"，目前法律法规中无具体明确的规定；实践中通常是根据污染物的排放是否对人体健康有严重影响和危害、是否严重扰民、经济效益是否远小于环境危害所造成的损失、是否属于有条件治理而不治理等情况来考虑是否属于严重污染。

另外，按照《淮河流域水污染防治暂行条例》的规定，向淮河流域水体排污的单位超过排污总量控制指标排污的，由县级以上人民政府责令限期治理；淮河流域重点排污单位超标排放水污染物的，也要由有关人民政府责令限期治理。这种限期治理类似于特别保护区域内污染源的治理，只要超标排污（包括总量超标和浓度超标），就可限期治理。

2. 限期治理的范围

最先实行限期治理的是污染点源的限期治理，近年来发展到对行业的限期治理和区域环境的限期治理。污染限期治理的类型见表6-4。

表6-4　污染限期治理类型

污染限期治理类型	治理对象	实　例
区域限期治理	对污染严重的区域或流域	淮河流域限期达标排放 太湖流域限期达标排放
行业限期治理	对行业性污染	造纸行业、化工行业限期治理
点源限期治理	对污染排放源	

（1）区域性限期治理，是指对污染严重的某一区域，某个流域的限期治理。这是一项综合性很强的工作，既要进行点源治理又要调整工业布局、进行技术改造、市政建设等。

（2）行业限期治理，是指对某个行业性污染物的限期治理。如对造纸行业制浆黑液污染的限期治理；汽车尾气的机内净化的限期治理。

（3）污染源限期治理，是指对污染严重的排放源进行限期治理，如某个企业、某个污染源的限期治理。

（二）限期治理的决定权

限期治理的决定权在有关的人民政府。按照法律规定，市、县或者市、县以下人民政府管辖的企业事业单位的限期治理，由市、县人民政府决定；中央或者省、自治区、直辖市人民政府直接管辖的企业事业单位的限期治理，由省、自治区、直辖市人民政府决定。

对于淮河流域重点排污单位的限期治理，除了按上述一般的权限决定外，限期治理的重点排污单位名单，要由国务院环境保护行政主管部门商四省人民政府拟订，经淮河流域水资源保护领导小组审核同意后公布。

（三）限期治理的目标和期限

限期治理的目标，就是限期治理要达到的结果。一般情况下是浓度目标，即通过限期治理使污染源排放达到一定的排放标准。但是，对于实行总量控制的地区，除浓度目标外，还有总量目标，也就是要求污染源排放的污染物总量不超过其总量指标。

法律对限期治理的期限无具体规定，而且也无法由法律统一规定。它只能由决定限期治理的机关根据污染源的具体情况、治理的难度、治理能力等因素来合理确定。这种期限，既不可过长，又要考虑可行性，但最长期限不得超过三年。

四、违反限期治理制度的法律后果

对经限期治理逾期未完成治理任务的，除依照国家规定加收超标排污费外，还可以根据所造成的危害后果处以罚款，或者责令停业、关闭。

《海洋环境保护法》《水污染防治法》《大气污染防治法》《固体废物污染环境防治法》《环境噪声污染防治法》中都有类似的规定。

对向淮河流域水体排污的单位，经限期治理逾期未完成治理任务的，首先要求其集中资金尽快完成治理任务，在完成治理任务前，不得建设扩大生产规模的项目；其次由县级以上地方人民政府环境保护行政主管部门责令限量排污，可以处10万元以下的罚款；情节严重的，由有关县级以上人民政府责令关闭或者停业。

五、作用

1. 抓住了污染重点，因而具有显著的环境效益

限期治理一般是对污染重点源限定在一定期限内进行治理，而这些污染重点源排放的污染物的数量和种类在全国排放总量中占有相当大的比例。把这些污染大户作为重点实行限期治理，可以有效地控制污染源。

2. 可以推动有关行业治理污染和改善区域环境质量

限期治理不仅是对重点污染项目，同时还包括行业和区域环境的限期治理。这样，就可以把行业管理和区域管理有机结合起来，选择布局不合理、污染严重、危害大、群众反映强烈的项目，分期分批地进行限期治理。

3. 在给企业压力的同时，也给企业一定时间和自由度

限期治理要求企业在规定的期限内，选择最经济有效的治理措施。

第八节　污染集中控制制度

一、概念

污染集中控制制度指在特定区域、特定污染状况条件下，对某些同类污染运用政策的、管理的、工程技术等手段，采取综合的、适度规模的控制措施，以达到污染控制效果最好，环境、经济、社会效益最佳的环境管理制度。

二、产生原因

在过去的很长一段时间内，我国在污染源的治理上，采取的是分散治理，虽然花了很大的财力、物力，但是不能有效地控制污染。原因大致有二点：一是对污染的控制和环境管理的认识不够；二是对环境工程的费用——效益分析不够。经过多年的实践，考虑到我国的国情和制度优势，污染控制走集中与分散相结合，以集中控制为主的发展方向是一项行之有效的污染治理政策。

污染集中控制制度是从我国环境管理实践中总结出来的。多年的实践证明，我国的污染治理必须以改善环境质量为目的，以提高经济效益为原则。就是说，治理污染的根本目的不是去追求单个污染源的处理率和达标率，而应当是谋求整个环境质量的改善，同时讲求经济效率，以尽可能小的投入获取尽可能大的效益。但是以往的污染治理常常过分强调单个污染源的治理，追求其处理率和达标率，实际上是“头痛医头”“脚痛医脚”，零打碎敲，尽管花了不少钱，费了不少劲，搞了不少污染治理设施，可是区域总的环境质量并没有大的改善，环境污染并没有得到有效控制。

于是，与单个点源的分散治理相比，污染物集中控制在环境管理实践中出现和发展起来。污染集中控制是在一个特定的范围内，为保护环境所建立的集中治理设施和采用的管理措施，是强化环境管理的一种重要手段。污染集中控制应以改善流域、区域等控制单元的环境质量为目的，依据污染防治规划，按照废水、废气、固体废物等的性质、种类和所处的地理位置，以集中治理为主，用尽可能小的投入获取尽可能大的环境、经济、社会效益。

三、分散与集中的关系

（1）分散治理应与集中控制相结合。如不从实际出发，一律要求以厂内防治为主，各厂分散治理达到排放标准，那就可能造成浪费和达不到改善区域环境质量的目的。例如，某厂为了使酚达标排放，采用了二级处理。原来，含酚约 100mg/L 的废水，由于在一级处理中采用加压气浮，效果较好，废水含酚量降至 10mg/L，再用生物处理法进行二级处理，经济上就不合算了。有时甚至出现因废水含酚量低，生物处理难于运转的现象。所以，不能一律要求各厂分散处理达到排放标准，而应该统一规划，进行全面的经济效益分析，各厂处理达到一定的要求，然后集中进行处理。

（2）集中治理要以分散治理为基础。制定区域污染综合防治规划的过程中，根据区域环

境特征和功能确定环境目标，计算主要污染物应控制的总量，统一规划，集中处理与各厂分散处理的分担量，然后把指标分配到各个污染源。各厂分散防治如果达不到要求，完不成分担的任务，集中处理便难以正常运行，所以集中处理不能代替分散处理，而应以分散处理为基础。另一方面集中与分散相结合，合理分担，又能使各厂的分散防治经济合理，把环境效益与经济效益统一起来。

实行集中控制并不意味着企业防治污染的责任减轻了。因为，第一，污染集中处理的资金仍然按照“谁污染谁治理”的原则，主要由排污单位和受益单位承担，以及在城市建设费用中解决；第二，对于一些危害严重，不易集中治理的污染源，还要进行分散治理；第三，少数大型企业或远离城镇的个别企业，还应以单独点源治理为主。

四、基本做法

（1）实行污染集中控制制度，必须以规划为先导。污染集中控制是与城市建设密切相关的，如完善排水管网，建立城市污水处理厂，发展城市绿化等。同时，城市污染集中控制是一项复杂的系统工程。因此，集中控制污染必须与城市建设同步规划、同步实施、同步发展。

（2）集中控制城市污染，要划分不同的功能区域，突出重点，分别整治。因为各区域内的污染物的性质、种类和环境功能不同，其主要的环境问题也就不一样。所以，需要进行功能区划分，以便对不同的环境问题采取不同的处理方法。

（3）实行污染集中控制，必须由地方政府牵头，政府领导人挂帅，协调各部门，分工负责。因为污染集中控制不仅涉及企业，还涉及政府各部门和社会各方面，单靠政府哪一部门是难以完成的，就需要政府出面，组织协调各方面的关系，分头负责实施。

（4）实行污染集中控制必须与分散治理相结合。因为对于一些危害严重、排放重金属和难以生物降解的有害物质的污染源，对于少数大型企业或远离城镇的个别污染源，就要进行单独、分散治理。

（5）实行污染集中控制必须疏通多种资金渠道。污染集中治理比起分散治理来，在总体上可以节省资金，但一次性投资却要大。所以要多方筹集资金，要由排污单位和受益单位出资，利用环境保护贷款基金、企业建设项目环境保护资金、银行贷款、地方财政补助，依靠国家能源政策、城市改造政策、企业改造政策等来筹集。

五、污染集中控制模式

近年来，各地结合本地实际情况，创造了不同形式的集中控制模式。这些模式在废水、废气、固体废物、噪声的集中控制方面各有特点，具体集中控制模式见表6–5。

表6–5　污染集中控制模式

污染源	种类	集中控制模式
废水	4	以大企业为骨干，实现企业联合集中处理
		同类工厂互相联合对废水进行集中控制
		对含有特殊污染物的废水实行集中控制
		工厂对废水预处理后送到城市综合污水处理厂进行集中处理

续表

污染源	种类	集中控制模式
废气	7	城市民用燃料向气体化方向发展
		回收企业放空的可燃性气体
		实现集中供热，取代分散供热的锅炉
		改变供暖制度，将间歇供暖改为连续供暖
		合理分配煤炭，把低硫、低挥发分的煤优先供给居民使用，积极推广和发展民用型煤
		加速“烟尘控制区”建设，对烟尘加强管理和治理
		扩大绿化覆盖率，防止二次扬尘
固废	6	回收利用有用物质
		将废物转变成其他有用物质
		将废物转变成能源
		建设生物工程处理场，处理生活垃圾
		建设集中废物处理场
		建设固体废物处理场
噪声	1	建立环境噪声达标区

总之，实行污染集中控制措施必须在经济合理的范围内，对同类污染采取有针对性的、行之有效的集中控制手段和措施，集中控制手段是多元的，既有管理手段，又有工程技术手段，集中控制污染的目的在于改善环境质量的前提下，实现规模效益。

六、作用

污染集中控制制度是我国在总结国外环境管理经验和污染防治实践的基础上提出来的。这项制度的作用包括：

(1) 使我国由单一分散控制环境污染为主，发展到集中与分散控制相结合，并以集中控制作为发展方向；

(2) 是我国改善区域环境质量、提高环保投资效益为目的的重大环境管理思想和环境技术政策的战略转移；

(3) 有利于推动技术进步，提高资源、能源的利用率和废物资源化工作。它也是老三项制度与新五项制度相互衔接配套不可缺少的一项重要制度。

思考题

1. 什么是环境影响评价制度？其适用范围是什么？
2. 目前我国环境影响评价的类型有哪些？
3. 目前我国环境影响评价的形式有哪些？
4. 规划和项目环境影响评价的主要内容各是什么？
5. 简述环境影响评价的程序。
6. 违反环境影响评价制度的法律后果是什么？
7. 简述环境影响评价制度的作用。

8.“三同时”制度的概念是什么？
9.“三同时”制度的适用范围及其在不同建设阶段的要求有什么不同？
10. 什么是环境保护税？什么是应税污染物？
11. 环境保护税的征收对象有哪些？
12. 环境保护税的征收依据有哪些？
13. 什么是环境保护目标责任制度？目前环境保护目标责任制的类型有哪些？
14. 我国环境保护目标责任制的特点有哪些？其作用是什么？
15. 什么是城市环境综合整治定量考核制度？其考核对象和考核指标各是什么？
16. 什么是排污许可制？什么是排污单位？
17. 简述排污许可制度法律体系的构成。
18. 在排污许可制度内，环境保护主管部门与企事业单位的责任各有哪些？
19.《排污许可管理条例》的作用有哪些？
20. 什么是限期治理制度？限期治理的对象有哪些？
21. 限期治理包括哪些类型？
22. 推行污染集中控制制度的原因是什么？
23. 目前我国推行的污染集中控制模式有哪些？

第七章　工业企业环境管理

本章重点

本章要求熟悉工业企业环境管理的概念，工业企业环境管理与生产管理的关系，掌握工业企业环境管理的内容、工业企业环境管理机构设置及职责、工业企业污染源管理内容。

第一节　工业企业环境管理概述

工业污染是当今环境问题的一个重要组成部分，妥善地解决工业污染问题，可使自然资源和能源得到有效的利用，实现工业的文明生产、生态的良性循环，促进经济与环境的协调发展。在我国目前的基本条件下，要解决好工业污染问题首先是强化工业环境管理，这一方面是因为我国目前财力有限，不可能完全靠增加环境保护投资来治理污染；另一方面是因为我国目前大部分企业普遍存在着资源、能源利用率低、生产浪费严重的现象。随着我国环保法规的完善及执法力度的加大，环境污染问题将极大地影响着企业的生存与发展，因此环境管理应作为企业管理工作中的重要组成部分，加强企业的环境管理对实现经济与环境的协调持续发展具有重要意义。为将企业的建设和运营给环境带来的不利影响控制在最小限度，除工程本身配套的污染防治措施之外，企业的环境管理则是控制污染物排放和保证污染治理设施正常运转的有力措施，也是满足环境保护目标的基本保障。因此，企业应积极并主动地预防和治理污染，将环境管理工作纳入正常生产管理计划，提高全体员工的环境意识，避免因管理不善而可能产生的环境风险。企业在当地环保行政主管部门的指导下，根据当地环境功能所规定的质量要求，通过企业内部行之有效的管理，使各污染物尽可能降至最低限度，实现达标排放，总量控制。

一、工业企业环境管理的概念

工业企业环境管理是以管理工程和环境科学的理论为基础，运用技术、经济、法律、行政和教育手段，对损害环境质量的生产经营活动加以限制，协调发展生产与保护环境的关系，使生产目标与环境目标统一起来，经济效益与环境效益统一起来。

二、工业企业环境管理与生产管理关系

工业企业环境管理(以下简称环境管理)与工业企业生产管理(以下简称生产管理)既有联系，又有区别。生产管理是对企业的整个生产、技术、经济活动进行预测和决策、组织指挥，保证企业的生产任务圆满实现。而环境管理则是工业企业管理的一个有机组成部分。传统的工业企业管理指导思想忽视了生产经营活动与保护环境的辩证关系，其着眼点放在以最小生产费用求得经营的最大利润。事实上，生产管理和环境管理是同一生产过程的两个方面：生产产品的目的是满足社会日益增长的物质和文化需要，而保护和改善环境质量也是为了满足同一需要，二者的根本目标是一致的；只有二者紧密结合，在加强生产管理、发展生产的同时，又加强环境管理，才能充分发挥企业的管理职能。如果环境管理搞不好，资源、能源利用不合理，劳动者的生产环境质量差，生产管理显然也搞不好；反之，工业企业管理搞得好，抓好了企业生产管理、技术管理、财务管理、设备管理、物资管理，也必然会使资源得到充分利用，降低能耗，减少排污，从而起到保护和改善环境质量的作用，所以生产管理和环境管理是紧密联系、不可分割的。但是这二者也是有区别的，生产管理的目标是生产目标，环境管理目标则是环境目标；生产管理的对象是企业的生产、技术和经济活动，环境管理的对象则是损害环境质量的经营活动；生产管理的目的和任务是以最小的劳动消耗，完成生产计划，满足社会物质和文化的需要；环境管理则是以最小的劳动消耗，防治污染和生态破坏，创造清洁、适宜的生活和劳动环境。这种区别，反映了国家对企业的管理提出了更高要求，企业过去无偿地使用环境资源，甚至消耗资源来换取企业高利润的做法，再也不能继续下去了。生产管理与环境管理的关系见表 7-1。

表 7-1　工业企业生产管理与环境管理的关系

项目	工业企业生产管理	工业企业环境管理
目标	生产目标	环境目标
对象	企业的生产、技术和经济活动	损害环境质量的生产经营活动
目的、任务	以最小的劳动消耗，完成生产计划，满足人民的物质、文化生活需要	以最小的劳动消耗防治污染和生态破坏，创造清洁适宜的环境

三、工业企业环境管理的基本任务

环境管理的基本任务是，在当地环境保护规划和区域环境质量的要求下，通过控制污染物排放，实施科学管理，最大限度地减少污染物的排放，避免对环境的损害，促进企业减少原料、燃料、水资源的消耗，降低成本，提高科技和清洁生产水平，减轻或消除社会经济损失，从而实现企业的经济效益、社会效益和环境效益的“三统一”，如制定企业环境保护规划，协调发展生产与环境保护的关系；建立和执行企业环境管理制度；贯彻执行国家和地方的环境保护方针、政策及各项规定；建立和督促执行本企业的环境保护管理制度；进行环境监测，掌握企业污染状况，对环境质量进行监督，分析和整理监测数据，及时向有关领导及部门通报有关监测数据；对污染事故进行调查，提出处理意见；遵守国家和地区环境规范，包括遵守国家和地区环境保护的总体要求、环境污染排放标准等，实施清洁生产，充分利

用资源与能源，做好“三废”综合利用；组织开展环境保护技术研究，包括资源利用技术、污染物无害化、废弃物综合利用技术、清洁生产工艺等；搞好环境保护的宣传和教育工作。

四、工业企业环境管理的范围

工业企业环境管理的范围包括工业企业所管辖的生产区域和生活区域，以及企业排放的污染物危害到的附近区域。

五、工业企业环境管理的内容

工业企业环境管理内容包括宏观和微观两个层面（表7-2），其中工业企业宏观环境管理内容见图7-1。建设项目全过程环境管理制度框架体系和它们之间的关系见图7-2、图7-3。

表7-2 工业企业环境管理内容

序号	工业企业宏观环境管理内容	工业企业微观环境管理内容
1	遵守环境保护法律法规	建设项目管理
2	强化内部环境保护管理	排污许可管理
3	做好“总量控制”	环境保护税缴纳
4	开展清洁生产	污染防治管理
5	关注环保政策	环境应急及风险防控管理
6		环境信息公开管理

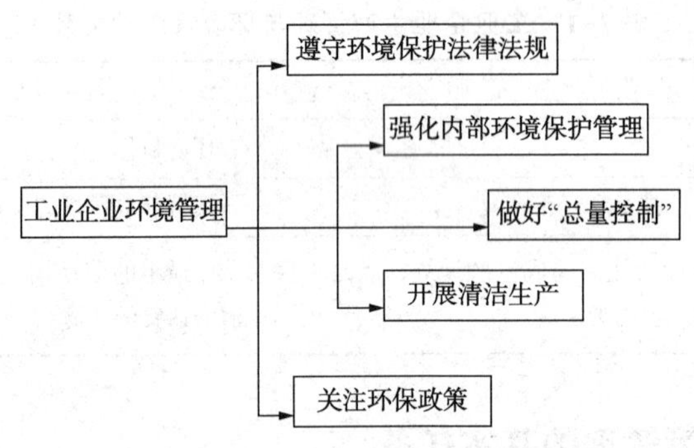

图7-1 工业企业宏观环境管理内容

（一）建设项目管理

1. 环境影响评价管理

企业应执行《中华人民共和国环境保护法》《中华人民共和国环境影响评价法》《建设项目环境保护管理条例》等相关规定，新、改、扩建及搬迁项目应执行建设项目环境影响评价管理制度，履行相关审批手续，并落实环境影响评价文件及批复要求中的相关环保措施。

（1）基本要求。新、改、扩建项目须进行环境影响评价，并经相关环保部门审批。严格按照环境影响评价及批复要求建设。

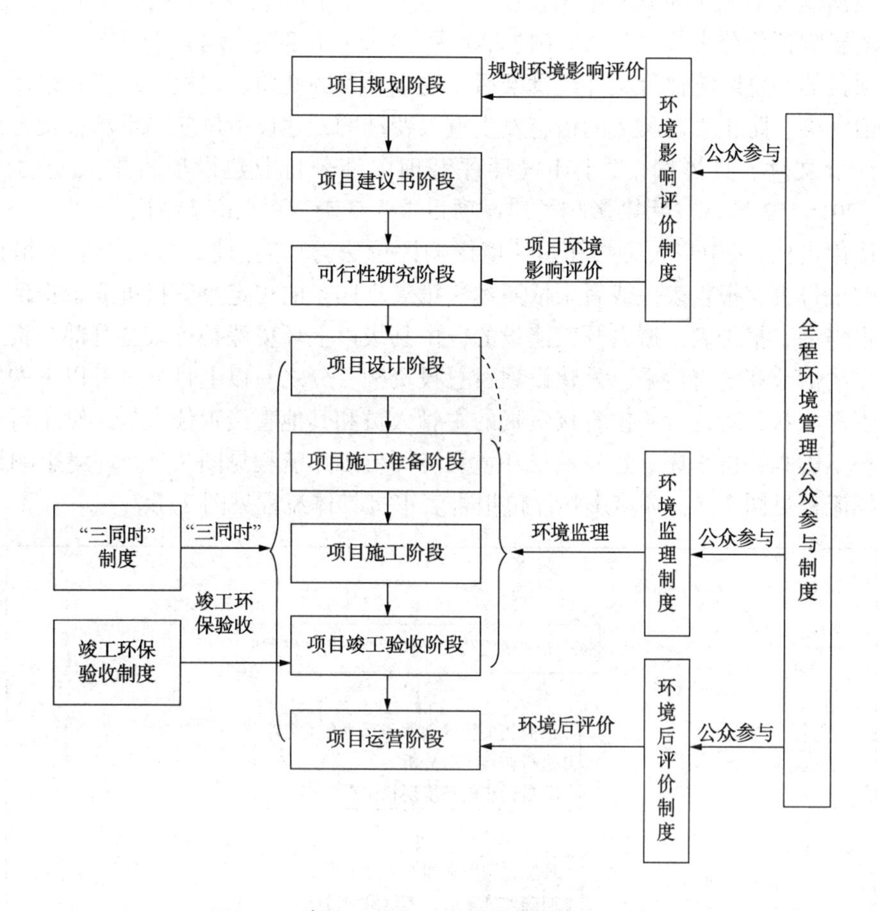

图 7-2　建设项目全程环境管理制度框架体系

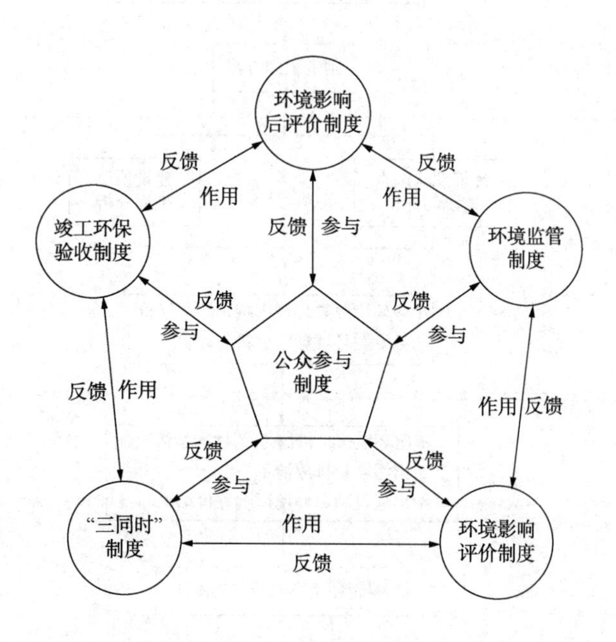

图 7-3　建设项目全过程环境管理制度之间的关系

国家根据建设项目对环境的影响程度，对建设项目的环境影响评价实行分类管理(《建设项目环境影响评价分类管理名录》2017 年 6 月 29 日环保部令第 44 号公布)。

建设项目的环境影响评价文件经批准后，建设项目的性质、规模、地点、采用的生产工艺或者防治污染、防止生态破坏的措施发生重大变动的，建设单位应当重新报批建设项目的环境影响评价文件。具体按《关于印发环评管理中部分行业建设项目重大变动清单的通知》(环办〔2015〕52 号)、《污染影响类建设项目重大变动清单(试行)》执行。

(2) 法律责任。《中华人民共和国环境影响评价法》规定：建设单位未依法报批建设项目环境影响报告书、报告表，或者未依照本法第二十四条的规定重新报批或者报请重新审核环境影响报告书、报告表，擅自开工建设的，由县级以上环境保护行政主管部门责令停止建设，根据违法情节和危害后果，处建设项目总投资额百分之一以上百分之五以下的罚款，并可以责令恢复原状；对建设单位直接负责的主管人员和其他直接责任人员，给予行政处分。

(3) 环境影响评价程序。建设项目环境影响评价工作流程见图 7-4。环境影响评价报告书审批具体流程见图 7-5，环境影响评价报告表审批具体流程见图 7-6。

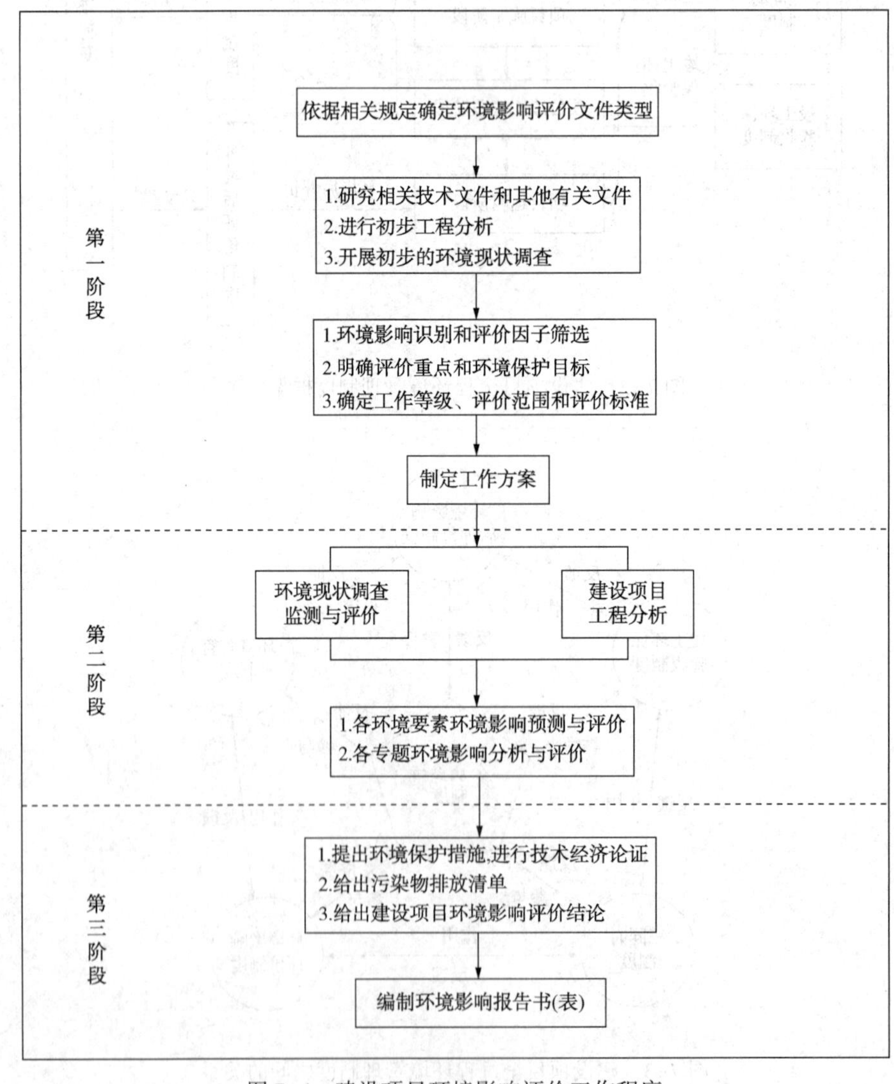

图 7-4 建设项目环境影响评价工作程序

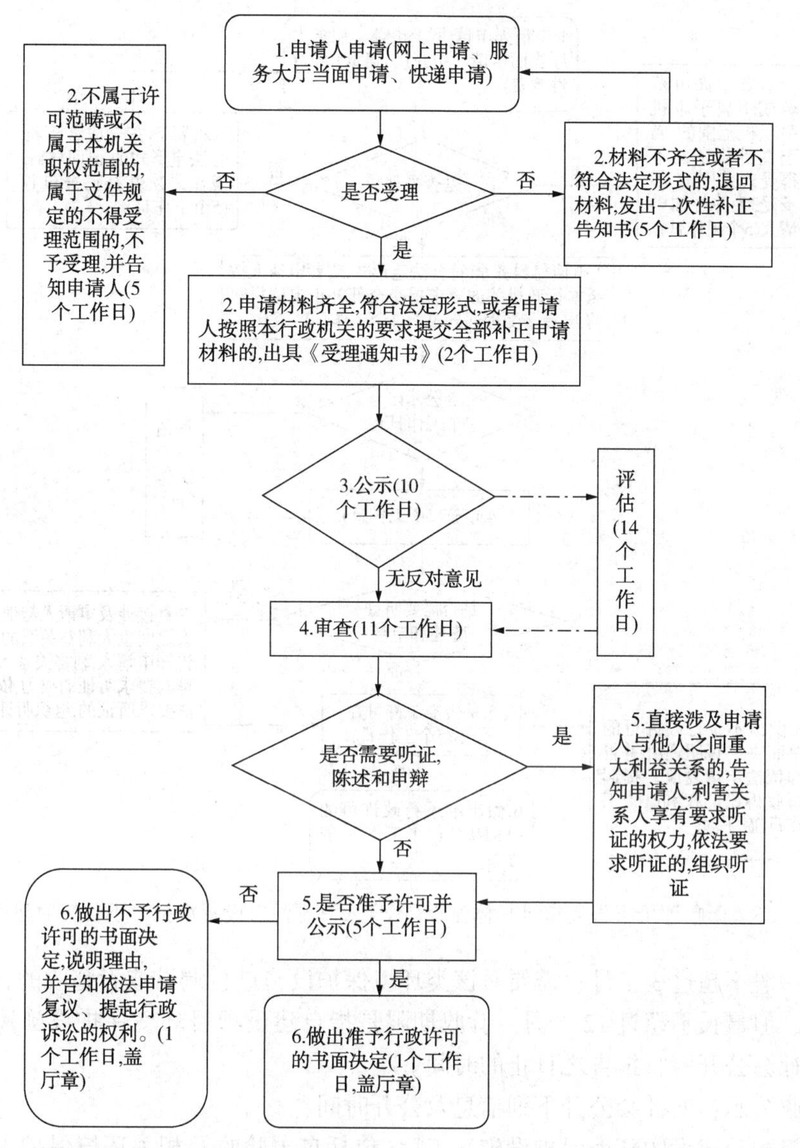

图 7-5　环境影响评价报告书审批具体流程(不含入海排污口设置审批、不含辐射建设项目)

2.“三同时”验收管理

企业应落实建设项目配套的污染防治设施及风险防范措施与主体工程同时设计、同时施工、同时投产，按照《建设项目环境保护管理条例》《建设项目竣工环境保护验收暂行办法》等的相关要求，完成建设项目的竣工环保验收。

（1）基本要求：《建设项目环境保护管理条例》2017 年 10 月 1 日起施行。编制环境影响报告书、环境影响报告表的建设项目竣工后，建设单位应当按照国务院环境保护主管部门规定的标准和程序，对配套建设的环境保护设施进行验收，编制验收报告。

（2）自主验收工作组：验收工作组由设计单位、施工单位、环境影响报告书(表)编制机构、验收监测(调查)报告编制机构等单位代表以及专业技术专家等组成，代表范围和人数自定。

（3）验收期限：除需要取得排污许可证的水和大气污染防治设施外，其他环境保护设施

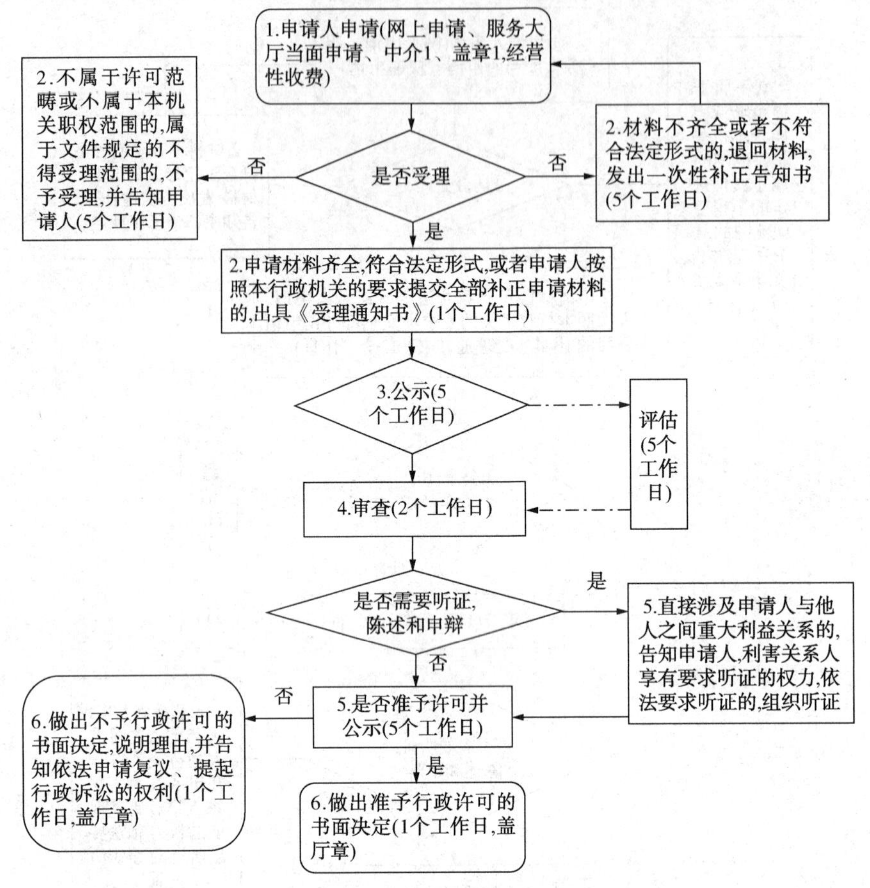

图 7-6　环境影响评价报告表审批具体流程(不含入海排污口设置审批、不含辐射建设项目)

的验收期限一般不超过 3 个月；需要对该类环境保护设施进行调试或者整改的，验收期限可以适当延期，但最长不超过 12 个月。验收期限是指自建设项目环境保护设施竣工之日起至建设单位向社会公开验收报告之日止的时间。

(4) 验收公示：向社会公开下列信息及公开时间：

建设项目配套建设的环境保护设施竣工后(包括自主验收及相关环境保护主管部门的验收)，公开竣工日期；

对建设项目配套建设的环境保护设施进行调试前，公开调试的起止日期；

验收报告编制完成后 5 个工作日内，公开验收报告，公示的期限不得少于 20 个工作日。

(5) 法律责任：《建设项目环境保护管理条例》规定：违反本条例规定，需要配套建设的环境保护设施未建成、未经验收或者验收不合格，建设项目即投入生产或者使用，或者在环境保护设施验收中弄虚作假的，由县级以上环境保护行政主管部门责令限期改正，处 20 万元以上 100 万元以下的罚款；逾期不改正的，处 100 万元以上 200 万元以下的罚款；对直接负责的主管人员和其他责任人员，处 5 万元以上 20 万元以下的罚款；造成重大环境污染或者生态破坏的，责令停止生产或者使用，或者报经有批准权的人民政府批准，责令关闭。

违反本条例规定，建设单位未依法向社会公开环境保护设施验收报告的，由县级以上环境保护行政主管部门责令公开，处 5 万元以上 20 万元以下的罚款，并予以公告。

(6) 竣工环保验收流程：竣工环保验收流程见图 7-7。

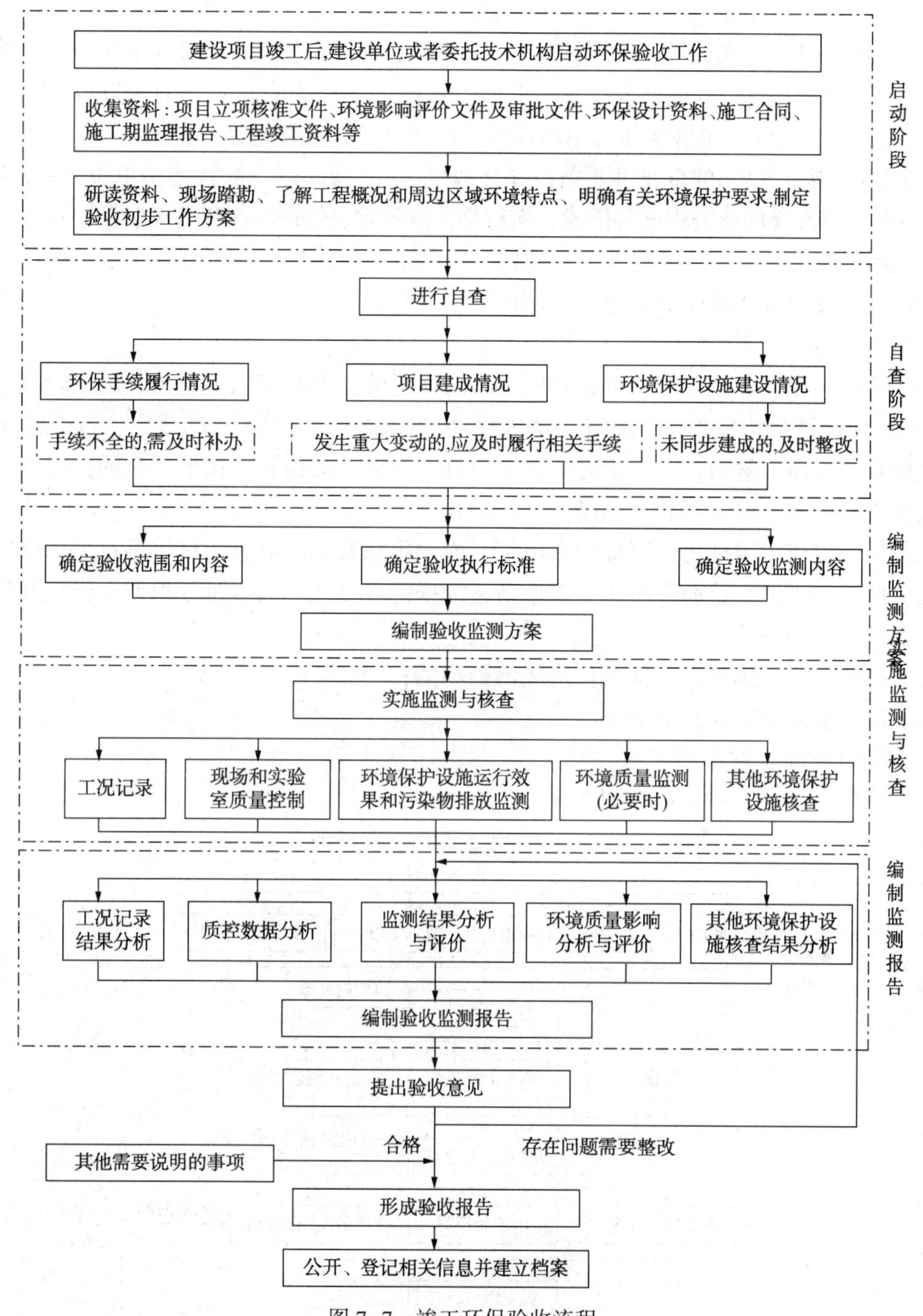

图 7-7　竣工环保验收流程

（二）排污许可管理

企业应按照《中华人民共和国环境保护法》《中华人民共和国水污染防治法》《中华人民共和国大气污染防治法》《中华人民共和国环境噪声污染防治法》《中华人民共和国固体废物污染环境防治法》《排污许可管理办法(试行)》《排污许可管理条例》等相关规定执行排污许可证制度，不虚报、瞒报或者拒报排放污染物情况，依法申领排污许可证，必须按照许可证核定的污染物种类、控制指标和规定的方式排放污染物，定期开展监测并编制、上传执行报告。

1. 基本要求

国家依照法律规定实行排污许可管理制度。实行排污许可管理的企业事业单位和其他生产经营者应当按照排污许可证的要求排放污染物；未取得排污许可证的，不得排放污染物。《排污许可管理办法(试行)》2018 年 1 月 10 日起施行，《排污许可管理条例》2021 年 3 月 1 日起施行。国家根据排放污染物的企业事业单位和其他生产经营者(以下简称排污单位)污染物产生量、排放量、对环境的影响程度等因素，实行排污许可重点管理、简化管理和登记管理。

环境保护设施未与主体工程同时建成的，或者应当取得排污许可证但未取得的，建设单位不得对该建设项目环境保护设施进行调试。

2. 法律责任

排污单位存在以下无排污许可证排放污染物情形的，由县级以上生态环境主管部门依据《中华人民共和国大气污染防治法》《中华人民共和国水污染防治法》的规定，责令改正或者责令限制生产、停产整治，并处十万元以上一百万元以下的罚款；情节严重的，报经有批准权的人民政府批准，责令停业、关闭。

（1）依法应当申请排污许可证但未申请，或者申请后未取得排污许可证排放污染物的；

（2）排污许可证有效期限届满后未申请延续排污许可证，或者延续申请未经核发环保部门许可仍排放污染物的；

（3）被依法撤销排污许可证后仍排放污染物的；

（4）法律法规规定的其他情形。

3. 排污许可证办理工作流程

排污许可证办理工作流程见图 7-8。

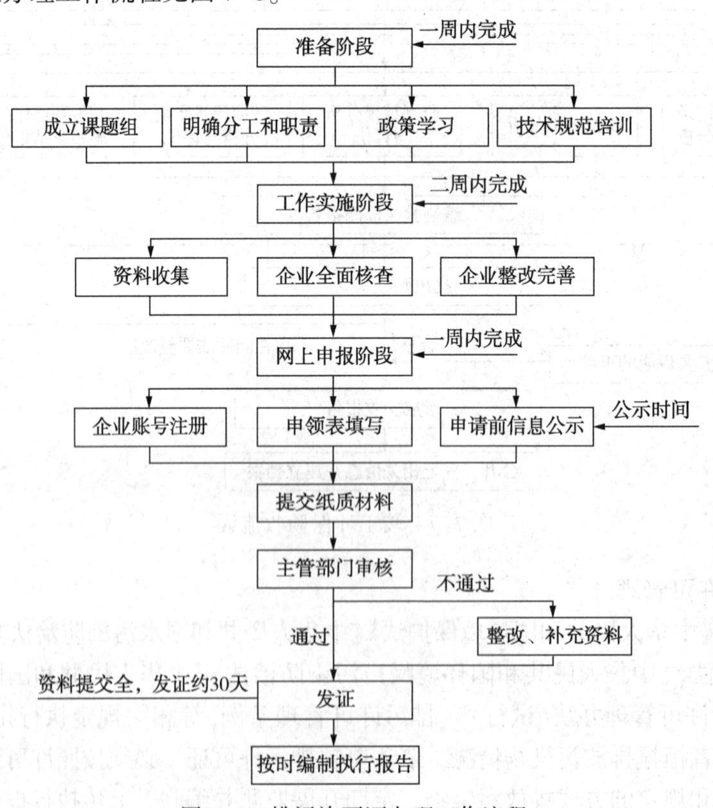

图 7-8　排污许可证办理工作流程

4. 申报程序

（1）实行重点管理的排污单位在提交排污许可申请材料前，应当将承诺书、基本信息以及拟申请的许可事项向社会公开。公开途径应当选择包括全国排污许可证管理信息平台等便于公众知晓的方式，公开时间不得少于五个工作日。

（2）排污单位应当在全国排污许可证管理信息平台上填报并提交排污许可证申请，同时向核发生态环境主管部门提交通过全国排污许可证管理信息平台印制的书面申请材料。

（3）核发生态环境主管部门应当在全国排污许可证管理信息平台上做出受理或者不予受理排污许可证申请的决定，同时向排污单位出具加盖本行政机关专用印章和注明日期的受理单或者不予受理告知单。

（4）核发生态环境主管部门应当自受理申请之日起二十个工作日内做出是否准予许可的决定。自做出准予许可决定之日起十个工作日内，核发生态环境主管部门向排污单位发放加盖本行政机关印章的排污许可证。

（5）核发生态环境主管部门做出准予许可决定的，应当将排污许可证正本以及副本中基本信息、许可事项及承诺书在全国排污许可证管理信息平台上公告。

（6）首次发放的排污许可证有效期为三年，延续换发的排污许可证有效期为五年。

5. 自行监测程序

排污单位应按照排污许可证中载明的自行监测的要求制定监测方案。监测方案内容包括：单位基本情况、监测点位及示意图、监测指标、执行标准及其限值、监测频次、采样和样品保存方法、监测分析方法和仪器、质量保证与质量控制等。

企业按照监测方案开展监测活动，可根据自身条件和能力，利用自有人员、场所和设备自行监测，亦可委托有资质的检(监)测机构开展自行监测。

6. 维护程序

排污单位应当每年在全国排污许可证管理信息平台上填报、提交排污许可证年度执行报告并公开，同时向核发生态环境主管部门提交通过全国排污许可证管理信息平台印制的书面执行报告。书面执行报告应当由法定代表人或者主要负责人签字或者盖章。

（三）环境保护税管理

1. 基本要求

排污单位需按照《中华人民共和国环境保护税法实施条例》等相关规定，依法向税务部门及时、足额缴纳环保税。

2. 环境保护税申报顺序

环境保护税申报顺序见图 7-9。

（四）污染防治管理

1. 水污染防治管理

（1）水污染防治规范化管理。企业应按照《中华人民共和国环境保护法》《中华人民共和国水污染防治法》等相关规定，建立水污染防治规范化管理制度，保证水污染防治设施运行正常，建立并保存水污染防治设施的运行台账。实现雨污分流、清污分流，并做好雨水的收集及监控排放管理工作。排放的各类污染物应达到相应的排放标准，并符合总量控制要求。应设置规范的排放口，按照相关规定制定自行监测方案，落实定期监测，并保存监测记录。重点排污单位应当安装、使用水污染物排放自动监测设备，与生态环境主管部门的监控设备联网，保证自动监测设备正常运行。

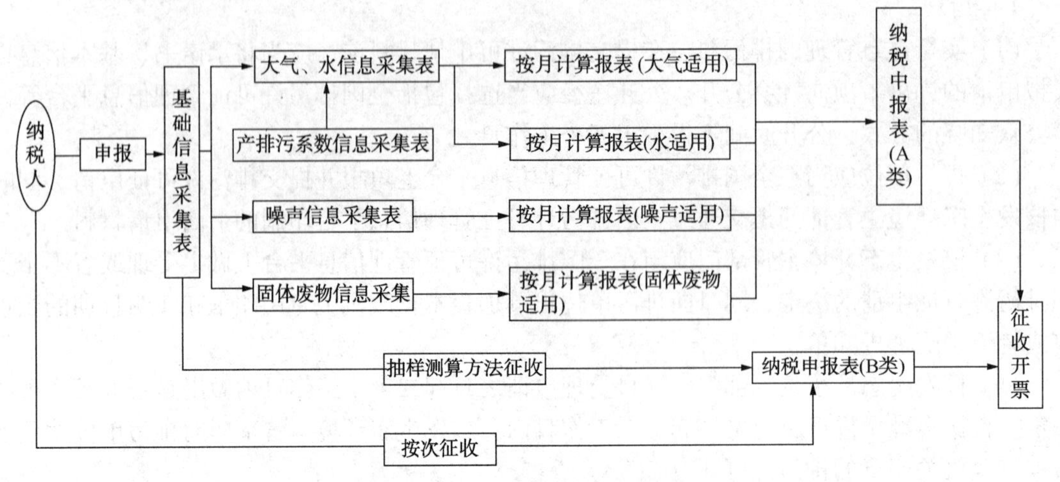

图 7-9　环境保护税申报顺序

（2）水污染防治管理。水污染防治管理内容见表 7-3。

表 7-3　水污染防治管理

废水名称	管理内容
生活污水管理	1. 生活污水排放口设置生活污水排放标志牌，并定期检查，当发现标志形象损坏、颜色污染或有变化、褪色等情况时应及时修复或更换，排放口设置需规范，便于采集样品、监测计量和公众参与监督。 2. 企业食堂废水需经隔油池处理后排入市政污水管网。 3. 企业生活污水需经化粪池处理后排入市政污水管网。 4. 按照《排污单位自行监测技术指南　总则》要求制定监测方案，定期开展监测，并保留监测记录。
生产废水管理	1. 编制环境影响报告书、环境影响报告表的建设项目，其配套建设的水污染防治设施经验收合格，方可投入生产或者使用；未经验收或者验收不合格的，不得投入生产或者使用。 2. 对建成投运的水污染防治设施需要进行提标改造，项目改造前(必要时开展专项技术论证)需报生态环境主管部门办理相关手续。 3. 生产废水排放口设置排放标志牌，并定期检查，当发现标志形象损坏、颜色污染或有变化、褪色等情况时应及时修复或更换，排放口设置需规范，便于采集样品、监测计量和公众参与监督。 4. 水污染物排放的各类污染因子均能达到相应的排放标准，排放总量符合总量控制要求。 5. 重点排污单位应安装水污染物排放自动监测设备，与生态环境主管部门的监控设备联网，并保证监测设备正常运行，企业需按照要求自行或委托第三方对自动监控设备进行维护，保证自动监测设备正常运行。 6. 水处理工作人员定期对水污染防治设施进行巡检，填写《水污染防治设施巡检表》。 7. 水处理工作人员每月对药剂使用情况、污水处理情况及污泥产生情况等信息进行记录，填写《水处理情况月报表》。 8. 水污染防治设施应定期进行维修保养工作，填写《水污染防治设施保养记录表》。 9. 企业应按照《排污单位自行监测技术指南　总则》及《地表水和污水监测技术规范》制定监测方案，定期开展监测，并保留监测记录。 10. 制定完善的水污染防治设施操作规程，设施现场应设置污染设施处理工艺流程示意图，水污染防治设施操作人员应进行相应培训，具有熟练掌握水污染设施运行和处理突发事故的能力。 11. 输送生产废水的架空明管需按照《工业管道的基本识别色、识别符号和安全标识》设置管道标识。 12. 企业应定期开展对水污染治理设施的隐患排查，及时发现问题、落实整改并做好记录台账。

续表

废水名称	管理内容
雨水管理	1. 雨水排放口设置雨水排放标志牌，并定期检查，当发现标志形象损坏、颜色污染或有变化、褪色等情况时应及时修复或更换，排放口设置需规范，便于采集样品、监测计量和公众参与监督。 2. 雨水排放口应设置应急截流阀及监视设施。 3. 按行业及地方生态环境主管部门要求制定雨水监测方案，定期开展监测，并保留原始监测记录。 4. 对有初期雨水收集要求的企业，需做好雨水收集和监控排放管理工作。
清下水管理	1. 清下水(是指装置区排出的未被污染废水，如间接冷却水等)管道需按照《工业管道的基本识别色、识别符号和安全标识》设置管道标识。 2. 清下水排放去向需符合当地生态环境主管部门环境影响评价批复、环境影响评价文件及地方要求。
其他规定	1. 严格按照法律法规、环境影响评价批复及地方要求实施雨污分流，清污分流。 2. 对雨水管网、生活污水管网、工业废水管网定期维护检查，杜绝“跑冒滴漏”和偷排、漏排行为。 3. 企业应遵守最新水污染防治相关法律法规，执行最新水污染物排放标准。 4. 定期对水污染防治设施操作人员进行水污染防治相关法律法规的培训。

2. 大气污染防治管理

（1）大气污染防治规范化管理。企业应按照《中华人民共和国环境保护法》《中华人民共和国大气污染防治法》等相关规定，建立大气污染防治规范化管理制度，保证大气污染防治设施运行正常，建立并保存大气污染防治设施的运行台账。排放的各类污染物均能达到相应的排放标准，并符合总量控制要求。应设置规范的排放口，按照相关规定制定自行监测方案，落实定期开展，并保存监测记录。重点排污单位应当安装、使用大气污染物排放自动监测设备，与生态环境主管部门的监控设备联网，保证自动监测设备正常运行。

（2）大气污染防治管理。大气污染防治管理内容见表7-4。

表7-4　大气污染防治管理内容

序号	管理内容
1	编制环境影响报告书、环境影响报告表的建设项目，其配套建设的大气污染防治设施经验收合格，方可投入生产或者使用；未经验收或者验收不合格的，不得投入生产或者使用。
2	大气污染物排放口设置排放标志牌，并定期检查，当发现标志形象损坏、颜色污染或有变化、褪色等情况时应及时修复或更换，排放口设置需规范，便于采集样品、便于监测计量、便于公众参与监督。
3	大气污染物排放的各类污染因子均能达到相应的排放标准，排放总量符合总量控制要求。
4	大气污染防治设施应定期进行巡检，填写《大气污染防治设施点检表》，保证大气污染防治设施运行正常。
5	大气污染防治设施应定期进行维修保养工作，填写《大气污染防治设施维修保养记录表》。
6	企业应按照《排污单位自行监测技术指南　总则》制定监测方案，定期开展监测，并保留监测记录。
7	企业食堂应安装油烟净化设施，使油烟废气达标排放。
8	重点排污单位按照规定安装、使用大气污染物排放自动监测设备，与生态环境主管部门的监控设备联网，企业需按照要求自行或委托第三方对在线监控设备进行维护，保证监测设备正常运行，不得侵占、损毁或者擅自移动、改变大气污染物排放自动监测设备。
9	定期对大气污染防治设施操作人员进行大气污染防治相关法律法规的培训。
10	企业应遵守最新大气污染防治相关法律法规，执行最新大气污染物排放标准。

3. 噪声污染防治管理

（1）噪声污染防治规范化管理。企业应按照《中华人民共和国环境保护法》《中华人民共和国环境噪声污染防治法》等相关规定，建立噪声污染防治规范化管理制度，采取有效措施，实现厂界噪声达标排放，按照《排污单位自行监测技术指南　总则》规定制定自行监测方案，落实定期监测，并保存监测记录。

（2）噪声污染防治管理。噪声污染防治管理内容见表7-5。

表7-5　噪声污染防治管理内容

序号	噪声污染防治管理内容
1	噪声排放源设置排放标志牌，并定期检查，当发现标志形象损坏、颜色污染或有变化、褪色等情况时应及时修复或更换。
2	企业厂界噪声排放标准执行《工业企业厂界噪声排放标准》。
3	企业应定期开展对环境噪声污染治理设施的隐患排查，及时发现问题、落实整改并做好台账记录。
4	企业应按照《排污单位自行监测技术指南　总则》制定噪声监测方案，定期开展监测，并保留监测记录。
5	企业严禁使用国家明令淘汰的对环境噪声污染严重的设备。
6	定期进行环境噪声污染防治相关法律法规的培训。
7	企业应遵守最新环境噪声污染防治相关法律法规，执行最新环境噪声污染物排放标准。

4. 固体废物污染防治管理

（1）固体废物污染防治规范化管理。企业应按照《中华人民共和国环境保护法》《中华人民共和国固体废物污染环境防治法》等相关规定，建立固体废物污染防治规范化管理制度，明确固体废物管理的部门与责任人。固体废物需实行申报登记制度，如实申报固体废物的种类、产生量、流向、贮存、处置等信息。企业应设置规范的固体废物暂存场所。产生危险废物的单位应制定和报备危险废物管理计划，并按管理计划要求落实危险废物处置机构，办理转移手续。建立、健全规范的危险废物产生、收集、暂存、转运及处置的记录台账。

（2）固体废物污染防治管理。建设项目的环境影响评价文件确定需要配套建设的固体废物污染环境防治设施，必须与主体工程同时设计、同时施工、同时投入使用。固体废物污染环境防治设施必须经原审批环境影响评价文件的生态环境主管部门验收合格后，该建设项目方可投入生产或者使用。对固体废物污染环境防治设施的验收应当与对主体工程的验收同时进行。

固体废物污染防治管理内容见表7-6。

表7-6　固体废物污染防治管理

名称	一般工业固体废物污染防治管理	危险废物污染防治管理
固体废物暂存场所	符合《一般工业固体废物贮存、处置场污染控制标准》的要求，储存场所禁止混入危险废物和生活垃圾	需符合《危险废物贮存污染控制标准》的要求： ① 利用原有构筑物改建或建造专用的危险废物暂存场所； ② 危险废物暂存场符合“防扬散、防流失、防渗漏”要求； ③ 应设计堵截泄漏的裙脚，地面与裙脚所围建的容积不低于堵截最大容器的最大储量或总储量的五分之一； ④ 必须有泄漏液体收集装置、气体导出口及气体净化装置； ⑤ 暂存场所内要有安全照明设施和观察窗口； ⑥ 不相容的危险废物必须分开存放，并设有隔离间隔断。

续表

名称	一般工业固体废物污染防治管理	危险废物污染防治管理
固体废物的容器、包装物以及收集、贮存、运输、处置固体废物的设施、场所	在一般工业固体废物储存场所设置一般工业固废标志牌	必须设置危险废物识别标志，并定期检查，当发现标志形象损坏、颜色污染或有变化、褪色等情况时应及时修复或更换。
产生固体废物的单位		必须按照国家有关规定制定危险废物管理计划，并向生态环境主管部门申报危险废物的种类、产生量、流向、贮存、处置等有关资料，危险废物管理计划应当报当地生态环境主管部门备案。若申报事项或者危险废物管理计划内容有重大改变的，应当及时申报。
从事收集、贮存、处置固体废物经营活动的单位		必须申领危险废物经营许可证，并按照危险废物特性分类贮存。禁止混合收集、贮存、运输、处置性质不相容而未经安全性处置的危险废物。贮存危险废物必须采取符合国家环境保护标准的防护措施，并不得超过一年；确需延长期限的，必须报经原批准经营许可证的环境保护行政主管部门批准。禁止将危险废物混入非危险废物中贮存。
固体废物的转移		必须按照国家有关规定填写危险废物转移联单。跨省、自治区、直辖市转移危险废物的，应当向危险废物移出地省、自治区、直辖市生态环境主管部门申请。危险废物产生、经营企业在省内转移时要选择有资质并能利用“电子运单管理系统”进行信息比对的危险货物道路运输企业承运危险废物。
固体废物暂存场所		危险废物产生企业的危险废物暂存场所应配备计量工具，建立《危险废物出入库台账》，如实记载危险废物的种类、数量、性质、产生环节、流向、贮存、利用处置等信息，台账记录在危险废物出库后应继续保留5年以上，并在危险废物动态管理信息系统中进行如实规范申报，申报数据应与台账、管理计划数据相一致。
其他		企业应遵守最新固体废物污染防治相关法律法规。定期进行危险废物专项应急演练，提高员工应急应对能力，并保留应急演练记录。定期对涉及生产相关部门负责人、各生产工段岗位负责人、固体废物储存运输人员等工作人员进行固体废物防治相关法律法规的培训。

5. 土壤及地下水防治管理

(1) 土壤及地下水污染防治规范化管理。重点企业应按照《中华人民共和国环境保护法》《中华人民共和国土壤污染防治法》《工矿用地土壤环境管理办法(试行)》等相关规定，建立土壤及地下水污染防治管理制度，定期对重点区域、重点设施开展隐患排查，发现问题及时整改。按照相关规定制定自行监测方案，落实定期监测，并保存监测记录。在隐患排查、监测等活动中发现工矿用地土壤和地下水存在污染迹象的，及时开展土壤和地下水环境调查与风险评估，根据调查与风险评估结果采取风险管控或者治理与修复等措施。重点单位新、改、扩建项目，应当在开展建设项目环境影响评价时，按照国家有关技术规范开展工矿用地土壤和地下水环境现状调查，编制调查报告。终止生产经营活动前，开展土壤和地下水环境初步调查，编制调查报告，及时上传全国污染地块土壤环境管理信息系统。

（2）土壤及地下水污染防治管理

① 土壤环境重点监管企业名单包含但不限于：

——曾用于生产、使用、贮存、回收、处置有毒有害物质的；

——曾用于固体废物堆放、填埋的；

——曾发生过重大、特大污染事故的；

——有色金属冶炼、石油加工、化工、焦化、电镀、制革等行业中应当纳入排污许可重点管理的企业；

——有色金属矿采选、石油开采行业规模以上企业；

——其他根据有关规定纳入土壤环境污染重点监管单位名录的企事业单位。

② 自行监测：土壤环境重点监管企业应依照《在产企业土壤及地下水自行监测技术指南》开展土壤及地下水自行监测工作。

③ 重点单位应按照《工矿用地土壤环境管理办法（试行）》要求，在隐患排查、监测等活动中发现工矿用地土壤和地下水存在污染迹象的，应当排查污染源，查明污染原因，采取措施防止新增污染，并参照污染地块土壤环境管理有关规定及时开展土壤和地下水环境调查与风险评估，根据调查与风险评估结果采取风险管控或者治理与修复等措施。

④ 重点单位新、改、扩建项目，应当在开展建设项目环境影响评价时，按照国家有关技术规范开展工矿用地土壤和地下水环境现状调查，编制调查报告，并按规定上报环境影响评价基础数据库。重点单位应当将前款规定的调查报告主要内容通过其网站等便于公众知晓的方式向社会公开。

⑤ 土壤污染重点监管单位终止生产经营活动前，应当参照污染地块土壤环境管理有关规定，开展土壤和地下水环境初步调查，编制调查报告，及时上传全国污染地块土壤环境管理信息系统。应当将调查报告主要内容通过其网站等便于公众知晓的方式向社会公开。

⑥ 企业应遵守最新土壤及地下水污染防治相关法律法规。

6. 放射性辐射防治管理

（1）放射性辐射污染防治规范化管理。涉及放射性辐射污染的企业应按照《中华人民共和国环境保护法》《中华人民共和国放射性污染防治法》等相关规定，建立放射性辐射污染防治管理制度。企业应定期监测放射性辐射污染排放情况，对照国家标准做合规性评价，制定放射性辐射污染事故应急预案并演练。辐射设备的防护隔离设施完好有效，取得相应许可证，使用辐射源的操作人员必须经过培训、持证上岗。

（2）管理

① 放射性辐射设备岗位培训；

② 放射性辐射机台操作规程；

③ 放射性辐射防护安全保卫制度；

④ 设备检修维护制度；

⑤ 使用台账制度；

⑥ 放射性辐射事故处理应急预案；

⑦ 人员培训计划；

⑧ 企业应遵守最新放射性辐射污染防治相关法律法规，执行最新放射性辐射污染物排放标准。

（五）环境应急及风险防控管理

1. 环境应急管理

按照《中华人民共和国环境保护法》《中华人民共和国突发事件应对法》《国家突发环境事件应急预案》《企业突发环境事件隐患排查和治理工作指南（试行）》等相关规定，需要开展突发环境事件风险评估、编制突发环境事件应急预案的企业，应按相关规定编制突发环境事件应急预案并备案，建立健全环境隐患排查治理制度，开展环境隐患排查治理工作。企业应落实各项突发环境事件风险防控措施，建设必要的环境应急设施，储备必要的环境应急装备和物资，落实定期检查维护保养制度，定期开展突发环境事件应急培训及演练，保留培训及演练记录。环境应急管理内容见表7-7。

表7-7　环境应急及风险防控管理内容

名称	内容	要求
按规定开展突发环境事件风险评估，确定风险等级	企业应当按照《企业突发环境事件风险分级方法》确定突发水环境事件风险等级及突发大气环境事件风险等级	
按规定制定突发环境事件应急预案并备案	需编制应急预案企业：涉及生产、贮存、使用、运输危险化学品；①产生、收集、贮存、运输、利用、处置危险废物企业；②尾矿库企业；③可能发生突发环境事件的污染物排放的企业	应急预案编制及备案流程：①企业自行或委托第三方成立环境应急预案编制组，明确编制组组长和成员组成、工作任务、编制计划和经费预算。②企业或第三方勘探现场，开展环境风险评估，确定环境风险等级，对企业应急资源进行调查，调查企业第一时间可调用的环境应急队伍、装备、物资、场所等应急资源状况和可请求援助或协议援助的应急资源状况。③收集资料，编制环境应急预案，编制过程中，应征求员工和可能受影响的居民和单位代表的意见。④企业组织专家和可能受影响的居民、单位代表对环境应急预案进行评审，开展演练进行检验。评审专家一般应包括环境应急预案涉及的相关政府管理部门人员、相关行业协会代表、具有相关领域经验的人员等。⑤环境应急预案经企业有关会议审议，由企业主要负责人签署发布应急预案，并根据专家、居民、周边单位代表的意见，修改应急预案。⑥企业环境应急预案应当在环境应急预案签署发布之日起20个工作日内，向企业所在地县级生态环境主管部门备案。受理部门收到企业提交的环境应急预案备案文件后，应当在5个工作日内进行核对。文件齐全的，出具加盖行政机关印章的突发环境事件应急预案备案表。提交的环境应急预案备案文件不齐全的，受理部门应当责令企业补齐相关文件，并按期再次备案。
		根据《企业事业单位突发环境事件应急预案备案管理办法》要求，企业应结合环境应急预案实施情况，至少每三年对环境应急预案进行一次回顾性评估。

续表

名称	内容	要求
根据《企业突发环境事件隐患排查和治理工作指南》的要求，企业应建立健全隐患排查治理制度，开展隐患排查治理工作并建立档案	企业应当建立并完善隐患排查管理机构，配备相应的管理和技术人员	建立隐患排查治理制度：①企业应当建立健全从主要负责人到每位作业人员，覆盖各部门、各单位、各岗位的隐患排查治理责任体系；②制定突发环境事件风险防控设施的操作规程和检查、运行、维修与维护等规定；③建立自查、自报、自改、自验的隐患排查治理组织实施制度；④如实记录隐患排查治理情况，形成档案文件并做好存档；⑤及时修订企业突发环境事件应急预案、完善相关突发环境事件风险防控措施；⑥定期对员工进行隐患排查治理相关知识的宣传和培训。
		企业应当综合考虑企业自身突发环境事件风险等级、生产工况等因素合理制定年度工作计划，明确排查频次、排查规模、排查项目等内容。
		建立隐患排查治理档案：包括企业隐患分级标准、隐患排查治理制度、年度隐患排查治理计划、隐患排查表、隐患报告单、重大隐患治理方案、重大隐患治理验收报告、培训和演练记录以及相关会议纪要、书面报告等隐患排查治理过程中形成的各种书面材料。隐患排查治理档案应至少留存五年，以备生态环境主管部门抽查。
企业应制定适合企业自身的应急管理隐患排查表并落实排查		
建设必要的环境应急设施，储备必要的环境应急装备和物资，落实定期检查维护保养制度	突发水环境事件风险防控措施：①设置中间事故缓冲设施、事故应急水池或事故存液池等各类应急池；应急池容积满足环评文件及批复等相关文件要求；应急池位置合理，能确保所有受污染的雨水、消防水和泄漏物等通过排水系统接入应急池或全部收集；通过厂区内部管线或协议单位，将所收集的废(污)水送至污水处理设施处理；②正常情况下厂区内关闭涉危险化学品或其他有毒有害物质的各个生产装置、罐区、装卸区、作业场所和危险废物贮存设施(场所)的排水管道(如围堰、防火堤、装卸区污水收集池)接入雨水或清净下水系统的阀(闸)，打开通向应急池或废水处理系统的阀(闸)；受污染的冷却水和上述场所的墙壁、地面冲洗水和受污染的雨水(初期雨水)、消防水等都能排入生产废水处理系统或独立的处理系统；有排洪沟(排洪涵洞)或河道穿过厂区时，排洪沟(排洪涵洞)与渗漏观察井、生产废水、清净下水排放管道连通；③雨水系统、清净下水系统、生产废(污)水系统的总排放口设置监视及关闭闸(阀)，设专人负责在紧急情况下关闭总排口，确保受污染的雨水、消防水和泄漏物等全部收集	突发大气环境事件风险防控措施：①企业与周边重要环境风险受体的各类防护距离符合环境影响评价文件及批复的要求；②涉有毒有害大气污染物名录的企业在厂界建设针对有毒有害特征污染物的环境风险预警体系；③涉有毒有害大气污染物名录的企业定期监测或委托监测有毒有害大气特征污染物；④突发环境事件信息通报机制建立情况，能在突发环境事件发生后及时通报可能受到污染危害的单位和居民。
		企业应制定突发环境事件风险防控措施隐患排查表，结合自身实际制定本企业突发环境事件风险防控措施隐患排查清单。

续表

名称	内容	要求
按规定开展突发环境事件应急培训，如实记录培训过程		
按规定开展突发环境事件应急演练，如实记录演练过程		

2. 工作程序

应急预案管理流程见图 7-10。

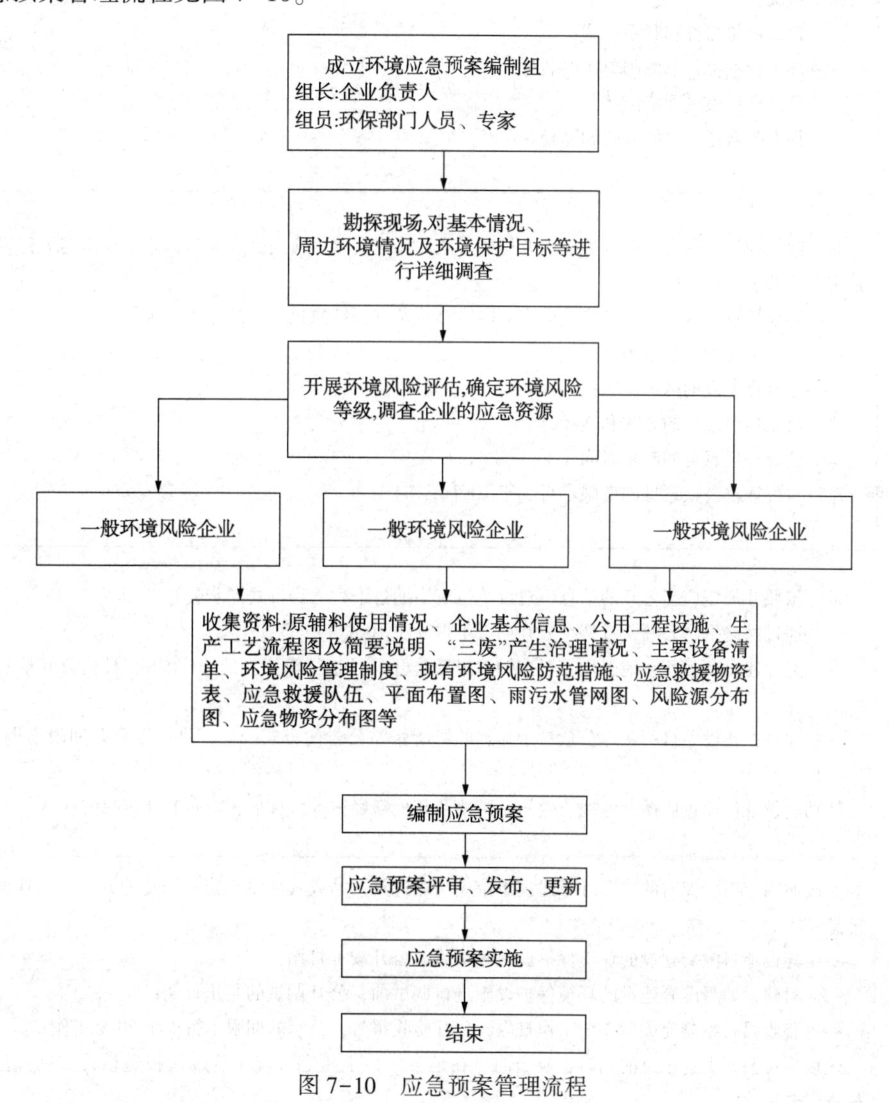

图 7-10　应急预案管理流程

（六）环境信息公开管理

1. 基本要求

企业应按照《中华人民共和国环境保护法》《环境影响评价公众参与办法》《企业事业单位环境信息公开办法》等相关规定，建立环境信息公开制度，定期公开企业环境管理信息。

2. 环境信息公开内容

企业环境信息公开内容见表7-8。

表7-8　企业环境信息公开内容

阶段	具体内容
项目建设前阶段	Ⅰ、建设单位应当在确定环境影响报告书编制单位后7个工作日内，通过其网站、建设项目所在地公共媒体网站或者建设项目所在地相关政府网站，公开下列信息： ——建设项目名称、选址选线、建设内容等基本情况，改建、扩建、迁建项目应当说明现有工程及其环境保护情况； ——建设单位名称和联系方式； ——环境影响报告书编制单位的名称； ——公众意见表的网络链接； ——提交公众意见表的方式和途径。
	Ⅱ、建设项目环境影响报告书征求意见稿形成后，建设单位应当公开下列信息，征求与该建设项目环境影响有关的意见： ——环境影响报告书征求意见稿全文的网络链接及查阅纸质报告书的方式和途径； ——征求意见的公众范围； ——公众意见表的网络链接； ——公众提出意见的方式和途径； ——公众提出意见的起止时间。 建设单位征求公众意见的期限不得少于10个工作日
	Ⅲ、依照Ⅱ规定应当公开的信息，建设单位应当通过下列三种方式同步公开： ——通过网络平台公开，且持续公开期限不得少于10个工作日； ——通过建设项目所在地公众易于接触的报纸公开，且在征求意见的10个工作日内公开信息不得少于2次； ——通过在建设项目所在地公众易于知悉的场所张贴公告的方式公开，且持续公开期限不得少于10个工作日。 鼓励建设单位通过广播、电视、微信、微博及其他新媒体等多种形式发布Ⅱ规定的信息
项目建设阶段	除按照国家需要保密的情形外，建设单位应当通过其网站或其他便于公众知晓的方式，向社会公开下列信息： ——建设项目配套建设的环境保护设施竣工后，公开竣工日期； ——对建设项目配套建设的环境保护设施进行调试前，公开调试的起止日期； ——验收报告编制完成后5个工作日内，公开验收报告，公示的期限不得少于20个工作日。 建设单位公开上述信息的同时，应当向所在地县级以上生态环境主管部门报送相关信息，并接受监督检查

续表

阶段	具体内容
项目运行阶段	企业建立环境信息公开工作制度，定期公开企业相关的环境信息，重点排污单位强制公开，其余企业事业单位自愿公开。 重点排污单位名录： ——被设区的市级以上人民政府环境保护主管部门确定为重点监控企业的； ——具有试验、分析、检测等功能的化学、医药、生物类省级重点以上实验室、二级以上医院、污染物集中处置单位等污染物排放行为引起社会广泛关注的或者可能对环境敏感区造成较大影响的； ——三年内发生较大以上突发环境事件或者因环境污染问题造成重大社会影响的； ——其他有必要列入的情形。 公开内容： ——基础信息，包括单位名称、组织机构代码、法定代表人、生产地址、联系方式，以及生产经营和管理服务的主要内容、产品及规模； ——排污信息，包括主要污染物及特征污染物的名称、排放方式、排放口数量和分布情况、排放浓度和总量、超标情况，以及执行的污染物排放标准、核定的排放总量； ——防治污染设施的建设和运行情况； ——建设项目环境影响评价及其他环境保护行政许可情况； ——突发环境事件应急预案； ——其他应当公开的环境信息。 公开方式： ——当地政府网站或企业网站； ——公告或者公开发行的信息专刊； ——广播、电视等新闻媒体；信息公开服务、监督热线电话； ——本单位的资料索取点、信息公开栏、信息亭、电子屏幕、电子触摸屏等场所或者设施； ——其他便于公众及时、准确获得信息的方式。 公开时限： 重点排污单位应当在环境保护主管部门公布重点排污单位名录后 90 日内公开其环境信息。环境信息有新生成或者发生变更的，重点排污单位应当自环境信息生成或者变更之日起 30 日内予以公开

六、工业企业环境管理机构的设置及职责

工业企业环境管理体制的特点：企业生产的领导者同时也必须是环境保护的责任者；工业企业既是生产单位，又应是工业污染的防治单位——同一过程的两个方面。企业环境管理要同企业生产经营管理紧密结合，工业企业的环境管理具有突出的综合性、全过程性和专业性——渗透到企业的各项管理之中。企业环境管理的基础在基层：企业的环境管理要落实到车间与岗位，建立厂部、车间和班组的企业环境管理网络，明确相应的管理人员及职责，分级管理。

（一）工业企业环境管理体制

工业环境管理体制问题就是如何解决好企业环境管理中“上下左右”的关系问题。目前我国工业环境管理体制具有如下特点：“一人主管，分工负责；职能科室，各有专责；落实基层，监督考核”，见图 7-11。

1. 一人主管，分工负责

公司总经理是企业环境问题的领导责任承担者。比较理想的情况是：公司总经理是法定责任者（在环境保护方面负有法律责任），而环保副总代为主管具体环保工作，其他副总在

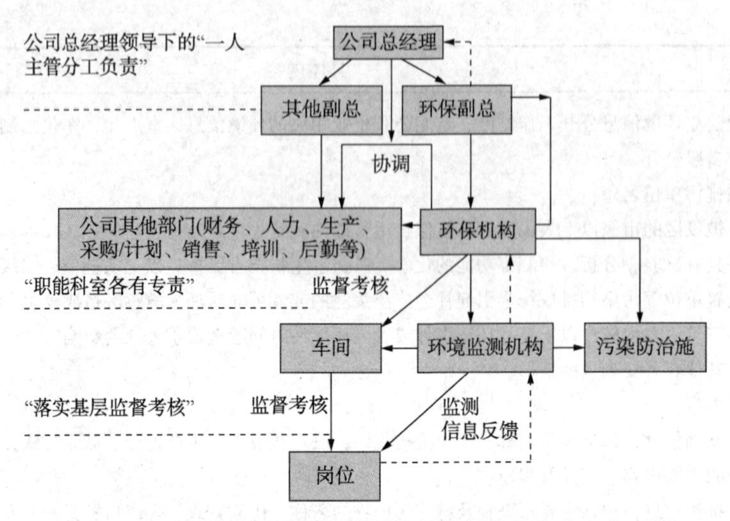

图 7-11　工业企业环境管理体制及环境保护机构分工负责图

自己分管的范围内负责有关的环保工作。

2. 职能科室，各有专责

是指企业领导下的各职能科室，除环保机构主要负责企业的环境管理工作外，其他各职能科室也要在自己的岗位责任制中，明确应负的环境保护责任。受总经理委托，安全、环保及保健部门经理是具体的执行者，他可与公司其他部门在制定企业发展计划、财务、人力、采购、销售等方面相互协调，同时将环境责任下达给一个或几个有关部门处理。环保部门应担负起监督、监察、综合协调等责任，贯彻好综合治理、防治结合、以防为主原则，将环境问题防止在产生之前，消灭在生产过程之中，同时避免在销售、应用时产生污染，从而尽最大可能消灭污染。

3. 落实基层，监督考核

是指环保机构要负的主要责任。近年来，各企业面对日益严格的环境法规和标准都不同程度加强了环境方面的管理，特别是很多大型工业企业在不断强化环境管理的同时健全了管理体制，在最高管理层中大都建立了环境安全部门，在主要决策者中有专人负责这方面的工作，从组织结构上保证可持续发展战略的实施。

（二）工业企业环境管理机构构成及职责

企业应设置环境保护管理机构，建立企业领导、环保管理部门、车间负责人和车间环保员组成的企业环境保护管理网络，定期不定期地召开企业环保情况报告会和专题会议，专题研究解决企业的环境问题，共同搞好企业的环境保护工作。

企业的环境保护机构应设置一名企业领导分管环境保护工作，并配备环境保护机构负责人和若干名专职环保技术员，协助领导工作，并保持相对稳定。废气、废水等处理设施必须配备足够的操作人员并保证其正常运行，设立能够监测主要污染物和特征污染物的化验室，配备专职的化验人员。环境管理体系各成员职责如下：

1. 法定代表人

全面负责本企业的环境保护工作，了解本企业的主要排污情况及存在的主要环境问题，宏观控制企业环保的发展方向。

（1）负责环保组织机构和环境管理体系的建设。

（2）负责组织环保制度、环保目标(包括污染减排目标)和环保规划的制订。

（3）负责环保人员的调配工作。

2. 分管负责人

负责领导本企业环境保护工作的管理和监测任务，熟知国家环保法律法规的有关规定及地方的环保要求。了解本企业的生产工艺流程、主要产污环节、处理设施的运行情况以及企业排污情况，指导环保职能部门进行具体工作。

（1）落实环保制度、分解环保目标和环保规划。

（2）组织开展环保技术交流，推广实施环保先进技术和经验，并协调企业与政府环保部门的工作。

（3）宣传和执行环境保护法律法规及有关规定，促进本企业生产可持续发展。

3. 环保管理职能部门

（1）认真贯彻执行国家、上级主管部门的有关环保方针、政策、法律法规，主动了解熟悉国家和省、市及行业环保法律法规与政策标准，负责组织本企业环境管理、监察和监测任务。

（2）负责组织实施企业环保规划、污染减排规划、应急方案，编制年度环保工作总结报告。

（3）监督检查企业“三废”治理设施运行情况，参加新建、扩建和改造项目方案的研究和审查工作，参加项目环保设施的竣工验收，提出环保意见和要求。

（4）组织企业内部环境监测，掌握原始记录，建立环保设施运行台账，做好环保资料归档和统计工作，及时向环境保护行政主管部门报告情况。

（5）组织企业员工进行环保法律、法规的宣传教育和培训考核，提高员工的环保意识。

4. 车间负责人

车间负责人负责组织实施和完成企业下达的各项环境保护目标任务，组织做好车间环境保护目标任务的考核工作。

5. 车间兼职环保员

（1）做好本车间废气、废水、废渣等的排放量统计工作，随时了解掌握生产排污量是否正常，并及时汇报。

（2）协助监测人员对本车间实施监测。在非常情况下，车间兼职环保员可直接向企业主要领导汇报。

第二节　工业企业污染源管理

工业企业污染物流失的多少表明两方面的问题，一是资源利用是否合理和充分。污染物流失量大，表明资源的浪费和使用不当。二是环境污染负荷的大小和对环境质量潜在危害程度。污染物流失量越大，对环境的潜在危害越大。所以控制污染物的流失，不只是保护环境的需要，也是发展生产的需要。

工业企业从内部控制污染的途径有三：一是结合技术改造清洁生产，考虑减少排污，保护环境，这样既可以促进生产，又能减少对环境的污染；二是建立环境管理体系，加强工业企业环境管理；三是对污染物进行综合治理、回收利用和净化处理。这三条途径是密切相关的，要结合起来统一考虑。

一、加强对污染物的管理

企业生产过程中产生废水、废气、废渣等污染源，其中所含污染物种类复杂，对污染物的管理是企业环境管理的重点。主要包括污染物的分排口管理、排污口管理、排放浓度控制、排污申报与统计及治污设施的正常运转。近年来，随着国家污染物总量控制制度的实施，管理中还要使污染物的排放总量与排污许可证上分配的总量控制指标相一致。另外，配合环保部门进行日常检查、监测也是管理中的一项重要工作。

工业企业环境管理过程产生多种类型台账，具体清单见表7-9。此外，加强排污口规范和管理也是工业企业加强对污染物管理的重要内容，我国规定的统一排污口标志见图7-12。

表7-9　工业企业环境管理台账清单

台账类型	台账名称	具体文件
环境影响评价台账管理	建设项目环境影响评价报告文件	环境影响登记表：法人签字后的登记表
		环境影响报告书/表：环境影响评价报告书/表的技术文件、环境影响评价公众参与报告、评审意见、修改清单、技术委托合同、立项文件、环境影响评价批复、总量平衡表等
	竣工验收台账	竣工验收及试运行公示网址、截图及张贴公示照片
		验收监测委托合同、验收监测单位资质及验收监测报告、项目竣工环保验收监测报告(表)
		验收评审会议现场记录、验收通过意见及验收工作组签名表
排污许可证台账管理	排污许可证正本、副本	
	生产设施运行管理台账	
	污染防治设施运行管理台账	
	自行监测相关材料	
	重点管理企业排污许可证申领信息公开情况说明表	
环境保护税台账管理	生活污水、工业废水及雨水排放口标志牌	
	水污染防治设施运行台账	《水污染防治设施巡检表》
		《水处理情况月报表》
		《水污染防治设施保养记录表》
		水污染防治设施操作规程及工艺流程图
	废水检测报告	
	水污染物排放自动监测设备运维台账	自动监测设备运维台账包含在线监控仪清单、在线监控仪验收台账、定期比对报告、自检报告、废液处置手续、药剂及易损件更换记录等
大气污染防治台账管理	大气污染物排放口标志牌	
	大气污染防治设施运行台账	《大气污染防治设施点检记录表》
		《大气污染防治设施维修保养记录表》
		大气污染防治设施操作规程
	废气检测报告	

续表

<table>
<tr><th>台账类型</th><th>台账名称</th><th>具体文件</th></tr>
<tr><td>大气污染防治台账管理</td><td>大气污染物排放自动监测设备运维记录</td><td>自动监测设备运维台账包含在线监控仪清单、在线监控仪验收台账、定期比对报告、自检报告及易损件更换记录等</td></tr>
<tr><td rowspan="3">噪声污染防治台账管理</td><td colspan="2">噪声标志牌</td></tr>
<tr><td colspan="2">环境噪声污染防治设施维护及保养记录</td></tr>
<tr><td colspan="2">厂界噪声检测报告</td></tr>
<tr><td rowspan="11">固体废物污染防治台账管理</td><td colspan="2">一般固体废物标志牌</td></tr>
<tr><td rowspan="2">危险废物标签</td><td>粘贴式危险废物标签牌</td></tr>
<tr><td>系挂式危险废物标签牌(当采取袋装危险废物或不便于设置险废物标签时)</td></tr>
<tr><td rowspan="3">危险废物警示标志牌</td><td>独立式危险废物标志牌</td></tr>
<tr><td>平面固定式危险废物标志牌</td></tr>
<tr><td>贮存设施内部分区警示标志牌</td></tr>
<tr><td colspan="2">固体废物申报登记资料</td></tr>
<tr><td colspan="2">危险废物转移联单</td></tr>
<tr><td colspan="2">危险废物委外处置合同</td></tr>
<tr><td colspan="2">危险废物接受单位的危险废物经营许可证</td></tr>
<tr><td colspan="2">《危险废物出入库台账》</td></tr>
<tr><td rowspan="3">土壤及地下水污染防治台账管理</td><td colspan="2">土壤及地下水监测报告</td></tr>
<tr><td colspan="2">土壤和地下水环境调查与风险评估报告</td></tr>
<tr><td colspan="2">土壤和地下水环境现状调查报告</td></tr>
<tr><td rowspan="6">放射性辐射污染防治台账管理</td><td colspan="2">放射性辐射安全许可证</td></tr>
<tr><td colspan="2">个人职业健康监护档案及培训合格证</td></tr>
<tr><td colspan="2">工作场所放射性辐射检测报告</td></tr>
<tr><td colspan="2">个人剂量卡检测记录表</td></tr>
<tr><td colspan="2">放射性辐射装置清单管理</td></tr>
<tr><td colspan="2">放射性辐射装置使用登记表及维护保养记录表</td></tr>
<tr><td rowspan="4">环境应急及风险防控台账管理</td><td colspan="2">隐患排查记录表</td></tr>
<tr><td colspan="2">应急管理隐患排查表</td></tr>
<tr><td colspan="2">风险防控措施隐患排查表</td></tr>
<tr><td>应急演练记录本</td><td>应急演练记录内容应包含：演练依据、演练地点、参演人员、演练目的、过程记录、演练评价、结论等</td></tr>
<tr><td rowspan="3">环境信息公开台账管理</td><td colspan="2">项目建设前阶段公示的证明材料</td></tr>
<tr><td colspan="2">项目建设阶段公示的证明材料</td></tr>
<tr><td colspan="2">项目运行阶段公示的证明材料</td></tr>
</table>

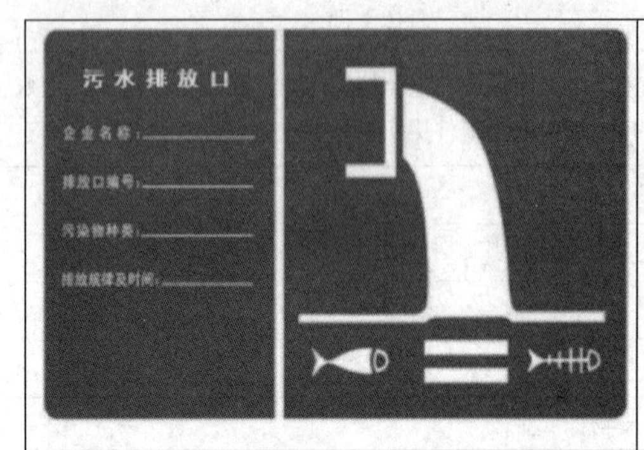

说　明

1.标牌尺寸颜色

尺　　　寸:480mm × 300mm

底　　　色:醒目的绿色

字　　　体:黑体字

字 体 颜 色:白色

2.排放口编号:当地生态环境主管部门统一编制。

3.材料采用1.5~2mm冷轧钢板。

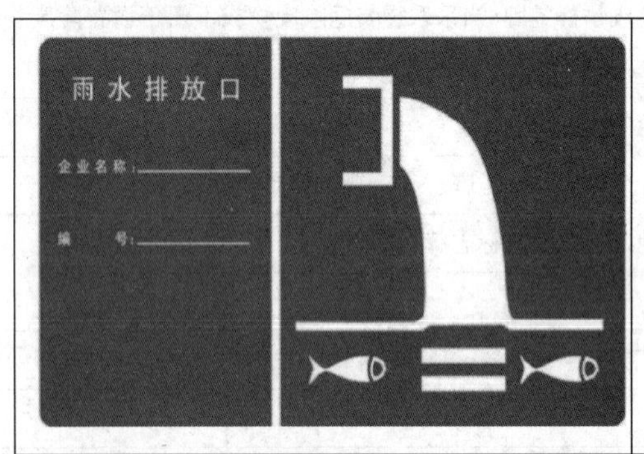

说　明

1.标牌尺寸颜色

尺　　　寸:480mm × 300mm

底　　　色:醒目的绿色

字　　　体:黑体字

字 体 颜 色:白色

2.排放口编号:当地生态环境主管部门统一编制。

3.材料采用1.5~2mm冷轧钢板。

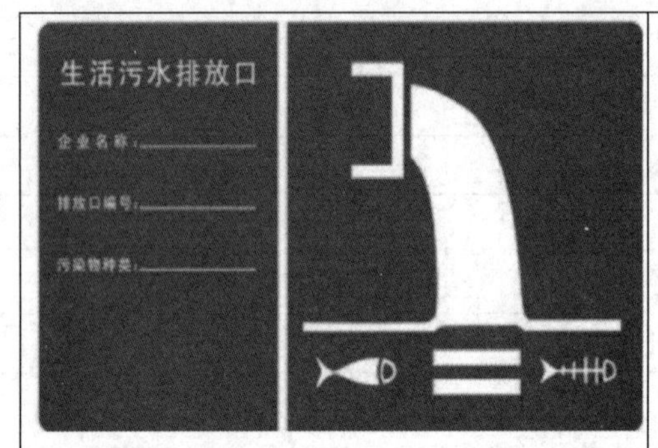

说　明

1.标牌尺寸颜色

尺　　　寸:480mm × 300mm

底　　　色:醒目的绿色

字　　　体:黑体字

字 体 颜 色:白色

2.排放口编号:当地生态环境主管部门统一编制。

3.材料采用1.5~2mm冷轧钢板。

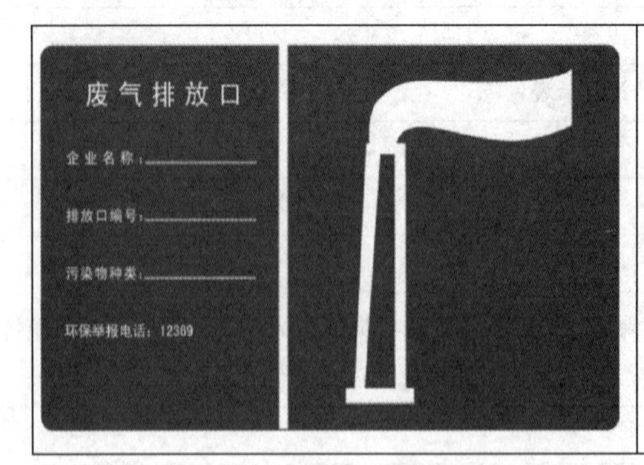

说　明

1.标牌尺寸颜色

尺　　　寸:480mm × 300mm

底　　　色:醒目的绿色

字　　　体:黑体字

字 体 颜 色:白色

2.排放口编号:当地生态环境主管部门统一编制。

3.材料采用1.5~2mm冷轧钢板。

图 7-12　我国规定的排污口图形标志

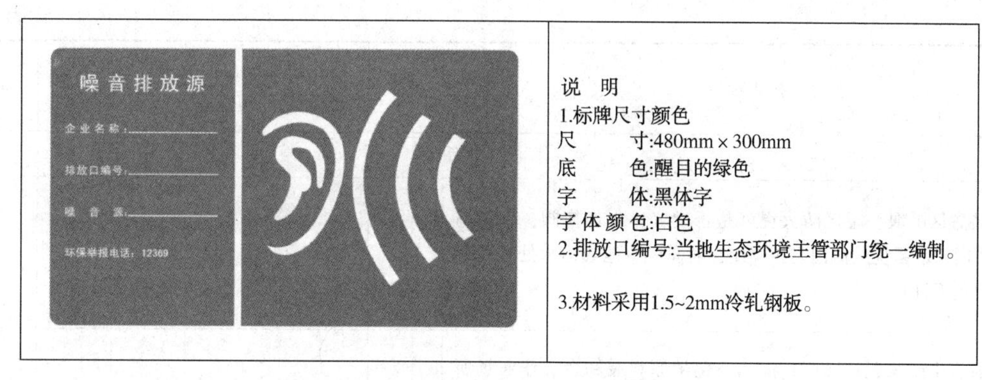

图 7-12　我国规定的排污口图形标志(续)

二、防范企业的环境风险

安全重于泰山，环境安全也是如此。尤其是企业生产中大量用到有毒、有害、易燃、易爆化学品，反应条件又分多为高温、高压，一旦出现问题，必将造成严重的环境事故。2005年11月吉林石化发生爆炸后引发的松花江污染事件就是一起典型的例子。2006年国家环保部对全国化工、石化项目的风险排查结果显示，超过六成的企业存在环境安全隐患。所以，在企业的环境管理过程中要重视潜在性环境污染隐患的存在。管理中要加强对高温、高压设备和管道的定期维护，对危险化学品要加强监管，生产中要杜绝违章操作，同时避免“跑冒滴漏”现象发生，最大限度预防突发性环境事件的发生。

工业企业防范环境风险过程中需要进行自查和排查等工作，因此产生具体的文件，见表7-10~表7-12。

表 7-10　企业突发环境事件风险防控措施隐患排查表

排查项目	现状	可能导致的危害（是隐患的填写）	隐患级别	治理期限	备注
一、中间事故缓冲设施、事故应急水池或事故存液池(以下统称应急池)					
1. 是否设置应急池					
2. 应急池容积是否满足环境影响评价文件及批复等相关文件要求					
3. 应急池在非事故状态下需占用时，是否符合相关要求，并设有在事故时可以紧急排空的技术措施					
4. 应急池位置是否合理，消防水和泄漏物是否能自流进入应急池；如消防水和泄漏物不能自流进入应急池，是否配备有足够能力的排水管和泵，确保泄漏物和消防水能够全部收集					
5. 接纳消防水的排水系统是否具有接纳最大消防水量的能力，是否设有防止消防水和泄漏物排出厂外的措施					
6. 是否通过厂区内部管线或协议单位，将所收集的废(污)水送至污水处理设施处理					

续表

排查项目	现状	可能导致的危害（是隐患的填写）	隐患级别	治理期限	备注
二、厂内排水系统					
7. 装置区围堰、罐区防火堤外是否设置排水切换阀，正常情况下通向雨水系统的阀门是否关闭，通向应急池或污水处理系统的阀门是否打开					
8. 所有生产装置、罐区、油品及化学原料装卸台、作业场所和危险废物贮存设施（场所）的墙壁、地面冲洗水和受污染的雨水（初期雨水）、消防水，是否都能排入生产废水系统或独立的处理系统					
9. 是否有防止受污染的冷却水、雨水进入雨水系统的措施，受污染的冷却水是否都能排入生产废水系统或独立的处理系统					
10. 各种装卸区（包括厂区码头、铁路、公路）产生的事故液、作业面污水是否设置污水和事故液收集系统，是否有防止事故液、作业面污水进入雨水系统或水域的措施					
11. 有排洪沟（排洪涵洞）或河道穿过厂区时，排洪沟（排洪涵洞）是否与渗漏观察井、生产废水、清净下水排放管道连通					
三、雨水、清净下水和污（废）水的总排口					
12. 雨水、清净下水、排洪沟的厂区总排口是否设置监视及关闭闸（阀），是否设专人负责在紧急情况下关闭总排口，确保受污染的雨水、消防水和泄漏物等排出厂界					
13. 污（废）水的排水总出口是否设置监视及关闭闸（阀），是否设专人负责关闭总排口，确保不合格废水、受污染的消防水和泄漏物等不会排出厂界					
四、突发大气环境事件风险防控措施					
14. 企业与周边重要环境风险受体的各种防护距离是否符合环境影响评价文件及批复的要求					
15. 涉有毒有害大气污染物名录的企业是否在厂界建设针对有毒有害污染物的环境风险预警体系					
16. 涉有毒有害大气污染物名录的企业是否定期监测或委托监测有毒有害大气特征污染物					
17. 突发环境事件信息通报机制建立情况，是否能在突发环境事件发生后及时通报可能受到污染危害的单位和居民					

表 7-11　隐患排查记录表

序号	隐患描述	整改措施	整改期限	责任人	责任主管	排查时间	备注(附照片)

表 7-12　企业突发环境事件应急管理隐患排查表

排查内容	具体排查内容	排查结果		
		是，证明材料	否，具体问题	其他情况
1. 是否按规定开展突发环境事件风险评估，确定风险等级	(1)是否编制突发环境事件风险评估报告，并与预案一起备案			
	(2)企业现有突发环境事件风险物质种类和风险评估报告相比是否发生变化			
	(3)企业现有突发环境事件风险物质数量和风险评估报告相比是否发生变化			
	(4)企业突发环境事件风险物质种类、数量变化是否影响风险等级			
	(5)突发环境事件风险等级确定是否正确合理			
	(6)突发环境事件风险评估是否通过评审			
2. 是否按规定制定突发环境事件应急预案并备案	(7)是否按要求对预案进行评审，评审意见是否及时落实			
	(8)是否将预案进行了备案，是否每三年进行回顾性评估			
	(9)出现下列情况预案是否进行了及时修订 1）面临的突发环境事件风险发生重大变化，需要重新进行风险评估； 2）应急管理组织指挥体系与职责发生重大变化； 3）环境应急监测预警机制发生重大变化，报告联络信息及机制发生重大变化； 4）环境应急应对流程体系和措施发生重大变化； 5）环境应急保障措施及保障体系发生重大变化； 6）重要应急资源发生重大变化； 7）在突发环境事件实际应对和应急演练中发现问题，需要对环境应急预案做出重大调整的			

续表

排查内容	具体排查内容	排查结果		
		是，证明材料	否，具体问题	其他情况
3. 是否按规定建立健全隐患排查治理制度，开展隐患排查治理工作和建立档案	(10)是否建立隐患排查治理责任制			
	(11)是否制定本单位的隐患分级规定			
	(12)是否有隐患排查治理年度计划			
	(13)是否建立隐患记录报告制度，是否制定隐患排查表			
	(14)重大隐患是否制定治理方案			
	(15)是否建立重大隐患督办制度			
	(16)是否建立隐患排查治理档案			
4. 是否按规定开展突发环境事件应急培训，如实记录培训情况	(17)是否将应急培训纳入单位工作计划			
	(18)是否开展应急知识和技能培训			
	(19)是否健全培训档案，如实记录培训时间、内容、人员等情况			
5. 是否按规定储存必要的环境应急装备和物资	(20)是否按规定配备足以应对预设事件情景的环境应急装备和物资			
	(21)是否已设置专职或兼职人员组成的应急救援队伍			
	(22)是否与其他组织或单位签订应急救援协议或互救协议			
	(23)是否对现有物资进行定期检查，对已消耗或耗损的物资装备进行及时补充			
6. 是否按规定公开突发环境事件应急预案及演练情况	(24)是否按规定公开突发环境事件应急预案及演练情况			

三、重视有害废物的管理

在企业生产过程中，产生大量废旧物资，例如废管道、废罐体等。一些企业将废旧物品当作废品外卖，其实这存在着较大的环境隐患，容易造成二次污染及危害。特别是一些盛装过有毒有害化学品的包装物、容器，若未经处理就被卖掉，往往会产生不良后果。在实际工作中就出现过在河中清洗盛装过颜料的编织袋，引起河水大面积污染的事件；国家在新刑法实施后首批判处重大环境污染事故罪的案件中，就有一起是由于随意放空买来的旧氯气罐引起严重环境破坏而获罪的；再比如近年来全国发生的多起废旧放射源失控而引起的人员伤害和公众恐慌，也多为废源疏于管理或管理不当造成的。因此，在环境管理中要重视对废旧物品的分类管理，树立环境风险意识，避免因废旧物品引发的环境问题。

对有害废物管理的要点如下：

（1）对各种有害渣进行鉴别、标记、登记、建档；

（2）进行单独的收集、贮存和运输；

（3）按照有关规定认真确定处置场地、处置方法，严格操作管理，并建立长期的观察制度；

（4）采取防洪措施，防止对大气、土壤、水体的污染，保护工作人员及附近居民的安全与健康。

工业企业产生的危险废物是环境管理重点，是否属于危险废物按照国家危险废物名录(2021年版)进行判别，未在该名录内，但可能为危险废物的，需要进行危险废物鉴定，根据鉴定结果判定是否属于危险废物。危险废物需要有专门的危险废物暂存间储存危险废物，暂存间门口和内部贮存标识见图7-13。危险废物出入库台账见表7-13。危险废物转移联单见表7-14。

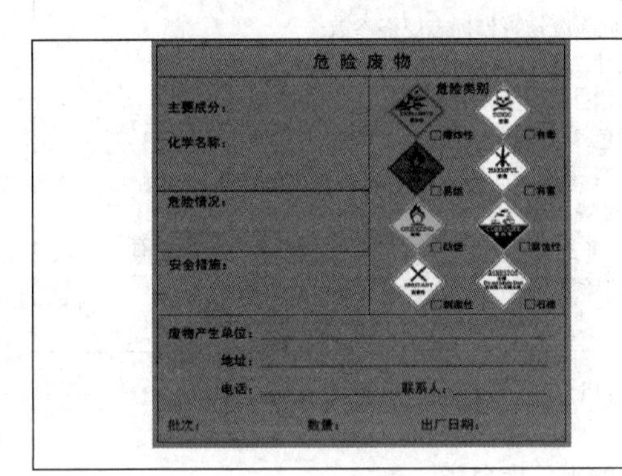

说　明

1.危险废物标签尺寸颜色

尺　　寸:20cm × 20cm

底　　色:醒目的橘黄色

字　　体:黑体字

字体颜色:黑色

2.危险类别:按危险废物种类选择。

3.材料为不干胶印刷品。

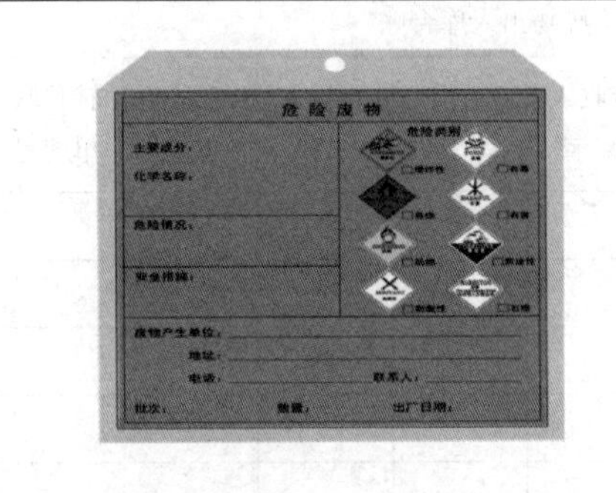

说　明

1.危险废物标签尺寸颜色

尺　　寸:10cm × 10cm

底　　色:醒目的橘黄色

字　　体:黑体字

字体颜色:黑色

2.危险类别:按危险废物种类选择。

3.材料为印刷品。

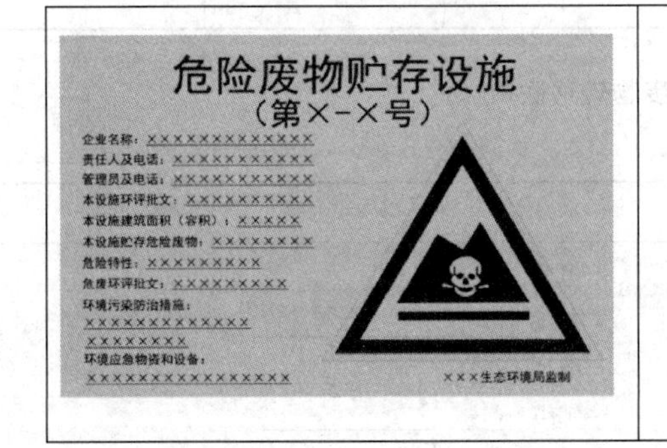

说　明

1.危险废物警告标志规格参数:

尺寸:90cm × 60cm;

外檐:2.5cm;

颜色:背景为黄色,图形为黑色;

材料:采用1.5~2mm冷轧钢板,或者采用5mm铝板。

2.设置位置:

立式固定在每一处储罐、贮槽等不适合平面固定的贮存设施。

图7-13　危险废物暂存间门口和内部贮存标识

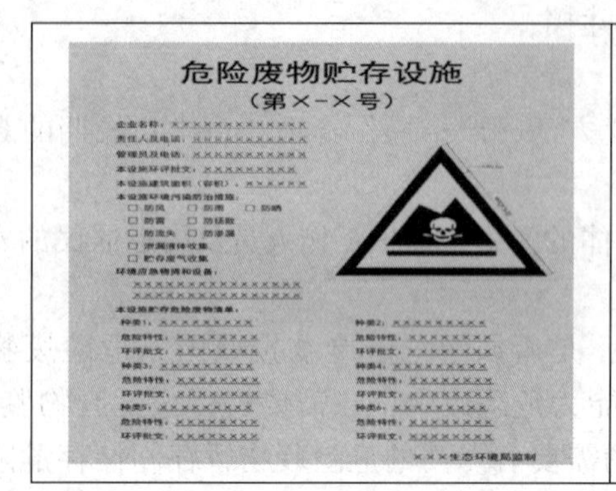

说 明

1.危险废物警告标志规格参数:

尺寸:100cm × 120cm;

外檐:2.5cm;

颜色:背景为黄色,图形为黑色;

材料:采用1.5~2mm冷轧钢板,或者采用5m铝板。

2.设置位置:

平面固定在每一处危险废物贮存设施外的显著位置。

说 明

1.危险废物警告标志规格参数:

尺寸:75cm × 45cm;

外檐:2.5cm;

颜色:背景为黄色,图形为黑色;

材料:采用5mm铝板,不锈钢边框2cm压边。

2.设置位置:

贮存设施内部分区,固定于每一种危险废物存放区域的墙面、栅栏内部等位置。

图 7-13 危险废物暂存间门口和内部贮存标识(续)

表 7-13 危险废物出入库台账

××××年×××(HW××)危险废物出入库台账											
日期	产废部门	入库量/t	包装形式	容器数量	存放位置	接收人签字	出库/t	厂商	经手人签字	转移联单编号	库存量

表 7-14 危险废物转移联单

编号：____________

第一部分：废物产生单位填写

产生单位________________单位盖章　　电话____________

通讯地址________________　　邮编____________

运输单位________________　　电话____________

通讯地址________________　　邮编____________

接收单位________________　　电话____________

通讯地址________________　　邮编____________

续表

废物名称__________ 类别编号__________ 数量__________
废物特性__________ 形态__________ 包装方式__________
外运目的：中转贮存☐ 利用☐ 处理☐ 处置☐
主要危险成分__________ 紧急与应急措施__________
发运人__________运达地__________转移时间____年____月____日

第二部分：废物运输单位填写

运输者须知：你必须核对以上栏目事项，当与实际情况不符时，有权拒绝接受。
第一承运人__________ 运输日期____年____月____日
车(船)型：__________牌号__________道路运输证号__________
运 输 起 点 __________ 经 由 地 __________ 运 输 终 点 __________ 运 输 人 签 字__________
第二承运人__________运输日期____年____月____日
车(船)型：__________牌号__________道路运输证号__________
运 输 起 点 __________ 经 由 地 __________ 运 输 终 点 __________ 运 输 人 签 字__________

第三部分：废物接受单位填写

接受者须知：你必须核实以上栏目内容，当与实际情况不符时，有权拒绝接受。
经营许可证号__________接收人__________接收日期__________
废物处置方式：利用☐ 贮存☐ 焚烧☐ 安全填埋☐ 其他☐

单位负责人签字__________单位盖章 日期__________

四、工业污染源管理方法

工业企业环境管理首先从确定主要污染源和污染物入手，制定企业的污染综合防治规划。针对造成污染物流失的主要原因，采取有效的措施。国内一些环境保护先进企业在工业企业污染源管理方面已取得了不少经验，在实践中运用和创造了一些工业企业污染源管理方法，主要有：污染源管理的PDCA循环法、污染物流失总量管理法、污染源调查评价与控制法、物料衡算法等。下面介绍前两种方法。

(一) 污染物流失管理的PDCA循环法

PDCA(英文全称为Plan Do Check Action)法是一种先进的科学管理方法，它的整个工作程序充分体现了生产管理与环境管理的融合和统一。运用PDCA方法来控制化工生产过程中污染物的流失，是防治化学工业污染的一种有效的科学工作方法。

PDCA循环法包括四个过程和八个步骤，见表7-15。

PDCA循环法的四个过程是：计划(P)、执行(D)、检查(C)及处理(A)。

第一阶段是计划。首先是要找出造成污染物流失的问题所在。从工厂排出的许多污染物中找出数量大、毒性重的污染物的流失情况。通过环境监测，摸清污染状况，掌握污染信息，然后通过调查研究和运用数理统计方法分析原因。再从种种原因中找出污染物流失的主要原因。下一步是拟订措施，制定计划，提出控制污染物流失目标，并把控制目标落实到各部门、各环节。污染物控制计划主要有：

（1）污染物控制指标计划。列有污染物流失绝对量、处理率、合格率。

（2）污染物治理措施计划。

表 7-15 PDCA 循环过程、步骤与方法

代号	序号	步骤	方法	代号	序号	步骤	方法
P	1	找出存在问题	排列图、直方图、控制图	D	5	执行措施计划	按计划执行完成措施
	2	分析存在问题的原因	因果剖析图	C	6	检查效果	排列图、直方图、控制图
	3	找出影响大的一个或几个原因	排列图、相关图	A	7	巩固措施	标准化制度或修改作业标准，检查标准及各种规程规范
	4	研究对策指定计划			8	遗留问题	反映到下一轮计划

第二阶段是执行。就是将制定的计划和措施，具体组织实施和执行。

第三阶段是检查。就是把执行的工作结果和预定目标对比，检查计划执行过程中出现的问题。检查效果也需运用数理统计方法以数据的形式反映于数理统计图表之中，从而组成一个“污染信息”与“效果信息”的“传递—反馈”系统，又叫信息管理系统。

第四阶段是处理。一方面处理问题和总结经验教训，制定和修改各种作业标准，巩固治理效果。另一方面把没有解决的遗留问题转入下一个管理循环，作为下次计划的目标之一。

PDCA 循环法的八个步骤是：分析原因、找出主要原因（P 阶段）、研究对策、采取措施（D 阶段）、检查效果（C 阶段）、巩固措施、处理遗留问题（A 阶段）。

（二）污染物流失总量管理

污染物流失总量管理是以污染物流失总量这个指标为中心建立起来的工业企业环境管理办法。其目的是对工业企业的污染物实行从原料投入时就开始的全面定量的监督和控制，并采用各种措施使企业有计划、有步骤地减少污染物的产出和流失。这种管理办法由沈阳市化工局提出，于 1980 年开始在该局所属的企业执行。

实行污染物流失总量管理，一般按以下三个步骤进行：总量测算、总量剖析、总量控制。总量测算是基础，总量剖析是总量管理的手段，而总量控制则是总量管理的目的。

1. 污染物流失总量 A

污染物流失总量是指企业在生产过程中使用或生成的污染物最终流失到环境的数量。一般而言，企业生产过程中使用或生成的污染物是通过以下三条途径进入环境的：

（1）有组织（可以计量或监测的）排放形式的“三废”流失，即排放性流失（A_{I}）；

（2）无组织（不能计量或监测的）排放形式的跑冒滴漏，即设备性流失（A_{II}）；

（3）以杂质形式附着于产品、副产品、回收品中，随着使用所造成的流失，即使用性流失（A_{III}）。

工业生产中的污染物流失总量 A 可用下式描述：

$$A=B-(a+b+c+d) \tag{7-1}$$

式中 B——生产过程中作原料使用的污染物量或生成的污染物量；

a——进入主产品中的污染物量；

b——进入副产品、回收品中的污染物量；

c——在生产过程中分解、转化为别的物质的污染物量；

d——经净化处理(成为无污染物质)掉的污染物量。

2. 测算步骤

测算内容一般包括四个部分。

(1) 列出生产过程和它的化学反应方程式。一般要画出工艺流程方框图，并根据工艺次序分布列出主副反应式，还要根据测算需要将各步主反应归结成一个总方程式，以明确各种物质在生产过程中相互变化的关系，为测算提出理论基础；

(2) 当量换算。依据上述关系，求出污染物在主、副产品、回收品以及原料、中间体结构中所占的重量比值；

(3) 搜集报告期的基础数据。如产量、质量、原料消耗定额及原料质量、副产品和回收产品数量质量、产品的收得率、转化率、净化处理量和有关监测数据；

(4) 进行测算。用所收集的数据，按下述公式进行计算。

3. 计算公式

污染物流失量的计算有产量法和定额法。一般采用定额法。定额法的计算方法为，首先算出单位产品的污染物流失定额 $A_{定}$，然后乘以产量 M，即得污染物的流失总量 A。

$$A=A_{定}\cdot M \tag{7-2}$$

$$A_{定}=B_{定}-(a_{定}+b_{定}+c_{定}+d_{定}) \tag{7-3}$$

式中 M——报告期主产品产量，t；

$A_{定}$——单位产品的污染物流失量，即流失定额，kg/t；

$B_{定}$——单位产品所使用(或生成)的污染物量，kg/t；

$a_{定}$——单位主产品中污染物量，kg/t；

$b_{定}$——与单位产品相对应的副产品、回收品中污染物量，kg/t；

$c_{定}$——单位产品所转化、分解掉的污染物量，kg/t；

$d_{定}$——单位产品净化处理掉的污染物量，kg/t。

(三) 污染物流失总量控制法

1. 有毒物品种类的确定

按产品制定环境物控制标准，首先要确定控制哪些化学产品，控制哪些污染物(有害物)的排放。主要考虑以下几个方面：

(1) 国家颁布的环境标准中要求控制的有害物质；地区要求控制的有害物质；

(2) 毒性大、危害大的物品类；

(3) 量大、面广、危害大的品类；

(4) 列入的品类一般应是可以监测、考核的。确定应列入计划的有害物品类时，应由行业内各企业讨论提出意见，经主管司、局和环保部门审定。

2. 控制指标的确定

如何按产品确定控制标准是一个复杂的过程，既要从行业的技术水平和管理水平出发，又要考虑地区的环境质量要求。

(1) 调查、测算某产品的污染物流失总量，监测计算与物料衡算相结合。最好是组织同行业统一选点调查、选择二三个生产正常、设备管理较好、监测力量较强的企业，进行集中测定。

（2）进行流失量剖析，按流失原因分类统计。分为：①由于管理不善造成的流失；②由于设备生产能力不平衡或设备陈旧落后、维修不好造成的流失；③需采取重大技术措施或净化处理的。

（3）按平均先进的原则，确定流失总量，第一步要求控制在60%~70%。

（4）控制指标确定后，由生产主管部门统一下达，与生产指标统一考核。

（四）主要污染物追踪分析

1. 污染源调查

结合地区的环境污染状况对本企业的污染源进行评价，确定主要污染源和主要污染物；做出污染源分布图；查明主要污染物排放口。

2. 进行污染工艺剖析，分析污染物流失原因

通过物料衡算，查清主要污染物的分布，经对主要污染物追踪分析，确定出主要排放点及流失途径。

3. 根据环境目标确定本企业的污染控制指标，计算出应削减的主要污染物排放量

根据已查明的主要排放点及流失途径提出综合防治措施。如企业的控制指标是"等标污染负荷的削减量"，则削减量的分配和防治方案的组合都要运用系统分析方法优化。

（五）实施ISO14000，规范企业环境管理

国际标准化组织（ISO）继承ISO9000系列标准出台之后，于是1993年6月成立了"环境管理技术委员会"（ISO/TC207）负责研究、制定和实施环境管理方面的国际标准，通称为ISO14000系列标准，它是企业建立环境管理体系和通过审查认证的准则。

ISO14001将企业的管理体系从原材料来源的环境影响，到生产过程的节能、降耗、减污，乃至污染物的治理和综合利用，尽可能多地开发低污染或无污染的产品，使企业形成以环保为引线，从采购、生产、新产品的开发到污染物的末端治理等全过程、全方位的管理，均处于受控状态。

（1）明确主管领导，组建工作组，分层次抓好相关人员的学习，做好宣传工作。

（2）根据本企业的生产和管理现状，制定本企业的环境方针；实施现状测试和评价。

（3）进行企业的环境初期评审，明确环境管理体系的关键职责的部门和个人，编制环境管理手册和体系的程序文件。

（4）对员工分期分批进行ISO14000系列标准的系统培训，并进行内审员资格培训。

（5）进行内部评审，对不合格项及时整改。

（6）向有认证审核资格的第三方机构申请现场审核，并对审核中发现的不合格项进行整改，由该审核机构在第二次审核认证中予以确认，对第二次审核中发现的次要不合格项进行整改，并将整改情况报认证审核机构认可，方可获得审核的相关证书。

日本企业"绿色经营"理念

日本所有的企业都有自己的"绿色经营"理念。日本富士通公司的理念是，作为信息产业，要以环境、经济、社会作为三个支柱，通过在三个方面有责任感的行动为社会可持续发展做出贡献；日立公司的理念是从我做起，以创造环境价值的企业为发展目标；东芝公司的理念是通过实践协调经济、环境和社会的环境经营，为循环型社会做出贡献；松下公司的目标是与地球环境共生，生活上实现新的丰裕，同时限制对环境的影响；这些理念并不止于清谈，每个企业都在理念基础上制定中长期目标，追求及达到零排放，循环利用再生资源和开发环保产品都有具体量化指标。每年提出环境报告书，上面写着当年该企业

在环保方面的成绩。

国民对企业的环境经营起着监督作用。日本有一个名叫“绿色购买”的非政府组织，共有2807个团体参加。在日本，消费者买什么，不仅是看价格合理，更重要的是看产品是否有利于环境，对环保产品市场的形成起着重要作用。绿色购买组织负责调查市场，向人们提供绿色产品指南等，正是由于这个原因，松下公司推出的节水洗碗机和无氟冰箱在市场上特别走俏。

垃圾变废为宝，日本成绩突出。每年日本家庭中排出的垃圾在50Mt以上，分类之后就会变废为宝。垃圾中容器和包装占60%，现在饮料瓶的回收率已占50%。充电电池含有的镍、镉、钴、铅等金属，均有再利用价值，所以日本商场和小卖铺很多都有回收充电电池的循环箱，人们在购买新电池时随手把旧电池扔在箱子里。

各种节能和利用可再生能源技术的开发在日本如火如荼。太阳能发电、风力发电、生物发电、燃料电池、地热发电、热泵节能技术，都保持世界领先水平。各种节能产品不断提高节能效率，如松下推出的节能冰箱与10年前生产的冰箱相比，节电达90%。

人与自然环境共生在日本深入人心，破坏环境就等于损害人类自身。环保落实到每个人的行动上。

（六）积极推行清洁生产

清洁生产产生于20世纪70年代，在工业领域得到了广泛的应用。清洁生产的目标包括清洁的生产过程和清洁的产品两个层次的含义。清洁生产的目标是节能、降耗，减少污染物的生产与排放量。清洁生产方式的基本手段是改进工艺，强化管理，最大限度地提高资源的利用效率。清洁生产的方法是通过绿色审计和项目改造，即通过审计发现排污部位、排放原因，并选择消除和减少排污的措施，就是用清洁的能源、原材料、清洁的工艺技术、无污染或少污染的生产方式、科学严格的管理措施，生产清洁产品，保护人类与环境，提高企业的应急效益，推行清洁生产方式的实质是企业不断改进、不断创新的过程，结合ISO14000环境管理体系标准实施清洁生产，需要企业不断学习和利用新技术、新工艺、新材料，不断提出新目标，从而达到更高的水平。

我国现行的清洁生产标准见表7-16。

表7-16　我国现行的清洁生产标准

序号	实施日期	标准
1	2016-03-01 实施	清洁生产标准 油脂工业（棉籽）（DB65/T 3849—2016）地方标准（新疆）
2	2009-10-01 实施	清洁生产标准氧化铝业（HJ 473—2009）
3	2009-10-01 实施	清洁生产标准 纯碱行业（HJ 474—2009）
4	2008-08-01 实施	清洁生产标准 电石行业（HJ/T 430—2008）
5	2008-11-01 实施	清洁生产标准 淀粉工业（HJ 445—2008）
6	2009-03-01 实施	清洁生产标准 葡萄酒制造业（HJ 452—2008）
7	2010-09-01 实施	清洁生产标准 酒精制造业（HJ 581—2010）
8	2008-11-01 实施	清洁生产标准 味精工业（HJ 444—2008）
9	2008-03-01 实施	清洁生产标准 白酒制造业（HJ/T 402—2007）

续表

序号	实施日期	标准
10	2006-10-01 实施	清洁生产标准 啤酒制造业(HJ/T 183—2006)
11	2003-06-01 实施	清洁生产标准 炼焦行业(HJ/T 126—2003)
12	2008-03-01 实施	清洁生产标准 烟草加工业(HJ/T 401—2007)
13	2006-10-01 实施	清洁生产标准 氮肥制造业(HJ/T 188—2006)
14	2010-03-01 实施	清洁生产标准 宾馆饭店业(HJ 514—2009)
15	2010-02-01 实施	清洁生产标准 铅电解业(HJ 513—2009)
16	2008-08-01 实施	清洁生产标准 化纤行业(涤纶)(HJ/T 429—2008)
17	2008-08-01 实施	清洁生产标准 钢铁行业(炼钢)(HJ/T 428—2008)
18	2008-08-01 实施	清洁生产标准 钢铁行业(烧结)(HJ/T 426—2008)
19	2010-05-01 实施	清洁生产标准 铜冶炼业(HJ 558—2010)
20	2010-05-01 实施	清洁生产标准 铜电解业(HJ 559—2010)
21	2009-02-01 实施	清洁生产标准 印制电路板制造业(HJ 450-2008)
22	2009-08-01 实施	清洁生产标准 钢铁行业(铁合金)(HJ 470—2009)
23	2007-10-01 实施	清洁生产标准 镍选矿行业(HJ/T 358—2007)
24	2006-10-01 实施	清洁生产标准 电解铝业(HJ/T 187—2006)
25	2006-10-01 实施	清洁生产标准 纺织业(棉印染)(HJ/T 185—2006)
26	2006-10-01 实施	清洁生产标准 甘蔗制糖业(HJ/T 186—2006)
27	2003-06-01 实施	清洁生产标准 石油炼制业(HJ/T 125—2003)
28	2010-02-01 实施	清洁生产标准 粗铅冶炼业(HJ 512—2009)
29	2009-10-01 实施	清洁生产标准 氯碱工业(烧碱)(HJ 475—2009)
30	2008-08-01 实施	清洁生产标准 钢铁行业(高炉炼铁)(HJ/T 427—2008)
31	2010-05-01 实施	清洁生产标准 制革工业(羊革)(HJ 560—2010)
32	2009-02-01 实施	清洁生产标准 煤炭采选业(HJ 446—2008)
33	2008-11-01 实施	清洁生产标准 石油炼制业(沥青)(HJ 443—2008)
34	2007-10-01 实施	清洁生产标准 化纤行业(氨纶)(HJ/T 359—2007)
35	2008-08-01 实施	清洁生产标准 制订技术导则(HJ/T 425—2008)
36	2006-12-01 实施	清洁生产标准 铁矿采选业(HJ/T 294—2006)
37	2009-02-01 实施	清洁生产标准 制革工业(牛轻革)(HJ 448—2008)
38	2007-02-01 实施	清洁生产标准 人造板行业(中密度纤维板)(HJ/T 315—2006)
39	2003-06-01 实施	清洁生产标准 制革行业(猪轻革)(HJ/T 127—2003)
40	2009-07-01 实施	清洁生产标准 造纸工业(废纸制浆)(HJ 468—2009)
41	2007-02-01 实施	清洁生产标准 钢铁行业(中厚板轧钢)(HJ/T 318—2006)
42	2006-10-01 实施	清洁生产标准 食用植物油工业(豆油和豆粕)(HJ/T 184—2006)
43	2009-10-01 实施	清洁生产标准 氯碱工业(聚氯乙烯)(HJ 476—2009)
44	2007-02-01 实施	清洁生产标准 乳制品制造业(纯牛乳及全脂乳粉)(HJ/T 316—2006)
45	2007-10-01 实施	清洁生产标准 彩色显像(示)管生产(HJ/T 360—2007)
46	2010-01-01 实施	清洁生产标准 废铅酸蓄电池铅回收业(HJ 510—2009)
47	2006-10-01 实施	清洁生产标准 基本化学原料制造业(环氧乙烷/乙二醇)(HJ/T 190—2006)

续表

序号	实施日期	标准
48	2007-07-01 实施	清洁生产标准 造纸工业(硫酸盐化学木浆生产工艺)(HJ/T 340—2007)
49	2007-02-01 实施	清洁生产标准 造纸工业(漂白碱法蔗渣浆生产工艺)(HJ/T 317—2006)
50	2007-07-01 实施	清洁生产标准 造纸工业(漂白化学烧碱法麦草浆生产工艺)(HJ/T 339—2007)

(七)企业应开展产品生命周期评估分析

产品的生命周期是指一种产品取之自然又回归自然的全过程，包括原材料的采掘和生产、产品加工制造、运输与分配与营销、使用(回用)、再循环及最终处理等各个阶段。生命周期评估分析是考察产品各个生命阶段、各种环境干预下产生的环境效应(或影响)，并比较这些效应的优劣，从而为产品的开发、生产改造提供各类信息支持。

生命周期评价标准见表7-17。两种环境管理模式及其差异见图7-14、图7-15、表7-18。

表7-17 生命周期评价标准

序号	实施日期	标准
1	2008-11-01 实施	GB/T 24044—2008 环境管理 生命周期评价 要求与指南
2	2013-10-01 实施	GB/T 29156—2012 金属复合装饰板材生产生命周期评价技术规范(产品种类规则)
3	2013-10-01 实施	GB/T 29157—2012 浮法玻璃生产生命周期评价技术规范(产品种类规则)
4	2014-05-01 实施	GB/T 30052—2013 钢铁产品制造生命周期评价技术规范(产品种类规则)

表7-18 两种环境管理模式的差异

项目	末端控制的环境管理模式	全过程环境管理模式
基本特征	“资源-产品-废弃物排放”单方向流程组成的开环式系统	“资源-产品-再生资源”反馈式流程的封闭式系统
态度	抵抗性的适应环境管理规制	事前反应，价值增值
基本假设	自然资源的永续与无限性，产品在分销与使用过程中不产生对自然系统构成威胁的废弃物，自然降解能力的无限性	资源的有限，废弃物排放是客观存在的，自然降解的能力有限
核心思想	管道末端控制污染排放物	循环经济与生态工业理论
基本原则	以最低的投入利用过滤器等管道控制技术使得排放物达到环境规制的最低要求；强调单一环境管理技术的应用	通过全过程的创新与重组实现资源减量化、再利用、在循环与整个产品链的价值增值，强调多种环境技术在产品的全过程中的集成与应用
涉及主体	企业内某一部门的操作层	整个供应链内各成员内各部门的协调，建立跨职能、跨组织的集成的环境管理体系
涉及流程	产品的生产过程	产品的设计、原材料采购、制造、分销、运输、消费、废弃物回收与处理等
代表技术	过滤器	绿色供应链管理

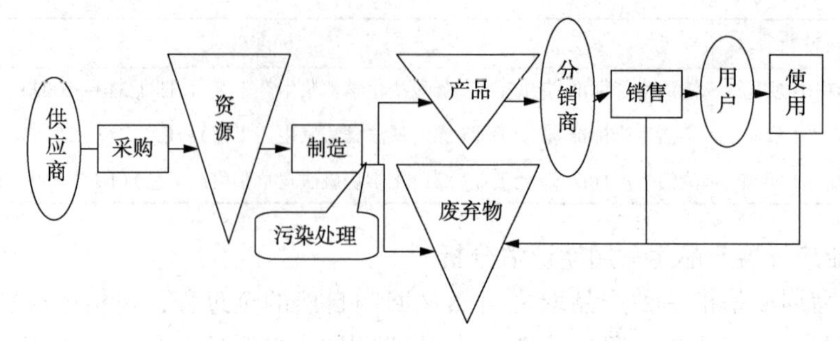

图 7-14　末端控制的环境管理模式

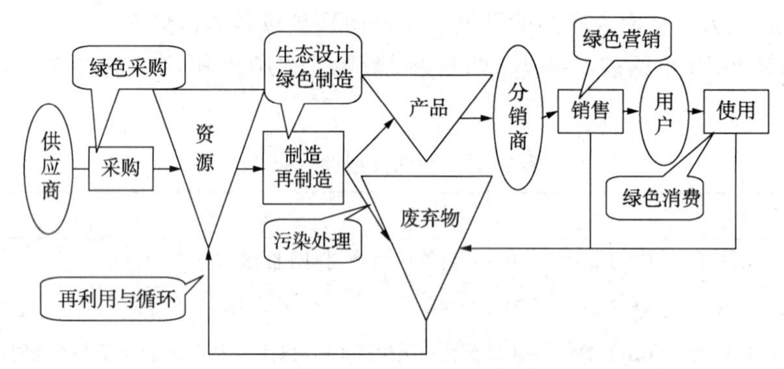

图 7-15　全过程环境管理模式

思考题

1. 什么是工业企业环境管理？
2. 工业企业环境管理的内容有哪些？
3. 试述工业企业环境管理与生产管理的关系。
4. 工业企业环境管理的内容是什么？
5. 工业企业环境管理机构的设置及职责各是什么？
6. 什么是工业企业环境管理体制？其特点是什么？
7. 工业企业污染源管理途径有哪些？
8. 简述工业企业污染源管理的方法。
9. 比较末端控制的环境管理模式和全过程环境管理模式的差异。
10. 简述清洁生产的定义、内容和意义。
11. 简述产品生命周期的定义、内容，以及进行产品生命周期评价的过程。

第八章　区域环境管理

本章重点

本章要求熟悉我国城市和农村的环境状况、存在的环境问题，掌握城市环境保护的措施和对策及加强农村环境保护的措施。

第一节　城市环境管理

一、城市环境管理

（一）城市的环境问题

城市是人类社会政治、经济、文化、科学教育的中心，经济活动和人口高度密集，面临巨大的资源与环境压力。截至 2019 年，我国共有 679 座城市。2019 年全国城市市辖区土地面积为 20.05695 万平方公里，仅占全国土地总面积的 2.09%。2019 年城镇常住人口约 8.48 亿，占全国人口的 60.6%，市辖区的人口密度为 2613 人/平方公里，人口密度高。城市化率从 1993 年的 28%提高到了 2019 年的 41.7%，城市化水平不断提高，进入快速增长期。

城市在整个国民经济中占有十分重要的地位。城市对我国 GDP 的贡献为 65.5%。而并非广为人知的事实是：世界十大环境污染最严重的城市当中有一半已落入了中国的版图之内，更加触目惊心的事实是：1/3 的中国地区降过酸雨，七大中国河流中有一半污染严重，1/4 的中国居民没有清洁的饮水源，1/3 的城市居民不得不呼吸着污浊的空气，只有不到 20%城市垃圾经过环保处理。环境污染也提高了生产成本，造成的经济损失占到国民生产总值的 8%到 15%，而人民的健康代价更是无法估算。在北京，70%～80%的癌症病因与环境有关，尤其是肺癌，已经成为居民的第一大死因。城市是人类社会文明发展到一定历史时期的产物，它的产生和发展决定于经济的发展，同时也受上层建筑的影响，近几十年来，城市人口的迅速增长和经济的高速发展引起了一系列的环境问题。

1. 水体污染问题突出

由于城市人口的急剧增长和工业的飞速发展，大量的污水没有得到妥善处理而直接排入水体，致使水环境遭到严重的破坏。我国的水体污染近期呈上升趋势，全国有监测资料的

1200多条河流中，850多条受到污染，在七大水系中，辽河、海河、淮河污染严重，在统计的138个城市河段中，有133个河段受到了不同程度的污染。全国范围内78%的河段不适宜做饮用水水源，50%的地下水受到污染，西安、北京等许多城市出现了供水危机。据估计，我国每年因污染而造成的经济损失达400亿元。

2. 大气质量严重恶化

工业和交通运输业迅速发展以及化石燃料的大量使用，将粉尘、硫氧化物、氮氧化物、碳氧化物、臭氧等物质排入大气层，使大气质量严重恶化。我国大气污染属“煤烟型”污染，全国城市空气中总悬浮微粒浓度普遍超标，平均浓度达309μg/m^3；二氧化硫浓度水平较高，部分城市污染相当严重，北方城市平均值达到83μg/m^3。我国的本溪市也曾经因烟雾弥漫而被称为“卫星上看不到的城市”。而大气中硫化物、氮氧化物严重超标导致了全国大部分地区出现酸雨，宜宾、长沙等城市酸雨出现频率大于90%，长沙降雨的平均pH值已达到3.54，酸雨的降落不仅破坏生态环境，而且加剧建筑物、铁道和桥梁的腐蚀与破损，给工农业带来巨大的损失。而由大气污染引起的温室效应和臭氧层破坏更是直接地威胁到人类的生存。

3. 固体废物泛滥成灾、垃圾围城现象严重

人类的生活和生产产生了大量的固体废物，目前我国每年产生的工业固体废物为6.6亿吨，其中有害废物为(3000~4000)万吨，累积量超过64亿吨，侵占5亿多平方米土地；每年的生活垃圾量为1亿吨，并以每年7%~8%的速度增长。由于我国的固体废物露天堆积，全国有三分之二的城市处于垃圾的包围之中。固体废物到处堆放，不仅有碍观瞻、侵占土地、传染疾病，而且在自身严重污染环境的同时加剧了水体、大气、土壤的污染。

4. 噪声扰民现象普遍存在

目前随着我国城市工业、交通运输和文化娱乐事业的快速发展，噪声扰民的现象愈发突出。根据44个国控网络城市监测结果，全国三分之二以上的城市居民生活在噪声超标的环境中，区域环境噪声等效声级分布在51.5~65.8dB(A)，其中洛阳、大同、开封、海口和兰州五座城市噪声平均等效声级超过60dB(A)；道路交通噪声等效声级范围为68.0~76.3dB(A)。

城市经济的快速发展、人口的急剧膨胀、资源的大量消耗，部分城市市区原有的自然生态系统破坏严重，地表大部分被建筑物、混凝土路面所覆盖。由此，引发了各种各样的环境问题，影响了城市居民的日常生活，制约着城市的健康发展。

（二）城市环保的发展阶段

中国政府一贯将城市环境保护作为环境保护工作的重点，城市环境管理工作伴随整个环境保护事业的发展走过了40多年的历程。自1973年中国环保事业起步以来，中国的城市环境保护经历了工业污染的点源治理、污染综合防治、城市环境综合整治和生态建设与环境质量全面改善四个发展阶段。

1. 工业点源治理阶段(1973~1978年)

该阶段城市环境保护的主要工作是控制大气污染、工业“三废”综合利用和主要污染物

的净化处理。

2. 污染综合防治阶段(1979~1983 年)

该阶段主要在城区开展了污染综合防治工作，一些城市区域的污染治理已经初见成效。

3. 环境综合整治阶段(1984~1999 年)

实施城市环境综合整治和城市环境综合整治定量考核，把工业污染防治与城市基础设施建设有机结合起来，由单纯污染治理向调整产业结构和城市布局转变。

4. 生态建设与环境质量全面改善阶段(2000 年至今)

随着城市环境管理进一步深化，我国城市步入生态建设与环境质量全面改善的新阶段，并向着创建国家环境保护模范城市、探索生态型城市和不断提升城市可持续发展能力等方向不断迈进。

经过 40 年的不断努力，中国城市环境质量状况虽然还不尽如人意，但已开始逐渐向好的方向转变。理论上，城市生态环境修复是一个漫长的过程，城市环境状况的转变需要几年甚至是几十年的时间，因此，只有不断地、持续地和有效地推动城市环境保护综合整治工作，才能实现城市“水清、天蓝”的美好理想。

(三) 城市的环境质量

我国城市环境污染一直比较严重。近年来，在各级政府和其他社会力量的共同努力下，城市环境保护工作取得了一定的成效。城市环境恶化的趋势总体上得到了控制；城市基础设施建设不断加强；部分城市的环境质量得到了显著改善。但是，我国城市环境的总体情况不容乐观，城市水污染和大气污染一直处于较高的水平，垃圾处理水平低，噪声污染较重，城市环境保护工作仍然面临着巨大的压力和挑战。

1. 水环境质量状况

我国城市污水排放一直保持着较高的水平，严重污染城市水体。2017 年，全国废水排放总量 700. 0 亿吨。其中，工业废水排放量 384. 6 亿吨，占废水排放总量的 54. 9%，比上年减少 5. 7%；城镇生活污水排放量 315. 4 亿吨，占废水排放总量的 45. 1%，比上年增加 4. 0%。废水中化学需氧量排放量 1022. 0 万吨，比上年减少 2. 3%。废水中氨氮排放量 139. 5 万吨，比上年减少 1. 6%。

我国城市水环境保护面临的另一主要问题是：截至 2017 年年底，中国城市污水处理率为 88. 8%，尚有一部分污水没有处理排入环境。截至 2018 年 6 月底，全国设市城市累计建成污水处理厂 5000 多座，污水处理能力达 1. 90 亿立方米/日，年产生含水量 80%的污泥 5000 多万吨(不含工业污泥 4000 多万吨)。

“水十条”规定，地级及以上城市污泥无害化处理处置率应于 2020 年底前达到 90%以上。而根据调研结果显示，我国污水处理厂所产生的污泥，有 70%没有得到妥善处理，污泥随意堆放及所造成的污染与再污染问题已经突显出来，并且引起了社会的关注。污水再生利用水平有待提高。一些企业超标排污，严重影响污水处理厂安全运行，造成大量城市生活和工业污水未经安全处理就直接排放，造成水体严重污染。

流经城市的河段近 90%受到污染，城市内湖水质较差。城市水体主要污染因子为化学需氧量、总磷和总氮。

根据《2019中国生态环境状况公报》，2019年全国地表水监测的1931个水质断面(点位)中，Ⅰ~Ⅲ类水质断面(点位)占74.9%，比2018年上升3.9个百分点；劣Ⅴ类占3.4%，比2018年下降3.3个百分点。主要污染指标为化学需氧量、总磷和高锰酸盐指数(图8-1，图8-2)❶。

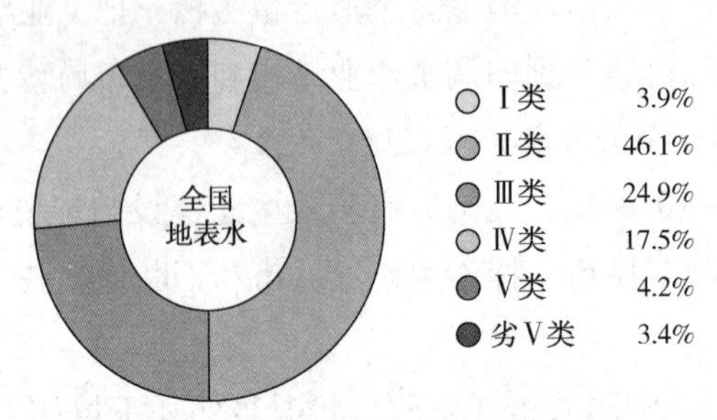

图8-1　2019年全国地表水总体水质状况

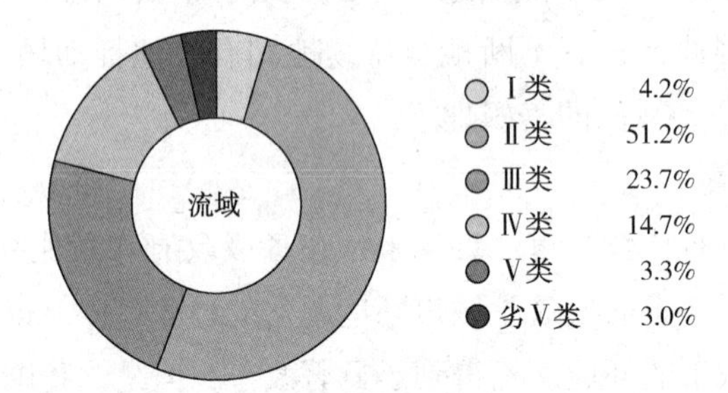

图8-2　2019年全国流域总体水质状况

2019年，长江、黄河、珠江、松花江、淮河、海河、辽河七大流域和浙闽片河流、西北诸河、西南诸河监测的1610个水质断面中，Ⅰ~Ⅲ类水质断面占79.1%，比2018年上升4.8个百分点；劣Ⅴ类占3.0%，比2018年下降3.9个百分点(图8-3)。主要污染指标为化学需氧量、高锰酸盐指数和氨氮。西北诸河、浙闽片河流、西南诸河和长江流域水质为优，珠江流域水质良好，黄河流域、松花江流域、淮河流域、辽河流域和海河流域为轻度污染。

2019年，开展水质监测的110个重要湖泊(水库)中，Ⅰ~Ⅲ类湖泊(水库)占69.1%，比2018年上升2.4个百分点；劣Ⅴ类占7.3%，比2018年下降0.8个百分点。主要污染指标为总磷、化学需氧量和高锰酸盐指数。

开展营养状态监测的107个重要湖泊(水库)中，贫营养状态湖泊(水库)占9.3%，中营

❶ 《"十三五"国家地表水环境质量监测网设置方案》建立的国家地表水环境质量监测网共布设1940个评价、考核、排名断面(点位)，2019年有1931个断面(点位)实际开展监测，其他9个因断流、交通阻断等原因未开展监测。依据《地表水环境质量标准》(GB 3838—2002)表1中除水温、总氮、粪大肠菌群外的21项指标标准限值，分别评价各项指标水质类别，按照单因子方法取水质类别最高者作为断面水质类别。Ⅰ、Ⅱ类水质可用于饮用水源一级保护区、珍稀水生生物栖息地、鱼虾类产卵场、仔稚幼鱼的索饵场等；Ⅲ类水质可用于饮用水源二级保护区、鱼虾类越冬场、洄游通道、水产养殖区、游泳区；Ⅳ类水质可用于一般工业用水和人体非直接接触的娱乐用水；Ⅴ类水质可用于农业用水及一般景观用水；劣Ⅴ类水质除调节局部气候外，几乎无使用功能。

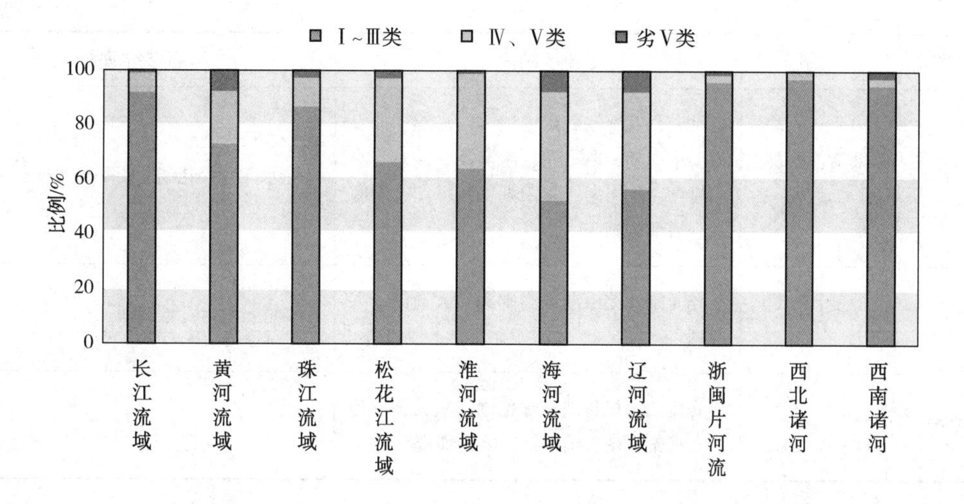

图 8-3　2019 年七大流域和浙闽片河流、西北诸河、西南诸河水质状况

养状态占 62.6%，轻度富营养状态占 22.4%，中度富营养状态 5.6%（表 8-1，图 8-4，图 8-5）❷。

表 8-1　2019 年重要湖泊（水库）水质

水质类别	三湖	重要湖泊	重要水库
Ⅰ类、Ⅱ类	—	红枫湖、香山湖、高唐湖、万峰湖、花亭湖、班公错、邛海、柘林湖、抚仙湖、泸沽湖	太平湖、新丰江水库、长潭水库、东江水库、隔河岩水库、湖南镇水库、董铺水库、鸭子荡水库、大伙房水库、瀛湖、南湾水库、密云水库、红崖山水库、高州水库、大广坝水库、里石门水库、大隆水库、水丰湖、铜山源水库、龙岩滩水库、丹江口水库、党河水库、怀柔水库、解放村水库、千岛湖、双塔水库、松涛水库、漳河水库、黄龙滩水库
Ⅲ类	—	斧头湖、衡水湖、莱子湖、骆马湖、东钱湖、梁子湖、西湖、武昌湖、升金湖、东平湖、南四湖、镜泊湖、黄大湖、百花湖、乌梁素海、阳宗海、洱海、赛里木湖、色林错	于桥水库、鹤地水库、峡山水库、察尔森水库、三门峡水库、云蒙湖、玉滩水库、崂山水库、磨盘山水库、鲁班水库、尔王庄水库、山美水库、王瑶水库、白龟山水库、小浪底水库、白莲河水库、鲇鱼山水库、富水水库

❷　艾比湖、乌伦古湖和纳木错氟化物天然背景值较高，羊卓雍错 pH 天然背景值较高，程海 pH、氟化物天然背景值较高，呼伦湖 COD_{Cr}、氟化物天然背景值较高。

续表

水质类别	三湖	重要湖泊	重要水库
Ⅳ类	太湖、巢湖、滇池	洪湖、龙感湖、阳澄湖、白洋淀、仙女湖、洪泽湖、白马湖、南漪湖、沙湖、小兴凯湖、焦岗湖、鄱阳湖、瓦埠湖、洞庭湖、博斯腾湖	莲花水库、松花湖、昭平台水库
Ⅴ类	—	异龙湖、淀山湖、高邮湖、大通湖、兴凯湖	—
劣Ⅴ类	—	艾比湖、杞麓湖、呼伦湖、星云湖、程海、乌伦古湖、纳木错、羊卓雍错	—

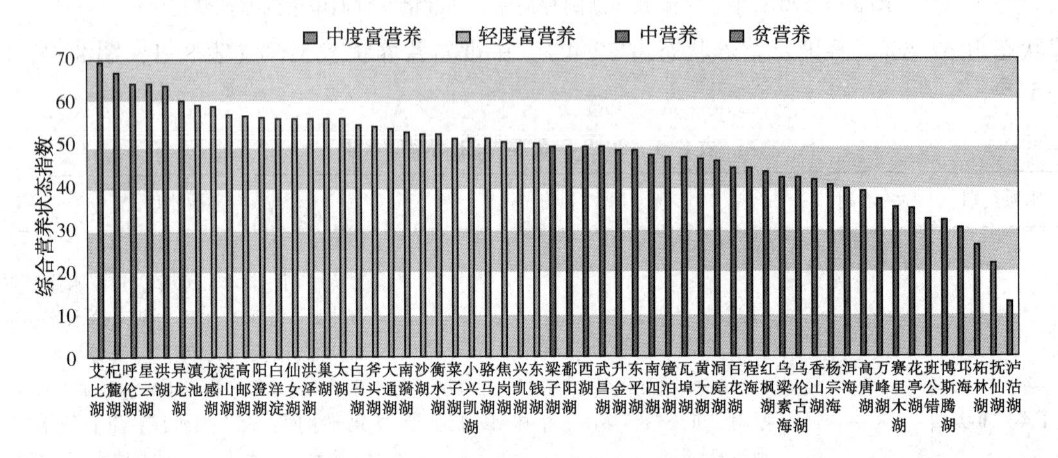

图 8-4　2019 年重要湖泊营养状态比较

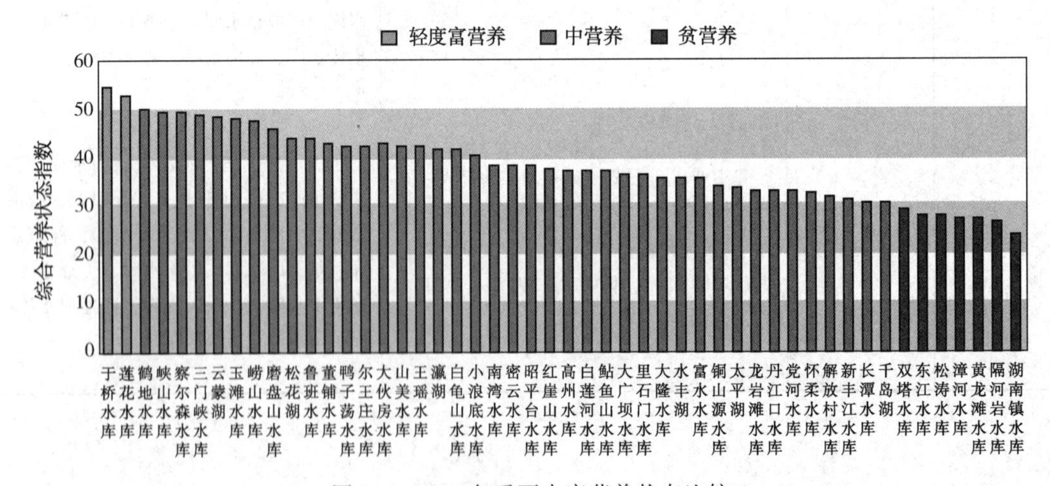

图 8-5　2019 年重要水库营养状态比较

2019 年，全国 10168 个国家级地下水水质监测点中，Ⅰ～Ⅲ类水质监测点占 14.4%，Ⅳ类占 66.9%，Ⅴ类占 18.8%。全国 2830 处浅层地下水水质监测井中，Ⅰ～Ⅲ类水质监测井占 23.7%，Ⅳ类占 30.0%，Ⅴ类占 46.2%。超标指标为锰、总硬度、碘化物、溶解性总固体、铁、氟化物、氨氮、钠、硫酸盐和氯化物。

2019 年，监测的 336 个地级及以上城市的 902 个在用集中式生活饮用水水源断面(点位)中，830 个全年均达标，占 92.0%。其中地表水水源监测断面(点位)590 个，565 个全年均达标，占 95.8%，主要超标指标为总磷、硫酸盐和高锰酸盐指数；地下水水源监测点位 312 个，265 个全年均达标，占 84.9%，主要超标指标为锰、铁和硫酸盐，主要是由于天然背景值较高所致。

根据《2019 中国生态环境状况公报》和《2019 年中国海洋生态环境状况公报》，2019 年，Ⅰ类水质海域面积占管辖海域面积的 97.0%，比 2018 年上升 0.7 个百分点；劣Ⅳ类水质海域面积为 28340 平方千米，比 2018 年减少 4930 平方千米。主要污染指标为无机氮和活性磷酸盐。

2019 年，全国近岸海域水质总体稳中向好，水质级别为一般，主要污染指标为无机氮和活性磷酸盐。优良(Ⅰ、Ⅱ类)水质海域面积比例为 76.6%，比 2018 年上升 5.3 个百分点；劣四类为 11.7%，比 2018 年下降 1.8 个百分点。

河北、广西和海南近岸海域水质为优，辽宁、山东、江苏和广东近岸海域水质良好，天津和福建近岸海域水质一般，上海和浙江近岸海域水质极差。

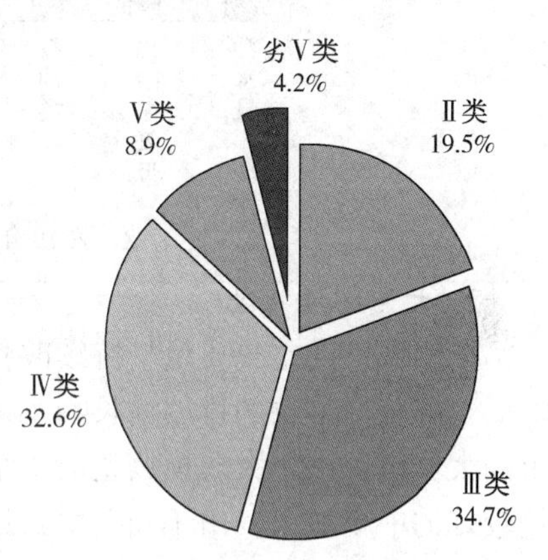

图 8-6　2019 年全国入海河流断面水质类别比例

全国入海河流水质状况总体为轻度污染，与上年同期相比无明显变化。190 个入海河流监测断面中，无Ⅰ类水质断面，同比持平；Ⅱ类水质断面 37 个，占 19.5%，同比下降 1.1 个百分点；Ⅲ类水质断面 66 个，占 34.7%，同比上升 9.4 个百分点；Ⅳ类水质断面 62 个，比例为 32.6%，同比上升 5.8 个百分比；Ⅴ类水质断面 17 个，比例为 8.9%，同比下降 3.5 个百分点；劣Ⅴ类水质断面 8 个，比例为 4.2%，同比下降 10.7 个百分点，具体见图 8-6、图 8-7。主要超标指标为化学需氧量、高锰酸盐指数、总磷、氨氮和五日生化需氧量，部分断面溶解氧、氟化物、石油类、汞、挥发酚和阴离子表面活性剂超标。

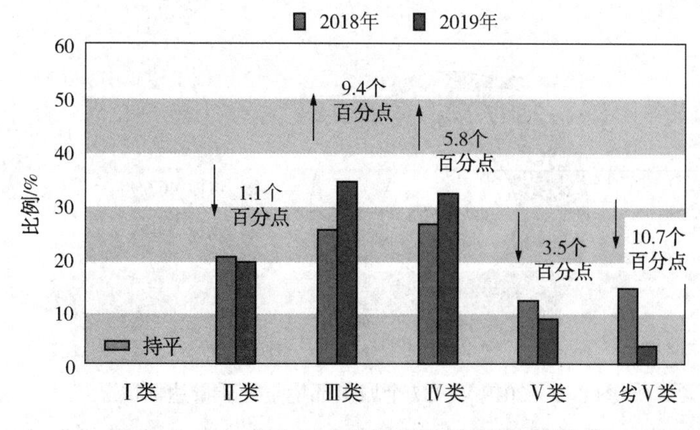

图 8-7　2019 年全国入海河流水质状况年际比较

2019 年，对 448 个污水日排放量大于 $100m^3$ 的直排海污染源监测结果显示，污水排放总量约 801089 万吨，不同类型污染源中，综合排污口污水排放量最大，其次为工业污染源，生活污染源排放量最小。除镉外，其余各项主要污染物均为综合排污口排放量最大(图 8-8)。

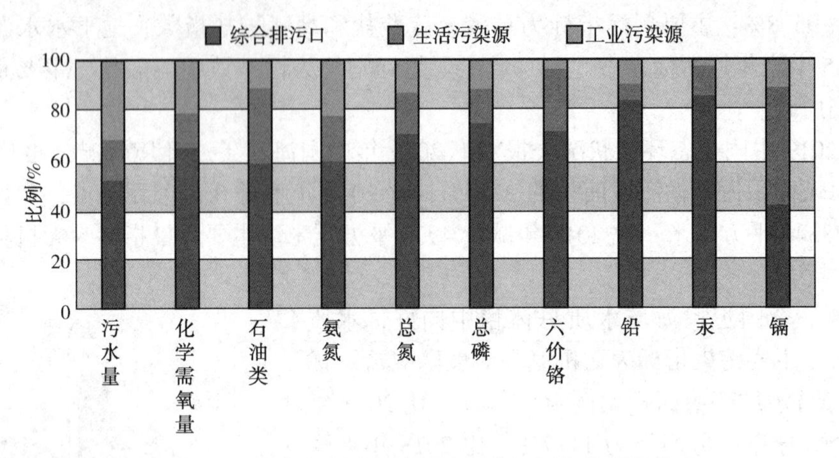

图 8-8 2019 年不同类型直排海污染源污染物排放情况

2. 大气环境状况

全国城市的空气质量呈持续改善的态势。城市空气中颗粒物、二氧化硫平均浓度均有所降低，部分污染物的排放增长趋势得到初步遏制。从不同规模城市来看，一些空气污染较严重的大城市，由于大规模调整能源结构，综合整治环境，空气质量有所改善；而一些空气质量较好的中小城市，由于经济增长过快、污染物排放有所增加，环保措施未跟上，空气质量则有所降低。

根据《2019 中国生态环境状况公报》，2019 年全国 337 个地级及以上城市(含直辖市、地级市、地区、自治州和盟)，157 个城市环境空气质量达标，占全部城市数的 46.6%；180 个城市环境空气质量超标，占 53.4%。337 个城市平均优良天数比例为 82.0%，其中，16 个城市优良天数比例为 100%、199 个城市优良天数比例在 80%～100%之间、106 个城市优良天数比例在 50%～80%之间、16 个城市优良天数比例低于 50%；平均超标天数比例为 18.0%，以 $PM_{2.5}$、O_3、PM_{10}、NO_2 和 CO 为首要污染物的超标天数分别占总超标天数的 45.0%、41.7%、12.8%、0.7%和不足 0.1%，未出现以 SO_2 为首要污染物的超标天(图 8-9)。

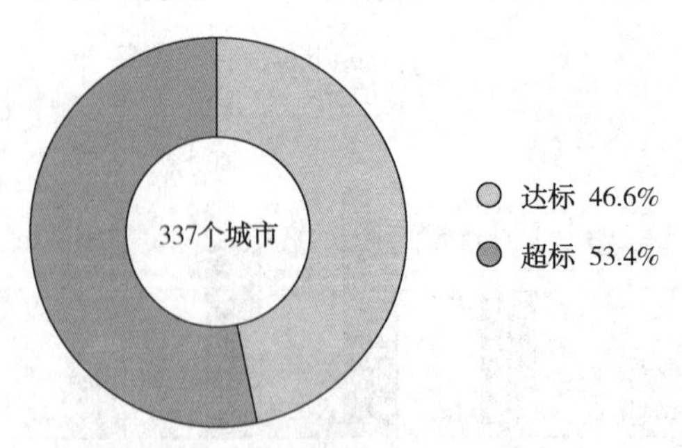

图 8-9 2019 年 337 个城市环境空气质量达标情况

337 个城市累计发生严重污染 452 天，比 2018 年减少 183 天；重度污染 1666 天，比

2018 年增加 88 天。以 $PM_{2.5}$、PM_{10}和 O_3为首要污染物的天数分别占重度及以上污染天数的 78.8%、19.8%和 2.0%，未出现以 SO_2、NO_2和 CO 为首要污染物的重度及以上污染(图 8-10，表 8-2)。

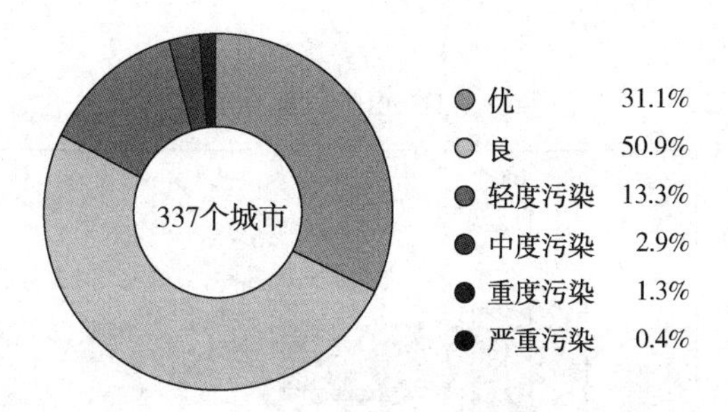

图 8-10　2019 年 337 个城市环境空气质量各级别天数比例

表 8-2　2019 年 337 个城市六项污染物各级别城市比例

指标	一级/%	二级/%	超二级/%
$PM_{2.5}$	4.5	48.4	47.2
PM_{10}	15.7	52.2	32.0
O_3	2.4	67.1	30.6
SO_2	94.4	5.6	0.0
NO_2	89.9(一级、二级标准相同)		10.1
CO	100.0(一级、二级标准相同)		0.0

2019 年，168 个地级及以上城市(包括京津冀及周边地区、长三角地区、汾渭平原、成渝地区、长江中游、珠三角地区等重点区域以及省会城市和计划单列市。)平均优良天数比例为 72.7%，其中，60 个城市优良天数比例在 80%~100%之间、94 个城市优良天数比例在 50%~80%之间、14 个城市优良天数比例低于 50%；平均超标天数比例为 27.3%，以 O_3、$PM_{2.5}$、PM_{10}、NO_2和 CO 为首要污染物的超标天数分别占总超标天数的 46.4%、45.8%、7.2%、0.9%和不足 0.1%，未出现以 SO_2为首要污染物的超标天(图 8-11)。

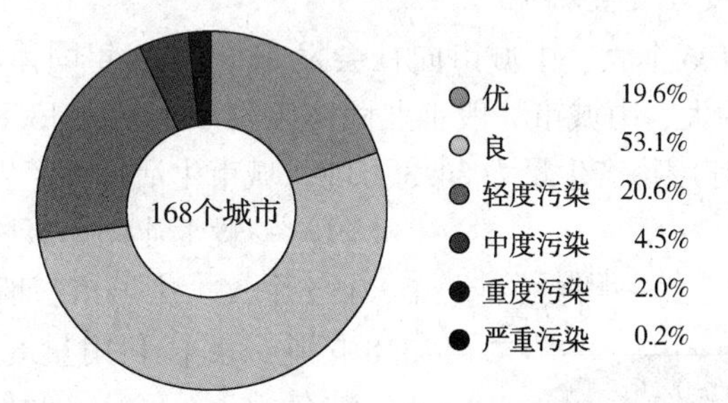

图 8-11　2019 年 168 个城市环境空气质量各级别天数比例

按照环境空气质量综合指数评价，环境空气质量相对较差的 20 个城市(从第 168 名到第 149 名)依次是安阳、邢台、石家庄、邯郸、临汾、唐山、太原、淄博、焦作、晋城、保定、济南、聊城、新乡、鹤壁、临沂、洛阳、枣庄、咸阳和郑州，相对较好的 20 个城市(从第 1 名到第 20 名)依次是拉萨、海口、舟山、厦门、黄山、福州、丽水、贵阳、深圳、台州、雅安、惠州、遂宁、珠海、昆明、张家口、南宁、温州、内江和广安。

2019 年，469 个监测降水的城市(区、县)酸雨频率平均为 10.2%，比 2018 年下降 0.3 个百分点。出现酸雨的城市比例为 33.3%，比 2018 年下降 4.3 个百分点；酸雨频率在 25% 及以上、50%及以上和 75%及以上的城市比例分别为 15.4%、8.3%和 2.6%(图 8-12，图 8-13)。

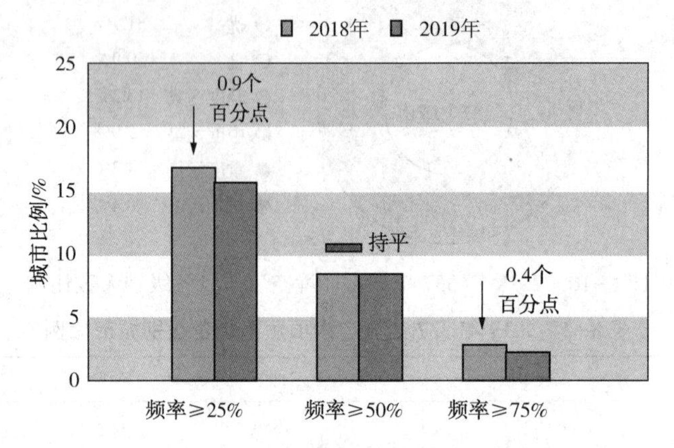

图 8-12　2019 年不同酸雨频率的城市比例年际比较

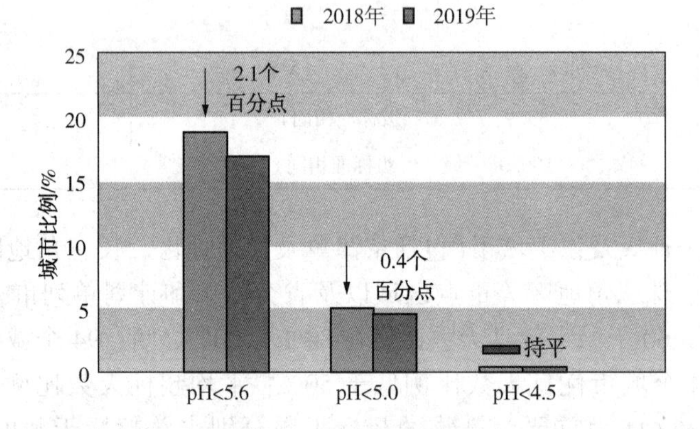

图 8-13　2019 年不同降水 pH 年均值的城市比例年际比较

3. 固体废物产生及处理处置状况

2020 年，全国共有 196 个大、中城市向社会发布了 2019 年固体废物污染环境防治信息。经统计，此次发布信息的大、中城市一般工业固体废物产生量为 13.8 亿吨，工业危险废物产生量为 4498.9 万吨，医疗废物产生量为 84.3 万吨，城市生活垃圾产生量为 23560.2 万吨。

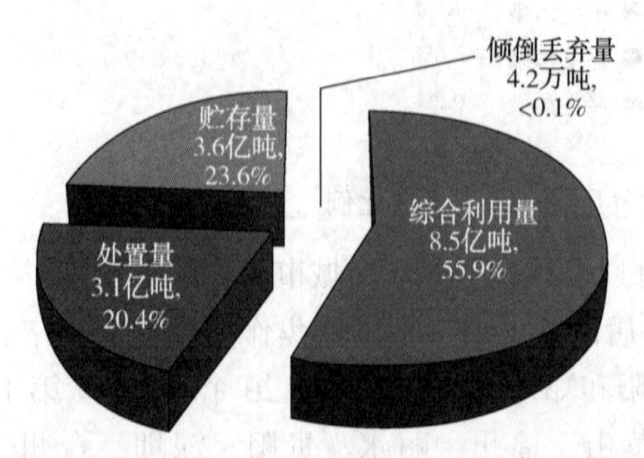

图 8-14　一般工业固体废物利用、处置等情况

(1) 一般工业固体废物产生及处理处置。2019 年，196 个大、中城市一般工业固体废物产生量达 13.8 亿吨，综合利用量 8.5 亿吨，处置量 3.1 亿吨，贮存量 3.6 亿吨，倾倒丢弃量 4.2 万吨。一般工业固体废物综合利用量占利用处置及贮存总量的 55.9%，处置和贮存分别占比 20.4%和 23.6%，综合利用仍然是处理一般工业固体废物的主要途径，部分城市对历史堆存的一般工业固体废物进行了有效的利用和处置。一般工业固体废物利用、处置等情况见图 8-14。

2019 年各省(区、市)大、中城市发布的一般工业固体废物产生情况见图 8-15。一般工业固体废物产生量排在前三位的省(区、市)是陕西、山东、江苏。

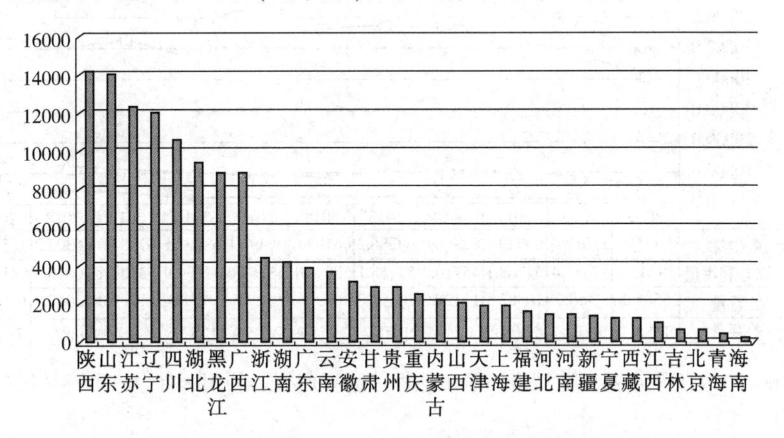

图 8-15　2019 年各省(区、市)一般工业固体废物产生情况(单位:万吨)

196 个大、中城市中,一般工业固体废物产生量居前 10 位的城市见表 8-3。前 10 位城市产生的一般工业固体废物总量为 3.7 亿吨,占全部信息发布城市产生总量的 26.8%。

表 8-3　2019 年一般工业固体废物产生量排名前十的城市

序号	城市名称	产生量/万吨
1	四川省攀枝花市	6283.7
2	辽宁省辽阳市	5037.6
3	广西壮族自治区百色市	4196.6
4	陕西省榆林市	4113.5
5	云南省昆明市	3674.8
6	山西省太原市	2901.9
7	辽宁省本溪市	2866.3
8	山东省烟台市	2852.5
9	江苏省苏州市	2763.7
10	陕西省安康市	2678.7
合计		37369.3

2009~2019 年,重点城市及模范城市的一般工业固体废物产生量、综合利用量、处置量及贮存量详见图 8-16。

(2)工业危险废物。2019 年,196 个大、中城市工业危险废物产生量达 4498.9 万吨,综合利用量 2491.8 万吨,处置量 2027.8 万吨,贮存量 756.1 万吨。工业危险废物综合利用量占利用处置及贮存总量的 47.2%,处置量、贮存量分别占比 38.5%和 14.3%,综合利用和处置是处理工业危险废物的主要途径,部分城市对历史堆存的危险废物进行了有效利用和处置。工业危险废物利用、处置等情况见图 8-17。

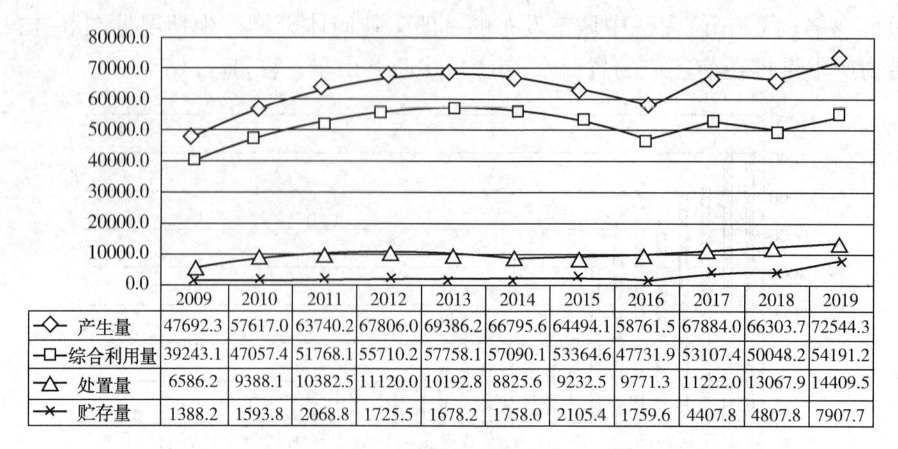

	2009	2010	2011	2012	2013	2014	2015	2016	2017	2018	2019
产生量	47692.3	57617.0	63740.2	67806.0	69386.2	66795.6	64494.1	58761.5	67884.0	66303.7	72544.3
综合利用量	39243.1	47057.4	51768.1	55710.2	57758.1	57090.1	53364.6	47731.9	53107.4	50048.2	54191.2
处置量	6586.2	9388.1	10382.5	11120.0	10192.8	8825.6	9232.5	9771.3	11222.0	13067.9	14409.5
贮存量	1388.2	1593.8	2068.8	1725.5	1678.2	1758.0	2105.4	1759.6	4407.8	4807.8	7907.7

图 8-16　2009～2019 年重点及模范城市一般工业固体废物产生、利用、处置、贮存情况（单位：万吨）

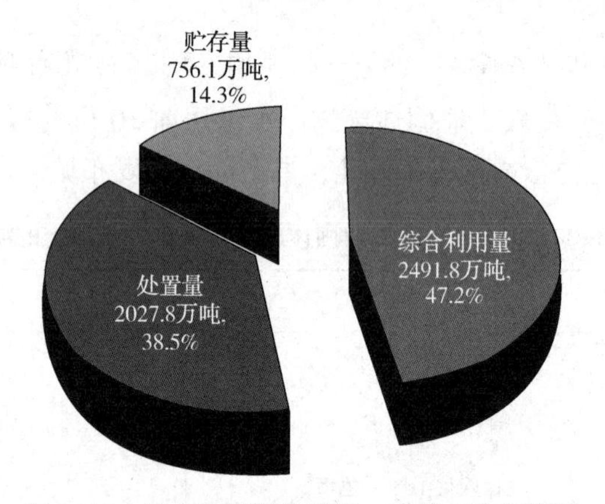

图 8-17　工业危险废物利用、处置、贮存情况

2019 年各省（区、市）大、中城市发布的工业危险废物产生情况见图 8-18。工业危险废物产生量排在前三位的省是山东、江苏、浙江。

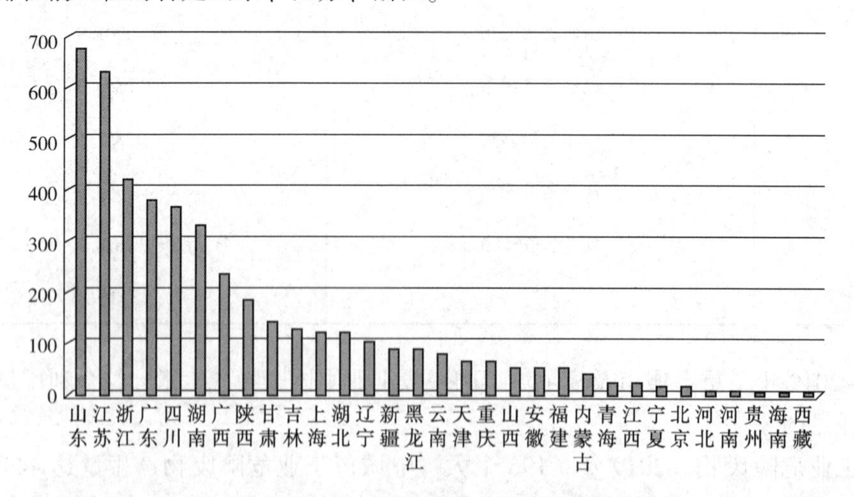

图 8-18　2019 年各省（区、市）工业危险废物产生情况（单位：万吨）

196 个大、中城市中，工业危险废物产生量居前 10 位的城市见表 8-4。前 10 名城市产生的工业危险废物总量为 1409. 6 万吨，占全部信息发布城市产生总量的 31. 3%。

表 8-4　2019 年工业危险废物产生量排名前十的城市

序号	城市名称	产生量/万吨
1	山东省烟台市	294. 3
2	四川省攀枝花市	200. 2
3	江苏省苏州市	161. 8
4	湖南省岳阳市	147. 0
5	上海市	124. 8
6	浙江省宁波市	119. 4
7	江苏省无锡市	103. 4
8	山东省日照市	91. 4
9	山东省济南市	84. 9
10	广西壮族自治区梧州市	82. 4
合计		1409. 6

2009~2019 年，重点城市及模范城市的工业危险废物产生量、综合利用量、处置量及贮存量详见图 8-19。

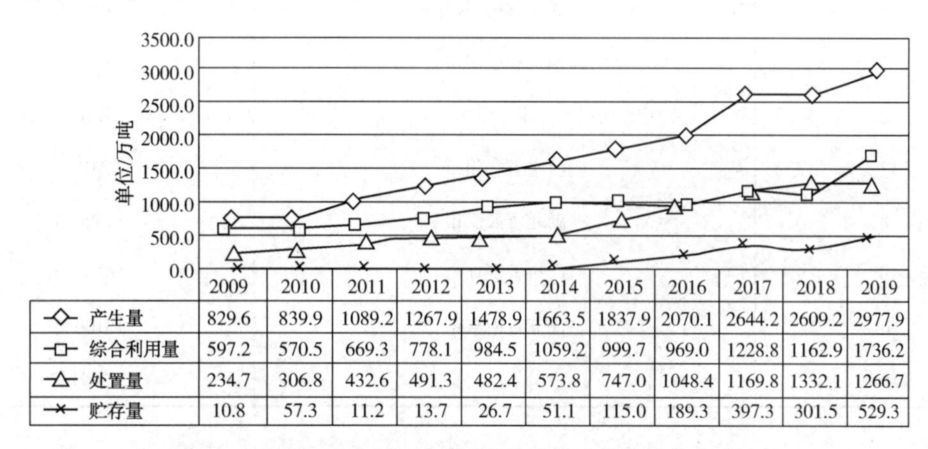

图 8-19　2009~2019 年重点及模范城市工业危险废物产生、利用、处置、贮存情况(单位：万吨)

(3) 医疗废物。2019 年，196 个大、中城市医疗废物产生量 84. 3 万吨，产生的医疗废物都得到了及时妥善处置。

各省(区、市)大、中城市发布的医疗废物产生情况见图 8-20。医疗废物产生量排在前三位的省是广东、四川、浙江。

196 个大、中城市中，医疗废物产生量居前 10 位的城市见表 8-5。医疗废物产生量最大的是上海市，产生量为 55713. 0t，其次是北京、广州、杭州和成都，产生量分别为 42800. 0t、27300. 0t、27000. 0t 和 25265. 8t。前 10 位城市产生的医疗废物总量为 27. 7 万吨，占全部信息发布城市产生总量的 32. 9%。

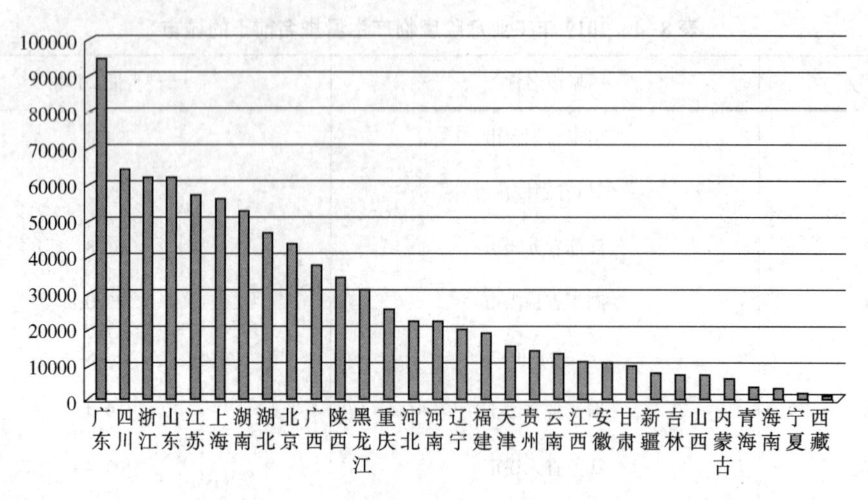

图 8-20　2019 年各省(区、市)医疗废物产生情况(单位：t)

表 8-5　2019 年医疗废物产生量排名前十的城市

序号	城市名称	医疗废物产生量/t
1	上海市	55713.0
2	北京市	42800.0
3	广东省广州市	27300.0
4	浙江省杭州市	27000.0
5	四川省成都市	25265.8
6	重庆市	25210.8
7	河南省郑州市	21701.6
8	湖北省武汉市	19500.0
9	广东省深圳市	16500.0
10	江苏省南京市	16100.0
合计		277091.2

2009~2019 年，重点城市及模范城市的医疗废物产生量及处置量详见图 8-21。

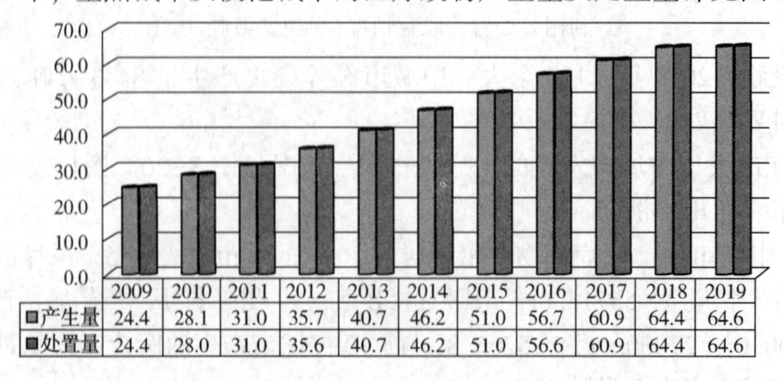

图 8-21　2009~2019 年重点城市及模范城市的医疗废物产生及处置情况(单位：万吨)

（4）城市生活垃圾。2019 年，196 个大、中城市生活垃圾产生量 23560.2 万吨，处理量 23487.2 万吨，处理率达 99.7%。各省(区、市)大、中城市发布的生活垃圾产生情况见图 8-22。

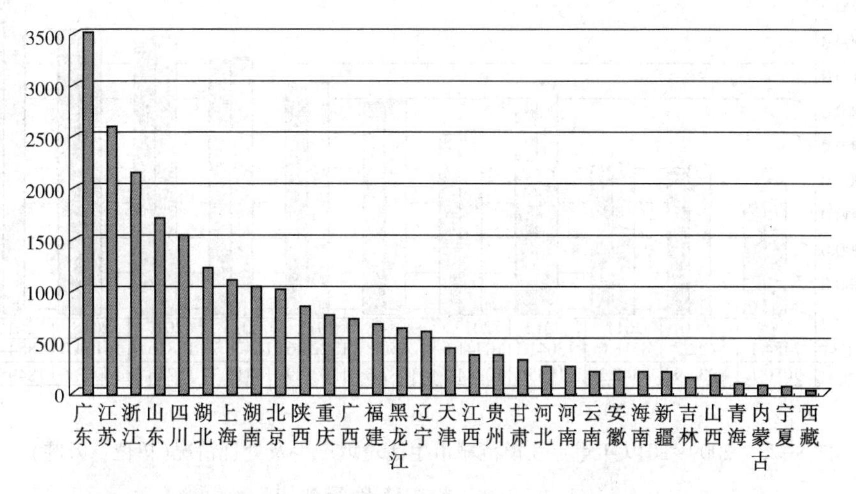

图 8-22　2019 年各省(区、市)城市生活垃圾产生情况(单位：万吨)

196 个大、中城市中，城市生活垃圾产生量居前 10 位的城市见表 8-6。城市生活垃圾产生量最大的是上海市，产生量为 1076.8 万吨，其次是北京、广州、重庆和深圳，产生量分别为 1011.2 万吨、808.8 万吨、738.1 万吨和 712.4 万吨。前 10 位城市产生的城市生活垃圾总量为 6987.1 万吨，占全部信息发布城市产生总量的 29.7%。

表 8-6　2019 年城市生活垃圾产生量排名前十的城市

序号	城市名称	城市生活垃圾产生量/万吨
1	上海市	1076.8
2	北京市	1011.2
3	广东省广州市	808.8
4	重庆市	738.1
5	广东省深圳市	712.4
6	四川省成都市	685.9
7	江苏省苏州市	595.0
8	浙江省杭州市	473.7
9	广东省东莞市	449.0
10	广东省佛山市	436.2
合计		6987.1

2009~2019 年，重点城市及模范城市的城市生活垃圾产生量及处理量详见图 8-23。

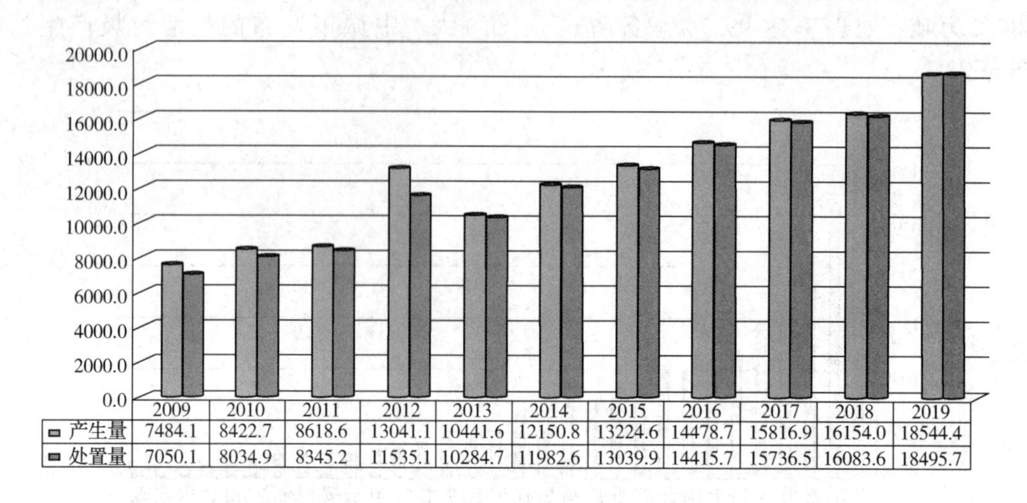

	2009	2010	2011	2012	2013	2014	2015	2016	2017	2018	2019
产生量	7484.1	8422.7	8618.6	13041.1	10441.6	12150.8	13224.6	14478.7	15816.9	16154.0	18544.4
处置量	7050.1	8034.9	8345.2	11535.1	10284.7	11982.6	13039.9	14415.7	15736.5	16083.6	18495.7

图 8-23　2009~2019 年重点及模范城市生活垃圾产生及处理情况(单位：万吨)

4. *声环境质量状况*

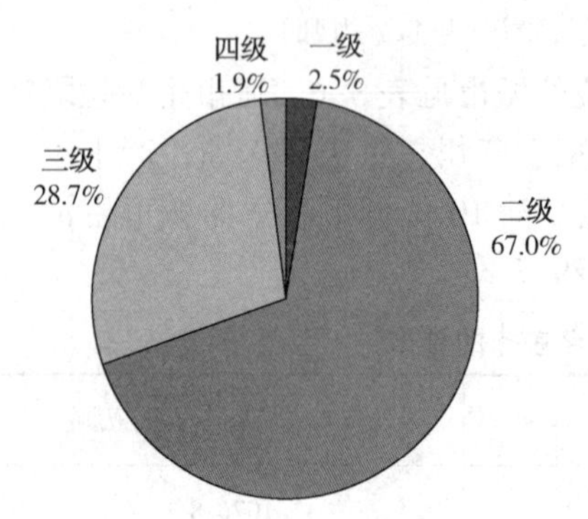

图 8-24　2019 年全国城市昼间区域声环境质量等级分布比例

（1）区域声环境。根据《2019 中国生态环境状况公报》和《中国环境噪声污染防治报告 2020》，2019 年开展昼间区域声环境监测的 321 个地级及以上城市平均等效声级为 54. 3 分贝。8 个城市昼间区域声环境质量为一级，占 2. 5%；215 个城市为二级，占 67. 0%；92 个城市为三级，占 28. 7%；6 个城市为四级，占 1. 9%；无五级城市，见图 8-24。

与 2018 年相比，全国城市昼间区域声环境质量为一级的城市比例下降 1. 5 个百分点；二级的城市比例上升 3. 5 个百分点；三级的城市比例下降 2. 0 个百分点；四级的城市比例上升 0. 7 个百分点；五级的城市比例下降 0. 6 个百分点，见图 8-25。

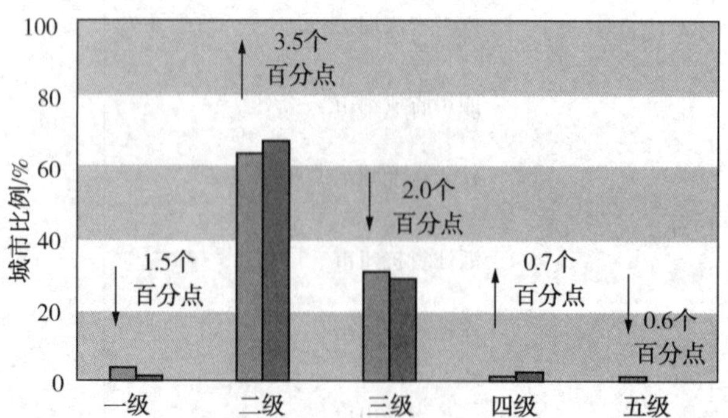

图 8-25　2019 年全国城市昼间区域声环境质量各级别城市比例年际比较

（2）道路交通声环境。根据《2019 中国生态环境状况公报》和《中国环境噪声污染防治报告2020》，2019年开展昼间道路交通声环境监测的322个地级及以上城市平均等效声级为66.8分贝。221个城市昼间道路交通声环境质量为一级，占68.6%；84个城市为二级，占26.1%；15个城市为三级，占4.7%；2个城市为四级，占0.6%；无五级城市，见图8-26。

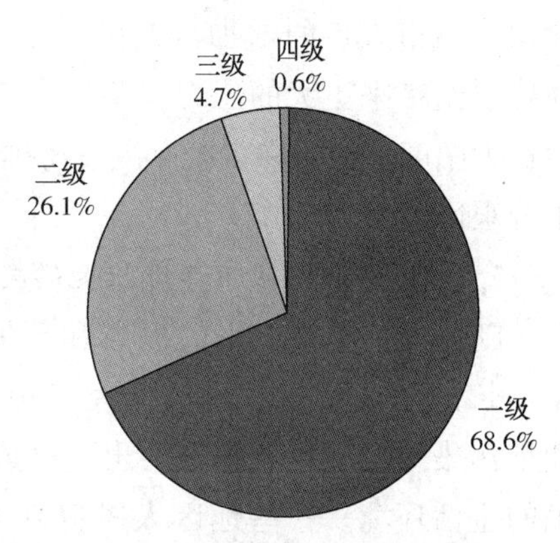

图8-26　2019年全国城市昼间道路交通噪声强度等级比例

与2018年相比，昼间道路交通噪声强度评价为一级的城市比例上升2.2个百分点；二级的城市比例下降2.6个百分点；三级的城市比例上升0.7个百分点；四级的城市比例下降0.3个百分点；五级的城市比例与上年持平，具体见图8-27。

(3) 城市功能区声环境。根据《2019中国生态环境状况公报》，2019年开展功能区声环境监测的311个地级及以上城市各类功能区昼间达标率为92.4%，夜间达标率为74.4%(表8-7)。

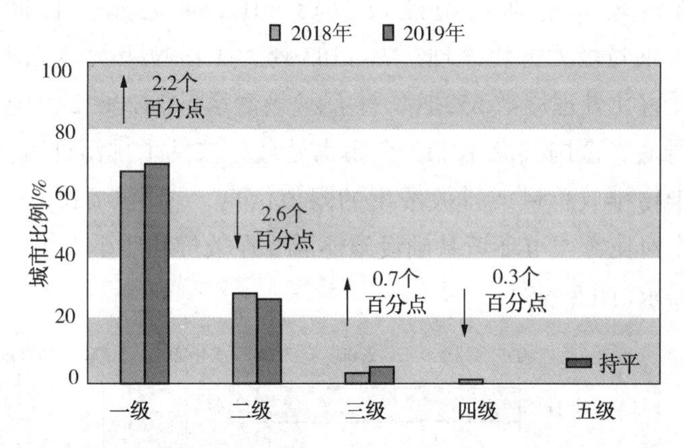

图8-27　2019年全国城市昼间道路交通声环境质量各级别城市比例年际比较

表8-7　2019年全国城市各类功能区达标率年际比较　　%

年份	0类		1类		2类		3类		4a类		4b类	
	昼	夜	昼	夜	昼	夜	昼	夜	昼	夜	昼	夜
2019	74.0	55.0	86.1	71.4	92.5	83.8	97.1	88.8	95.3	51.8	95.8	83.3
2018	71.8	56.3	87.4	71.6	92.8	82.2	97.5	87.6	94.0	51.4	100.0	78.4

(四) 城市环境保护面临的主要问题

1. 粗放型的经济增长方式和城市人口的不断增长加剧城市的环境压力

中国城市经济一直保持高速增长态势，并且长期以来延续的是一种“高投入、高消耗和高排放”的粗放式增长模式，资源的高消耗和技术水平相对较低，必然带来污染物的高排放，这使得城市赖以存在的自然生态环境面临越来越严重的威胁，城市环境承载力已趋于饱和；城市经济的快速发展，使城市资源、能源的消耗也快速增长，城市化进程的加快，城市人口的增加，人民生活水平的提高和消费升级，都给原本趋紧的城市资源、环境供给带来更大的压力，并将进一步加剧城市水资源短缺，生活污水、垃圾等废弃物产生量大幅度增加，许多城市污染物排放总量超过环境容量，保护和改善城市环境质量的任务十分艰巨。

2. 人民群众对城市环境状况的要求越来越高

随着人民生活水平的提高和环境意识的增强，城市的环境质量已远不能满足群众日益增长的环境要求。目前，大气污染、垃圾围城、机动车污染、噪声扰民、扬尘污染、油烟污染等环境问题都很突出，已成为城市居民环境投诉最多的问题，直接影响城市居民的生活环境。一些地区人民群众对城市环境的需求与现实的环境状况存在较大差距，矛盾突出。

3. 城市环境基础设施建设难以支撑城市的可持续发展

中国城市环境基础设施建设相当薄弱，特别是生活污水集中处理、生活垃圾无害化处理和危险废物处置等建设能力尤显不足。近年来我国城市环境基础设施有了较快的发展。据统计，2019 年我国城镇环境基础设施建设投资 6017.84 亿元，工业污染源治理投资 6151513.43 万元。生活垃圾无害化处理厂共 1183 座，生活垃圾焚烧无害化处理厂 389 座，生活垃圾卫生填埋无害化处理厂数 652 座，生活垃圾清运量 24206.2 万吨，无害化处理率达 99.2%。2020 年 1 月底，全国共有 10113 个污水处理厂核发了排污许可证，其中 9873 座污水处理厂公布了污染物排放总量或排放浓度的限值信息，占比 97.6%。上述发展与城市对环境基础设施的需求对比，城市环境基础设施还需要在数量和质量上进一步提升，以适应城市的可持续发展的需求(图 8-28)。

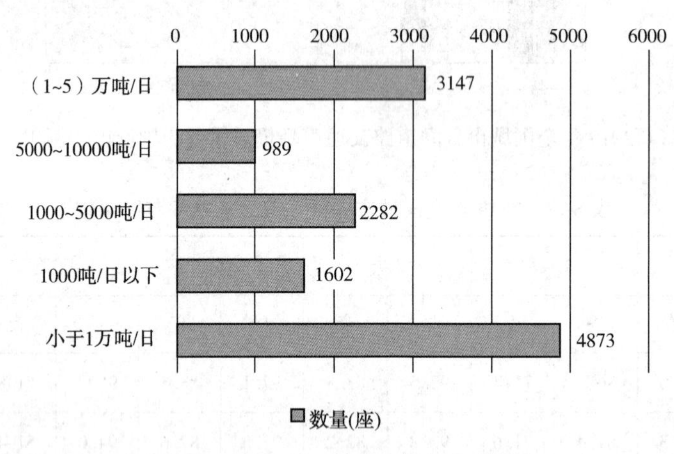

图 8-28　2019 年我国污水处理厂数量

4. 城市环境保护工作面临着一系列新的问题

中国在许多传统的城市环境问题还没有得到基本解决的同时，许多新的城市环境问题又接踵而来。一是城市环境污染边缘化问题日益显现。城市周边地区更多地承担着来自中心城区生产、生活所产生的污水、垃圾、工业废气等污染，城市周边地区的水体(包括地表水和地下水)、土壤、大气污染问题更为突出，影响了城市区域和城乡的协调发展。二是机动车污染问题更为严峻。中国已经成为世界汽车第四大生产国和第三大消费国，2018 年汽车保有量达到 2.4 亿辆。机动车保有量的高速增长导致的城市空气污染是城市发展，特别是大城市发展面临的严峻问题。三是城市生态失衡问题不断严重。城市自然生态系统受到了严重破坏，生态失衡问题不断加重，“城市热岛”、“城市荒漠”等问题突出。同时，城市自然生态系统的退化，进一步降低了城市自然生态系统的环境承载力，加剧了资源环境供给和城市社会经济发展的矛盾。

二、城市环境保护的主要措施

面对中国城市发展的环境压力和出现的新问题，城市环境保护的战略和对策必须进行相应的调整。今后一个时期，推进中国城市实施生态环境可持续发展的战略性措施主要有以下六个方面：

（一）以城市环境容量和资源承载力为依据，制定城市发展规划

将环境容量、资源承载力和城市环境质量按功能区达标的要求作为各城市制定或修订城市发展规划的基础和前提，坚持做到以下几点：一是从区域整体出发，统筹考虑城镇与乡村的协调发展，明确城镇的职能分工，引导各类城镇的合理布局和协调发展；二是调整城市经济结构，转变经济增长方式，发展循环经济，降低污染物排放强度，保护资源、保护环境，限制不符合区域整体利益和长远利益的经济开发活动；三是统筹安排和合理布局区域基础设施，避免重复建设，实现基础设施的区域共享和有效利用；四是把合理划分城市功能、合理布局工业和城市交通作为首要的规划目标。

（二）提高城市环境基础设施建设和运营水平，积极推进市场化运行机制

城市环境基础设施建设落后已经成为保护和改善我国城市环境的瓶颈和障碍，必须加大环境投入，提高城市环境基础设施建设和运营水平。各级城市在继续发挥政府主导作用的同时，要重视发挥市场机制的作用，充分调动社会各方面的积极性，把国家宏观调控与市场配置资源更好地结合起来，多渠道筹集资金。积极推进投资多元化、产权股份化、运营市场化和服务专业化。

加快城市污水处理设施建设步伐，加强和完善污水处理配套管网系统，提高城市污水处理率和污水再生利用率。合理利用城市环境基础设施，共同推进城镇污水和垃圾处理水平的提高。全国所有城镇都要建设污水集中处理设施，并逐步实现雨水与污水分流。要落实污水处理收费政策，建立城市污水处理良性循环机制。

加快城市生活垃圾和医疗废物集中处置设施建设步伐，提高安全处置率和综合利用率，改革垃圾收集和处理方式，建立健全垃圾收费政策，促进垃圾和固体废物的减量化、无害化和资源化，加强全过程监管，减少危险废物污染风险；所有城镇都要建设垃圾无害化处理设施。各级环境保护部门要加大对城市环境基础设施的环境监管力度，确保城市环境基础设施的正常运行。

（三）实施城乡一体化的城市环境生态保护战略

统筹城乡的污染防治工作，防止将城区内污染转嫁到城市周边地区，把城市及周边地区的生态建设放到更加突出的位置，走城市建设与生态建设相统一、城市发展与生态环境容量相协调的城市化道路。加强城市间及城市周边地区生态建设，加强城市绿地建设，因地制

宜，合理划定城区范围内的绿化空间，建设公园绿地、环城绿化带、社区居住区绿地、企业绿地和风景林地，围绕城市干线和城市水系等建设绿色走廊，形成点、线、面结合，乔、灌、草互补的绿地系统；加强城市河湖水系治理，增加生态环境用水，维持自然生态功能，保护城市生态系统，改善城市生态环境。

（四）实施城市环境管理的分类指导

城市环境管理必须体现分类指导，对西部城市要在保护环境的前提下给城市发展留出一定的环境空间；对东部发达地区的城市在环境保护上要高标准要求，逐步实施环境优先的发展战略，严格环境准入；大城市环境保护工作重点要突出机动车污染、城市环境基础设施建设、城市生态功能恢复等城市生态环境问题，强调城市合理规划和布局，发展综合城市交通系统，在改善城市环境的同时带动城乡结合地区的环境保护工作；中小城镇要加大工业污染控制和集约农业污染控制，加快城市基础设施建设步伐，促进城乡协调发展。

（五）继续深化城市环境综合整治制度，将“城考”制度纳入党政一把手政绩考核

根据新形势和任务的要求逐步深化和发展“城考”制度。进一步强调地方政府对环境质量负责，加快改善城市环境质量；发挥政府的主导作用，建立部门之间的分工协作机制和环保部门的统一监管体系，将“城考”制度纳入党政一把手政绩考核，作为提高城市可持续发展能力的基本手段；“城考”中增加污染排放强度和资源生态效率、促进城市经济增长方式转变的指标，增加与群众生活密切相关的环境问题和群众的满意度的内容，增加强化环保统一监督管理、提高环境保护的能力建设的内容等。

优先解决与群众日常生活关系密切的环境问题。切实抓好城市水污染防治，对城市污染河道进行综合整治，改善城市地表水水质，加大面源污染的综合防治力度，防治城市和农村集中式水源地的环境污染，优先保护饮用水水源地水质。加快城市大气污染治理，优化能源结构，提高能源利用效率和清洁能源利用率，建设高污染燃料禁燃区，推行集中供热。切实加强汽车尾气排放控制，严格新车准入制度，加大在用车排放控制，改进油品质量，大力发展公共交通。继续削减工业污染物排放总量，降低单位产品的能耗和物耗，搬迁严重污染的企业；加强对噪声、扬尘和油烟污染防治等；在城市推广以资源节约、物质循环利用和减少废物排放为核心的绿色消费理念，引导和改变居民的生活习惯和消费行为，减少生活污水、生活垃圾等的排放。

（六）继续推进国家环境保护模范城市创建工作，树立城市可持续发展的典范

国家环境保护模范城市是当今中国城市环境保护工作的最高奖项，是城市社会经济发展与环境建设协调发展的综合体现，是城市实施可持续发展战略的典范。目前，已命名的国家环保模范城市仅占全国城市总数的7%，且主要集中在东南沿海发达地区，中西部地区环境保护模范城市很少，成果辐射的区域有限。要广泛地宣传和推广环保模范城市的经验和做法，继续深化国家环境保护模范城市创建工作，在全国各地，特别是中西部地区、33211重点流域区域以及国家环境保护重点城市建设一批经济快速发展、环境基础设施比较完善、环境质量良好、人民群众积极参与的环境保护模范城市；已获得国家环境保护模范城市称号的城市要持续改进，汲取先进国家城市环境管理的先进经验，继续创建资源能源最有效利用、废物排放量最少、生态环境良性循环、最适合人类居住的生态市。

国家环境保护模范城市考核指标

国家环境保护模范城市考核指标立足于反映城市可持续发展能力和竞争力、社会经济发展水平以及与环境保护相协调的程度等方面的内容。

考核指标分为基本条件和具体考核指标两部分，其中具体的指标包括社会经济、环境质量、环境建设和环境管理4个部分共25项指标。创建国家环保模范城市指标体系如下：

经济社会指标：人均GDP、经济持续增长率、人口出生率、单位GDP能耗、单位GDP用水量、排放强度等；

环境质量指标：空气、饮用水、水环境、噪声环境等；

环境建设指标：绿化、集中供热、清洁能源、生活污水、垃圾处理、危险废物处理等；

环境管理指标：工业污染治理达标、环保机构能力、环境宣传教育、总量控制等。

创建国家环境保护模范城市主要成效

创建国家环境保护模范城市(区)的实践证明，创建国家环境保护模范城市是全面落实科学发展观的重要抓手，是促进经济社会与资源环境和谐发展的重要载体，更是看得见、摸得着、实实在在的“民生工程”和“凝聚力工程”。主要体现在：

(1) 改善了环境质量。通过创建，其环境空气、地表水环境质量在全国城市中率先按功能分区分别达到国家规定的环境质量标准；所有工业污染源主要污染物排放达标率均达到100%。

(2) 优化了经济发展。自“创国模”活动开展以来，荣获国家环境保护模范城市称号的城市环境与经济发展均实现了双赢，其经济总量和人均收入增长都高于全国城市平均水平，城市面貌和人们的精神面貌都发生了极大的变化，实现了社会、经济、环境的协调发展。

(3) 扩大了对外开放。优美的环境塑造了良好的城市形象，提升了城市品位，增强了城市魅力，吸引了大量外资，扩大了对外开放的成果。

(4) 调整和优化了产业结构，提高了经济效益。在创建国家环境保护模范城市或城区的过程中，城市政府进一步完善了城市的功能布局，淘汰、关闭了一批水泥、铸造、小制革、造纸、酿酒等严重污染的企业，同时加强了企业生产工艺和产品结构的调整，消除了传统的结构性污染，逐步实现了经济结构的战略性调整，有效地提高了经济效益，使环境保护工作与经济发展得到有机融合。

(5) 提升了城市整体形象。国家环境保护模范城市被誉为城市“诺贝尔”奖。这张绿色名片就是城市无形资产，是中国城市环保的形象代言人。

第二节 农村环境管理

一、农村的环境问题

随着我国农村经济的快速发展和人口的不断增加，农业综合开发规模和乡镇工业对资源的利用强度日益扩大，农村环境污染和生态破坏日趋严重，农村环境的总体状况不容乐观。

我国的人口问题给农业生产带来了巨大的压力，在相当长的一段时期内，粮食产量的增加在很大程度上主要依赖农用化学品，如化肥、农药和农用薄膜的大量投入，因此，农业生产造成的面源污染问题日益突出。随着小城镇建设步伐的加快，乡镇工业以及农村生活垃圾、畜禽养殖、农作物秸秆等农业废物造成的环境污染与生态破坏也逐渐加剧。

当前，我国农村的环境问题主要表现在以下几个方面：

1. 农业生态系统恶化

(1) 水土流失。根据2018年水土流失动态监测成果，全国水土流失面积273.69万平方千米，占国土面积的28.5%。其中，水力侵蚀面积115.09万平方千米，风力侵蚀面积158.60万平方千米。与第一次全国水利普查(2011年)相比，全国水土流失面积减少21.23万平方千米。水土流失导致土壤中营养物质的流失，营养物质进入水体后对水体的污染加重。

(2) 土地荒漠化。根据第五次全国荒漠化和沙化监测结果，全国荒漠化土地面积为261.16万平方千米，占国土总面积的27.2%，其中约41.5%的荒漠化土地分布在人口密集的地区。我国沙化土地面积为172.12万平方千米。根据岩溶地区第三次石漠化监测结果，全国岩溶地区现有石漠化土地面积10.07万平方千米。

(3) 草地退化。草地退化面积达1.3亿公顷，而且每年还在以200万公顷的速度扩大。

2. 土壤污染凸显

(1) 农用地土壤污染状况详查结果显示，全国农用地土壤环境状况总体稳定，影响农用地土壤环境质量的主要污染物是重金属，其中镉为首要污染物。

(2) 农业面源污染多样化，如化肥、农药、农膜使用和畜禽养殖业的发展造成的污染。

① 化肥污染。我国是世界上施用化肥较多的国家之一。2016年，中国氮肥施用量3046.2万吨，占世界用量的27.6%。中国磷肥施用量4857.8万吨，占世界用量的32.2%，中国钾肥施用量3874.4万吨，占世界用量的35.4%。2018年我国化肥施用量达1.8亿吨，位居世界第一。单位农田的化肥用量是美国、俄罗斯的2倍。但化学肥料的利用率非常低，仅为30%~35%，其余65%~70%白白流失。同比投入来说，粮食增产状况远不及西方发达国家，只增产9.1%。德国去年施用氮、磷、钾肥的施用量分别下降了20%、68%和60%，粮食总产却增加57%、单产最高增加80%，英国、法国、比利时等国家在化肥使用量平均减少17.3%，粮食总产和单产却分别增加13.8%和80.7%。

在我国，过量和不合理施用化肥造成的主要环境问题，如化肥流失加剧了河流、湖泊和海洋等水体的富营养化；造成地下水污染，蔬菜和水果中硝酸盐残留超标；污染土壤，影响土壤肥力(图8-30)。

② 农药污染。化学农药是农业生产中使用量最大、施用面积最广、毒性最高的一类有

图 8-30　2009~2018 年我国农用化肥施用折纯量走势图

毒化学品。全国每年农药使用已达 120 多万吨，集约化农区施用水平为 20~50 千克/亩，其中除 30%~40%被农作物吸收外，其余大部分进入了水体、土壤和农产品，使全国 1.36 亿亩耕地遭受了不同程度的农药污染。农药不合理使用造成的安全与环境问题，如农药中毒直接威胁人民生命安全，污染地表水和地下水，我国长江、松花江、黑龙江等众多江河不同程度地遭受农药污染，江苏、江西、河北等地的地下水中已发现了六六六、阿特拉津、乙草胺、杀虫双等农药的残留，破坏了生态平衡，威胁生物多样性。

③ 畜禽养殖污染。畜禽养殖业集约化程度的不断提高、种植业与养殖业的日益脱节，加上畜禽养殖业环境管理不到位，致使畜禽养殖污染日益加重。

据第一次全国污染源普查公报显示，农业污染物排放量约占社会总污染量的一半以上，而畜禽养殖业污染又占农业污染的一半以上，足以说明当前畜禽养殖业污染已成为整个社会环境污染的主要来源。据第二次全国污染源普查公报，2017 年我国水污染物排放量：化学需氧量 1000.53 万吨，氨氮 11.09 万吨，总氮 59.63 万吨，总磷 11.97 万吨。其中，畜禽规模养殖场水污染物排放量：化学需氧量 604.83 万吨，氨氮 7.50 万吨，总氮 37.00 万吨，总磷 8.04 万吨。

据业内资料显示，一个 10 万只蛋鸡场日产粪量 13~15t；一个万头猪场日产粪污在 45t 以上。我国每年畜禽粪便产生量约为 19 亿吨，是工业固体废弃物产生量的 2.4 倍。1 头牛每年可排出 9kg 可形成烟雾的污染物，其污染程度超过一辆小型汽车。全国目前每年存栏牛达 1.4 亿头，其仅对空气的污染就相当于 1.4 亿辆小型汽车。饲料中 50%~70%的氮、磷、铜、镉、锌、砷等以粪尿形式排出，增加大气中氮含量，形成酸雨，大部分氧化成硝酸盐入地或流入江河，粪尿转化的大量的硝酸盐和磷酸盐，经土壤渗透，造成地表水、地下水污染和土壤污染。被污染的土壤带有大量的重金属和毒物残留，极易被甘薯、马铃薯、多种蔬菜等根茎类农作物吸收，直接对人体造成危害。畜禽饲料添加和疾病防治使用的抗生素随畜产品进入人体，另一方面随畜禽粪尿污染土壤，被根茎类农产品吸入，间接进入人体。饲料中法定的有机砷添加剂(如氨苯胂酸和洛克沙胂)，在畜禽体内一部分被机体吸收，一大部分转化为无机砷随粪尿排出污染土壤，再被植物的根茎叶吸收，形成含砷的农产品。

总之，畜禽粪便或高浓度有机废水进入江河湖泊造成水质恶化，并可能导致水体富营养化；恶臭气体污染空气；利用高浓度畜禽养殖污水灌溉农田，影响土壤质量。

④ 农膜污染。2017 年，我国农用塑料薄膜使用量为 266.41 万吨。据农业部门调查，农膜的回收率不足 67%。据对某省的调查表明，被调查区农膜平均残留量为 5~14 千克/亩。大量农膜残留于土壤中，不仅给农业生产带来不良影响，而且对土壤环境造成破坏。

⑤ 秸秆污染。近年，全国秸秆产生量为 6 亿吨。由于缺乏能在短时间内大量消耗秸秆的经济实用技术，且产业化水平较低，综合利用水平不高，出路不畅，造成大量秸秆被随意焚烧或废弃，不但浪费生物资源和能源，而且严重污染大气和水体，给人民生活和交通安全带来重大影响。

3. 乡镇企业污染不断加剧

乡镇企业具有复杂化以及多元化等特点，它包括了不一样水准的集体所有制多样经济以及个体经济。从我国乡镇企业发展历史来看，具有十分明显的市场经济特征。随着改革开放的不断深化，乡镇企业得到了飞速发展，成为国民经济的主要支撑点之一，有效提升了农村的经济效益。但随着农村经济的快速发展，乡镇企业也给生态环境造成了极为严重的破坏，严重影响到了农业的生产发展，其主要表现在：废水排放量大，且得不到有效的处理，大气污染持续飙升，生态环境存在重大隐患等。

根据统计，在 21 世纪初乡镇企业的废水排放量占全国污水排放总量的 1/2 左右，就某市而言，其乡镇企业的污水排放量大约可以占到整个市区废水排放量的 3/5 以上，且废水未经处理或简单处理后就直接排入河道或沟渠，造成河流污染，其结果可想而知。再如某市大约有 300 多家造纸厂、砖厂，都存在废气随意排放以及废气净化处理效率较低的情况，且废气排放量以每年 2%速度增长，乡镇企业所造成的大气污染，已经对农村经济的健康发展造成了重大影响。乡镇企业产生的固体废弃物主要来自建筑业、采掘业及加工业等，由于乡镇企业的生产方式落后，设备简单，产生的固体废弃物也较多，随意堆放于道路、田地、堤坝、河流等，这样既占用了田地，又污染了土壤，有的还慢慢渗透，逐渐影响到地下水，这样不仅影响农业生产，还危害人们的身体健康。此外，大多数乡镇企业都属于粗放型，基本上都是进行一些初级原料的加工，例如：矿产资源开发、贩卖野生动植物、木材开发等，这就导致了野生生物的数量急剧下降，严重影响到了当地的生态循环。

4. 农村地区生活污染逐年增加

随着我国农村经济的发展和农民生活水平的提高，生活垃圾和生活污水的排放量逐年增加。由于农村地区居民的环境意识相对较低，加上环境保护基础设施建设严重滞后，致使大部分生活污水、生活垃圾未经处理随意倾倒或直接排入水体，是造成农村及城镇环境不断恶化的一个重要原因。

（1）农村生活垃圾。农村生活中的无机成分大量增加，如玻璃瓶、饮料罐和不可降解的薄膜塑料袋。我国有 8 亿左右农村人口，如果以每人每年产生 0.3t 计，全国农村每年合计将产生生活垃圾 24000 万吨。目前农村生活垃圾利用率极低，大部分都露天在城郊和乡村堆放，占去了大片的可耕地，还可能传播病毒、细菌，其渗漏液污染地表水和地下水，导致农村生态环境恶化。

（2）生活污水。由于农村生活污水处理设施的空白，排放的污水大部分未经处理就直接排入附近河道，生活污水对地表水体的氮磷负荷的贡献率也相应增加。

二、我国农村的环境管理现状

随着我国工业化、城镇化和农业现代化进程不断加快，人口持续增加，农村环境形势严峻，问题依然突出，主要包括：

1. 农村环保基础设施仍严重不足

目前，我国仍有40%的建制村没有垃圾收集处理设施，78%的建制村未建设污水处理设施，40%的畜禽养殖废弃物未得到资源化利用或无害化处理，农村环境“脏乱差”问题依然突出。38%的农村饮用水水源地未划定保护区(或保护范围)，49%未规范设置警示标志，一些地方农村饮用水水源存在安全隐患。

2. 农村环保体制机制仍有待完善

一些地方政府尚未建立起农村环境综合整治工作的有效推进机制。责任分工不明确，治理措施不具体，资金投入不到位，工作部署不落实。各地在推进农村环境综合整治中，主要依靠行政推动，农民群众主体作用未得到充分发挥。农村环境治理市场化机制亟待建立，社会资本参与度不高。一些地方的农村环保设施建成后，存在着管理主体不明确、设施运行维护资金不落实、运行管护人员不足、规章制度不健全等问题，导致一些设施不能正常运行，影响农村环境整治成效。

3. 农村环保监管能力仍然薄弱

目前，地方各级环保部门农村环保工作力量非常薄弱，约90%的乡镇没有专门的环保工作机构和人员，缺乏必要的设备装备和能力，难以保证有效开展工作。农村环保标准体系不健全，农村生活污水处理污染物排放标准、农村生活垃圾处理处置技术规范等亟待制定。农村环境监测尚未全面开展，无法及时掌握农村环境质量状况和变化情况。

三、农村环境形势变化

1. 一大批农村突出环境问题得到解决

截至2015年年底，中央财政累计安排农村环保专项资金315亿元，支持全国7.8万个建制村开展环境综合整治，占全国建制村总数的13%。各地设置饮用水水源防护设施3800多公里，拆除饮用水水源地排污口3400多处；建成生活垃圾收集、转运、处理设施450多万套(辆)，生活污水处理设施24.8万套，畜禽养殖污染治理设施14万套，生活垃圾、生活污水和畜禽粪便年处理量分别达2770万吨、7亿吨和3040多万吨，化学需氧量和氨氮年减排量分别达95万吨和7万吨。整治后的村庄环境“脏乱差”问题得到有效解决，环境面貌焕然一新。通过实施“以奖促治”政策，带动相关部门和地方加大农村环境整治力度，目前全国60%的建制村生活垃圾得到处理，22%的建制村生活污水得到处理，畜禽养殖废弃物综合利用率近60%。

2. 农村环保体制机制逐步建立

国家出台了一系列农村环保政策和技术文件，如国务院办公厅印发《关于改善农村人居环境的指导意见》，原环境保护部、财政部等部门制定实施了《全国农村环境综合整治“十二五”规划》《关于加强“以奖促治”农村环境基础设施运行管理的意见》《中央农村节能减排资金使用管理办法》《培育发展农业面源污染治理、农村污水垃圾处理市场主体方案》。原环境保护部发布了有关农村生活污染防治、饮用水水源地环境保护等技术指南和规范。全国三分之二以上的省份建立了农村环保工作推进机制，成立领导小组，出台加强农村环境保护的意见，制定规划或实施方案，明确农村环境保护目标任务和措施。在中央财政资金引导下，有关地方按照“渠道不乱、用途不变、统筹安排、形成合力”的原则，整合相关涉农资金，集中投向农村环境整治区域，提高村庄环境整治成效。

3. 农村环境监管能力得到提升

首先，基层环保机构和队伍得到加强，2014 年全国乡镇环保机构数量 2968 个，约占全国乡镇总数的 10%，比 2010 年的 1892 个增加了 60%；乡镇环保机构人员 11900 多人，比 2010 年的 7100 多人增加了 68%。其次，推进环境监测、执法、宣传“三下乡”。环境保护部出台了《关于加强农村环境监测工作的指导意见》，开展农村环境质量监测试点工作，累计监测村庄数量约 5200 村次。开展农村集中式饮用水水源地保护、生活垃圾和污水处理、秸秆焚烧、畜禽养殖污染防治等专项执法检查行动。采取多种形式宣传农村环保政策、工作进展和典型经验，普及农村环保知识，农民环保意识得到提升。累计举办 14 期全国乡镇领导干部农村环保培训班，共有 1400 多名乡镇领导干部和地方环保管理人员参加培训，农村环境管理能力和项目实施水平得到提高。

4. 农村环保惠农取得积极成效

各地结合农村环境综合整治工作，积极推广化肥农药减量控害增效技术，发展清洁、循环、生态的种养模式，推进农作物秸秆、畜禽粪便等农村有机废弃物综合利用，发展农家乐和乡村旅游，促进了环境保护、农业增产、农民增收的共赢。筛选推广农村环保实用技术，鼓励高校、科研院所、企业参与治理工程设计、项目建设和运行维护，带动了环保产业的发展。农村环境综合整治有力促进了生态乡镇、生态村建设，使示范地区环境质量不断改善，农村经济快速发展，党群关系、干群关系更加融洽。全国已有 4590 多个国家级生态乡镇成为当地经济、社会与环境协调发展的典范，夯实了农村生态文明建设的基础。

四、农村环境保护任务

农村环境保护主要任务包括农村饮用水水源地保护、农村生活垃圾和污水处理、畜禽养殖废弃物资源化利用和污染防治、创建生态文明示范县。

（一）农村饮用水水源地保护

1. 建设内容

在饮用水水源周边设立警示标志、建设防护带和截污设施，依法拆除排污口，开展水源地生态修复等。

2. 主要措施

加快农村饮用水水源保护区或保护范围划定工作。开展农村饮用水水源地环境状况调查评估工作，以供水人口多、环境敏感的农村饮用水水源地为重点，加快划定水源保护区或保护范围。对供水人口在 1000 人以上的集中式饮用水水源地，科学编码并划定水源保护区。对供水人口小于 1000 人的饮用水水源地，应按照国家有关技术规定划定保护范围。加大农村饮用水水源地环境监管力度。地方各级环保部门要开展专项执法检查，依法取缔农村集中式饮用水水源保护区内的排污口；按照《全国农村环境质量试点监测工作方案》要求，开展农村饮用水水源水质监测；制定农村饮用水水源保护区突发环境事件应急预案，强化污染事故预防、预警和应急处理。统筹城乡供水一体化，建设一批优质饮用水水源地，取缔一批劣质饮用水水源地。

开展水源地环境整治。地方各级环保部门要对可能影响农村饮用水水源地环境安全的化工、造纸、冶炼、制药等重点行业、重点污染源，加强环境执法监管和风险防范。优先治理农村饮用水水源地周边的生活污水、生活垃圾、畜禽养殖和农业面源污染，消除影响水源水质的污染隐患。

（二）农村生活垃圾和污水处理

1. 建设内容

重点在村庄密度较高、人口较多的地区，开展农村生活垃圾和污水污染治理。主要建设内容包括：①生活垃圾分类、收集、转运和处理设施建设，包括垃圾箱、垃圾池等收集设施，垃圾转运站、运输车辆等转运设施，以及生活垃圾无害化处理设施。②生活污水处理设施建设，包括污水收集管网、集中式污水处理设施或人工湿地、氧化塘等分散式处理设施。经过整治的村庄，生活垃圾定点存放清运率达到100%，生活垃圾无害化处理率≥70%，生活污水处理率≥60%。

2. 主要措施

推进县域农村环保设施统一规划、建设和管理。以县级行政区为单元，实行农村生活垃圾和污水处理统一规划、统一建设、统一管理，有条件的地区积极推进城镇垃圾和污水处理设施和服务向农村延伸。鼓励在县级层面统一招投标，确定项目设计单位、施工单位和监理单位，吸引有信誉、有实力、较大规模的环保企业参与设施建设和运行管理，提高生活垃圾和污水处理水平。

因地制宜选取农村生活和垃圾污水治理技术和模式。各地在选取农村环保实用技术时，要根据村庄的人口密度、地形地貌、气候类型、经济条件等因素合理确定技术模式；既要考虑建设成本，更要考虑运行维护成本；处理好技术实用性和技术统一性的关系，避免技术“多而杂、散而乱”。建立村庄保洁制度，推行垃圾就地分类减量和资源回收利用，推进农村生活垃圾减量化、资源化、无害化。加快建立分类投放、分类收集、分类运输、分类处理的垃圾处理系统，形成以法治为基础、政府推动、全民参与、城乡统筹、因地制宜的垃圾分类制度，努力提高垃圾分类制度覆盖范围。交通便利且转运距离较近的村庄，生活垃圾可按照“户分类、村收集、镇转运、县处理”的方式处理；其他村庄的生活垃圾可通过适当方式就近处理。离城镇较近的村庄，污水可通过管网纳入城镇污水处理设施进行处理；离城镇较远且人口较多的村庄，可建设污水集中处理设施；人口较少的村庄可建设人工湿地、氧化塘等分散式污水处理设施。切实保障污染治理设施长效运行。各地要认真落实环境保护部、财政部印发的《关于加强“以奖促治”农村环境基础设施运行管理的意见》，结合各地实际，明确设施管理主体、建立资金保障机制、加强管护队伍建设、建立监督管理机制，切实保证设施“建成一个、运行一个、见效一个”。

（三）畜禽养殖废弃物资源化利用和污染防治

1. 建设内容

坚持政府支持、企业主体、市场化运作的方针，以沼气和生物天然气为主要处理方向，以就地就近用于农村能源和农用有机肥为主要使用方向，在畜禽养殖量大、环境问题突出的地区，开展区域或县域畜禽养殖废弃物资源化利用和污染治理。建设堆肥、沼气、生物天然气、有机肥等废弃物资源化利用设施和养殖废水处理设施。经过整治的村庄，畜禽养殖废弃物能得到有效处理，畜禽粪便综合利用率≥70%。

2. 主要措施

完成畜禽养殖禁养区划定和整治。按照《水污染防治行动计划》和《畜禽养殖禁养区划定技术指南》的要求，各地要依法按时完成禁养区划定。地方环保部门要配合有关部门，积极推动当地政府完成禁养区内需关闭或搬迁的养殖场(小区)的关闭和搬迁。科学选取资源化利用技术和模式。对规模化畜禽养殖场(小区)，周边消纳土地充足的，以沼气发酵、沼液沼渣还田、堆肥、生产有机肥等方式，推广农牧结合、种养平衡模式；对消纳土地不足的，强化工程处理措施，粪污优先进行干湿分离，固体部分用于生产有机肥，液体部分综合利用或经处理后达标排放。鼓励规模化畜禽养殖企业将周边养殖密集区及散养户畜禽养殖废弃物一体化、无害化集中处置。对于养殖密集区域，县级环保部门要配合有关部门推动县级人民政府，采用政府组织、企业牵头、农民参与的模式，统筹考虑人畜粪便、生活污水和垃圾、秸秆等废弃物，推动建立农村有机废弃物收集-转化-利用三级网络体系。结合生态农业建设、化肥农药使用量零增长行动、耕地质量保护与提升行动、土壤有机质提升奖励政策等，引导农民增施有机肥。

加强畜禽养殖业环境监管。加强源头控制，严格畜禽养殖场(小区)建设项目的环保审批。新建、改建、扩建的规模化畜禽养殖场(小区)严格执行环境影响评价制度。根据行政区域内环境敏感点和环境质量改善要求，明确养殖场(小区)选址要求和应采取的环保措施。逐步将设有排污口的规模化畜禽养殖场(小区)纳入排污许可证管理。强化畜禽养殖污染物减排，将畜禽废弃物资源化利用量纳入总量减排核算。将区域化学需氧量、氨氮、总磷、总氮等水质指标改善程度作为评价区域畜禽养殖污染治理效果的重要内容。加强畜禽养殖业日常环境监管，依法查处违法行为。

组建工业园区，实行规模经营，实行工业与农业的相对分离，同时调整乡镇企业产业结构和乡镇工业行业结构，控制新污染源的发展；建立适合于乡镇企业环境管理的法规、制度和措施体系和健全县、乡两级环境管理机构、县级环境监测站等科技服务支持体系；充分发挥市场经济体制的功能，利用经济杠杆的作用，调动乡镇企业治理污染、保护环境的积极性；推行清洁生产，降低物耗、能耗和水耗，减少跑冒滴漏，变废为宝，最终达到控制污染的作用。

(四) 创建生态文明示范县区

“生态示范市县”建设就是当前我国推进生态文明建设的一个重要载体和平台。建设试点示范，树立先进典型，以先进带动后进，以点带面，将为全面建成美丽中国提供筑牢根基。

2017 年 9 月 18 日环境保护部公布第一批国家生态文明建设示范市县名单，北京市延庆区等 46 个市县被授予第一批国家生态文明建设示范市县称号。2018 年 12 月 13 日生态环境部公布第二批国家生态文明建设示范市县名单，山西省芮城县等 45 个市县被授予其第二批国家生态文明建设示范市县称号。2019 年 11 月 14 日生态环境部公布第三批国家生态文明建设示范市县名单，北京市密云区等 84 个市县被授予第三批国家生态文明建设示范市县称号。2020 年 10 月 9 日生态环境部公布第四批国家生态文明建设示范市县名单，北京市门头沟等 87 个市县被授予第四批国家生态文明建设示范市县称号。生态县指标见表 8-8。

表 8-8　生态县指标

领域	任务	序号	指标名称	单位	指标值	指标属性	备注
生态制度	（一）制度与保障机制完善	1	生态文明建设规划		制定实施	约束性指标	规划基准年不早于 2012 年；规划处于有效期内
		2	生态文明建设工作占党政实绩考核的比例	%	≥20	约束性指标	市县达到上级相关考核要求
		3	自然资源资产负债表		编制	参考性指标	
		4	自然资源资产离任审计		开展	参考性指标	
		5	生态环境损害责任追究		开展	参考性指标	
		6	河长制		全面推行	约束性指标	
		7	湖长制		建立	参考性指标	
		8	固定源排污许可证核发		开展	约束性指标	
		9	环境信息公开率	%	100	参考性指标	
生态环境	（二）环境质量改善	10	环境空气质量优良天数比例提高幅度，重污染天数比例下降幅度	%	省级生态环境部门根据实际情况自行确定本省改善幅度	约束性指标	
		11	地表水环境质量达到或优于Ⅲ类水质比例提高幅度，劣Ⅴ类水体比例下降幅度	%	省级生态环境部门根据实际情况自行确定本省改善幅度	约束性指标	
	（三）生态系统保护	12	生态环境状况指数(EI)		≥55 且不降低	约束性指标	
		13	森林覆盖率 山区 丘陵区 平原地区 高寒区或草原区林草覆盖率	%	 ≥60 ≥40 市：≥16，县：≥18 ≥70	参考性指标	
		14	生物物种资源保护 重点保护物种受到严格保护 外来物种入侵		 执行 不明显	参考性指标	
	（四）环境风险防范	15	危险废物安全处置率	%	100	约束性指标	
		16	污染场地环境监管体系		建立	参考性指标	
		17	重、特大突发环境事件		未发生	约束性指标	

续表

领域	任务	序号	指标名称	单位	指标值	指标属性	备注
生态空间	（五）空间格局优化	18	生态保护红线		开展划定	约束性指标	
		19	耕地红线		遵守	约束性指标	
		20	受保护地区占国土面积比例 山区 丘陵地区 平原地区	%	 ≥33 ≥22 ≥16	约束性指标	
		21	空间规划		编制	参考性指标	
生态经济	（六）资源节约与利用	22	单位地区生产总值能耗	吨标煤/万元	达到省级考核要求，且在省内名列前茅	约束性指标	
		23	单位地区生产总值用水量	立方米/万元	达到省级考核要求，且在省内名列前茅	约束性指标	
		24	单位工业用地工业增加值 东部地区 中部地区 西部地区	万元/亩	 市：≥85，县：≥80 市：≥70，县：≥65 市：≥55，县：≥50	参考性指标	
	（七）产业循环发展	25	农业废弃物综合利用率 秸秆综合利用率 畜禽养殖场粪便综合利用率	%	 ≥95 ≥95	参考性指标	示范县指标
		26	一般工业固体废物处置利用率	%	≥90	参考性指标	示范县指标
		27	村镇饮用水卫生合格率	%	100	约束性指标	示范县指标
		28	城镇污水处理率	%	达到省级考核要求，且在省内名列前茅	约束性指标	
		29	城镇生活垃圾无害化处理率	%	达到省级考核要求，且在省内名列前茅	约束性指标	
		30	农村卫生厕所普及率	%	≥95	参考性指标	示范县指标
		31	村庄环境综合整治率	%	达到省级考核要求，且在省内名列前茅	约束性指标	示范县指标

续表

领域	任务	序号	指标名称	单位	指标值	指标属性	备注
生态生活	（九）生活方式绿色化	32	城镇新建绿色建筑比例 东部地区 中部地区 西部地区	%	 ≥50 ≥40 ≥30	参考性指标	
		33	公众绿色出行率	%	≥50	参考性指标	
		34	节能、节水器具普及率 东部地区 中部地区 西部地区	%	 ≥80 ≥70 ≥60	参考性指标	
		35	政府绿色采购比例	%	≥80	参考性指标	
生态文化	（十）观念意识普及	36	党政领导干部参加生态文明培训的人数比例	%	100	参考性指标	
		37	公众对生态文明知识知晓度	%	≥80	参考性指标	
		38	公众对生态文明建设的满意度	%	≥80	参考性指标	

截至2020年年底，生态环境部正式命名并授牌四批国家生态文明示范市县区，合计262个国家生态文明示范市县区。通过四批创建，生态文明示范创建点面结合、多层次推进、东、中、西部有序布局。东、中、西部被命名的地方分别占示范创建区总数的43%、28%、29%。四批“示范市县”已命名地区涵盖了山区、平原、林区、牧区、沿海、海岛、少数民族地区等不同资源禀赋、区位条件、发展定位的地区，为全国生态文明建设提供了更加形式多样、更为鲜活生动、更有针对价值的参考和借鉴。生态示范创建提供了一批协同推进高质量发展与高水平保护的鲜活实证，显著提升了人民群众获得感以及建设美丽中国的信心，提升了党政领导干部绿色政绩观、绿色执政观、绿色发展观，企业依法治污排污、保护生态环境的法治意识、主体意识也正在形成。

第三节　开发区环境管理

开发区是由国家划定适当的区域，进行必要的基础设施建设，集中兴办产业，同时给予相应的扶植和优惠待遇，使该区域的经济得以迅速发展的区域。根据开发区的规模等级，可以分为国家级开发区、省级开发区、市级开发区等。建立开发区可以推动科学研究、引进外资、扩大出口、壮大产业规模和水平等。近年来，开发区已成为所在城市最主要的经济增长点，各类经济指标占有举足轻重的份额，日益发展成为打造城市圈和经济带，助力经济发展强有力的支撑点。

1984年起，我国设立第一批国家级开发区（开发区包括经济技术开发区和高新区，都属于产业园区），大连经济技术开发区成为第一个国家级经济技术开发区。综观其发展历程，我国的开发区建设大体上经历了四个阶段，见表8-9。改革开放后，我国开发区快速发展，尤其是国家级产业园取得了相当大的成绩，见图 8-31~图 8-33。

表 8-9　我国开发区发展阶段

时间(年)	发展阶段	发展方针	发展模式	发展特点
1980~1992	初创期	“三为主，一致力”	单一园区	开发区基本上无产业基础、无企业集群、无技术创新，只是一种基于未来产业纽带的设想
1993~2001	兴盛期	“二次创业”	单一园区	开发区实现了战略调整，开始从东部地区向中西部地区转移，产业以建设发展为主、招商引资为辅，以第二产业为主、第三产业为辅，以单一产业为主，以多元产业为辅
2002~2013	稳定发展期	“三为主、二致力、一促进”	一区多园	一些国家级开发区成为综合改革及创新发展试验区，在管理体制、投融资、社会管理、循环经济等更宽领域和更深层次开展综合体制改革的先行先试
2014 至今	转型升级期	“三个成为，四个转变”	一区多园	现阶段开发区基本上都会专门开辟一个产业园区，结合自身的优势要素专门发展一到两个战略性新兴产业

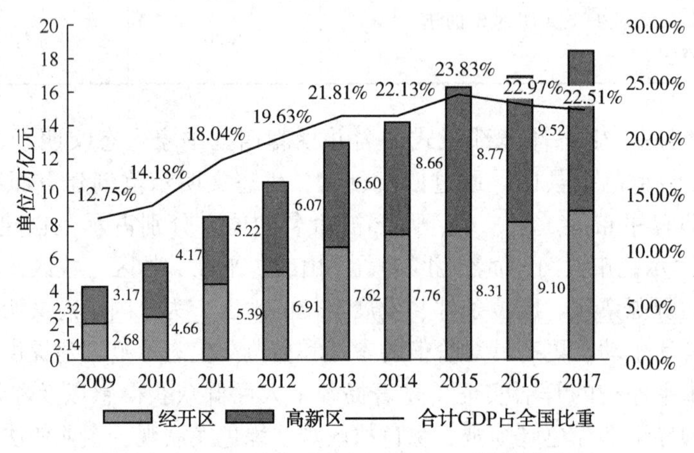

图 8-31　国家级产业园历年 GDP 增长情况

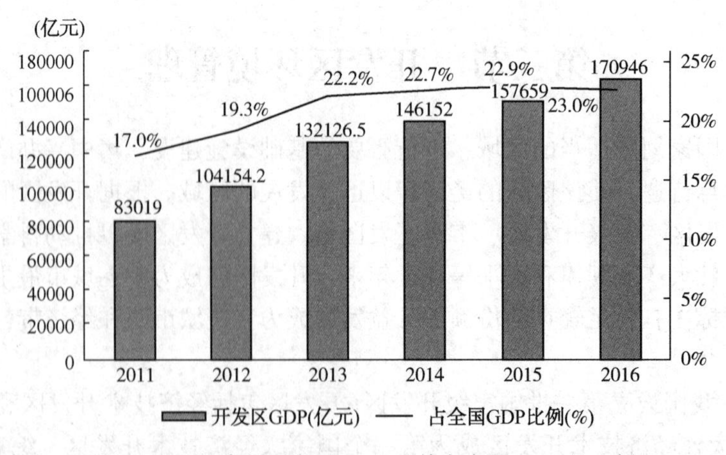

图 8-32　国家级开发区 GDP 及其占全国 GDP 的比例

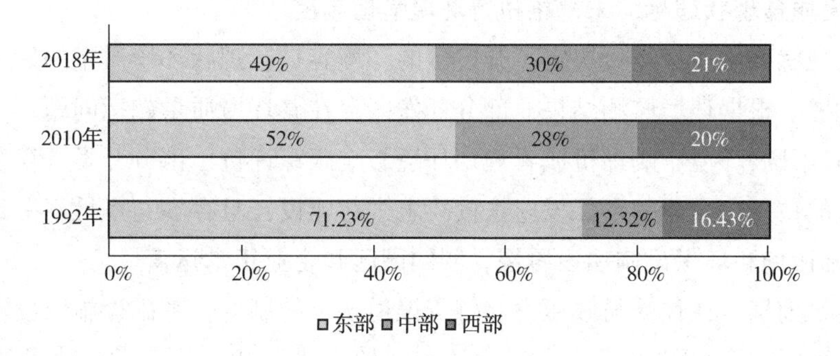

图 8-33　国家级产业园区域分布情况

一、开发区发展过程中存在的主要环境问题

（一）规划范围内已有的存在用地性质及规模导致产业布局偏离初衷

开发区在空间扩展规划范围内已有的存在不利于园区的正常发展，也导致园区无法形成统一规划、统一建设、统一管理的环境管理格局，如园区内已有村落与园区用地性质不一致且不能及时搬迁的情况下，工业发展与村落的矛盾突出；再如园区内原有但并不符合产业规划或者布局的企业的去留问题，对园区产业结构、产业布局、提档升级等都构成了严重的阻碍。

开发区用地指标及空间发展有限问题成为制约开发区发展的最大因素，部分开发区扩区工作迫在眉睫。开发区开发建设一般是按照土地开发、融资建设、滚动发展的模式运行。随着时间的推移，开发区内入园企业增多，园区内的发展空间越来越有限，如何实现园区内已有村落的搬迁、不符合规划和布局的企业跨地区的征地、拆迁等，腾出土地用于今后入园企业的发展，解决土地供应紧张、用地指标问题是大多数开发区面临的难题。占用农用地中的耕地，农用地转为建设用地，办理土地转用手续需经国土资源部批准，办理程序复杂，所需时间较长。

部分开发区未按照原规划产业布局进行设置，各功能组团中产业交错分布，一方面不利于污染物的集中治理，另一方面也不利于开发区的管理。

（二）产业发展层次不高、产业规模效应不明显

开发区产业发展规划与实际引进的行业类型差距较大，产业水平高、附加值高、污染轻的企业少或者没有，入园的产业也形不成集群，开发区内大型龙头企业和高新技术企业占比较少，中小企业尽管数量较多，与龙头企业之间专业化协作程度较低，产业结构不够优化，产业链条连接和延伸尚不紧密，尚未形成良好的互融发展环境。

受市场经济大环境影响，企业融资难、融资贵的问题依然存在。园区内中小企业资本、实力相对比较弱，市场知名度不高，产品结构单一。由于信用体系建设迟缓，中小企业信用度不高等原因，导致金融机构解决信息不对称的手段依然是依靠房产、土地等抵押物，中小企业在融资方面难以获得所需资金支持。大多数情况下，企业的技术专利等尚不能用作抵押、质押资产，企业难以获得发展所需资金。

部分开发区内企业的清洁生产水平不高，除了要求实施强制性清洁生产的企业通过清洁生产审核外，自愿实施清洁生产审核的企业较少。

（三）环境质量现状超标、未严格执行环境管理制度

开发区的现状环境质量直接决定了开发区的环境容量，现状环境质量的好坏也决定了开发区未来的发展。根据环境监测结果，部分开发区存在着环境质量超标问题。

开发区尚未开展环境影响评价或者规划环境影响跟踪评价；部分开发区存在企业未批先建、久试不验的情况；企业的环保设施未按要求进行建设，且存在与审批不一致的情况。

（四）基础设施和环保设施建设缓慢，制约园区和企业正常运营

开发区建设前期，往往受财政压力和融资渠道狭窄的制约，基础设施建设资金偏少，基础设施远未达到“九通一平”要求，发展格局和框架无法拉开，甚至承诺建设的配套基础设施长期缺失，入园企业没有基础设施建设作为依托，一方面导致开发区项目承载力很弱，短期内承接大项目入驻存在一定的困难；另一方面也给入园企业正常发展带来困难，无奈之下还得建设生产必需的临时依托设施，如集中供热。

部分开发区在发展过程中存在着环保基础设施建设滞后、环保基础设施不健全的现象，如污水集中处理设施、固体废物贮存设施等。

（五）开发区管委会环保机构设置与所承担任务不匹配

开发区管委会环保机构设置与否以及人员配备对于园区环境管理有效性有重要作用。随着经济社会的不断发展，开发建设的扩张，开发区环保机构及其人员需要给入驻企业提供规划、环保、建设等多方面的服务，此外还要按照国家和省市级环保部门要求对企业进行环境监管。目前情况是园区土地类型及规模、产业定位、发展规划、基础设施建设、入区企业行业特征及管理水平等方面存在的缺陷，增加了园区环境管理的难度。加上，我国对开发区环境管理政策、制度和行业治理防治技术等方面的要求不断提高，无疑增加了环境管理的难度。

二、开发区生态环境保护对策

（一）明确开发区管委会组织机构内的环境监管职责

在各职能部门的职能分工时，文件化地明确其在环境管理工作上的具体工作要求，将环境管理工作作为日常本职工作的一部分，有计划地开展；开发区管委会的管理层应明确制定本开发区的总体环境管理方针，体现污染预防及持续改进环境管理的承诺；根据所在开发区的地理位置、区域规划要求、产业定位及区域环境容量等诸因素，结合各类工作目标的制定，明确提出该开发区的阶段性环境管理目标及指标。

（二）严格环保准入门槛

进入开发区的项目，应符合国家和地方的产业政策和技术政策，符合生态空间管控和“三线一单”要求，符合开发区总体规划及环境保护规划的要求。采用能耗物耗小、污染物排放量小的清洁生产工艺，不得采用国家明令禁止、淘汰、限制的生产工艺、设备，注意产品和生产工艺的科技含量和其对环境的影响。对不符合国家产业政策和园区产业发展方向的项目一律不引进。

（三）严格落实各项环境管理制度

1. 严格执行环境影响评价制度

新建、改建、扩建项目，必须依法进行环境影响评价，编制环境影响报告书(表)，并按国家规定的审批程序报送有审批权的环境保护行政主管部门审批。建设项目的建设地点、生产规模、生产工艺、主要设备发生重大变化时，建设单位应按规定的程序重新申报环保文件。

2. 严格执行“三同时”制度

入区项目的建设单位应当根据环境影响评价文件审批意见的要求建设与主体工程配套的污染防治设施，并与主体工程同时设计、同时施工、同时投产使用，确保污染处理设施能够和生产工艺“同时设计”、“同时施工”，与项目生产做到同时验收运行，对企业“三废”排放实行“双达标”控制和监督。

3. 切实落实环境保护目标责任制

实行生产者环境责任制，要求生产企业对其使用的原料、包装物、产品生产、消费过程及消费后的剩余物对环境的影响负责。根据污染物总量控制计划，按单位或企业层层分解，建立以企业及主管部门领导为核心的管理体系，明确各自的环境责任，将责任落实给企业领导者，达到目标管理的目的。

4. 健全污染治理设施管理制度

强化企业污染治理设施的管理，制定各级岗位责任制，编制设备及工艺的操作规程，建立相应的管理台账。企业不得擅自拆除或闲置已有的污染处理设施，严禁故意不正常使用污染处理设施。

5. 执行总量控制和排污许可制度

开发区内企业按国家有关规定实行总量控制和排污许可证制度。排污单位不得超过排污许可证规定的污染物排放总量控制指标。

6. 加强环境教育和培训

建立多形式的教育培训计划，提高全体人员的各项意识和能力、经验和技能；建立能力评估及考核机制。建立开发区人员能力评价指标体系及考核规程，指导开发区人员的能力建设工作。

(四) 推进基础设施建设

开发区经济是典型的“候鸟经济”，基础设施是重要的“气候条件”之一，应以基础设施建设为突破口，构筑坚实的发展平台。一要拓宽融资渠道。采取政府投入与金融机构合作相结合，探索运用市场机制投资基础设施建设等办法解决投入不足的问题。二要创新建设思路。按照“先拉框架后填空”和“大配套一步到位，小配套围绕项目集中进行”的模式，走“分片起步，滚动发展”的路子。多渠道增加投入，加快推进环保基础设施建设，提高配套水平。通过财政支持、社会融资及争取政策性资金等多种方式，逐步配套和完善环保设施，污染集中处理、控制能力显著增强。推行热电联产、集中供热，促进节能减排。加大水资源的调整与控制，节约和保护地下水。改变目前工业生产完全依赖地下水状况，缓解地下水超采和水质下降问题。扩大污水处理能力，提高集中处理率。高标准配套建设各种公共服务设施，不断强化公共服务功能，为加快人流、物流、资金流、信息流的汇聚和辐射创造基础和条件。三要做到统筹兼顾。既要从开发区大局出发，大投入建设改善投资硬环境；又要根据入区项目的产业特点，量身定做“水电路”等配套基础设施，因地制宜优化项目栖息的良好环境；同时坚持工业化与城镇化相结合，同步推进“产城一体”进程，做到既推进工业化，又加快城镇化。

将加快基础设施建设作为服务项目落地、促进发展的先导性工作来抓，不断提升园区承载能力。及时协调解决建设过程中遇到的困难和问题，完善土地变性和相关规划手续，尽快实现“五通一平”标准，为企业、项目进驻奠定坚实基础，提升投资建设效益；进一步明确园区的产业定位，形成具备自身特色的产业规划，瞄准区域产业功能定位，加大招商引资力度，尽早产生经济效益。

（五）创建生态工业示范园区

1999 年，国家环保总局起草了《关于加快发展循环经济的意见》，提出在区域层面开展生态工业园区的规划建设，将其作为改变经济增长模式、实现经济和环境双赢的重要举措。

1999 年 10 月，国家环保总局和联合国环境规划署决定组织实施了“中国工业园区的环境管理研究项目”，将大连经济技术开发区、苏州高新技术产业开发区、天津经济技术开发区和烟台经济技术开发区作为试点对象。2006 年颁布并实施了《行业类生态工业园区标准(试行)》(HJ/T 273—2006)和《静脉产业类生态工业园区标准(试行)》(HJ/T 275—2006)，2009 年环境保护部颁布并实施了《综合类生态工业园区标准》(HJ 274—2009)，用于督促园区开展生态园区创建工作。2015 年 12 月 24 日环境保护部发布，从 2016 年 1 月 1 日开始实施《国家生态工业示范园区标准》(HJ 274—2015)，取代了前面三个关于生态工业园区的标准。

国家生态工业示范园区(以下简称“园区”)，是指依据循环经济理念、工业生态学原理和清洁生产要求而设计创建的新型工业园区。通过园区的创建，可加快实现工业园区的生态化改造，促进我国工业粗放型增长方式的转变和高新技术产业发展，从根本上缓解环境污染的压力。

国家生态工业示范园区是依据循环经济理念、工业生态学原理和清洁生产要求，符合《国家生态工业示范园区标准》和《国家生态工业示范园区管理办法》及其他相关要求，并按规定程序通过审查，被授予相应称号的新型工业园区。由国家生态环境部、商务部和科学技术部共同发文，正式命名该园区为国家生态工业示范园区。

《国家生态工业示范园区标准》的评价指标包括必选指标和可选指标，包括经济发展、产业共生、资源节约、环境保护、信息公开，合计 32 个指标。园区根据自身发展特点自行选择适合的可选指标，至少 23 项，见表 8-10。

表 8-10 国家生态工业示范园区评价指标

分类	序号	指标	单位	要求	备注
经济发展	L	高新技术企业工业总产值占园区工业总产值比例	%	≥30	4 项指标至少选择 1 项达标
	2	人均工业增加值	万元/人	≥15	
	3	园区工业增加值三年年均增长率	%	≥15	
	4	资源再生利用产业增加值占园区工业增加值比例	%	≥30	
产业共生	5	建设规划实施后新增构建生态工业链项目数量	个	≥6	必选
	6	工业固体废物综合利用率	%	≥70	2 项指标至少选择 1 项达标
	7	再生资源循环利用率	%	≥80	

续表

分类	序号	指标	单位	要求	备注
资源节约	8	单位工业用地面积工业增加值	亿元/平方公里	≥9	2项指标至少选择1项达标
	9	单位工业用地面积工业增加值三年年均增长率	%	≥6	
	10	综合能耗弹性系数		当园区工业增加值建设期年均增长率>0，≤0.6 当园区工业增加值建设期年均增长率<0，≥0.6	必选
	11	单位工业增加值综合能耗	吨标煤/万元	≤0.5	2项指标至少选择1项达标
	12	可再生能源使用比例	%	≥9	
	13	新鲜水耗弹性系数		当园区工业增加值建设期年均增长率>0，≤0.55 当园区工业增加值建设期年均增长率<0，≥0.55	必选
	14	单位工业增加值新鲜水耗	立方米/万元		3项指标至少选择1项达标
	15	工业用水重复利用率	%	≥75	
	16	再生水(中水)回用率	%	缺水城市达到20%以上 京津冀区域达到30%以上 其他地区达到10%以上	
环境保护	17	工业园区重点污染源稳定排放达标情况	%	达标	必选
	18	工业园区国家重点污染物排放总量控制指标及地方特征污染物排放总量控制指标完成情况		全部完成	必选
	19	工业园区内企事业单位发生特别重大、重大突发环境事件数量		0	必选
	20	环境管理能力完善度	%	100	必选
	21	工业园区重点企业清洁生产审核实施率	%	100	必选
	22	污水集中处理设施		具备	必选
	23	园区环境风险防控体系建设完善度	%	100	必选
	24	工业固体废物(含危险废物)处置利用率	%	100	必选

续表

分类	序号	指标	单位	要求	备注
环境保护	25	主要污染物排放弹性系数		当园区工业增加值建设期年均增长率>0，≤0.3 当园区工业增加值建设期年均增长率<0，≥0.3	必选
	26	单位工业增加值二氧化碳排放量年均削减率	%	≥3	必选
	27	单位工业增加值废水排放量	吨/万元	7	2项指标至少选择1项达标
	28	单位工业增加值固废产生量	吨/万元	≤0.1	
	29	绿化覆盖率	%	>15	必选
信息公开	30	重点企业环境信息公开率	%	100	必选
	31	生态工业信息平台完善程度	%	100	必选
	32	生态工业主题宣传活动	次/年	≥2	必选

注1. 园区中某一工业行业产值占园区工业总产值比例大于70%时，该指标的指标值为达到该行业清洁生产评价指标体系一级水平或公认国际先进水平。

2. 第4项指标无法达标的园区不选择此项指标作为考核指标。

截至2016年年底，通过验收后批准命名的国家生态工业示范园区有48家，具体见表8-11。

表8-11 国家生态工业示范园区名单

序号	名称	批准文号	批准时间
1	苏州工业园区	环发〔2008〕9号	2008年3月31日
2	苏州高新技术产业开发区	环发〔2008〕9号	2008年3月31日
3	天津经济技术开发区	环发〔2008〕9号	2008年3月31日
4	烟台经济技术开发区	环发〔2010〕46号	2010年4月1日
5	无锡新区(高新技术产业开发区)	环发〔2010〕46号	2010年4月1日
6	山东潍坊滨海经济开发区	环发〔2010〕47号	2010年4月1日
7	上海市莘庄工业区	环发〔2010〕103号	2010年8月26日
8	日照经济技术开发区	环发〔2010〕103号	2010年8月26日
9	昆山经济技术开发区	环发〔2010〕135号	2010年11月29日
10	张家港保税区暨扬子江国际化学工业园	环发〔2010〕135号	2010年11月29日
11	扬州经济技术开发区	环发〔2010〕135号	2010年11月29日
12	上海金桥出口加工区	环发〔2011〕40号	2011年4月2日

续表

序号	名称	批准文号	批准时间
13	北京经济技术开发区	环发〔2011〕50号	2011年4月25日
14	广州开发区	环发〔2011〕144号	2011年12月5日
15	南京经济技术开发区	环发〔2012〕35号	2012年3月19日
16	天津滨海高新技术产业开发区华苑科技园	环发〔2012〕158号	2012年12月26日
17	上海漕河泾新兴技术开发区	环发〔2012〕158号	2012年12月26日
18	上海化学工业经济技术开发区	环发〔2013〕25号	2013年2月6日
19	山东阳谷祥光生态工业园区	环发〔2013〕25号	2013年2月6日
20	临沂经济技术开发区	环发〔2013〕25号	2013年2月6日
21	江苏常州钟楼经济开发区	环发〔2013〕108号	2013年9月15日
22	江阴高新技术产业开发区	环发〔2013〕108号	2013年9月15日
23	沈阳经济技术开发区	环发〔2014〕8号	2014年1月10日
24	上海张江高科技园区	环发〔2014〕48号	2014年3月20日
25	宁波经济技术开发区	环发〔2014〕48号	2014年3月20日
26	上海闵行经济技术开发区	环发〔2014〕48号	2014年3月20日
27	徐州经济技术开发区	环发〔2014〕145号	2014年9月30日
28	南京高新技术产业开发区	环发〔2014〕145号	2014年9月30日
29	合肥高新技术产业开发区	环发〔2014〕145号	2014年9月30日
30	青岛高新技术产业开发区	环发〔2014〕145号	2014年9月30日
31	常州国家高新技术产业开发区	环发〔2014〕199号	2014年12月25日
32	常熟经济技术开发区	环发〔2014〕199号	2014年12月25日
33	南通经济技术开发区	环发〔2014〕199号	2014年12月25日
34	宁波高新技术产业开发区	环发〔2015〕101号	2015年7月31日
35	杭州经济技术开发区	环发〔2015〕101号	2015年7月31日
36	福州经济技术开发区	环发〔2015〕101号	2015年7月31日
37	上海市市北高新技术服务业园区	环科技〔2016〕106号	2016年8月3日
38	江苏武进经济开发区	环科技〔2016〕106号	2016年8月3日
39	武进国家高新技术产业开发区	环科技〔2016〕106号	2016年8月3日
40	南京江宁经济技术开发区	环科技〔2016〕106号	2016年8月3日
41	长沙经济技术开发区	环科技〔2016〕106号	2016年8月3日

续表

序号	名称	批准文号	批准时间
42	温州经济技术开发区	环科技〔2016〕114号	2016年8月22日
43	扬州维扬经济开发区	环科技〔2016〕114号	2016年8月22日
44	盐城经济技术开发区	环科技〔2016〕114号	2016年8月22日
45	连云港经济技术开发区	环科技〔2016〕171号	2016年11月29日
46	淮安经济技术开发区	环科技〔2016〕171号	2016年11月29日
47	郑州经济技术开发区	环科技〔2016〕171号	2016年11月29日
48	长春汽车经济技术开发区	环科技〔2016〕171号	2016年11月29日

思考题

1. 简述城市的环境问题以及我国城市环境质量状况。
2. 目前我国城市环境保护的主要措施有哪些?
3. 简述农村环境问题的特点以及我国农村环境管理状况。
4. 试述我国农村环境保护的任务。
5. 试述开发区发展过程中存在的主要环境问题。
6. 简述开发区环境保护对策。

第九章　自然生态保护与管理

本章重点

通过本章学习，了解自然保护区的含义和分类，熟悉我国自然保护区的主要类别，我国对自然保护区进行分区管理的方法，熟悉我国生态保护红线的发展历程以及生态保护红线监管的内容，掌握生物多样性的概念以及生物多样性保护与管理的方法，了解我国“两山”实践创新基地的概念及发展历程。

第一节　自然保护地监管

一、概念

（一）自然保护地

世界自然保护联盟自然保护地的定义：自然保护地是明确界定的地理空间，经由法律或其他有效方式得到认可、承诺和管理，以实现对自然及其生态系统服务和文化价值的长期保护。

中共中央办公厅、国务院办公厅印发《关于建立以国家公园为主体的自然保护地体系的指导意见》中自然保护地的定义：是由各级政府依法划定或确认，对重要的自然生态系统、自然遗迹、自然景观及其所承载的自然资源、生态功能和文化价值实施长期保护的陆域或海域。

（二）自然保护区

指保护典型的自然生态系统、珍稀濒危野生动植物种的天然集中分布区、有特殊意义的自然遗迹的区域。具有较大面积，确保主要保护对象安全，维持和恢复珍稀濒危野生动植物种群数量及赖以生存的栖息环境。

（三）自然保护区管理

自然保护区管理机构履行管理职责所开展的工作及取得的成效，包括管理基础、管理措施、管理保障、管理成效以及负面影响等。

（四）核心区

自然保护区内重要自然生态系统、濒危物种、自然遗迹等主要保护对象集中分布且保存较为完整，需要采取严格管理措施的区域。

（五）缓冲区

为了缓冲外来干扰对核心区的影响，在核心区外划定一定面积，只能进入从事科学研究观测活动的区域(地带)。

（六）实验区

为了探索自然资源保护与可持续利用有效结合的途径，在自然保护区缓冲区外围划出来适度集中从事各种教学实习、参观考察、传统生产生活的区域(地带)。

（七）保护对象

依据国家、地方有关法律法规以及自然保护区特点，在自然保护区范围内需要采取措施加以保护、严禁破坏的自然生态系统、珍稀濒危野生动植物物种和自然遗迹的总称。

（八）管护设施

用于自然保护区保护管理的设施，包括管护站点、警示标识、界碑、界桩、标牌、哨卡、瞭望台等管护设施。

（九）自然公园

指保护重要的自然生态系统、自然遗迹和自然景观，具有生态、观赏、文化和科学价值，可持续利用的区域，确保森林、海洋、湿地、水域、冰川、草原、生物等珍贵自然资源，以及所承载的景观、地质地貌和文化多样性得到有效保护，包括森林公园、地质公园、海洋公园、湿地公园等各类自然公园。

（十）国家公园

指以保护具有国家代表性的自然生态系统为主要目的，实现自然资源科学保护和合理利用的特定陆域或海域，是我国自然生态系统中最重要、自然景观最独特、自然遗产最精华、生物多样性最富集的部分，保护范围大，生态过程完整，具有全球价值、国家象征，国民认同度高。

（十一）自然保护地人类活动

指在自然保护地内发生的、影响自然保护地保护对象和生态环境状况的各类开发建设及生产、生活活动，包括矿产资源开发、工业开发、能源开发、旅游开发、交通开发、养殖开发和其他活动等。

（十二）自然保护地人类活动遥感监测

指利用卫星遥感、近地面遥感等技术对自然保护地内人类活动进行的监测，包括数据和信息的获取、处理、提取、分析和报告编制等。

（十三）自然保护地人类活动变化

指自然保护地内人类活动造成的用地性质发生的改变，包括新增、扩大和减少。

二、自然保护地现状

截至2019年年底，全国共建立以国家公园为主体的各级、各类保护地逾1.18万个，保护面积占全国陆域国土面积的18.0%、管辖海域面积的4.1%。其中，建立东北虎豹、祁连山、大熊猫等国家公园体制试点区10处，涉及吉林、黑龙江、四川等12个省，总面积超过

22 万平方千米，约占全国陆域国土面积的 2.3%。2019 年上半年和下半年，国家级自然保护区分别新增或规模扩大人类活动 1019 处和 2785 处，总面积分别为 8.98 平方千米和 6.42 平方千米。

三、自然生态保护的职责定位

推动构建以国家公园为主体的自然保护地体系；配合有关部门推动自然保护地立法；实行最严格的自然保护地生态环境保护监管制度，出台自然保护地生态环境监管办法，加强自然保护地设立、晋(降)级、调整、整合和退出的监管，定期公布自然保护地生态环境状况；深入推进“绿盾”自然保护地强化监督，强化对各类国家级自然保护地和重点区域自然保护地的监督检查；建立健全自然保护地生态环境问题台账，严格落实整改销号制度，督促重点问题依法查处到位、彻底整改到位；开展常态化监控，坚决遏制新增违法违规问题。

四、自然生态保护的主要任务

(一) 构建科学合理的自然保护地体系

1. 明确自然保护地的功能定位

建立自然保护地的目的是守护自然生态，保育自然资源，保护生物多样性与地质地貌景观多样性，维护自然生态系统健康稳定，提高生态系统服务功能；服务社会，为人民提供优质生态产品，为全社会提供科研、教育、体验、游憩等公共服务；维持人与自然和谐共生并永续发展；要将生态功能重要、生态环境敏感脆弱以及其他有必要严格保护的各类自然保护地纳入生态红线管控范围。

2. 科学划定自然保护地类型

按照 2018 年初国务院新一轮机构改革方案，国家林业和草原局加挂“国家公园管理局”牌子，自然保护地工作按照“山水林田湖草生命共同体”理念，逐步形成以国家公园为主体、自然保护区为基础、各类自然公园为补充的中国特色自然保护地管理体系。至此，我国自上而下的自然保护地垂直管理体制进入实践阶段。

对现有的自然保护区、风景名胜区、地质公园、森林公园、海洋公园、湿地公园、冰川公园、草原公园、沙漠公园、草原风景区、水产种质资源保护区、野生植物原生境保护区(点)、自然保护小区、野生动物重要栖息地等各类自然保护地开展综合评价，按照保护区域的自然属性、生态价值和管理目标进行梳理调整和归类，逐步形成以国家公园为主体、自然保护区为基础、各类自然公园为补充的自然保护地分类系统。

目前，全国各省区都已建立了自然保护区，有效保护了我国 90%的陆地自然生态系统类型、85%的野生动植物种群、65%的高等植物群落，涵盖了 25%的原始天然林、50.3%的自然湿地和 30%的典型荒漠地区，完好地保存了生态系统、珍稀动植物、特殊自然遗迹和自然景观，发挥了防风固沙、保持水土、涵养水源、净化水质、调节气候等生态效益，对维护我国生态安全和生物多样性稳定以及促进经济社会可持续发展发挥了重要作用。

中国的自然保护区面积占国土面积的比例已经超过世界平均水平，不但超过了发展中国家，也超过了发达国家。到目前为止，中国的自然保护区数量和比例仍在上升。

3. 确立国家公园的主体地位

做好顶层设计，科学合理确定国家公园建设数量和规模，在总结国家公园体制试点经验基础上，制定设立标准和程序，划建国家公园。确立国家公园在维护国家生态安全关键区域中的首要地位，确保国家公园在保护最珍贵、最重要生物多样性集中分布区中的主导地位，确定国家公园保护价值和生态功能在全国自然保护地体系中的主体地位。国家公园建立后，在相同区域一律不再保留或设立其他自然保护地类型。

目前我国有三江源、神农架、武夷山、钱江源、南山、长城、香格里拉普达措、大熊猫、东北虎豹和祁连山 10 个国家公园体制试点区，涉及青海、湖北、福建、浙江、湖南、北京、云南、四川、陕西、甘肃、吉林和黑龙江 12 个省份。

国家公园具备四项功能：提供保护性的自然环境、保存物种及遗传基因、提供国民游憩及繁荣地方经济、促进学术研究及环境教育。

4. 编制自然保护地规划

落实国家发展规划提出的国土空间开发保护要求，依据国土空间规划，编制自然保护地规划，明确自然保护地发展目标、规模和划定区域，将生态功能重要、生态系统脆弱、自然生态保护空缺的区域规划为重要的自然生态空间，纳入自然保护地体系。

5. 整合交叉重叠的自然保护地

以保持生态系统完整性为原则，遵从保护面积不减少、保护强度不降低、保护性质不改变的总体要求，整合各类自然保护地，解决自然保护地区域交叉、空间重叠的问题，将符合条件的优先整合设立国家公园，其他各类自然保护地按照同级别保护强度优先、不同级别低级别服从高级别的原则进行整合，做到一个保护地、一套机构、一块牌子。

6. 归并优化相邻的自然保护地

制定自然保护地整合优化办法，明确整合归并规则，严格报批程序。对同一自然地理单元内相邻、相连的各类自然保护地，打破因行政区划、资源分类造成的条块割裂局面，按照自然生态系统完整、物种栖息地连通、保护管理统一的原则进行合并重组，合理确定归并后的自然保护地类型和功能定位，优化边界范围和功能分区，被归并的自然保护地名称和机构不再保留，解决保护管理分割、保护地破碎和孤岛化问题，实现对自然生态系统的整体保护。在上述整合和归并中，对涉及国际履约的自然保护地，可以暂时保留履行相关国际公约时的名称。

（二）建立统一规范和高效的管理体制

1. 统一管理自然保护地

理顺现有各类自然保护地管理职能，提出自然保护地设立、晋(降)级、调整和退出规则，制定自然保护地政策、制度和标准规范，实行全过程统一管理。建立统一调查监测体系，建设智慧自然保护地，制定以生态资产和生态服务价值为核心的考核评估指标体系和办法。各地区各部门不得自行设立新的自然保护地类型。

结合国内外国家公园管理经验、各类型自然保护地成熟的评估标准以及行业外成熟的质量等级体系，国家自然保护地“5E”评估标准体系的创建工作，可以整体按照组织确立、方案编制、专家组评审、汇审定案、试点实施、反馈调整、系统推广的流程开展。在做好自然生态保护的同时，创建符合统一管理、垂直管理思路，加强自然保护地统筹规划及组织能力，提升自然保护地基础建设与服务水平，满足人们对自然教育、生态游憩等方面的新需求。此外，可以打造自然保护地生态品牌，促进生态经济增长，并构建我国各类型自然保护地资源内涵与发展核心的评估体系。

国家自然保护地中“5E”评估标准体系，是自然保护地共同发展方向最核心的五大因素。“5E”评估标准体系包括生态资源、探索研究、教育展示、体验游憩、经济发展五项内容，“5E”是五大因素的英文首字母，简要解释如下：

——生态资源标准(Ecological resources)：基于资源评价，对自然保护地的资源价值、资源质量、资源保护、资源稀有性、资源特殊性、资源生态完整性等方面进行评估。

——探索研究标准(Exploration research)：基于科研评价，对自然保护地的科研调查、学术研究、科普研究等依据学术成果进行评估。

——教育展示标准(Educational exhibition)：基于自然教育评价，对自然保护地的教育活动、科普内容、科普教育设施建设、出版物、科普解说体系、教育宣传、信息化建设、展示交流等方面进行评估。

——体验游憩标准(Experience recreation)：基于国家公园体系的游憩、生态旅游评价，对自然保护地的游憩基础设施、交通可达性、体验游憩线路、信息化建设、游客评价等方面进行评估。

——经济发展标准(Economic development)：基于综合管理和区域经济可持续发展评价，对自然保护地的管理方式、区域产业赋能、品牌建设、社区发展等方面进行评估。

2. 分级行使自然保护地管理职责

按照生态系统重要程度，将国家公园等自然保护地分为中央直接管理、中央地方共同管理和地方管理三类，实行分级设立、分级管理。中央直接管理和中央地方共同管理的自然保护地由国家批准设立；地方管理的自然保护地由省级政府批准设立，管理主体由省级政府确定。

3. 合理调整自然保护地范围并勘界立标

制定自然保护地范围和区划调整办法，依规开展调整工作。制定自然保护地边界勘定方案、确认程序和标识系统，开展自然保护地勘界定标并建立矢量数据库，与生态红线衔接，在重要地段、重要部位设立界桩和标识牌。

4. 推进自然资源资产确权登记

进一步完善自然资源统一确权登记办法，每个自然保护地作为独立的登记单元，清晰界定区域内各类自然资源资产的产权主体，划清各类自然资源资产所有权、使用权的边界，明确各类自然资源资产的种类、面积和权属性质，逐步落实自然保护地内全民所有自然资源资产代行主体与权利内容，非全民所有自然资源资产实行协议管理。

5. 实行自然保护地差别化管控

国家公园和自然保护区实行分区管控，原则上核心保护区内禁止人为活动，一般控制区内限制人为活动。自然公园原则上按一般控制区管理，限制人为活动。

(三) 创新自然保护地建设发展机制

1. 加强自然保护地建设

以自然恢复为主，辅以必要的人工措施，分区分类开展受损自然生态系统修复。建设生态廊道、开展重要栖息地恢复和废弃地修复。加强野外保护站点、巡护路网、监测监控、应急救灾、森林草原防火、有害生物防治和疫源疫病防控等保护管理设施建设，利用高科技手段和现代化设备促进自然保育、巡护和监测的信息化、智能化。配置管理队伍的技术装备，逐步实现规范化和标准化。

2. 分类有序解决历史遗留问题

对自然保护地进行科学评估，将保护价值低的建制城镇、村屯或人口密集区域、社区民生设施等调整出自然保护地范围。结合精准扶贫、生态扶贫，核心保护区内原住居民应实施有序搬迁，对暂时不能搬迁的，可以设立过渡期，允许开展必要的、基本的生产活动，但不能再扩大发展。依法清理整治探矿采矿、水电开发、工业建设等项目，通过分类处置方式有序退出；根据历史沿革与保护需要，依法依规对自然保护地内的耕地实施退田还林还草还湖还湿。

3. 创新自然资源使用制度

按照标准科学评估自然资源资产价值和资源利用的生态风险，明确自然保护地内自然资源利用方式，规范利用行为，全面实行自然资源有偿使用制度。依法界定各类自然资源资产产权主体的权利和义务，保护原住居民权益，实现各产权主体共建保护地、共享资源收益。制定自然保护地控制区经营性项目特许经营管理办法，建立健全特许经营制度，鼓励原住居民参与特许经营活动，探索自然资源所有者参与特许经营收益分配机制。对划入各类自然保护地内的集体所有土地及其附属资源，按照依法、自愿、有偿的原则，探索通过租赁、置换、赎买、合作等方式维护产权人权益，实现多元化保护。

4. 探索全民共享机制

在保护的前提下，在自然保护地控制区内划定适当区域开展生态教育、自然体验、生态旅游等活动，构建高品质、多样化的生态产品体系。完善公共服务设施，提升公共服务功能。扶持和规范原住居民从事环境友好型经营活动，践行公民生态环境行为规范，支持和传承传统文化及人地和谐的生态产业模式。推行参与式社区管理，按照生态保护需求设立生态管护岗位并优先安排原住居民。建立志愿者服务体系，健全自然保护地社会捐赠制度，激励企业、社会组织和个人参与自然保护地生态保护、建设与发展。

（四）加强自然保护地生态环境监督考核

实行最严格的生态环境保护制度，强化自然保护地监测、评估、考核、执法、监督等，形成一整套体系完善、监管有力的监督管理制度。

1. 建立自然生态环境监测体系

生态环境部组织建立自然保护地生态环境监测制度，组织制定相关标准和技术规范，组织建设国家自然保护地“天空地一体化”生态环境监测网络体系，重点开展国家级自然保护地生态环境监测。省级生态环境部门组织建设本行政区域的自然保护地“天空地一体化”生态环境监测网络体系，开展本行政区域各级各类自然保护地生态环境监测。国家自然保护地生态环境监测网络和各省（自治区、直辖市）自然保护地生态环境监测网络实行联网和数据共享。生态环境部和省级生态环境部门定期发布自然保护地生态环境状况报告。

“天空地一体化”生态环境监测是综合运用卫星遥感监测、航空遥感监测和地面站点监测等多种环境监测手段，基于数据挖掘、数据融合、数据协同和数据同化等关键技术，获得更加准确数据支持的立体生态环境监测感知体系，它能更为全面地反映环境质量现状及发展趋势，为环境管理、污染源控制、环境规划等提供科学依据。

截至 2018 年 8 月，中国已建成 36 个生态监测站。36 个生态站覆盖了全国不同区域和不同类型的生态系统，通过观测与试验，并结合室内模拟试验、遥感、模型模拟等技术手段，对中国主要的农田、森林、草原、荒漠、沼泽、湖泊和海湾等生态系统的水、土壤、大气、生物等因子，以及能流、物流等重要生态过程进行了长期监测。

2. 加强自然保护区的评估考核

原环境保护部 2017 年 12 月 25 日发布的《自然保护区管理评估规范》，于 2018 年 3 月 1 日开始实施。该规范规定了自然保护区管理评估的基本原则、目的、工作程序、内容和方法等。

自然保护区管理评估每五到十年开展一次。自然保护区管理评估一般分为三个阶段，分别为评估准备阶段、现场评估阶段、评估结果分析与反馈阶段，评估流程如图 9-1 所示。

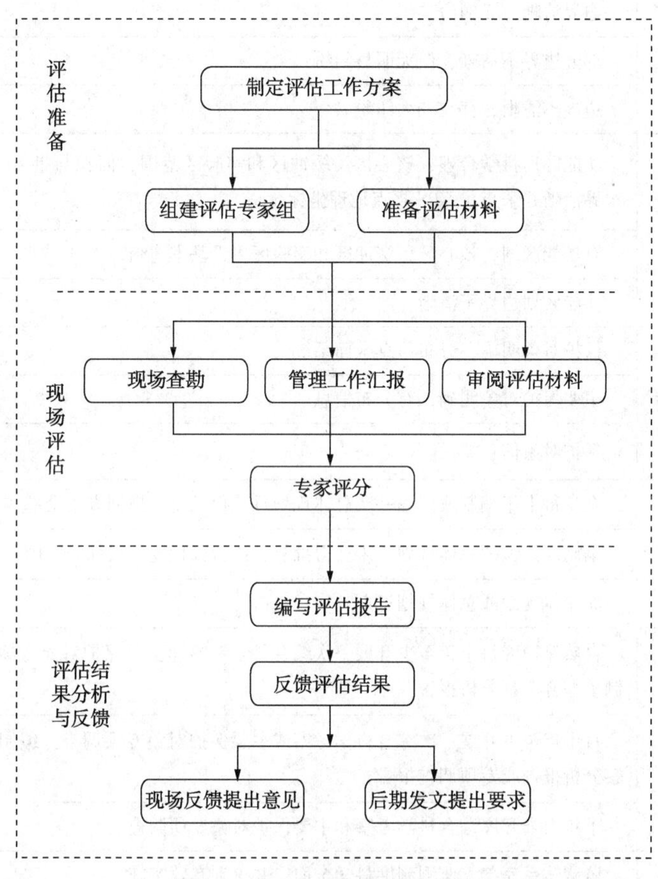

图 9-1　自然保护区管理评估流程

（来自《自然保护区管理评估规范》HJ 913—2017）

评估内容包括：自然保护区的管理基础、管理措施、管理保障、管理成效及负面影响。其中，管理基础包括自然保护区的土地权属、范围界线、功能区划和保护对象信息；管理措施包括自然保护区的规划编制与实施、资源调查、动态监测、日常管护、巡护执法、科研能力和宣传教育；管理保障包括自然保护区的管理工作制度、机构设置与人员配置、专业技术能力、专门执法机构、资金和管护设施；管理成效包括自然保护区的保护对象变化和社区参与；负面影响包括自然保护区的开发建设活动影响。

自然保护区管理评估指标共 5 项 20 条，评估满分为 100 分，自然保护区管理评估指标及评分见表 9-1。得分 85 分以上（含 85 分）评估等级为“优”，70～84 分之间评估等级为“良”，60～69 分之间评估等级为“中”，59 分以下（含 59 分）评估等级为“差”，自然保护区管理评估评分见表 9-2。

表 9-1　自然保护区管理评估指标及评分

评估内容	评估指标	评分依据	评估分值
管理基础	土地权属	土地(包括海域，下同)确权登记基本完成，达到 80%以上(含 80%)，权属清楚	4
		土地确权登记未达到 80%，无明显纠纷	1~3
		土地确权登记未达到 50%，权属存在较大纠纷	0
	范围界定	边界清晰，无纠纷	4
		部分边界不清晰，但无明显纠纷	1~3
		边界不清晰，存在较大纠纷	0
	功能区划	功能区划科学合理，核心区、缓冲区和实验区范围、面积与批复文件一致，边界清晰并采集了 GPS 拐点地理坐标	4
		有功能区划，核心区、缓冲区和实验区边界基本清晰	1~3
		功能区划边界不清晰	0
	保护对象信息	保护对象明确，分布信息全面系统	4
		主要保护对象明确，有分布信息	1~3
		保护对象信息缺乏	0
管理措施	规划编制与实施	至少每十年编制或修编一次总体规划且获得批复，规划方案全部实施	4
		编制或修编了总体规划，未获得批复；或得到批复，仅部分实施	1~3
		无总体规划或总体规划过期	0
	资源调查	自然保护区每十年至少开展一次综合科学考察和主要保护对象专项调查，编制了综合考察分析报告	4
		每十年至少开展一次综合科学考察或主要保护对象专项调查，编制了综合考察分析报告或专项调查报告	1~3
		十年内未开展综合科学考察和主要保护对象专项调查	0
	动态监测	监测体系完善，监测制度科学全面，并得到有效实施	4
		监测体系基本完善，制定了监测制度，未得到有效实施	1~3
		无监测体系	0
	日常管护	执行了全部的日常管护制度	7
		执行了 60%以上(含 60%)的日常管护制度	4~6
		执行了 30%以上(含 30%)的日常管护制度	1~3
		未执行日常管护制度	0
	巡护执法	巡护执法有效	7
		巡护执法比较有效	4~6
		巡护执法基本有效	1~3
		巡护执法无效	0

续表

评估内容	评估指标	评分依据	评估分值
管理措施	科研能力	自然保护区自身或与科研单位联合开展与保护对象、资源管理密切相关的科学研究，对自然保护区管理帮助较大	4
		自然保护区自身或与科研单位联合开展与保护对象、资源管理相关的科学研究，对自然保护区管理有一定帮助	1~3
		自然保护区未开展科研及科研协作	0
	宣传教育	每年开展3次以上的自然保护区保护相关宣传、教育及培训活动，每年发放3次以上宣传材料，受益达千人，社会影响很好	4
		每年开展1~2次自然保护区保护相关宣传、教育及培训活动，每年发放1~2次宣传材料，受益达百人，有一定的社会影响	1~3
		未开展相关宣传教育活动且未发放相关宣传材料	0
管理保障	管理工作制度	制定并公开健全的管理规章制度	4
		制定并公开基本健全的管理规章制度	1~3
		未制定管理规章制度	0
	机构设置与人员配置	设立独立的管理机构，专职人员配置满足保护区各项管理需求	4
		设立独立的管理机构，专职人员配置基本满足保护区管护业务需求	1~3
		无独立的管理机构	0
	专业技术能力	专业技术及管理人员(指具有与自然保护区管理业务相适应的中专及以上学历或同等学力者，下同)比例达到50%以上(含50%)，高级技术人员(指具有与自然生态方向或地质遗迹方向高级技术职称者，下同)不少于2人，满足专业技术需求	4
		专业技术及管理人员比例达到30%以上(含30%)，或高级技术人员不少于1人，基本满足专业技术需求	1~3
		专业技术及管理人员比例在30%以下，很难满足专业技术需求	0
	专门执法机构	有专门的执法机构，执法人员配置可满足保护区管理需求	5
		有专门的执法机构，执法人员配置基本满足保护区管理需求	1~4
		无专门的执法机构	0
	资金	自然保护区管理运行、管护设施建设与维护、保护管理等费用能满足管理需求	5
		自然保护区管理运行、管护设施建设与维护、保护管理等费用基本满足管理需求	1~4
		自然保护区管理运行、管护设施建设与维护、保护管理等费用不能满足管理需求	0

续表

评估内容	评估指标	评分依据	评估分值
管理保障	管护设施	管护站点布局合理，警示标识充足，其他管护设施完备，维护良好，完全满足管护需求	7
		管护站点布局基本合理，警示标识基本充足，其他管护设施基本完备，维护较少，基本满足管护需求	4~6
		缺乏管护站点，缺乏警示标识，其他管护设施不完备，缺少维护，难以满足管护需求	1~3
		无管护站点，无警示标识，无其他管护设施，无法开展管护工作	0
管理成效	保护对象变化	主要保护的生态系统面积稳定或增加，生态系统结构和功能稳定或改善；主要保护物种种群数量稳定或增加，关键生境面积稳定或增加且质量稳定或改善；主要保护对象状况稳定	16
		主要保护的生态系统面积基本稳定，生态系统结构和功能基本稳定；主要保护物种种群数量基本稳定，关键生境面积和质量基本稳定；主要保护对象状况基本稳定	8~15
		主要保护自然生态系统面积减小，生态系统退化；主要保护物种种群数量减少，关键生境面积减小、质量下降；主要保护对象被破坏	3~7
		主要保护自然生态系统严重退化；主要保护物种种群数量大幅减少，关键生境被严重破坏或退化；主要保护对象被严重破坏	0~2
	社区参与	自然保护区吸纳社区居民及志愿者参与调查、巡护、监督等工作，有开发建设项目的保护区，其开发建设项目吸收社区居民参与建设及运营管理等工作，保护区带动社区发展，保障社区居民的生活收入，与社区关系和谐	4
		自然保护区吸纳社区居民及志愿者参与调查、巡护、监督等工作，有开发建设项目的保护区，其开发建设项目吸收社区居民参与建设及运营管理等工作，保障社区居民的生活收入，保护区与社区无明显矛盾	1~3
		自然保护区工作没有社区居民参与，社区居民不理解不支持保护区的管理工作，保护区与社区矛盾突出	0
负面影响	开发建设活动影响	自然保护区成立后，保护区内无开发建设项目，或实验区新建开发建设项目未对生态环境和主要保护对象产生不利影响；自然保护区成立前，历史遗留开发建设项目对自然保护区生态环境和主要保护对象无影响或原有影响得到有效控制	0
		自然保护区成立后，保护区内新建开发建设项目对实验区生态环境和主要保护对象产生不利影响，但未对缓冲区及核心区生态环境和主要保护对象产生不利影响；自然保护区成立前，历史遗留开发建设项目对自然保护区生态环境和主要保护对象的不利影响未得到有效控制	−3~−1
		自然保护区成立后，保护区内新建开发建设项目对缓冲区或核心区生态环境和主要保护对象产生不利影响；自然保护区成立前，历史遗留开发建设项目对自然保护区生态环境和主要保护对象的不利影响恶化	−9~−4
		自然保护区涉及违法违规项目	−10

表 9-2　自然保护区管理评估评分表

类别	指标	专家评分	分值小计
管理基础(0~16分)	土地权属(0~4分)		
	范围界限(0~4分)		
	功能区划(0~4分)		
	保护对象信息(0~4分)		
管理措施(0~34分)	规划编制与实施(0~4分)		
	资源调查(0~4分)		
	动态监测(0~4分)		
	日常管护(0~7分)		
	巡护执法(0~7分)		
	科研能力(0~4分)		
	宣传教育(0~4分)		
管理保障(0~30分)	管理工作制度(0~4分)		
	机构设置与人员配置(0~5分)		
	专业技术能力(0~4分)		
	专门执法机构(0~5分)		
	资金(0~5分)		
	管护设施(0~7分)		
管理成效(0~20分)	保护对象变化(0~16分)		
	社区参与(0~4分)		
负面影响(-10~0分)	开发建设活动影响(-10~0分)		
合计	评分等级：		

3. 实施自然生态环境执法监督

制定自然保护地生态环境监督办法，建立包括相关部门在内的统一执法机制，在自然保护地范围内实行生态环境保护综合执法，制定自然保护地生态环境保护综合执法指导意见。强化监督检查，定期开展“绿盾”自然保护地监督检查专项行动，及时发现涉及自然保护地的违法违规问题。对违反各类自然保护地法律法规等规定，造成自然保护地生态系统和资源环境受到损害的部门、地方、单位和有关责任人员，按照有关法律法规严肃追究责任，涉嫌犯罪的移送司法机关处理。建立督查机制，对自然保护地保护不力的责任人和责任单位进行问责，强化地方政府和管理机构的主体责任。

生态环境部每年对国家级自然保护区遥感监测两次，对省级自然保护区遥感监测一次，针对自然保护区人类活动进行遥感监测工作，各地方认真做好遥感监测结果的实地核查和违法违规问题查处工作。生态环境部将适时对遥感监测实地核查结果和违法违规问题查处情况进行抽查，对不认真组织核查、不按时上报核查结果、核查中弄虚作假、查处不严的地区和相关人员，一经发现将严肃处理。

全国生态状况遥感调查评估每五年开展一次；选择的每个重点区域流域生态状况调查评估完成时限原则上为一年；生态红线生态状况遥感调查评估每年开展一次；国家级自然公园人类活动遥感监测评估每年开展一次，国家级自然保护区、国家公园人类活动遥感监测评估每半年完成一次，地方可根据实际开展地方级自然保护地人类活动遥感监测评估；县域重点生态功能区评估每年完成一次。

2016 年上半年，生态环境部对全国所有 446 个国家级自然保护区组织开展了人类活动遥感监测，全面了解了国家级自然保护区 2015 年人类活动状况及 2013~2015 年变化情况。

2017 年上半年，生态环境部对全国已获取边界数据的 660 处省级自然保护区开展了人类活动状况遥感监测。监测结果显示，660 处省级自然保护区均不同程度存在人类活动，其中大部分自然保护区内都存在采石场、工矿用地、能源设施、交通设施、旅游设施和养殖场等人类活动。

2018 年，生态环境部委托卫星环境应用中心对 2018 年上半年国家级自然保护区人类活动变化情况进行遥感监测，形成《2018 年上半年国家级自然保护区人类活动变化遥感监测报告》。根据报告，全国所有国家级自然保护区内，共发现 141 处新增或规模扩大的采石场、工矿用地、水电设施和旅游设施等重要人类活动变化情况，涉及安徽、北京、福建、甘肃、广东、海南、河北、河南、黑龙江、湖北、湖南、吉林等省份。

生态环境部发布《自然保护地人类活动遥感监测技术规范》，规定了自然保护地人类活动遥感监测的主要内容、技术流程、方法及技术要求等，界定了自然保护地人类活动分类、编码及定义，具体见表 9-3。自然保护地人类活动变化分类及定义见表 9-4。

表 9-3　自然保护地人类活动分类、编码及定义

一级人类活动		二级人类活动		定　义
编码	类型	编码	类型	
01	矿产资源开发			采矿、采石、采砂(沙)、取土等生产活动及其占用的地面场地，以及尾矿堆放场地
		0101	采矿场	开采各种地壳内和地表矿产资源(除砂石等建筑用料)的区域及尾矿堆放地，如煤炭、金矿、铁矿、石油等
		0102	采石场	开采建筑石料的场地，如大理石、花岗石等
		0103	采砂(沙)场	开采建筑或工业用砂(沙)料的场地
		0104	取土场	开采工业或建设用土料的场地
02	工业开发			独立设置的工厂、工业园区等工业利用场地
		0201	工厂	包含生产、仓储、办公等综合区域场地
		0202	工业园	划定一定范围专供工业设施使用的场地
		0203	盐田	用于生产盐的土地，包括晒盐场所、盐池及附属设施用地
03	能源开发			用于能源生产、传输的各项设施及场所
		0301	水电设施	用于水力发电的厂房及配套设施及场地
		0302	风电设施	用于风力发电的风力发电机及配套设施及场地
		0303	光伏设施	利用太阳能转化电能的光伏发电设施及场地
		0304	核电设施	利用核能生产电能的电站设施及场地
		0305	输变电设施	输变电站、高压电塔等设施及场地
		0306	火电设施	利用可燃物作为燃料生产电能的设施及场地

续表

一级人类活动		二级人类活动		定　义
编码	类型	编码	类型	
04	旅游开发			为旅游活动提供服务时依托的各项设施及场地
		0401	游览设施	为游客参观游览建设的设施及场地，如栈道、观景台等
		0402	旅游辅助设施	为旅游提供商业、住宿、餐饮、停车等服务的设施及场地
05	交通开发			为运输货物和旅客提供行动线路或场所的基础设施及用地
		0501	机场	搭乘空中交通及供飞机起降的设施及场地
		0502	港口/码头	用于人工修建的客运、货运、捕捞及工程、工作船舶停靠及其附属建筑物的场地
		0503	交通服务场站	附属设施用地、公路客运站、货运集散站、公共交通场站等用地
		0504	铁路	供火车行驶、运输的轨道线路
		0505	硬化道路	掺有沥青铺装材料或以砂石等硬化的矿质路面
		0506	其他道路	铁路和硬化道路以外的道路
06	养殖开发			在滩涂、浅海、沿江河及内陆，养殖经济动植物的场地
		0601	海水养殖场	利用沿海的浅海滩涂养殖海洋水生经济动植物的场地
		0602	淡水养殖场	利用池塘、水库、湖泊、江河以及其他内陆水域，养殖水产经济动植物的场地
		0603	畜禽养殖场	养殖牲畜、家禽的场地
07	其他活动			用于农业生产、生活居住及其他基础设施建设的场地
		0701	水田	经常蓄水，用于种植水稻、莲藕等水生作物的土地
		0702	旱地	无灌溉设施，主要靠天然降水种植旱生农作物的土地
		0703	园地	用于种植经济林或其他经济作物的土地，如种植人工商品林、水果、茶叶、蔬菜、药材等
		0704	城镇居民点	城镇用于生活居住的各类房屋用地及其附属设施用地，包括配套的商业服务设施和公共管理设施用地
		0705	农村居民点	农村用于生活居住的宅基地及其附属设施用地，包括配套的商业和公共服务设施用地
		0706	其他人工设施	无法划分到以上类别的管护、教育科研、民生基础等设施或由于判读经验限制无法准确识别的人类活动及配套设施

表 9-4　自然保护地人类活动变化分类及定义

变化类型	变化情况	定　义
新增	新增	前期影像上生态景观完好，后期影像上生态景观被破坏或开始出现建设特征，或在原有人类活动基础上建设不同类型的人类活动
扩大	面积扩大	前期影像上生态景观已被破坏，后期影像上生态景观破坏范围扩大；或前期影像上已有建筑物，后期影像上建筑物相邻位置增加同类建筑物
	强度扩大	前期影像上生态景观已被破坏，后期影像上被破坏的生态景观内部增加同类人类活动；或前期影像上已有建筑物，后期影像上建筑物翻建、翻修
减少	面积减少	前期影像上生态景观已被破坏，后期影像上生态景观破坏范围减少；或前期影像上已有建筑物，后期影像上建筑物拆除且进行了生态恢复
	强度减弱	前期影像上已有建筑物，后期影像上建筑物全部或部分拆除

2020 年 12 月 21 日，生态环境部颁布了《自然保护地生态环境监管工作暂行办法》，根据该办法，生态环境部对全国自然保护地相关规划中生态环境保护内容的实施情况进行监督。省级生态环境部门对本行政区域自然保护地相关规划中生态环境保护内容的实施情况进行监督。

生态环境部对国家级自然保护地的设立、晋(降)级、调整、整合和退出实施监督。省级生态环境部门对地方级自然保护地的设立、晋(降)级、调整、整合和退出实施监督。

第二节　生态保护红线监管

一、概念

(一) 生态保护红线(简称生态红线)

指在生态空间范围内具有特殊重要生态功能、必须强制性严格保护的区域，是保障和维护国家生态安全的底线和生命线，通常包括具有重要水源涵养、生物多样性维护、水土保持、防风固沙、海岸生态稳定等功能的生态功能重要区域，以及水土流失、土地沙化、石漠化等生态环境敏感脆弱区域。

(二) 生态空间

指具有自然属性、以提供生态服务或生态产品为主体功能的国土空间，包括森林、草原、湿地、河流、湖泊、滩涂、岸线、海洋、荒地、荒漠、戈壁、冰川、高山冻原、无居民海岛等。

(三) 生态功能

生态功能指生态系统在维持生命的物质循环和能量转换过程中，为人类提供的惠益，包括水源涵养、水土保持、防风固沙、生物多样性等功能类型。

(四) 生态红线本底调查

指为满足生态红线监管需求，开展的对生态红线基本状况、生态状况、人类活动本底情况和其他相关基础信息进行的调查统计。主要通过现场调查、遥感监测、资料收集等技术手段开展，以县级行政区为基本单元进行汇总。生态红线本底调查原则上每五年开展一次，最长不能超过十年。

（五）遥感影像

遥感影像一般包括：中分辨率卫星遥感影像、高分辨率卫星遥感影像或航片等。生态红线本底调查应采用空间分辨率优于 30m 的遥感影像，有条件的区域优先选取 10m 及更高空间分辨率的遥感影像或航片。

（六）生态红线监管平台

生态红线监管平台（简称：红线监管平台）是服务于生态红线“面积不减少、性质不改变、功能不降低”管理要求，为实现“一条红线管控重要生态空间”目标而建设的，面向生态红线台账管理、人类活动监控、生态系统状况监测、保护成效评估等核心监管需求的业务化平台系统。生态红线监管平台建设内容还包括支撑平台运行的计算机支撑环境、一体化监测能力建设等。

（七）生态红线台账数据库

生态红线台账数据库（简称：台账数据库）是以生态红线台账为核心，包括生态红线边界要素、人类活动监管要素、自然生态用地要素、生态服务功能要素、红线管理状况要素、遥感影像要素、基础地理要素、环境质量要素以及系统运行管理等其他要素的规范化数据集。生态红线台账以生态红线图斑为基本信息单元、以县级行政区为基本管理统计单元。

二、生态红线的发展历程

2006 年，我国开始了“十一五”规划，为确保我国粮食安全，国务院制定的《全国土地利用总体规划纲要（2006~2020 年）》中明确提出了 18 亿亩耕地红线，这是我国首次以红线形式提出的管理政策。2008 年，原环境保护部和中国科学院共同启动了《全国生态功能区划》工作，划定了 50 个生态功能区，保护面积达到 234 万平方公里，占到陆域总面积的 24. 3%。重要生态功能区启动在我国水源涵养、土壤保护、沙漠化防治和生物多样性保护方面起到重要作用，为我国进一步制定相关的环境保护政策提供了较好的示范作用。

同时，“十一五”期间，在完成全国生态功能区划基础上，我国又提出了《全国主体功能区划》，统筹考虑各区域的资源环境承载能力、开发强度和发展潜力，把国土空间划分为优化、重点、限制和禁止开发四类主体功能区。主体功能区的颁布是我国生态红线体系建设的雏形，如禁止开发区主要指各类自然保护区和世界文化和自然遗产，禁止工业和城镇化的开发活动；限制开发区主要是一些有较大潜力的生态功能区，如水质涵养区、水土保持区以及碳汇区等，限制区内禁止高强度的资源开发和工业发展。

2011 年，《国务院关于加强环境保护重点工作的意见》和《国家环境保护“十二五”规划》首次提出“编制环境功能区划，在重要（点）生态功能区、陆地和海洋生态环境敏感区、脆弱区等区域划定生态红线”，标志着生态红线制度建设的正式开始，十八届三中全会提出的《中共中央关于全面深化改革若干重大问题的决定》中明确提出建立生态红线制度。

2012 年 3 月，原环境保护部组织召开全国生态红线划定技术研讨会，邀请国内知名专家和主要省份环保厅（局）管理者对生态红线的概念、内涵、划定技术与方法进行了深入研讨和交流，并对全国生态红线划定工作进行了总体部署。

2012 年 4~10 月，生态红线技术组草拟了《全国生态红线划定技术指南》，初步制定了生态红线划定技术方法，形成《全国生态红线划定技术指南（初稿）》。

2012 年底，原环境保护部召开生态红线划定试点启动会，确定内蒙古、江西为红线划定试点，随后，湖北和广西也被列为红线划定试点。

2013 年技术组全面开展了试点省(自治区)生态红线划定工作，提出了试点省(自治区)生态红线划分方案，并进一步完善了指南。

生态红线目前仍处于不断探索的阶段，对生态红线的理解和划分方法还没有形成统一的标准体系。国家和省域生态红线划分已有一定基础，江苏省率先在全国制定出台省级生态红线区域保护规划，划出 15 种类型生态红线区域，出台补偿政策和管控制度。天津市出台《生态用地保护红线划定方案》，明确红线区内禁止一切与保护无关的建设活动，黄线区内从事各项建设活动必须经市政府审查同意。2014 年环境保护部出台《国家生态保护红线——生态功能基线划定技术指南(试行)》，将内蒙古、江西、湖北、广西等地列为生态红线划定试点，但尚未提出大中型城市划分生态红线的指导和要求。该指南将重要生态功能区、生态敏感区、脆弱区、禁止开发区确定为划定生态红线的主要范围。同时，指南还将生态红线的类型划分为以下 3 类：一是生态服务保障红线，主要指提供生态调节与文化服务，支撑经济社会发展的必需生态区域；二是生态脆弱区保护红线，主要指保护生态环境敏感区、脆弱区，维护人居环境安全的基本生态屏障；三是生物多样性保护红线，主要指保护生物多样性，维持关键物种、生态系统与种质资源生存的最小面积。

2017 年 2 月 7 日，中办、国办印发《关于划定并严守生态保护红线的若干意见》，从划定与严守两个方面阐释了国家生态保护红线制度的核心要义和顶层设计。《关于划定并严守生态保护红线的若干意见》明确提出，到 2020 年基本建立生态保护红线制度，到 2030 年生态保护红线制度有效实施，生态功能显著提升，国家生态安全得到全面保障。

构建生态红线需要落到具体实地上和具体空间上，确保生态红线划定兼具科学性与操作性，国家层面从全国总体要求划定重要生态功能保护区域，地方层面需要根据实际情况确定具体边界。生态红线划定后需要制定和实施配套的管理措施实现生态红线的管理目标，各地在完成生态红线划分后往往对相关管理政策措施考虑不足，因此生态红线的精细化管理是需要重点关注的方向，从而实现生态红线与城市生态系统管理的有机结合。

我国针对生态红线保护工作颁布了一系列从中央到地方的法律法规、规章及规范性文件，见表 9-5、表 9-6。

表 9-5　我国法律法规中涉及的生态红线要求

中央立法	具体规定
法律	《环境保护法》第二十九条："国家在重点生态功能区、生态环境敏感区和脆弱区等区域划定生态保护红线，实行严格保护。"
法律	《国家安全法》第三十条："国家完善生态环境保护制度体系，加大生态建设和法律环境保护力度，划定生态保护红线……保障人民赖以生存发展的大气、水、土壤等自然环境和条件不受威胁和破坏，促进人与自然和谐发展。"
法律	《中华人民共和国海洋环境保护法》第三条："国家在重点海洋生态功能区、生态环境敏感区和脆弱区等海域划定生态保护红线，实行严格保护。"
法律	《中华人民共和国水污染防治法》第二十九条："从事开发建设活动，应当采取有效措施，维护流域生态环境功能，严守生态保护红线。"

表 9-6 涉及生态红线的规章及规范性文件

时间	文件性质	具体规定
2017 年	部门规章	《土地利用总体规划管理办法》
2011 年	规范性文件	《国务院关于加强环境保护重点工作的意见》
2016 年	规范性文件	《关于加强资源环境生态红线管控的指导意见》
2017 年	规范性文件	《关于划定并严守生态保护红线的若干意见》
2017 年	规范性文件	《生态保护红线划定指南》
2018 年	规范性文件	《关于全面加强生态环境保护，坚决打好污染防治攻坚战的意见》
2018 年	规范性文件	《生态保护红线管理办法(暂行)》(征求意见稿)

国家层面有关生态红线的立法虽只有笼统性规定，但其为生态红线的具体实施提供法律支撑，尤其是《国家安全法》将生态红线纳入其中，意味着将生态安全上升到国家安全高度，体现了环境法律秩序价值。

除了法律对生态红线的规定外，国务院部委根据法律的规定制定规范性文件保障生态红线的落实。

新《环境保护法》确立"生态红线"后，全国开始划定并实施生态红线制度。地方生态红线的划定和管理工作，主要是以地方规划或规范性文件形式进行规定，见表 9-7。

表 9-7 地方生态红线规定

时间	省份	名称
2016 年 8 月	山东	《山东省生态保护红线规划(2016—2020 年)》
2016 年 9 月	海南	《海南省生态保护红线管理规定》
2017 年 9 月	黑龙江	《关于划定并严守生态保护红线的若干意见》的实施意见
2018 年 2 月	上海	《上海市生态保护红线》
2018 年 3 月	吉林	《吉林省生态保护红线划定方案》
2018 年 6 月	江苏	《江苏省国家级生态保护红线规划》
2018 年 6 月	河北	《河北省生态保护红线》
2018 年 6 月	广东	《广东省生态保护红线划定方案》(专家论证)
2018 年 6 月	贵州	《贵州省生态保护红线》
2018 年 6 月	青海	青海省生态保护红线划定方案(通过专家论证)
2018 年 6 月	宁夏	《宁夏生态保护红线》
2018 年 6 月	新疆	《新疆维吾尔自治区生态保护红线划定方案》(通过专家论证)
2018 年 7 月	北京	《北京市生态保护红线》
2018 年 7 月	安徽	《安徽省生态保护红线》
2018 年 7 月	湖南	《湖南省生态保护红线》
2018 年 7 月	重庆	《重庆市生态保护红线》
2018 年 7 月	四川	《四川省生态保护红线方案》
2018 年 7 月	云南	《云南省生态保护红线》
2018 年 7 月	陕西	《陕西省生态保护红线划定方案(征求意见稿)》
2018 年 7 月	广西	《广西壮族自治区生态保护红线划定方案》(通过专家论证)

续表

时间	省份	名称
2018 年 8 月	浙江	《浙江省生态保护红线》
2018 年 8 月	江西	《江西省生态保护红线》
2018 年 8 月	湖北	《湖北省生态保护红线》
2018 年 9 月	天津	《天津市生态保护红线》
2018 年 10 月	福建	《福建省海洋生态保护红线划定成果》
2018 年 10 月	河南	《河南省生态保护红线划定方案》
2018 年 10 月	甘肃	《甘肃省生态保护红线划定方案》
2018 年 10 月	内蒙古	《内蒙古生态保护红线划定方案》
2018 年 11 月	西藏	《西藏自治区生态保护红线划定方案》(通过国家技术审核)

由表 9-7 可知，截止到 2018 年年底，我国将近一半省份已通过生态红线划定方案并颁布省级生态红线，青海、广西、新疆等地已制定红线划分方案并通过专家论证，已修改完善后上报国家审核。2019 年我国全部省份完成生态红线划定工作。

我国生态红线的划定程序主要分三步，第一步是由省人民政府根据国家颁发的各类技术规范和指南提出本省区域内的生态红线划定方案并报生态红线划定和管理工作协调小组。第二步是生态红线划定和管理工作协调小组组织生态红线专家委员会对报上来的划定方案进行技术审查。第三步是审查通过后由生态红线划定和管理工作协调小组汇总形成生态红线划定方案，按程序报批后实施。

新《环境保护法》首次将生态保护红线写入法律，但是目前仅有原则性条文。为了使地方进一步加强生态红线制度的落实，各地陆续颁布了有关红线管理办法。地方生态红线管理办法的制定是对生态红线具体落实进行的有益探索，推动了生态红线的实施(表 9-8)。

表 9-8 地方生态红线管理办法

时间	具体规定
2005 年	《深圳市基本控制线管理规定》
2012 年	《武汉市基本生态控制线管理规定》
2014 年	《厦门经济特区生态文明建设条例》
2014 年	《江苏省生态红线区域保护监督管理考核暂行办法》
2014 年	《沈阳市生态保护红线管理办法》
2016 年	《湖北省生态保护红线管理办法》
2016 年	《江西省生态保护红线管理办法(试行)》
2016 年	《海南省生态保护红线管理规定》
2016 年	《广东省生态控制线管理条例》
2016 年	《广西生态保护红线管理办法(暂行)》
2017 年	《贵州省生态保护红线管理暂行办法》
2017 年	《青海省生态保护红线划定和管理工作方案》
2018 年	《宁夏回族自治区生态保护红线管理条例》
2018 年	《河北省生态保护红线管理办法(暂行)》

三、生态红线管控的要求

（一）管控目标的要求

《“十三五”规划纲要》明确提出了生态红线管控目标要求，强调生态功能不降低、保护面积不减少、用地性质不改变。

1. 生态功能不降低

生态红线的核心目标就是保住以下三条线，有效维护与改善生态功能。通过生态服务保障线提供生态调节与文化服务功能，通过人居环境安全屏障线提供生态敏感区和脆弱区生态维持功能，通过生物多样性维持线提供关键物种、生态系统与种质资源保护功能，保障国家生态安全格局和基本生态支持功能。

2. 保护面积不减少

生态红线的基本要求是对保护面积的刚性约束。为维持最低限度内一定面积规模的保护区域基本生态功能，生态红线边界应保持相对稳定，面积规模不减少，以有效控制不合理的开发活动，发挥生态红线的生态安全底线保障作用。

3. 用地性质不改变

生态红线的核心要求是生态用地性质的稳定。生态红线区要以自然生态用地为主，强化各类生态用地空间用途管制，严禁生态用地随意改变为非生态用途，从而维持对红线区域主体对象的稳定保护。

（二）全周期管控要求

从全周期管控看，生态红线要求源头严防、过程严管、后果严惩。

1. 源头严防

在源头把关，就是坚持生态保护红线的“预防为主，保护优先”原则。一是以切实有效的宣传教育，在各级领导干部、企事业单位和个人心中形成守护生态红线的意识；二是以全面严格的制度安排严控在生态红线区域内的各项开发建设及资源利用活动，切断侵占破坏生态红线的源头。

2. 过程严管

在过程中严格管理，坚持生态红线的过程防控原则。一是以全天候的天地一体化监测手段对生态红线区域实施常态化监测，掌握第一手数据资料；二是以全天候的自动监控与人工监察执法对生态红线区域内的各项活动实施严密监控。

3. 后果严惩

在破坏后通过严惩形成震慑作用，坚持生态红线的责任担当原则。一是对决策损害生态红线区域的各级领导干部依法依规严惩，决不姑息；二是对侵占破坏生态红线区域的企事业单位和个人严肃追责，严惩不贷。

四、生态红线监管的主要任务

（一）出台生态红线监管办法

原环境保护部颁布并实施了《生态保护红线管理办法（暂行）》（征求意见稿），该办法分为总则、划定与调整、人类活动管控、保护修复与生态补偿、生态保护监管、附则，总计36条。

1. 责任分工

地方各级人民政府是划定并严守生态红线的责任主体，国务院生态环境主管部门会同相关部门制定划定并严守生态红线的政策和标准。各级生态环境主管部门对本行政区域生态红线实施统一监管，统一开展监测评价、监督执法、督察问责。各级发展改革、财政、自然资源、水利、农业农村、林业和草原等相关主管部门，按照各自职责做好生态红线保护与管理工作。

2. 协调机制

国家生态环境主管部门会同相关部门，建立生态红线协调机制，统筹推进划定并严守生态红线，协调解决工作中出现的重大问题，指导各省(区、市)做好生态红线划定和严守工作。国家生态环境主管部门会同相关部门建立国家生态红线专家委员会。各省(区、市)人民政府应建立本行政区域生态红线协调机制。

3. 管理原则

生态红线原则上按禁止开发区域的要求进行管理。遵循生态优先、严格管控、奖惩并重的原则，严禁不符合主体功能定位的各类开发活动。根据主导生态功能定位，实施差别化管理，确保生态红线生态功能不降低、面积不减少、性质不改变。

4. 落实优先地位

地方各级人民政府和相关部门应将生态红线作为编制主体功能区规划、空间规划等各类规划的基础和前提，在制定财政、投资、产业、土地、农业、人口、民族、环境、应对气候变化等政策时，应充分考虑生态红线管控要求，对不符合管控要求的各类规划和政策措施要及时做出调整。

5. 编制红线规划

地方各级人民政府应编制生态红线规划。生态红线规划应调查生态红线生态环境状况、人为活动情况，分析存在的生态环境问题与风险，确定生态红线保护目标，明确人为活动管理、生态保护修复、生态监测监管、生态保护补偿、评价考核等方面的具体方案。

6. 管控要求

生态红线内禁止开展以下人类活动：

(1) 矿产资源开发活动；

(2) 围填海、采砂等破坏海河湖岸线等活动；

(3) 大规模农业开发活动，包括大面积开荒，规模化养殖、捕捞活动；

(4) 纺织印染、制革、造纸印刷、石化、化工、医药、非金属、黑色金属、有色金属等制造业活动；

(5) 房地产开发活动；

(6) 客(货)运车站、港口、机场建设活动，火力发电、核力发电活动，以及危险品仓储活动等；

(7) 生产《环境保护综合名录(2017年版)》所列“高污染、高环境风险”产品的活动；

(8)《环境污染强制责任保险管理办法》所指的环境高风险生产经营活动；

(9) 法律法规禁止的其他活动。

在不违背法律法规和规章的前提下，生态红线内允许开展以下人类活动：

(1) 生态保护修复和环境治理活动；

(2) 原住民正常生产生活设施建设、修缮和改造；

（3）符合法律法规规定的林业活动；

（4）国防、军事等特殊用途设施建设、修缮和改造；

（5）生态环境保护监测、公益性的自然资源监测或勘探，以及地质勘查活动；经依法批准的考古调查发掘和文物保护活动；

（6）必要的河道、堤防、岸线整治等活动，以及防洪设施和供水设施建设、修缮和改造活动。

生态红线内的人类活动或建设项目审批按照以下规定执行：

（1）对属于本办法十七条规定的禁止进入人类活动或建设项目，各级生态环境主管部门和其他相关主管部门，不得办理相关审批、核准或者备案手续；

（2）对属于本办法十八条规定的允许进入人类活动或建设项目，按照相关规定进行审批；

（3）对于其他人类活动或建设项目，须由省（区、市）人民政府批准后开展；

（4）法律法规另有规定的，从其规定。

生态红线内的已有人类活动和建设项目遵循尊重历史、实事求是、依法处理、逐步解决的原则，从严查处违法建设项目。

（1）属于本办法十七条规定的禁止进入人类活动或建设项目，地方各级人民政府应当建立退出机制，制定退出计划，引导项目进行改造或者产业转型升级，逐步调整为与生态环境不相抵触的适宜用途；

（2）属于本办法十八条规定的允许进入人类活动或建设项目，须严格按照批准的项目选址、规模和方案进行建设运营和维护；

（3）对于其他人类活动或建设项目，由省级生态环境主管部门组织评估，根据对生态红线的影响，确定退出、调整或保留；

（4）法律法规另有规定的，从其规定。

对于生态红线内的采矿活动，应停止开采活动，有序退出并开展矿区生态修复。对依法取得探矿权的，在不影响主导生态功能的前提下，可依法依规开展勘查活动。

生态红线内的耕地，可正常耕作，但不得擅自扩大规模；鼓励发展生态农业、绿色农业、有机农业。对位于江河源头及其两侧、水源地和湖库周边的陡坡耕地，以及水土流失、风沙、盐碱化和石漠化等生态危害严重区域的耕地，应逐步退耕还林还草。

生态红线内的人工商品林，按照相关法律法规和规章进行管理。鼓励各地创新商品林经营管理模式，通过签订协议、改造提升、租赁、置换、赎买等方式，实行集中统一管护，改善和提升其生态功能，并将重点区位的商品林逐步调整为生态公益林。

生态红线内已有的交通、通信、能源管道、输电线路等线性基础设施，风电、光伏设施，以及防洪水利等设施，按照法律法规规定进行管理、运行和维护，严禁擅自扩大规模。列入省级以上规划且涉及公益、民生和生态保护的线性基础设施、防洪水利工程，以及已经获得批准的风电、光伏建设项目，在不影响主导生态功能的前提下，可严格按照主管部门批复的项目选址和规模等进行建设，并在建设工程结束后对造成影响的区域进行生态修复。

7. 定期评价

国家生态环境主管部门制定生态红线评价指标体系，每五年组织一次对各省（区、市）生态红线生态系统格局、质量、功能和保护状况的综合评价。评价结果应及时向社会公布，并作为优化生态红线布局、安排生态补偿资金的依据。各省（区、市）应制定本行政区域生态红线评价制度。

8. 年度考核

国家生态环境主管部门对各省（区、市）人民政府生态红线保护成效进行考核，考核内容主要包括生态红线目标任务完成情况、管控措施执行、保护修复情况、生态保护成效等。考核结果纳入《生态文明建设考核目标体系》，作为党政领导班子和领导干部综合评价的重要依据。各省（区、市）应建立本行政区域生态红线保护成效考核制度。

9. 环保督察

将生态红线管理纳入中央环保督察，各省（区、市）应及时整改中央环保督察发现的问题。

（二）生态红线监管指标体系

2020 年 12 月 29 日生态环境部印发的《生态保护红线监管指标体系（试行）》中规定了生态红线监管指标体系，包括面积、性质、功能、管理四个方面共 15 个监管指标，见表 9–9。

表 9–9　生态红线监管指标体系

序号	指标类型	指标名称	指标属性	评估周期
1	面积	生态保护红线面积比例（%）	共性	年度
2	性质	人类活动影响面积（km^2）	共性	
3		生态修复面积比例（%）	共性	
4		自然生态用地面积比例（%）	共性	
5		海洋自然岸线保有率（%）	特征	
6	功能	植被覆盖指数	共性	
7		水源涵养能力	特征	五年
8		水土保持能力	特征	
9		防风固沙能力	特征	
10		洪水调蓄能力	特征	
11		重点生物物种种数保有率（%）	特征	
12		线性工程密度（km/km^2）	特征	
13	管理	生态保护红线制度与落实	共性	年度
14		公众满意度（%）	共性	
15		生态破坏与环境污染事件	共性	

生态环境部组织各省（区、市）基于生态红线监管指标体系，对生态红线的面积、性质、功能和管理情况开展日常监管、年度和五年成效评估。

日常监管重点管控人为干扰活动，以县级行政区为单元，建立日常监管台账，形成生态破坏问题清单和修复计划清单，强化监督执法。年度监管重点评估生态保护修复成效，强化目标责任制。五年监管重点评估生态功能变化情况，强化建立评估和生态安全预警机制。生态环境部门应当强化监管结果应用，推动作为重点生态功能区县域评价、生态补偿，以及领导干部离任审计、绩效考核、奖惩任免、责任追究的重要依据。

（三）完善生态红线监管标准与规范

为贯彻落实《中华人民共和国环境保护法》《关于划定并严守生态保护红线的若干意见》，严守生态红线，维护国家生态安全，指导和规范生态红线监管工作，2020 年 11 月 24 日生态环境部批准《生态保护红线监管技术规范基础调查（试行）》（HJ 1140—2020）、《生态保护红线监管技术规范生态状况监测（试行）》（HJ 1141—2020）、《生态保护红线监管技术规范生态功能评价（试行）》（HJ 1142—2020）、《生态保护红线监管技术规范保护成效评估（试行）》（HJ 1143—2020）、《生态保护红线监管技术规范台账数据库建设（试行）》（HJ 1144—2020）、《生态保护红线监管技术规范数据质量控制（试行）》（HJ 1145—2020）、《生态保护红线监管技术规范平台建设（试行）》（HJ 1146—2020）七项标准作为生态红线的国家环境保护标准。

1. 生态状况监测

（1）技术流程。生态红线生态状况监测一般分为四个阶段，分别为监测准备、综合监测、质量控制和工作成果阶段，具体技术流程见图 9-2。

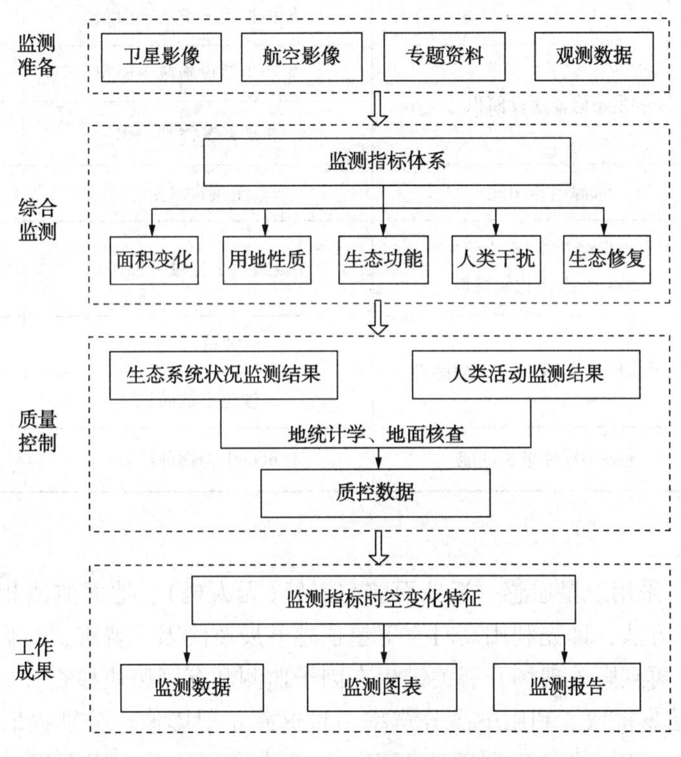

图 9-2　生态保护红线生态状况监测技术流程

（来自《生态保护红线监管技术规范生态状况监测（试行）》HJ 1141—2020）

监测准备阶段指收集覆盖生态红线的高分辨率卫星遥感影像、近期航空影像，地形地貌、土壤、植被、气象等专题资料，以及野外观测设备准备等。综合监测阶段指综合利用卫星遥感、航空遥感和地面调查观测方式提取生态红线面积、用地性质、生态功能、人类干扰活动和生态修复治理等。质量控制阶段指采用样本抽查、实地核查、地统计学等方法对综合监测数据开展质量控制和精度验证，生成质控数据。工作成果包括监测数据、监测图表和监测报告。

（2）监测指标和频次。生态红线生态状况监测指标体系见表 9-10，指标类别分为通用指标、特征性指标。

表 9-10　生态红线生态状况监测指标及监测频次

<table>
<tr><th>指标类别</th><th>监测内容</th><th>监测指标</th><th>监测频次</th></tr>
<tr><td rowspan="10">通用指标</td><td rowspan="3">面积不减少</td><td>生态保护红线基期面积</td><td>1 次/年</td></tr>
<tr><td>生态保护红线调增面积</td><td>1 次/年</td></tr>
<tr><td>生态保护红线调减面积</td><td>1 次/年</td></tr>
<tr><td rowspan="2">性质不改变</td><td>自然生态用地面积</td><td>1 次/年</td></tr>
<tr><td>自然生态用地被占用面积</td><td>1 次/年</td></tr>
<tr><td>功能不降低</td><td>生长季植被覆盖度</td><td>1 次/年</td></tr>
<tr><td rowspan="2">人类干扰活动面积</td><td>新增人类活动面积</td><td>日常</td></tr>
<tr><td>规模扩大人类活动面积</td><td>日常</td></tr>
<tr><td rowspan="2">生态修复建设面积</td><td>生产生活设施减少面积</td><td>日常</td></tr>
<tr><td>生态修复治理面积</td><td>日常</td></tr>
<tr><td rowspan="5">特征性指标</td><td>水源涵养功能</td><td>土壤含水量</td><td>1 次/5 年</td></tr>
<tr><td>水土保持功能/水土流失
敏感性/石漠化敏感性</td><td>中度及以上土壤侵蚀面积</td><td>1 次/5 年</td></tr>
<tr><td rowspan="2">防风固沙功能/土地沙化敏感性</td><td>风蚀量(厚度)</td><td>1 次/5 年</td></tr>
<tr><td>沙化土地面积</td><td>1 次/5 年</td></tr>
<tr><td>生态多样性维护功能</td><td>重点生物物种种数</td><td>1 次/5 年</td></tr>
</table>

(3) 监测方法

① 综合监测。采用卫星遥感、近地面航空遥感(无人机)、地面监测相结合，以卫星遥感监测为主的技术方法，即先利用高时空卫星遥感开展监测因子普查，然后利用无人机对典型地区进行抽查，再到野外现场开展关键生态因子监测和存疑斑块核查。

② 卫星遥感信息提取。利用中高分辨率卫星遥感正射影像，分别提取生态红线调增面积、生态红线调减面积、自然生态用地面积、自然生态用地被占用面积、生长季植被覆盖度、新增人类活动面积、规模扩大人类活动面积、生产生活设施减少面积、生态修复治理面积、中度及以上土壤侵蚀面积、沙化土地面积等信息。

③ 航空遥感抽查。航空遥感(无人机)用以实现高分辨率地物信息采集，对于卫星遥感发现疑似问题的区域以及卫星遥感影像不清晰的区域可用无人机进行抽查或补测。航空遥感抽查的启用条件和适用范围结合生态红线监管业务需求开展。

④ 现场核查与野外监测。

A. 现场核查。现场核查指对于卫星遥感、航空遥感(无人机)监测发现的疑似问题区域，开展现场核查。核查指标包括生态红线调增面积、生态红线调减面积、自然生态用地面积、自然生态用地被占用面积、新增人类活动面积、规模扩大人类活动面积、生产生活设施减少面积、生态修复治理面积、中度及以上土壤侵蚀面积、沙化土地面积等。

B. 野外监测。监测土壤含水量、风蚀量(厚度)、重点生物物种种数。

2. 生态功能评价

(1) 评价周期。评价周期原则上为每 5 年开展一次，与生态红线保护成效评估等工作保持一致，有条件的地区可结合实际增加评价频次。

(2) 生态红线生态功能评价的技术流程见图 9-3。

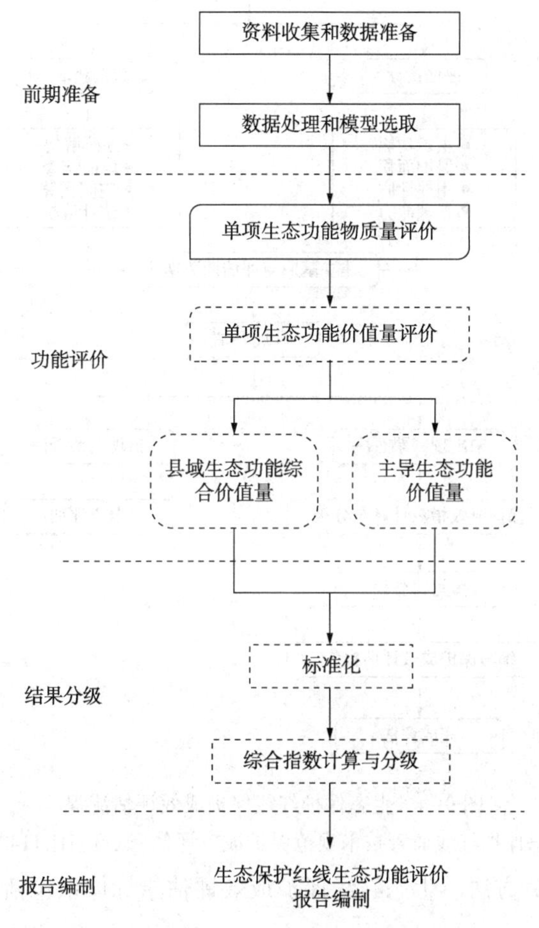

图 9-3　生态红线生态功能评价的技术流程

(来自《生态保护红线生态功能评价技术指南(征求意见稿)》)

(3) 生态功能评价。生态功能评价主要从水源涵养功能、水土保持功能、防风固沙功能、生物多样性维护功能、洪水调蓄功能五个方面考虑。以水源涵养量作为水源涵养生态功能的评价标准，以水土保持量反映生态红线的水土保持功能状况，以防风固沙量反映生态红线的防风固沙功能状况，采用物种保护价值法计算生物多样性维护功能价值，以洪水调蓄量反映生态红线的洪水调蓄功能。

3. 保护成效评估

(1) 评估周期。生态红线保护成效评估周期分为年度评估和五年评估。年度评估每年开展 1 次。五年评估的年份原则上与区域国民经济和社会发展五年规划期限相对应，每个区域五年规划期结束后开展 1 次。

（2）评估流程。生态红线保护成效评估工作主要包括确定评估范围与评估指标体系、建立评估数据集、评估计算与分级、填写得分表、编写评估报告等环节，具体流程见图9-4。

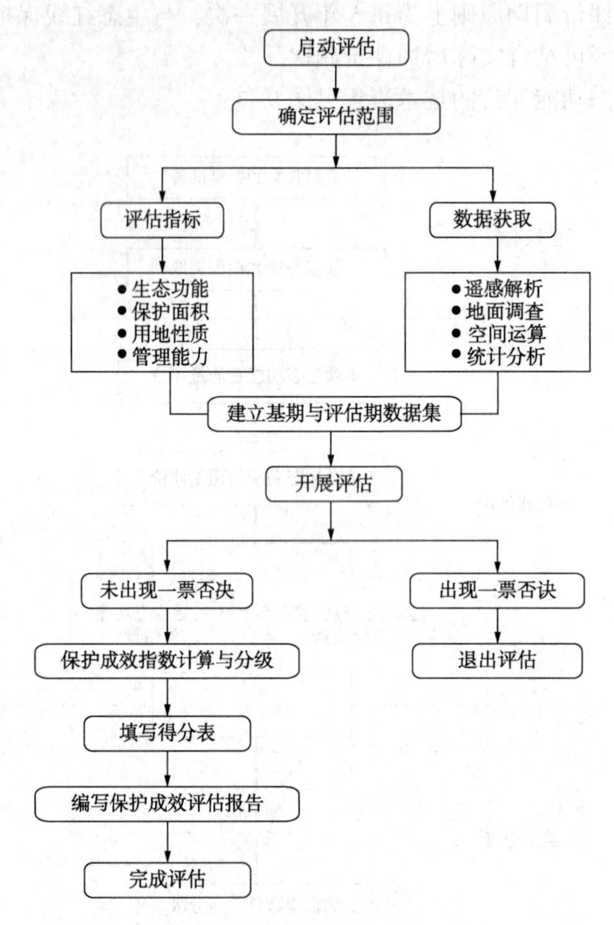

图9-4　生态保护红线保护成效评估流程

（来自生态保护红线监管技术规范保护成效评估（试行）HJ 1143—2020）

（3）评估指标与计算方法。生态红线保护成效评估指标体系包括面积、性质、功能、管理四个方面，见表9-11。

表9-11　生态红线保护成效评估指标体系

监管要求	评估指标	主要获取手段	适用周期	备注
面积不减少	生态保护红线面积比例（%）	地方提供遥感监测、地面核查	通用	可一票否决
性质不改变	人类活动影响面积（km^2）	遥感监测、地面核查	通用	
	生态修复面积比例（%）	地方提供遥感监测、地面核查	通用	
	自然生态用地面积比例（%）	遥感监测、地面核查	通用	
	海洋自然岸线保有率（%）	遥感监测、地面核查	通用	适用于涉海地区

续表

监管要求	评估指标	主要获取手段	适用周期	备注
功能不降低	植被覆盖指数	遥感监测、地面核查	通用	
	水源涵养能力	遥感监测、数据分析	五年	适用于水源涵养生态保护红线
	水土保持能力	遥感监测、数据分析	五年	适用于水土保持生态保护红线、水土流失生态保护红线、石漠化生态保护红线
	防风固沙能力	遥感监测、数据分析	五年	适用于防风固沙生态保护红线、土地沙化生态保护红线
	洪水调蓄能力	遥感监测、数据分析	五年	适用于洪水调蓄生态保护红线
	重点生物物种种数保护率(%)	地面观测、数据分析	五年	
	线性工程密度(km/km^2)	地方提供、遥感监测	五年	
严格监督管理	生态保护红线制度与落实	地方提供	通用	
	公众满意度(%)	问卷调查、抽样调查	通用	
	生态破坏与环境污染事件	地方提供、12369举报、舆情监控信息等	通用	减分项，可一票否决

注：地方可根据本地实际和区域保护特色增设生态功能类指标和特色指标。特色指标数量不多于2项。

第三节　生物多样性保护

一、概念

（一）生物多样性

指所有来源的活的生物体中的变异性，这些来源包括陆地、海洋和其他水生生态系统及其所构成的生态综合体等，这包含物种内部、物种之间和生态系统的多样性。

（二）生态系统类型多样性

指被评价区域内自然或半自然生态系统的类型数，用于表征生态系统的类型多样性。以群系为生态系统的类型划分单位。

（三）遗传多样性

指生命有机体所携带的各种遗传信息及其组合的多样性，反映着物种内部的多样化程度。这包括同一物种的显著不同的种群或同一种群内的遗传变异。遗传多样性对于维持物种的繁殖活力、抗病能力和适应环境变化的潜力是十分必需的。

（四）物种多样性

指一个地区内生物种类的丰富程度及其变化，是评价一个地区生物多样性状况的最常用、最重要的指标。

二、生物多样性概况

（一）全球生物多样性概况

生物多样性的丰富程度通常以某地区的物种数来表达，全世界大约有500万~5000万个物种，但实际上在科学上描述的仅有140万种。世界生物多样性概况见表9-12。

人类除对高等植物和脊椎动物的了解比较清楚外，对其他类群，如昆虫、低等无脊椎动物、微生物等类群，还很不了解。

生物多样性并不是均匀分布于全世界各个国家；全球生物多样性主要分布在热带森林，占全球陆地面积7%的热带森林容纳了全世界半数以上的物种。位于或部分位于热带的少数国家拥有全世界最高比例的生物多样性（包括海洋、淡水和陆地中的生物多样性），简称生物多样性巨丰国家，包括巴西、哥伦比亚、厄瓜多尔、秘鲁、墨西哥、扎伊尔、马达加斯加、澳大利亚、中国、印度、印度尼西亚、马来西亚的12个多样性巨丰国家，拥有全世界60%~70%的物种。生物多样性特别丰富的国家见表9-13。

表9-12　世界生物多样性概貌

类群	已描述的物种数	类群	已描述的物种数
细菌和蓝绿藻	4760	其他节肢动物和小型无脊椎动物	132461
藻类	26900		
真菌	46983	昆虫	751000
苔藓植物（藓类和地钱）	17000	软体动物	50000
裸子植物（针叶植物）	750	海星	6100
被子植物（有花植物）	250000	鱼类（真骨鱼）	19056
原生动物	30800	两栖动物	4184
海绵动物	5000	爬行动物	6300
珊瑚与水母	9000	鸟类	9198
线虫和环节动物	24000	哺乳动物	4170
甲壳动物	38000		

表9-13　生物多样性特别丰富的国家

（1）哺乳动物		（2）鸟类		（3）两栖动物	
国家	物种数	国家	物种数	国家	物种数
印度尼西亚	515	哥伦比亚	1721	巴西	516
墨西哥	449	秘鲁	1701	哥伦比亚	407
巴西	428	巴西	1622	厄瓜多尔	358
扎伊尔	409	印度尼西亚	1519	墨西哥	282

续表

(1)哺乳动物		(2)鸟类		(3)两栖动物	
中国	394	厄瓜多尔	1447	印度尼西亚	270
秘鲁	361	委内瑞拉	1275	中国	265
哥伦比亚	359	玻利维亚	1250	秘鲁	251
印度	350	印度	1200	扎伊尔	216
乌干达	311	马来西亚	1200	美国	205
坦桑尼亚	310	中国	1195	委内瑞拉与澳大利亚	197
(4)爬行动物		(5)燕尾蝴蝶(凤蝶)		(6)被子植物	
国家	物种数	国家	物种数	国家	物种数
墨西哥	717	印度尼西亚	121	巴西	55000
澳大利亚	686	中国	99~104	哥伦比亚	45000
印度尼西亚	600	印度	77	中国	27000
巴西	467	巴西	74	墨西哥	25000
印度	453	缅甸	68	澳大利亚	23000
哥伦比亚	383	厄瓜多尔	64	南非	21000
厄瓜多尔	345	哥伦比亚	59	印度尼西亚	20000
秘鲁	297	秘鲁	58~59	委内瑞拉	20000
泰国和马来西亚	294	马来西亚	54~56	秘鲁	20000
巴布亚新几内亚	310	墨西哥	52	俄罗斯	20000

(二)我国生物多样性概况

我国约有脊椎动物6266种，约占世界脊椎动物种类的10%。我国约有30000多种高等植物，仅次于世界植物最丰富的马来西亚和巴西，居世界第三位。其中，全世界12科71属750种裸子植物中，我国就有11科34属240多种。针叶树的总种数占世界同类植物的37.8%。我国生物多样性丰富程度在北半球首屈一指。

我国现有湿地面积6594万公顷(不包括江河、池塘等)，占世界湿地的10%，居亚洲第一位，世界第四位。其中天然湿地约为2594万公顷，包括沼泽约1197万公顷，天然湖泊约910万公顷，潮间带滩涂约217万公顷，浅海水域270万公顷；人工湿地约4000万公顷，包括水库水面约200万公顷，稻田约3800万公顷。据初步统计，我国湿地植被约有101科，其中维管束植物约有94科，我国湿地的高等植物中属濒危种类的有100多种。海岸带湿地生物种类约有8200种，其中植物5000种，动物3200种。内陆湿地高等植物约1548种、高等动物1500多种。我国有淡水鱼类770多种或亚种，其中包括许多洄游鱼类，它们借助湿地系统提供的特殊环境产卵繁殖。我国湿地的鸟类种类繁多，在亚洲57种濒危鸟类中，我国湿地内就有31种，占54%；全世界雁鸭类有166种，中国湿地就有50种，占30%；全世界鹤类有15种，我国仅记录到的就有9种。

根据《2019中国生态环境状况公报》，中国具有地球陆地生态系统的各种类型，其中森林212类、竹林36类、灌丛113类、草甸77类、草原55类、荒漠52类、自然湿地30类；有红树林、珊瑚礁、海草床、海岛、海湾、河口和上升流等多种类型的海洋生态系统；有农田、人工林、人工湿地、人工草地和城市等人工生态系统。

中国已知物种及种下单元数106509种。其中，动物界49044种，植物界44510种，细菌界469种，色素界2375种，真菌界7386种，原生动物界1920种，病毒805种。列入国家重点保护野生动物名录的珍稀濒危陆生野生动物406种，大熊猫、金丝猴、藏羚羊、褐马鸡、扬子鳄等数百种动物为中国所特有。列入国家重点保护野生植物名录的珍贵濒危植物8类246种，已查明大型真菌种类9302种。

中国有栽培作物528类1339个栽培种，经济树种达1000种以上，原产观赏植物种类达7000种，家养动物576个品种。

全国已发现660多种外来入侵物种。其中，71种对自然生态系统已造成或具有潜在威胁并被列入《中国外来入侵物种名单》。67个国家级自然保护区外来入侵物种调查结果表明，215种外来入侵物种已入侵国家级自然保护区，其中48种外来入侵物种被列入《中国外来入侵物种名单》。

三、管理机构

（一）生态环境部自然生态保护司

我国生物多样性的最高环境管理机构是生态环境部自然生态保护司。

1. 主要职责

指导协调和监督生态保护修复工作。拟订和组织实施生态保护修复监管政策、法律、行政法规、部门规章、标准。组织起草生态保护规划，开展全国生态状况评估，指导生态示范创建、“绿水青山就是金山银山”实践创新。组织制定各类自然保护地监管制度并监督实施，承担自然保护地、生态红线相关监管工作。监督对生态环境有影响的自然资源开发利用活动、重要生态环境建设和生态破坏恢复工作。监督野生动植物保护、湿地生态环境保护、荒漠化防治等工作。组织开展生物多样性保护、生物物种资源(含生物遗传资源)保护、生物安全管理工作。承担中国生物多样性保护国家委员会秘书处和国家生物安全管理办公室工作。负责有关国际公约国内履约工作。

2. 内设机构

自然生态保护司内设四个部门。

(1) 综合处。承担生态保护规划法规规章拟订、生态示范创建等工作。

(2) 生态红线监管处(简称红线处)。负责生态状况调查评估、生态红线监管，以及生态保护修复、湿地生态环境保护、荒漠化防治等监督工作。

(3) 自然保护地监管处(简称保护地处)。承担国家公园等各类自然保护地监管工作。

(4) 生物多样性保护处(生物安全管理处)(简称生物处)。承担生物多样性保护、生物物种资源(含生物遗传资源)保护和生物安全管理工作，监督野生动植物保护。

（二）中国生物多样性保护国家委员会

2010年，联合国大会把2011~2020年确定为“联合国生物多样性十年”，同年国务院成立了由24个相关部门组成的国际生物多样性年中国国家委员会，2011年更名为“中国生物多样性保护国家委员会”，统筹协调和组织推动生物多样性保护工作。同时，我国已经建立了多个部门从事保护工作，如国家级、省级自然保护区、森林公园、湿地公园、地质公园及风景名胜区等，对生物多样性的保护与可持续利用起到了非常重要的作用。

四、组织实施生物多样性保护重大工程

为积极履行联合国《生物多样性公约》义务，我国发布和实施了《中国生物多样性保护战

略与行动计划(2011~2030年)》和“联合国生物多样性十年中国行动方案”。按照中共中央、国务院印发的《关于加快推进生态文明建设的意见》要求，到2020年，生物多样性丧失速度得到基本控制。当前和今后一段时期，生物多样性保护工作要以贯彻落实《中国生物多样性保护战略与行动计划》为中心，以生物多样性保护优先区域为重点，大力实施生物多样性保护重大工程。我国计划并实施了一系列重大工程：

一是开展生物多样性调查和评估，摸清家底；二是构建生物多样性观测网络，掌握动态变化趋势；三是强化就地保护，完善生物多样性保护网络；四是加强迁地保护，收储国家战略资源；五是开展生物多样性恢复试点示范，提高生态系统服务功能；六是协同推动生物多样性保护与减贫，促进传统产业转型升级；七是加强基础能力建设，提高各级政府生物多样性保护水平。

(一) 开展生物多样性调查和评估

生物多样性丧失是全球问题，其直接压力主要包括自然生境丧失、资源过度开发利用、环境污染、外来物种入侵和气候变化。联合国的报告显示，目前约有100万种动植物物种面临灭绝威胁，其中许多物种将有可能在未来几十年内灭绝。

生物多样性是人类赖以生存和发展的基础，是粮食系统和人类健康的基本要素。中国是世界上生物多样性最丰富的国家之一，同时也是生物多样性受威胁最严重的国家之一。中国粮食系统虽然丰富，但部分地方品种和主要农作物野生近缘种等特有种质资源丧失速度明显加快。

我国将持续推动生物多样性保护主流化进程，持续把生物多样性保护工作全面纳入农业、林业、渔业、水利、基础设施建设、金融等相关部门的政策法规和发展规划，推动生物多样性保护政策措施的实施。

生态环境部将加强生物多样性调查、观测和评估，优先完成长江经济带、京津冀等区域的生物多样性调查与评估，查明生物多样性保护中存在的突出问题，确保国家生态安全。如2019年北京在城区绿地、平原森林、山区森林和湿地四类区域开展生物多样性本底调查，完成《北京生物多样性恢复策略研究报告》，建立“北京市生物多样性数据库”，摸清生态家底。

我国陆续发布生物多样性调查、观测和评估标准，包括《区域生物多样性评价标准》(HJ 623—2011)、《生物多样性调查与监测标准》(T/CGDF00001—2020)、《生物多样性评估标准》(T/CGDF00002—2020)、《生物多样性修复标准》(T/CGDF00003—2020)。各标准适用范围见表9-14。

表9-14　生物多样性调查、观测和评估标准适用范围

标准名称	适用范围
区域生物多样性评价标准	本标准规定生物多样性评价的指标及其权重、数据采集和处理、计算方法、等级划分等内容。
生物多样性调查与监测标准	本标准适用于不同区域、面积大小不等的森林、荒漠、草原、内陆型江河湖泊等湿地、海岸滩涂、农田、城市等生态系统及物种多样性、遗传资源多样性方面的调查与监测。海洋生态系统除外。 本标准适用于区域生物多样性本底调查、项目建设施工的生态环境影响评价、保护区(地)的设立与建设、被污染或被破坏地区的修复等相关工作。 本标准适用于即时的、月度、季度、年度、持续多年的生物多样性调查与监测。

续表

标准名称	适用范围
生物多样性评估标准	本标准给出了如何评估不同层次生物多样性的现状、变化趋势，识别其受威胁因素等。通过评估，明确生物多样性保护工作重点和方向，提出切实可行的生物多样性保护对策和建议，从整体上提高生物多样性保护工作的管理能力。 本标准适用于区域生物多样性本底评估、项目建设施工的生态环境影响评价、自然保护区(地)保护成效评估、被污染或被破坏地区的修复成效评估等相关工作。
生物多样性修复标准	本标准规定了生物多样性修复的定义、内容、原则和验收参考指标。 本标准适用于针对各类空间尺度下生态系统受损退化、生态功能失调和生态产品供给能力下降的区域开展生物多样性修复的工作。

(二) 构建生物多样性观测网络

生物多样性观测是在一定区域内对生物多样性的定期测量。它通过获取生态系统的格局与质量、物种组成与分布、环境要素等数据，掌握生物多样性变化趋势，揭示自然和人为引起的环境变化所产生的效应。生物多样性观测对于掌握生物多样性动态变化趋势、识别致危因素、评估管理成效、制定保护政策措施具有重要意义。

2011 年以来，在生态环境部(原环境保护部)和财政部的支持下，南京环境科学研究所组织全国相关高等院校、科研院所、保护机构和民间团体，以鸟类、两栖动物、哺乳动物和蝴蝶等为指示生物类群，逐步建立了 648 个观测样区，设置样线和样点 1 万余处，初步形成了在国际上具有一定影响的全国生物多样性观测网络。

全国生物多样性观测对象涵盖森林、湿地、农田、草地、荒漠和城市等生态系统中的野生鸟类、两栖动物、哺乳动物和蝴蝶，覆盖范围广、代表性高；观测的指标包括物种的种类、个体数量、分布范围、生境类型、人为干扰的类型和强度、温湿度等环境参数，系统性、综合性强；观测样区涵盖了森林、草地、荒漠、湿地、农田和城市等代表性生态系统，大部分位于全国重点生态功能保护区、生物多样性保护优先区域和国家级自然保护区。

《2017 年全国生物多样性观测报告》显示：截至 2017 年，我国观测到鸟类 981 种，约占全国鸟类总种数的 71. 55%；观测到两栖动物 244 种，约占两栖动物总种数的 59. 80%；观测到哺乳动物 100 种，占红外相机可拍摄物种数的 39. 84%；观测到蝴蝶 1088 种，占蝴蝶总种数的 56. 78%。

依托实施生物多样性保护重大工程、科技基础资源调查专项等项目，组织开展全国重要区域、重点物种和遗传资源调查、观测与评估。收集整理覆盖全国 2376 个县域 37960 种动植物物种，调查记录超过 210 万条。

在此过程中，完成了全国生物多样性观测网络的顶层设计，构建了样地设置、野外观测方法、数据采集分析、质量控制等方面的技术体系，发布了 13 项观测技术导则，制订了《生物多样性保护重大工作观测工作方案》，并在全国建立了 346 个鸟类、115 个两栖动物、70 个大中型哺乳动物和 117 个蝴蝶观测样区。

(三) 强化就地保护

自然资源和生态环境是人类赖以生存和发展的基本条件，保护好自然资源和生态环境，保护好生物多样性，对人类的生存和发展具有极为重要的意义。自然保护区的主要功能是保护自然生态环境和生物多样性，生物遗传资源和景观资源的可持续利用，另外自然保护区还具备科学研究、科普宣传、生态旅游的重要功能。

我国自然保护区分为三大类别，分别为自然生态系统类、野生生物类、自然遗迹类。同时，每一类别又分出几个类型。自然生态系统类包括森林生态系统类型、草原与草甸生态系统类型、荒漠生态系统类型、内陆湿地和水域生态系统类型、海洋和海岸生态系统类型；野生生物类包括野生动物类型、野生植物类型；自然遗迹类包括地质遗迹类型、古生物遗迹类型。我国自然保护区分为国家级、省(自治区、直辖市)级、市(自治州)级和县(自治县旗、县级市)级四级。

(四) 加强迁地保护

在生物多样性分布的异地，通过建立动物园、植物园、树木园、野生动物园、种子库、精子库、基因库、水族馆、海洋馆等不同形式的保护设施，对那些比较珍贵的物种、具有观赏价值的物种或其基因实施由人工辅助的保护。这种保护在很大程度上属于挽救式和被动的，长久以后，可能保护的是生物多样性的活标本。因为，毕竟迁地保护是利用的人工模拟环境，自然生存能力、自然竞争等在这里无法形成。但是，迁地保护可以为异地的人们提供观赏的机会，带来一定的收入，进行生物多样性的保护宣传，在某种程度上可促进生物多样性保护区事业的发展。

我国先后实施了大熊猫等濒危物种和极小种群野生植物的系列专项保护规划或行动方案，建立250处野生动物救护繁育基地，促进了大熊猫、朱鹮等300余种珍稀濒危野生动植物种群的恢复与增长。

全国建有各级各类植物园近200个，收集保存了占中国植物区系2/3的2万个物种；建立了240多个动物园、250处野生动物拯救繁育基地；建立了400多处野生植物种质资源保育基地；建立了中国西南野生生物种质资源库、深圳国家基因库、药用植物基因库，收集和保存了中国野生生物资源。中国已完成植物保护战略70%的主要目标。

(五) 开展生物多样性恢复试点示范

全球范围内关键生态系统服务的减少使人类社会面临巨大的威胁，生物多样性是生态系统提供各种产品和服务的基础。生态恢复工程对退化的生态系统服务和生物多样性进行修复，对于缓解人类环境压力具有非常重要的意义。长期的理论和实践工作形成了多种生态恢复措施：①单纯基于生态系统自我设计的自然恢复方式；②人为设计对环境条件进行干预，反馈影响生态系统的自我设计；③人为设计对目标种群和生态系统进行直接干预和重建。这三类恢复方式可以在不同程度上定向地影响生态系统的恢复进程，反映了人类对生态系统的低度、中度和高度介入。

生物多样性恢复示范区建设就是要突出生态理念，增加环境丰富度，来增加野生动物数量。各地区将根据自身条件，因地制宜开展建设，突出可操作性，降低人为干预，用生态的办法解决生态问题，如2019年年底前北京市完成6处涵盖城市绿地、平原森林、山区森林和湿地的生物多样性恢复示范区建设。

实施山水林田湖草生态保护修复、天然林资源保护、退耕还林还草等重大生态保护与修复工程，我国森林覆盖率已由20世纪70年代初的12.7%提高到2018年的22.96%。2020年7月，联合国粮农组织(FAO)发布报告称，中国森林净增长量世界第一，是全球森林资源增长最多的国家。

保护生物多样性是衡量一个国家生态文明水平和可持续发展能力的重要标志。中国高度重视生物多样性保护，目前各类陆域保护地面积约占国土面积的18%，提前完成《生物多样性公约》2020年目标，全国森林面积近10年净增长10万平方公里，重点生态功能区草原植被盖度提高11%，修复红树林等退化湿地2800多平方公里，实施水土流失封育保护面积72万平方公里，生物多样性保护成效显著。

（六）推动生物多样性保护与减贫

在人类社会经济发展过程中，生态破坏和贫困问题已成为发展过程中的两大难题，《生物多样性公约》以及联合国“千年发展目标”都将促进生物多样性保护与减缓贫困作为重要目标。近年来，我国出台的一系列生物多样性保护和减贫相关政策取得了比较显著的成效，但生物多样性锐减趋势和贫困问题仍然严峻，且二者的矛盾和冲突也日益凸显。有研究发现，我国划入生态脆弱带的国土面积中，约有76%的县是贫困县，占贫困县总数的73%。贫困地区居民的生存和发展是以自然经济为特点、以自然资源消耗为主要方式的一种发展。因此，生物多样性保护和贫困的矛盾与冲突制约了生物多样性保护水平的提升和当地居民脱贫致富（见图9-5）。

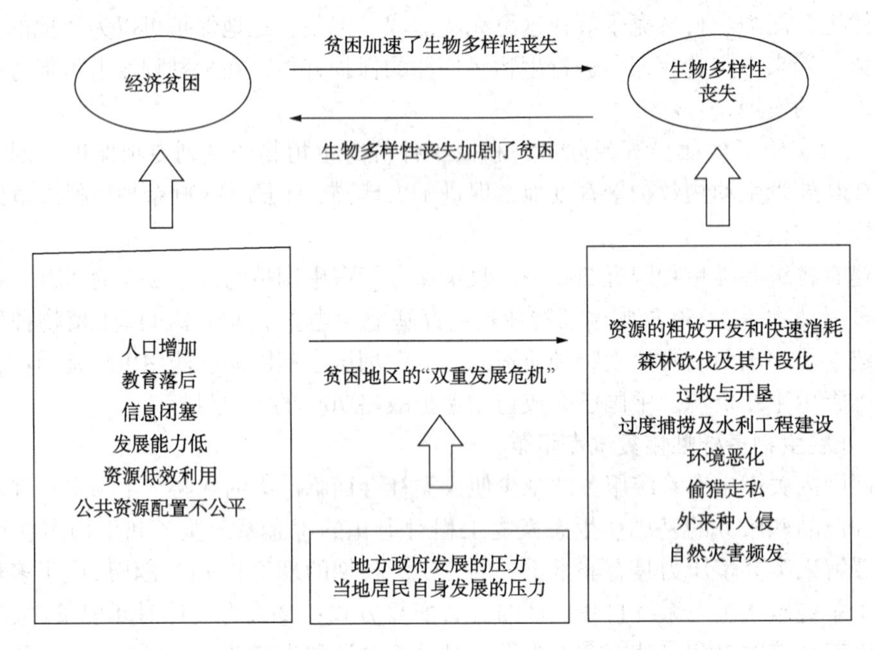

图9-5　贫困地区经济贫困与生物多样性丧失的关系
（来自张丽荣等：我国生物多样性保护与减贫协同发展模式探索）

中国生物多样性丰富的地区主要集中在中西部贫困地区，居民生活对自然资源的依赖程度较高，过度利用野生生物资源，对生物多样性破坏较大。为此，近年来中国也在探索推进生物多样性保护与减贫协同发展，具体模式有替代生计模式、社区共管模式、生态旅游模式、绿色资本驱动模式、绿色考评模式、生态移民模式。生物多样性保护战略与行动计划划定了35个优先区域，其中部分与贫困地区有叠加，目前在一些试点地区的工作已收到较好效果，在扶贫过程中，减少当地社区对野生资源的依赖，通过生计替代及生态旅游等一些方式减少对当地资源依赖同时又促进脱贫，比如蜜蜂养殖减少当地社区砍伐保护区生物资源等。

（七）加强基础能力建设

中国已初步建立了有关自然保护地配套的法律体系，制定并颁布了一系列有关生物多样性保护的国家、行业和地方标准，成立了中国生物多样性监测与研究网络，对中国生物多样性的变化开展了长期的监测与研究。遥感、红外相机、基因技术、无人机技术等应用于生物多样性监测。我国经过60多年的努力，已建成数量众多、类型丰富、功能多样的各级各类自然保护地，濒危物种保护不断加强，自然保护地体系初见成效。

第四节 “两山”实践创新基地

一、概念

(一)“两山”实践创新基地

是探索“绿水青山就是金山银山”实践路径典型做法和经验的重要载体，丰富了“绿水青山就是金山银山”重要思想内涵，为全国其他地区推进生态文明建设树立了标杆样板，具有重要的示范引领作用。

“绿水青山就是金山银山”实践创新基地(以下简称“两山”基地)是践行“两山”理念的实践平台，旨在创新探索“两山”转化的制度实践和行动实践，总结推广典型经验模式。

“两山”基地应当重点探索绿水青山转化为金山银山的有效路径和模式，坚持自愿申报，择优遴选；统筹推进，注重实效；因地制宜，突出特色；创新机制，示范推广《“绿水青山就是金山银山”实践创新基地建设管理规程(试行)》。

(二)两山指数

“两山指数”是量化反映“两山”建设水平，表征区域生态环境资产状况、绿水青山向金山银山转化程度、保障程度，服务“两山”基地管理的综合性指数。“两山指数”作为“两山”基地后评估和动态管理的重要参考依据，主要包括构筑绿水青山、推动两山转化、建立长效机制三方面。“两山指数”用于引导“两山”基地明确建设目标、重点任务和建设方向，相关指标及指标目标值不作为“两山”基地遴选门槛。省生态环境厅另行发布“两山指数”评估技术导则，具体明确“两山指数”评估方法、指标权重、等级划分等，规范引导“两山”基地评估管理(“绿水青山就是金山银山”“两山指数”评估指标体系)。

二、发展历程

自2005年“两山”理论提出以来，全国各地从实际出发，积极探索。2017年9月21日，全国13个市县区被环保部列为“绿水青山就是金山银山”实践创新基地，呈现出了我国探索“两山”实践建设的典型做法。围绕13个实践基地自身的生态环境本底情况以及建设中的侧重点等，这些地区可划分为护美绿水青山、做大金山银山、激活万水千山、共享绿水青山4类，见表9-15，图9-6。

表9-15 全国首批13个“绿水青山就是金山银山”实践创新基地及其分类

序号	类型	名称
1	护美绿水青山	河北省塞罕坝机械林场
2		山西省右玉县
3		福建省长汀县

续表

序号	类型	名称
4	做大金山银山	浙江省安吉县
5		江苏省泗洪县
6		江西省靖安县
7		陕西省留坝县
8	激活万水青山	浙江省湖州市
9		安徽省旌德县
10		贵州省贵阳市乌当区
11	共享绿水青山	四川省九寨沟县
12		广东省东源县
13		浙江省衢州市

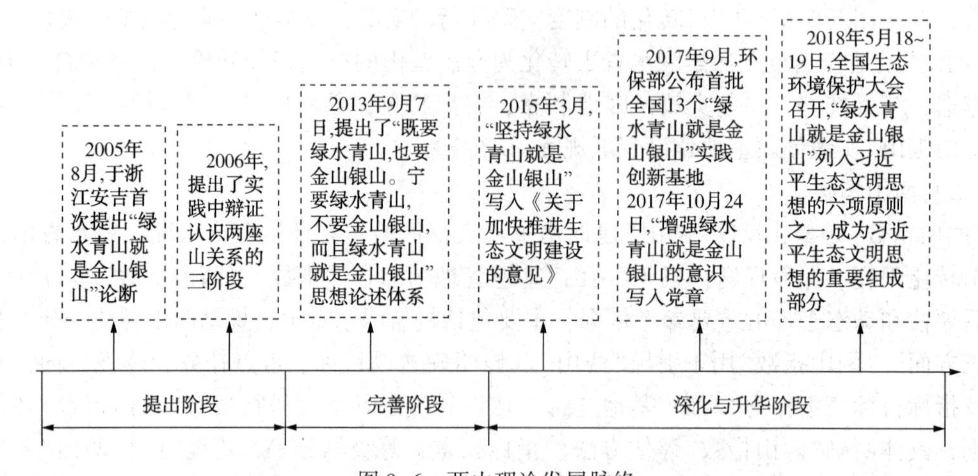

图 9-6 两山理论发展脉络

（杜艳春，王倩，程翠云，葛察忠．“绿水青山就是金山银山”理论发展脉络与支撑体系浅析．环境保护科学，2018(04)：5-9）

2018 年《中共中央国务院关于全面加强生态环境保护坚决打好污染防治攻坚战的意见》(以下简称《意见》)明确要求“推动生态文明示范创建、绿水青山就是金山银山实践创新基地建设活动”。《意见》发布实施后，按照《意见》要求，近年来，生态环境部全力推进“两山”基地建设。从 2018 年至今，生态环境部分四批对 87 个地方授予“两山”基地称号。如今，“两山”基地已经遍布全国，87 个“两山”实践创新基地初步形成了点面结合、多层次推进、东中西部有序布局的建设体系，这些创新基地无论是在改善生态环境质量还是推动经济绿色转型等，都取得了显著成效。

“两山”实践创新基地以探索绿水青山转化为金山银山的路径模式为重点，着力推动各地将“两山”的理念转换为实践行动，加快探索以生态优先、绿色发展为导向的高质量发展新路子。以“两山”实践创新基地建设为抓手，各地在夯实绿水青山本底、壮大绿色发展动能、探索“绿水青山”与“金山银山”转化机制、培育生态文化和推动生态惠民方面取得积极进展。在实践中，各地注重挖掘自身优势，加强探索创新，初步形成“生态补偿”“品牌引领”“复合业态”“市场驱动”“绿色金融”等转化路径模式。87个“两山”基地在推动生态农业、生态加工业、生态旅游等生态优势向经济优势、发展优势转化方面成效显著，有效推动了区域经济高质量发展。同时，“两山”基地建设显著提升了当地老百姓的生态文明意识和参与度，人民群众建设美丽中国的信心也大幅提升。

同时，“两山”基地在改善生态环境质量，特别是地区环境空气质量、水环境质量方面处于所在省区前列。这些区域的生态环境质量指数都达到优良以上，全面完成了“水气土十条”所规定的各项任务。获得“两山”基地称号地区群众生态文明建设满意度均达到80%以上，人民群众获得感、幸福感显著增强。

生态环境部制订“两山指数”评估指标及方法(表9-16)，发布“两山指数”评估技术导则，用于量化表征“两山”基地建设成效，科学引导“两山”基地实践探索(表9-17)。

表9-16 “两山指数”评估指标

<table>
<tr><th>目标</th><th>任务</th><th>序号</th><th>指标</th><th>目标参考值</th></tr>
<tr><td rowspan="10">构筑绿水青山</td><td rowspan="6">环境质量</td><td>1</td><td>环境空气质量优良天数比例</td><td>>90%</td></tr>
<tr><td>2</td><td>集中式饮用水水源地水质达标率</td><td>100%</td></tr>
<tr><td>3</td><td>地表水水质达到或优于Ⅲ类水的比例</td><td>>90%</td></tr>
<tr><td>4</td><td>地下水水质达到或优于Ⅲ类水的比例</td><td>稳定提高</td></tr>
<tr><td>5</td><td>受污染耕地安全利用率</td><td>>95%</td></tr>
<tr><td>6</td><td>污染地块安全利用率</td><td>>95%</td></tr>
<tr><td rowspan="4">生态状况</td><td>7</td><td>林草覆盖率</td><td>山区>60%
丘陵区>40%
平原区>18%</td></tr>
<tr><td>8</td><td>物种丰富度</td><td>稳定提高</td></tr>
<tr><td>9</td><td>生态保护红线面积</td><td>不减少</td></tr>
<tr><td>10</td><td>单位国土面积生态系统生产总值</td><td>稳定提高</td></tr>
<tr><td rowspan="7">推动“两山”转化</td><td>民生福祉</td><td>11</td><td>居民人均生态产品产值占比</td><td>稳定提高</td></tr>
<tr><td rowspan="3">生态经济</td><td>12</td><td>绿色、有机农产品产值占农业总产值比重</td><td>稳定提高</td></tr>
<tr><td>13</td><td>生态加工业产值占工业总产值比重</td><td>稳定提高</td></tr>
<tr><td>14</td><td>生态旅游收入占服务业总产值比重</td><td>稳定提高</td></tr>
<tr><td>生态补偿</td><td>15</td><td>生态补偿类收入占财政总收入比重</td><td>稳定提高</td></tr>
<tr><td rowspan="2">社会效益</td><td>16</td><td>国际国内生态文化品牌</td><td>获得</td></tr>
<tr><td>17</td><td>“两山”建设成效公众满意度</td><td>>95%</td></tr>
<tr><td rowspan="3">建立长效机制</td><td rowspan="2">制度创新</td><td>18</td><td>“两山”基地制度建设</td><td>建立实施</td></tr>
<tr><td>19</td><td>生态产品市场化机制</td><td>建立实施</td></tr>
<tr><td>资金保障</td><td>20</td><td>生态环保投入占GDP比重</td><td>>3%</td></tr>
</table>

表 9-17 “绿水青山就是金山银山”实践创新基地

批次	地点	
第一批（2017 年 9 月 15 日）	河北省	塞罕坝机械林场
	山西省	右玉县
	江苏省	泗洪县
	浙江省	湖州市
		衢州市
		安吉县
	安徽省	旌德县
	福建省	长汀县
	江西省	靖安县
	广东省	东源县
	四川省	九寨沟县
	贵州省	贵阳市乌当区
	陕西省	留坝县
第二批（2018 年 12 月 13 日）	北京市	延庆区
	内蒙古自治区	杭锦旗库布齐沙漠亿利生态示范区
	吉林省	前郭尔罗斯蒙古族自治县
	浙江省	丽水市
		温州市洞头区
	江西省	婺源县
	山东省	蒙阴县
	河南省	栾川县
	湖北省	十堰市
	广西壮族自治区	南宁市邕宁区
	海南省	昌江黎族自治县王下乡
	重庆市	武隆区
	四川省	巴中市恩阳区
	贵州省	赤水市
	云南省	腾冲市
		红河州元阳哈尼梯田遗产区

续表

批次	地点	
第三批(2019年11月13日)	北京市	门头沟区
	天津市	蓟州区
	内蒙古自治区	阿尔山市
	辽宁省	凤城市大梨树村
	吉林省	集安市
	江苏省	徐州市贾汪区
	浙江省	宁海县
		新昌县
	安徽省	岳西县
	江西省	井冈山市
		崇义县
	山东省	长岛县
	河南省	新县
	湖北省	保康县尧治河村
	湖南省	资兴市
	广东省	深圳市南山区
	广西壮族自治区	金秀瑶族自治县
	四川省	稻城县
	贵州省	兴义市万峰林街道
	云南省	贡山独龙族怒族自治县
	西藏自治区	隆子县
	陕西省	镇坪县
	甘肃省	古浪县八步沙林场
第四批(2020年10月9日)	北京市	密云区
		怀柔区
	天津市	西青区王稳庄镇
	河北省	石家庄市井陉县
	山西省	长治市沁源县
	内蒙古自治区	巴彦淖尔市乌兰布和沙漠治理区
		兴安盟科尔沁右翼中旗
	辽宁省	本溪市桓仁满族自治县
	吉林省	白山市抚松县

续表

批次	地点	
第四批(2020年10月9日)	江苏省	常州市溧阳市
		盐城市盐都区
	浙江省	杭州市淳安县
	安徽省	芜湖市湾沚区
		六安市霍山县
	福建省	漳州市东山县
		泉州市永春县
	江西省	景德镇市浮梁县
	山东省	青岛市莱西市
		潍坊峡山生态经济开发区
		威海市环翠区威海华夏城
	河南省	信阳市光山县
	湖北省	十堰市丹江口市
	湖南省	张家界市永定区
	广东省	江门市开平市
	广西壮族自治区	桂林市龙胜各族自治县
	重庆市	南岸区广阳岛
	四川省	巴中市平昌县
	贵州省	贵阳市观山湖区
	云南省	丽江市华坪县
		楚雄彝族自治州大姚县
	陕西省	安康市平利县
	甘肃省	庆阳市华池县南梁镇
	宁夏回族自治区	石嘴山市大武口区
	新疆维吾尔自治区	伊犁哈萨克自治州霍城县
	新疆生产建设兵团	第九师161团

三、“两山”基地典型

(一) 江西省靖安县(第一批)

江西省靖安县是首批获得“两山”基地的地方之一。“两山”基地创建前后，特别是被授牌“两山”基地后，靖安县经济效益与环境质量双赢格局全面形成。

靖安县通过强力推进生态保护，生态优势更加巩固，近年来，靖安县森林覆盖率由79%提高到84%；集镇生活污水处理率达90%以上，出县交界断面水质达到二类标准；$PM_{2.5}$年均浓度为21μg/m^3。同时，2018年全县有机农业产值占农业总产值比重达89.5%，绿色低碳工业企业主营业务收入占规模以上工业企业主营业务收入比重达75.4%，旅游业综合收入达到53.6亿元，同比增长21.3%。

（二）云南红河哈尼梯田（第二批）

2018年12月，获得“两山”基地称号的云南红河哈尼梯田，通过“四素同构”（即同步构建森林、村寨、梯田、水系），不仅成功将1300多年的农耕文明延续至今，而且在开展“两山”基地建设后，这个古代农耕文明再次被激活。在红河哈尼梯田，通过“两山”基地建设，遍布哈尼梯田的元阳、红河、金平、绿春四县，在生态环境质量持续向好的同时，通过大力发展稻田经济，比如在稻田里养鱼等，当地的经济也得到了较好发展，老百姓的钱袋子一天天地鼓起来。

（三）贵州省兴义市万峰林街道（第三批）

地处滇桂黔石漠化集中连片深度贫困地区中心区域的黔西南兴义市，以万峰林街道为样本，历经“消耗自然资产-补充自然资产-保值增值自然资产”的艰苦曲折探索，趟出了一条不同于东部有别于西部其他地区的“石漠转绿成金”脱贫致富“两山”特色转化道路。

万峰林街道位于兴义市东南侧城乡结合部，属南方锥状喀斯特岩溶典型发育地区。曾经，万峰林“石漠化”现象极其严重，植被破坏、岩石裸露、水土流失、土地退化，人地矛盾突出、生存危机凸显。近二十余年来，万峰林人通过攻坚生态环境修复治理、强化区域国土空间管控、完善基础设施配套建设、探索全域旅游扶贫示范、创新山地旅游新兴业态等举措，全区呈现出“发展与生态、富裕与美丽”共建共赢的喜人景象。万峰林石漠化地区“两山”实践经验表明：生态修复是前提，综合管控是根本，设施配套是支撑，特色产业是关键，共建共享才长效。

（四）北京市密云区（第四批）

密云区是北京市面积最大的生态涵养区，首都最重要的水源保护地。密云区的水源保护区与生态红线区面积均居北京市首位，也是北京市森林面积最广、湿地资源最优、生物多样性最丰富的地区。

近年来，密云绿水青山优势厚积薄发，生态环境保护年均投入近30亿元，占GDP比例近9%，密云水库及主要入境、入库河流水质均符合地表水Ⅱ类水质标准，空气环境质量2019年排名北京市第一。特别是围绕“两山”基地建设，密云积极探索创新“两山”体制机制，全面深化生态惠民的行动实践，在不断探索“两山”转化过程中形成了一批可示范可推广的典型案例与经验做法。

据介绍，密云区在跨界水体联防联控联治、大型水源地综合保护治理及生态补偿方面已形成示范引领效应。“蜂盛蜜匀”品牌效应凸显，已成为“两山”转化的密云样板。以古北水镇为龙头的文旅产业融合发展支撑“两山”转化。以极星农业为代表的都市型现代农业发展带动“两山”转化。

思考题

1. 简述自然保护地的分类。
2. 我国自然保护区的主要类别，我国是如何对自然保护区进行分区管理的？
3. 简述生态红线的发展历程。
4. 生态红线监管的主要内容。
5. 生物多样性的作用以及破坏生物多样性的主要因素。
6. 生物多样性保护与管理的方法。
7. 我国“两山”实践创新基地的发展历程。

第十章　生态环境监察

本章重点

本章要求了解生态环境监察的发展历程、生态环境监察的执法依据及其工作程序和制度，掌握污染源现场监察要点、污染防治设施监察要点及建设项目和限期治理项目的现场监察要点。

第一节　概　　述

一、生态环境监察的概念

生态环境监察是在环境现场进行的执法活动，环境监察要突出“现场”和“处理”这两个概念，环境监察不是“环境管理”，而是“日常、现场、监督、处理”。

生态环境监察是一种具体的、直接的、“微观”的环境保护执法行为，是生态环境行政部门实施统一监督、强化执法的主要途径之一，是我国社会主义市场经济条件下实施生态环境监督管理的重要举措。

二、生态环境监察的类型

按时间的不同生态环境监察可分为事前监察、事中监察和事后监察；按生态环境监察的活动范围可分为一般监察与重点监察；按生态环境监察的目的可分为守法监察与执法监察。

三、生态环境监察的基本任务

生态环境监察的主要任务是在各级人民政府环境保护部门领导下，依法对辖区内污染源排放污染物情况和对海洋及生态破坏事件实施现场监督、检查，并参与处理。

生态环境监察的核心是日常监督执法。生态环境监察受生态环境行政主管部门领导，在生态环境行政主管部门所管辖的辖区内进行，通常情况下同级之间不能直接越区执法。

四、生态环境监察的职责

(1) 监督环境保护法律、法规、规章和其他规范性文件的执行；

（2）现场监督检查污染源的污染物排放情况、污染防治设施运行情况、生态环境行政许可执行情况、建设项目环境保护法律法规的执行情况等；

（3）现场监督检查自然保护区、畜禽养殖污染防治等生态和农村环境保护法律法规执行情况；

（4）具体负责排放污染物申报登记、排污费核定和征收；

（5）查处环境违法行为；

（6）查办、转办、督办对环境污染和生态破坏的投诉、举报，并按照生态环境行政主管部门确定的职责分工，具体负责环境污染和生态破坏纠纷的调解处理；

（7）参与突发环境事件的应急处置；

（8）对严重污染环境和破坏生态的问题进行督查；

（9）依照职责，具体负责环境稽查工作；

（10）法律、法规、规章和规范性文件规定的其他职责。

五、生态环境监察的发展历程

生态环境监察工作是随着我国环境保护事业的发展及环境管理工作的深入而逐步展开的。近50多年的环境保护工作实践中，我国生态环境监察队伍从无到有，逐步发展壮大。生态环境监察工作的内涵也从最初的征收排污费扩大到环境保护日常现场监督执法的各个领域。我国生态环境监察机构建设和生态环境监察工作的发展历程，大体分为四个阶段。

（一）第一阶段——探索起步阶段（1986年以前）

1979年9月，第五届全国人大常委会通过并颁布了《中华人民共和国环境保护法（试行）》，我国环境管理工作以环境立法开始。在《中华人民共和国环境保护法（试行）》中，对环境管理机构作了明确规定；明确了建设项目环评制度；明确提出了排放污染物必须达标，超标准排放污染物要按照排污的数量和浓度收取排污费。

在《中华人民共和国环境保护法（试行）》指导下，国家陆续颁布了环境保护的法规和规章，初步做到了有法可依。我国各级环保机构纷纷成立并开展工作，排污收费工作逐步展开，但是执法不力、执法不严的现象大量存在。各地环保部门在建立现场执法队伍上开始了探索。由于各地环境执法队伍形式多样，发展水平不一，在环保系统内出现了多支队伍、多头执法的现象。尽管如此，各级环境保护部门在建立队伍、强化执法方面进行了有益探索。

在探索起步阶段，尽管环境执法工作领域比较窄、工作水平比较低，甚至出现多头执法等问题，但却开创了我国环境监察的新纪元，使环境监察第一次走进了环境保护的历史舞台，同时统一了认识，我国环境执法监督需要有一支专职的环境执法队伍。

（二）第二阶段——试点阶段（1987~1996年）

环境监察进入试点阶段的标志是：1986年5月国家环保局确定广东省顺德县、山东省威海市、安徽省马鞍山市和河北省秦皇岛市为环境监理试点单位。这些地区对试点工作很重视，在组织机构、人员管理、经费来源、现场执法等方面都做了有益的探索。马鞍山环境保护局精心组织，稳步推进试点工作，取得了突破性进展。在指导思想上突出现场微观执法；在理论上明确了环境监理是对污染源执行法规的情况进行监督，对违法行为实施现场调查与处理处置，是进行环境行政执法的一种具体且直接的行为。国家环保局认为马鞍山市环境监理的试点工作取得了突破性的进展，环境监理应当由收费型向环境监理型转变。

1991 年国家环保局制定颁布了《环境监理工作暂行办法》《环境监理执法标志管理办法》和《环境监理人员行为规范》。同时，国家人事部批复同意国家环境保护系统环境监理人员依照国家公务员制度进行管理。

在试点阶段，试点单位在队伍建设、经费来源、现场执法等方面进行积极探索，积累了初步经验，为建立全国环境监理队伍、全面开展环境监理工作打下了基础。

（三）第三阶段——发展阶段（1997～2001 年）

环境监察进入发展阶段的标志是：1996 年国家环境保护局颁发了《环境监理工作制度（试行）》和《环境监理工作程序（试行）》，环境监理队伍正式建立，并走向规范化、制度化发展的道路。

1996 年第四次全国环境保护会议后，国务院颁发了《关于环境保护若干问题的决定》，开始实施污染物总量控制制度。国家建立了总量控制指标体系后，将排污总量指标分解到各省、直辖市、自治区加以落实。目的是控制环境恶化和生态破坏加剧的趋势。在这一主导目标下，提出建立"两控区"；取缔"15 小"；治理三河（辽河、海河、淮河），三湖（巢湖、太湖、滇池），两区（二氧化硫排放控制区、酸雨控制区），一市（北京市），一海（渤海）；全国所有工业污染源排放主要污染物要达到国家或地方规定的标准；直辖市、省会城市、经济特区城市、沿海开放城市和重点旅游城市的环境空气、地面水环境质量，按功能区分别达到国家规定的标准。"九五"环境规划目标给环保部门提出了大量现场检查要求，大大提高了环境监理的执法地位，各级环境监理在"一控双达标""33211"和取缔"15 小"中发挥了主力军的作用。

1999 年初，国家环境保护总局发出了《关于开展排放口规范化整治工作的通知》，同时开始建立污染源自动监控系统。

与污染物总量控制制度相匹配，排污收费也开始了按排污总量收费的试点工作。杭州、吉林、郑州三城市的环境监察机构成功地完成了试点工作，为全面开展总量排污收费工作积累了经验。

1999 年 6 月 17 日，国家环保总局发出《进一步加强环境监理工作若干意见的通知》（环发〔1999〕141 号），对环境监理队伍的性质、机构、职能、队伍管理、规范执法行为和标准化建设作了具体规定。这个文件是环境监理机构建设多年来的总结，对全国环境监理队伍的建设和发展起着重大的作用。

在发展阶段，环境监察体制建设取得了突破性进展，形成了国家、省、市、县四级环境监察机构网络，初步形成了以环境监察队伍为主体的环境执法监督体系。环境监察机制、环境监察能力也得到较大提升，环境监察机构逐渐成为环保部门的立足之本。

（四）第四阶段——改革与发展阶段（2002年至今）

环境监察进入改革与发展阶段的标志是：落实建立“国家监察、地方监管、单位负责”环境监管体制的要求，建设完备的环境执法监督体系。

2002年3月，国家环保总局发文，组建国家环境保护总局环境应急与事故调查中心（简称环境应急中心），为中华人民共和国生态环境部直属事业单位，属国家环保总局司级单位，对外称环境监察办公室。环境监察办公室的成立，表明环境监察成为直属国家环保总局的独立环境执法队伍。对外加挂“环境保护部环境应急办公室”和“环境保护部环境投诉受理中心”的牌子，负责环境应急与事故调查。环境应急与事故调查中心内设综合处、应急值守处、预测预警处、应急调查一处、应急调查二处、应急调查三处共6个机构。主要职责：负责重、特大突发环境事件应急、信息通报及应急预警；受理电话投诉和网上投诉；承担重大环境污染与生态破坏及重大建设项目环境违法案件与事故调查；协助科技标准司组织重、特大突发环境事件损失评估；参与环监局组织的环境执法检查工作。

2002年6月，国家环保总局为增强对华东、华南地区跨省界区域和流域重大环境问题的监督管理能力，在国家环保总局南京环境科学研究所的基础上组建了华东环境保护督查中心，在国家环保总局华南环境科学研究所的基础上组建了华南环境保护督查中心，开展有关环境保护督查工作。

2002年7月1日，国家环保总局发文要求全国各级环境保护局所属的“环境监理”类机构统一更名为“环境监察”机构。更名后，环境监察机构名称更能体现行政执法的性质，有利于树立执法权威。

环境执法监督深化改革阶段的标志是：党中央、国务院提出了建立“国家监察、地方监管、单位负责”环境监管体制的要求。完备的环境执法监督体系开始建设，国务院环境保护行政主管部门成立了环境监察局、环境应急与事故调查中心和区域环境保护督查中心，地方监管能力得到加强，工作机制逐步完善，环境监察队伍成为环保工作的中流砥柱。

为促进生态保护与污染防治并重，2003年3月30日，国家环保总局发文要求各地各级环保局的环境监察队伍开展生态环境监察试点工作。

2003年10月，中央机构编制委员会办公室批复同意国家环境保护总局成立环境监察局。国家环保总局环境监察局的建立，标志着国家环境执法监管体制的进一步发展，表明了强化环境执法、坚决查处重大环境违法案件的重要性。

环境监察局职责如下：负责重大环境问题的统筹协调和监督执法检查；拟订环境监察行政法规、部门规章、制度，并组织实施；监督环境保护方针、政策、规划、法律、行政法规、部门规章、标准的执行；拟定排污申报登记、排污收费、限期治理等环境管理制度，并组织实施；负责环境执法后督察和挂牌督办工作；指导和协调解决各地方、各部门以及跨地区、跨流域的重大环境问题和环境污染纠纷；组织开展全国环境保护执法检查活动；组织开展生态环境监察工作；组织开展环境执法稽查和排污收费稽查；组织国家审批的建设项目“三同时”监督检查工作；建立企业环境监督员制度并组织实施；负责环境保护行政处罚工作；指导全国环境监察队伍建设和业务工作；指导环境应急与事故调查中心和各环境保护督查中心环境监察执法相关业务工作。

2005年12月颁布的《国务院关于落实科学发展观加强环境保护的决定》(国发〔2005〕39号)规定："建立健全国家监察、地方监管、单位负责的环境监管体制"，提出"国家加强对地方环保工作的指导、支持和监督，健全区域环境督查派出机构，协调跨省域环境保护，督促检查突出的环境问题。地方人民政府对本行政区域环境质量负责，监督下一级人民政府的环保工作和重点单位的环境行为，并建立相应的环保监管机制。法人和其他组织负责解决所辖范围有关的环境问题"。

2006年7月8日，国家环保总局印发了《总局环境保护督查中心组建方案》(环办〔2006〕81号)，组建华东、华南、西北、西南和东北五个区域环境保护督查中心(以下简称"督查中心")，2007年又组建了华北环境保护督查中心，形成了以环境监察局为龙头，应急中心和督查中心组成的"国家监察"体系。同时，开展了建设完备的环境执法监督体系研究。

督查中心为总局派出的执法监督机构，是总局直属事业单位。督查中心受总局委托，在所辖区域内履行如下职责：监督地方执行国家环境法规、政策、标准的情况；承办重大环境污染与生态破坏案件的查办；承办跨省区域和流域重大环境纠纷的协调处理；参与重、特大突发环境事件应急响应与处理的督查；承办或参与环境执法稽查；督查重点污染源和国家审批建设项目"三同时"执行情况；开展主要污染物减排的核查；督查重点流域区域环境保护规划的执行情况；督查国家级自然保护区(风景名胜区、森林公园)、国家重要生态功能保护区环境执法情况；负责跨省区域和流域环境污染与生态破坏案件的来访投诉受理和协调；承担总局交办的其他工作等。

环境保护督查中心的督查工作受国家环保总局领导，由总局环境监察局归口联系和业务指导。督查中心履行环境保护督查职责不改变、不取代地方人民政府及其环境保护行政主管部门的环境保护管理职责，也不指导地方环保部门业务工作。督查中心的突发环境事件信息报告属总局内部情况报告，不履行或代替地方人民政府和环保部门的信息报告职责。

督察中心的职责如下：

(1) 监督地方对国家环境法规、政策、规划、标准的执行情况；

(2) 承担中央生态环境保护督察相关工作；

(3) 协调指导省级生态环境保护部门开展市、县生态环境保护综合督察；

(4) 参与重大活动、重点时期空气质量保障督察；

(5) 参与重特大突发环境事件应急响应与调查处理的督察；

(6) 承办跨省区域重大环境纠纷协调处置；

(7) 承担重大环境污染与生态破坏案件查办；

(8) 承担生态环境部交办的其他工作。

2006年11月，国家环保总局环境监察局对环境监察标准化建设标准及有关验收管理规定进行了修订，重新印发了《全国环境监察标准化建设标准》和《环境监察标准化建设达标验收暂行办法》，要求加快推进环境监察标准化建设，提高环境执法能力与水平。

2006~2007年，国家环保总局联合国家发改委、国家安监总局等部门对饮用水源保护区、重点行业的突出污染问题持续开展了环保专项行动，全国共出动环境执法人员600多万人次，查处违法案件5.9万件，关闭企业6000多家。通过区域流域限批、重点案件督办和工业园区整治，在湘黔渝交界地区整治了40多家电解锰企业，使锰污染问题基本得到解决，流经该地区的清水江水质已由劣Ⅴ类恢复到Ⅲ类。对6市2县5区进行了流域限批，全国共挂牌督办环境违法案件11231件，解决了一批群众关心的热点、难点问题，改善了区域环境质量。

国家环保总局与人民银行、银监会联合推出了“绿色信贷”政策，向人民银行提供环境违法企业信息，使一批环境违法企业受到贷款限制；与商务部联合加强了对“两高一资”出口企业或产品的环境监管；与证监会联手开展了对公司上市、再融资的环保核查和信息披露。强化了排污费征收工作，刺激和促进了企业污染治理，如2007年征收排污费175亿元，比上年增长21%。这些综合手段的应用，放大了处罚效果，促进了企业污染成本内部化，迫使企业由被动治污变为主动治污，使防治污染成为企业的自觉行动。

国家环保总局发布了《国家重点监控企业名单》（环办函〔2007〕193号），并确定每年调整一次，污染源自动监控工作也将国家重点监控企业作为实施重点，中央财政对国控重点污染源现场核查、数据采集传输、监控中心建设予以了补助，国控重点污染源自动监控能力建设项目得到有序开展。到2008年底，全部国控重点污染源要安装自动监控设备，并与环保部门的污染源监控中心联网，实现实时监控、数据采集、异常报警和信息传输，形成统一的监控网络，提供实时、准确的主要污染物排放量信息，为环境现场执法和建立主要污染物减排的统计、监测与考核体系奠定了基础。各级政府都将环境执法作为污染减排的一项重要措施，将环境执法能力纳入污染减排“三大体系”建设。2007年，中央财政对环境执法能力建设项目投入了13亿元，带动地方配套近30多亿元，极大地提升了环境执法能力。

“十七大”把环境保护列入党和国家的重要议事日程。国务院提出环境保护要实现历史性转变，温家宝总理要求“建立完备的环境执法监督体系”。周生贤局长把建立完备的环境执法监督体系列为总局重点解决的两件大事之一。由此可见，建立和完善完备的环境执法监督体系将是环境监察今后的重要工作。环境监督执法的改革创新是推进环境保护工作历史性转变的重要举措，历史性转变的过程也将是环境执法体系不断完善、执法力度不断加大、执法效果不断增强的过程。

2017年11月23日，经环保部宣布，中央编办批复将环境保护部华北、华东、华南、西北、西南、东北环境保护督查中心由事业单位转为环境保护部派出行政机构，并分别更名为环境保护部华北、华东、华南、西北、西南、东北督察局。

按照“国家监察、地方监管、单位负责”的总体要求，建成国家主要行使宏观执法监督权、省级兼顾宏观与微观、市县级行使微观环境执法监督权的层级分明、互为补充的环境执法监督网络，形成以环境监察局为主导，以生态环境保护督查办公室为派出机构的国家、省、市、县四级环境执法监督网络。

成立副部级的国家环境监察局，统一管理全国环境执法监督工作，集中行使国家环境保护行政处罚权，归口管理和业务指导区域派出机构执法监督业务工作。2018 年成立中央生态环境保护督察办公室，主要负责：拟订生态环境保护督察制度、工作计划、实施方案并组织实施；承担中央生态环境保护督察及中央生态环境保护督察组的组织协调工作；根据授权对各地区、各有关部门贯彻落实中央生态环境保护决策部署情况进行督察问责；承担督察报告审核、汇总、上报工作；负责督察结果和问题线索移交移送及其后续相关协调工作；组织实施督察整改情况调度和抽查；指导地方开展生态环境保护督察工作。

地方环境执法监督机构建设，总体上按照国家层面环境执法监督体制改革的步调进行，省级成立副厅级环境执法监督机构，并参照国家在辖区内派出机构。市级及以下实行环境执法垂直管理，成立同级环境保护行政主管部门副职级的环境执法监督机构。县(区)级成立环境执法监督机构。具备条件的县区可以在乡镇划片成立派出环境执法监督机构。在地方层次，可以适当试点和考虑环境执法监督双重管理或垂直管理。

国家环境执法监督事权重点在宏观执法监督权，执法监督对象主要是省级政府及有关部门、中央企业。省级环境执法监督事权兼顾宏观与微观，执法监督对象主要是省级政府有关部门，市、县政府，国家和省重点排污单位及建设项目。市级及以下环境执法监督事权主要是微观执法监督权，执法监督对象主要是企事业单位、个体工商户等，依法查处环境违法行为。

六、生态环境监察机构在现场监察工作中的权利

(1) 有对被监察单位的生产工艺和污染防治设施的正常运转情况进行检查的权利；

(2) 有要求被监察单位提供相关生产、运行情况的资料、数据的权利；

(3) 有对被监察单位的相关人员进行询问、调查的权利；

(4) 有要求被监察单位在生产过程中发生变化及时上报的权利；

(5) 有对现场情况进行取证、采样的权利；

(6) 有对被监察单位的环境违法行为进行查处的权利。

七、生态环境监察的依据

(一) 法律依据

环境执法的法律依据包括三部分内容。

(1) 环境法律体系

① 污染防治的法律；

② 资源保护方面的法律；

③ 与环境保护相关的法律；

(2) 环境保护法律法规赋予环保部门的权力。

(3) 环保法律法规都明确规定了环境行为人的环境行为规范和法律责任。

(二) 标准依据

国家环境标准包括国家环境质量标准、国家污染物排放标准(或控制标准)、国家环境

监测方法标准、国家环境标准样品标准和国家环境基础标准。污染物排放标准又分综合性排放标准和行业排放标准，对有行业排放标准的优先执行行业标准。

地方环境标准包括地方环境质量标准和地方污染物排放标准(或控制标准)。地方污染物排放标准要严于国家污染物排放标准中的相应指标。

生态环境监察部门现场执法依据的环境标准主要是污染物排放标准，超过国家或地方规定的污染物排放标准排放污染物即视为违法排污。

(三) 事实依据

生态环境监察的事实依据包括三项，即监测数据与物料衡算数据、排污许可证和现场调查取得的人证、物证、书证等。

八、生态环境监察工作程序

生态环境监察工作程序一般根据法律规范开展执法安排，主要包含现场检查、核定等安排，与此同时依法开展以下行为：对被监察机构进行监测、勘察、录像、拍照等；对被检查机关的有关资料开展复制查阅；对相关工作者进行询问约见，需要表明相关事宜；对破坏环境的违法做法进行纠正；开展行政处罚工作等(图 10-1)。

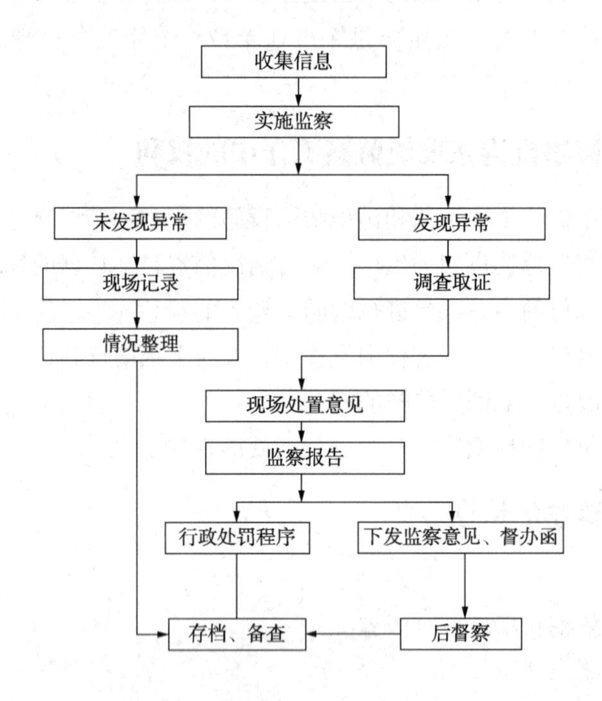

图 10-1　现场环境监察工作流程

(1) 亮证执法：执法时必须两人以上，并向行政相对人出示执法证件。

(2) 现场监察：对生产工艺、工况、污染防治设施运行等情况进行现场监督检查，查阅有关技术资料及生产、设施运行记录，询问、听取有关情况。

(3) 制作文书：对现场检查情况如实制作《现场检查笔录》；对了解、询问的有关情况制作《调查询问笔录》。

(4) 调查取证：对发现的违法行为，立即进行拍照、摄像、采样等取证工作，必要时走访有关群众进行谈话询问，并制作《调查询问笔录》。

(5) 现场处理：根据现场检查情况，对依法查实的违法行为，当场下达限期改正通知书。

(6) 汇总上报：对检查情况及时进行汇总，整理归档，并报告有关领导。

第二节　污染源监察

一、污染源监察的内容

(一) 检查排污单位内部的环境管理制度

(1) 检查企业环境管理机构设置的情况。

(2) 检查企业环境管理人员设置情况。

(3) 检查企业环境管理制度建设情况。

(二) 进行工况调查，检查污染隐患

生态环境监察人员深入企业的生产车间，调查生产原料、生产工艺、设备及生产状况，了解污染产生的原因、规模、排污去向，发现非正常工况产污和排污行为及污染隐患，确定产污、排污水平。工况调查根据企业生产工艺和经营组织系统情况逐级进行，以免发生遗漏。

(三) 排污单位的污染源守法检查

(1) 环境管理制度执行情况检查；

(2) 污染物排放情况检查；

(3) 污染治理情况检查；

(4) 排污许可证情况检查。

(四) 指导性监察

生态环境监察人员不仅要依法监督、检查各种环境违法行为，还要树立服务意识，有责任、有义务地协助排污单位搞好环境管理工作，“做到预防为主，防治结合”，积极主动地提出建议给企业参考，使企业能采用最有效最可靠的方法防治污染。

(五) 排污量的核定检查

对排污单位的排污许可执行情况进行检查。

二、污染源监察的形式

(1) 定期检查；

(2) 定期巡查；

(3) 定点观察；

(4) 不定期检查；

(5) 特殊形式检查。

三、污染源监察的手段

污染源监察的手段有多种方式，包括现场检查、环境监测、排污核定、环境举报与来信

来访、无人机等方式，对重点企业采用安装连续自动监控设施进行不间断的监督等。

四、各类污染源现场监察要点

（一）水污染源生态环境监察要点

1. 用水量、污水排放量的复核

经排污口规范化整治，安装经国家认定的监控设备的，要检查其正常运行情况。有流量计的要检查运行记录，有给水计量装置的或有上水消耗凭证的，按排放系数计算。计量数据都没有的，可参照国家有关标准、手册给出的同类企业的用水排水系数计算。

2. 排水水质监察

首先要检查排放的废水是否达标，一般检查水质记录、监测数据，还要通过目测，观察排放废水的表观性状有无异常。判断是否有稀释、偷排行为，如有异常，可进行简易的现场测定，发现问题，及时通知监测部门采样分析。

3. 用水工艺和设备监察

检查是否采用了禁止和淘汰的工艺和设备，检查是否有浪费水源的情况；检查是否有“15小”项目。

4. 排放去向监察

检查是否向地表水体和地下水体排放有毒物质，根据《水污染防治法》规定，核实向水体排放的污染物的种类和行为。

5. 排水分流监察

排水分流应做到清污分流，减少治理设施的负荷，减少废水排放。

6. 防治设施运行及污水处理情况

检查通过治理设施的水质，设施的运行管理、运行状态、处理效果等。

7. 废水的重复利用情况

检查处理后的废水的使用情况。废水的重复使用可减少废水排放，在达标排放情况下，既可减少污染物排放，又节约水资源。

（二）大气污染源生态环境监察要点

大气污染的主要形式包括：燃烧设备监察，工艺废气、粉尘和恶臭污染源监察，废气处理设施的运行情况监察，废气排放口的监察，无组织排放源的监察。

1. 燃烧设备监察

（1）检查燃烧设备的审验手续、性能指标及运行状况；

（2）检查锅炉使用燃料；

（3）锅炉燃烧废气污染排放的检查

① 燃烧废气排放的烟尘浓度；

② 二氧化硫的排放情况；

③ 氮氧化物的排放情况；

④ 检查污染物的控制措施和效果。

2. 工艺废气、粉尘和恶臭污染源监察

（1）检查废气、粉尘和恶臭排放是否符合相关污染物排放标准的要求；

（2）检查可燃性气体的回收利用情况；

（3）检查可散发有毒、有害气体和粉尘的运输、装卸、贮存的环保防护措施；

（4）大气污染防治设施运行情况包括：除尘、脱硫、脱硝、其他气态污染物净化系统。

3. 废气处理设施的运行情况监察

（1）监控仪表：监控仪表可以直接反映或从侧面反映出污染防治设施的运行状况。

（2）运转记录：检查运转记录情况，可以反映出设施有无擅自停运或闲置的现象。

（3）运转效果现场检测：经现场取样监测，反映设施在正常运转条件下，污染排放情况及达标情况。

（4）运行操作规范化检查：是否具备健全的岗位责任制、统一的操作规程、定期监测制度；是否建立防治设施的日常运行台账，并定期向主管部门汇报。

（5）设施的维护检查：污染防治设施要纳入企业的设备档案及企业的正常维护管理，定期维修或更新。

（6）二次污染：污染防治设施的管理，不仅要加强运行管理，而且要重视运行中产生的污染物的管理，以防引起二次污染。

4. 废气排放口的监察

（1）排污口规范设置要求：规范排污口、设置标志牌、安装排放计量装置、安装主要污染物自动监测仪器并与环保部门联网。

（2）监察内容

① 检查排污者是否在禁止设置新建排气筒的区域内新建排气筒；

② 检查排气筒高度是否符合国家或地方污染物排放标准的规定；

③ 检查废气排气筒道上是否设置采样孔和采样监测平台；

④ 检查排气口是否按要求规范设置（高度、采样口、标志牌等），有要求的废气是否按照环保部门安装和使用在线监控设施。

5. 无组织排放源的监察

（1）对于无组织排放有毒有害气体、粉尘、烟尘的排放点，有条件做到有组织排放的，检查排污单位是否进行了整治，实行有组织排放；

（2）在企业边界进行监测，检查无组织排放是否符合相关环保标准的要求。

（三）固体废物污染生态环境监察要点

（1）检查固体废物的来源和种类

通过分析排污单位使用的原料、产品、生产工艺确定应产生固体废物的种类、产生规律、产生方式。检查产生的固体废物哪些属于一般固体废物、哪些属于危险废物，利用物料核算确定各种固体废物和危险废物的产生量。

（2）确定一般固体废物的产生量和排放量

对一般性固体废物，检查是否有贮存设施，是否有处置和综合利用的设施。按《固体废物污染防治法》规定，建设工业固体废物贮存、处置的设施、场所，必须符合国务院环境保护行政主管部门规定的环境保护标准。如果没有建设以上设施、场所的，其生产过程固体废物的产生量即视为排放量。有以上设施，但不符合环境保护标准，则不符合环境保护标准贮存和处置的产生量也应视为排放量。

（3）危险废物的管理

危险废物的收集、贮存、运输、处置危险废物的设施场所，必须设置危险废物的识别标志。对没有设置识别标志的，应处罚，并责令改正。

对产生危险废物的排污单位，必须按照国家有关的规定，要求其对危险废物进行无害化处置。对于不按规定处置的，应责令其限期处置，逾期不处置或处置不符合国家有关规定的，应指定有能力代为处置的单位代其处置，处置费用由产生危险废物的单位承担。

以填埋方式处置危险废物不符合规定的，还应缴纳危险废物排污费。

(4) 危险废物的转移制度

查处未经许可擅自从事收集、贮存、处置危险废物的情况。

危险废物的运入和运出应填写危险废物转移联单，并履行报告制度。

检查固体废物的处置和贮存场所和设施是否严格符合防扬散、防流失、防渗漏的环境保护要求。

(5) 固体废物贮存和处置场所的安全性，如尾矿库防止垮塌，遇暴雨可能产生泥石流等安全隐患，还要防止产生二次污染，如矸石场的自燃、尾矿库遇风产生扬尘。

(6) 检查固体废物的综合利用和无害化处置，鼓励排污单位在固体废物的管理上实现减量化、无害化、资源化。

(四) 噪声污染源生态环境监察要点

1. 工业企业噪声污染源监察

(1) 产生噪声的设备检查，检查噪声设备的位置是否合理。

(2) 检查产生噪声设备的管理。

(3) 噪声控制设备的使用检查。检查噪声控制设备是否完好，按要求使用。

(4) 检查产噪设备的使用时间(应避免夜间和中午等休息时间运行)。

2. 社会生活噪声污染源监察

国家环保总局、公安部、国家工商局《关于加强社会生活噪声污染管理的通知》对加强社会噪声污染的管理作了进一步明确规定：

(1) 城镇“三产”噪声要达标，娱乐场所不得在干扰学校、医院、机关的地点设立；

(2) 已建成的除要求达标排放外，严格限制夜间工作时间，严重违反的可责令停业、搬迁或关闭；

(3) 禁止在市区使用高音喇叭和音量过大的、严重干扰周围生活环境的音响器材；

(4) 严禁施工人员在夜间和午间休息时间进行噪声扰民；

(5) 任何单位和个人有权向当地环保、公安、工商部门投诉“三产”噪声污染的行为。

3. 建筑施工噪声污染源监察

(1) 计划管理——了解在建项目的地点、工期、资料，是否通过环评，施工设备、生产方式、现场周围环境等。

(2) 施工现场的环境保护措施——是否影响景观？是否破坏绿地？是否严重影响周围环境卫生？

(3) 施工噪声检查——严格限制施工的时间，如接到居民举报，应立即检查、处罚。

(4) 要加强施工过程的垃圾管理——严格控制渣土堆放，检查运输建筑垃圾时散落渣土。在城市市区进行建设施工或者从事其他产生扬尘活动的单位，必须按照当地环境保护的规定，采取防止扬尘污染的措施。

（5）环境恢复监督——督促有关部门限期采取恢复绿地、加强建设施工后期管理、扩大地面铺装面积、控制渣土堆放和清运措施，减少市区裸露地面和地面尘土，防治扬尘污染。

施工初期：主要检查对植被、景观的保护措施，对保持环境卫生采取的措施等；

施工中期：主要检查噪声、排水、沥青熔融以及建筑垃圾清运及处置情况；

施工后期：主要检查环境恢复情况等。

（五）地下水污染源生态环境监察要点

1. 场地污水处理设施运行情况

（1）检查污水处理设施的运行状态、历史运行情况、处理能力及处理水量；

（2）检查是否建立污水处理设施运营台账；

（3）检查是否按照相关污染物排放标准、规定设置了监测采样点；

（4）是否按要求设置在线监控、监测设备；

（5）检查排污单位是否实行清污分流、雨污分流。

2. 固废（危废）、化学品堆放场所的防渗漏、防腐措施

（1）检查危废间地面是否防渗漏，屋顶是否封闭防雨淋，危废间是否上锁防流失；

（2）检查是否委托有危险废物经营资质的单位处置危险废物，并签订委托处置合同，不擅自倾倒、堆放危险废物；

（3）检查危废间门口是否张贴标准规范的危险废物标识和危废信息板；

（4）检查墙体、柱面及一切与地面相连的竖面是否与防腐地坪同样具有高度的防腐性能和防泄漏性。

3. 治理措施

（1）检查地下水污染源是否去除；

（2）检查是否清除土壤、包气带及地下水中的污染物；

（3）检查排放废水的处理效果、分质管理、污泥处置情况；

（4）检查废水应急处置设施是否完备，是否可以保障对发生环境污染事故时产生的废水实施截留、贮存及处理。

五、案例

（一）江苏省苏州市胡某某等人跨省非法倾倒填埋酸洗污泥污染环境罪案

1. 案情简介

2016 年 5 月，江苏省苏州市张家港市环境保护局（现“苏州市张家港生态环境局”）接群众举报，称有人将污泥等固体废物填埋在某大桥北侧一处田地里，环保局立即组织专业人员赴现场勘察、采样分析，采取应急管控措施，控制污染扩散。通过公安等部门进一步调查，填埋固体废物来源于浙江某机械有限公司。调查结果显示，2015 年 12 月、2016 年 3 月，浙江某机械有限公司于张家港市某码头与某山交界处、某大桥北侧长江滩涂地区倾倒酸洗水处理污泥。倾倒行为发生后，固体废物直接暴露于空气中，事件区域水量交换频繁，张家港市环保局迅速组织应急处置工作，遏制污染物迁移扩散。

案件发生后，张家港市环保局立即会同公安机关开展案情分析，明确办案思路，委托有资质的鉴定评估机构开展倾倒污泥的危险废物特性鉴别，并展开涉事地块生态环境损害评估。由于案件突发、隐蔽，同时涉及跨省倾倒行为，导致前期溯源调查和取证工作缓慢。受托方通过现场踏勘、资料收集、专家研判等方式，结合现场快速检测（XRF）数据，初步研判倾倒污泥为含重金属（镍等）的工业固体废物，后通过《危险废物鉴别标准－通则》（GB 5085.7）等相关技术规范开展浸出毒性检测。检测结果显示，涉事固体废物中重金属镍、总铬、铜等和无机氟化物的浸出浓度不同程度超过标准限值，判定此次涉事固体废物为具有毒性的危险废物。

损害调查评估区域内地表水及地下水样品检测结果显示，地表水、地下水中特征污染物为无机氟化物，且超过基线水平20%以上，满足《生态环境损害鉴定评估技术指南总纲》与《环境损害鉴定评估推荐方法（第Ⅱ版）》规定的损害判断标准。同时，通过分析污染来源和污染排放行为关系、污染物迁移路径的合理性、受体暴露的可能性、环境介质污染物与污染源的一致性等，确定了固体废物倾倒和生态环境损害的因果关系。因此可判定本次固体废物倾倒涉事区域的地表水、地下水生态环境要素均受到了损害。经量化，此次倾倒事件造成的生态环境损害费用为2400余万元，造成公私财产损失合计560余万元。

在张家港市环保局的监督下，涉事企业委托张家港某工程有限公司负责固体废物及污染土壤的清运和填埋处置工作，共清理倾倒的固体废物及毗邻土壤共计约3152.35吨，均按照危险废物规范处置。2018年7月，倾倒场地所在乡镇依据场地环境调查结论和专家评审意见开展具体修复工作。2019年3月，通过公开招投标确定修复单位，于2019年9月完成污染场地修复，2019年10月对修复工程进行了验收，修复效果通过了专家评审，生态环境恢复良好。

2. 查处情况

（1）刑事判决情况。检察机关依法对浙江某机械有限公司和相关责任人员提起公诉，法院于2017年8月作出刑事判决：

① 浙江某机械有限公司犯污染环境罪，判处罚金人民币200万元。

② 浙江某机械有限公司安环科科长胡某犯污染环境罪、非国家工作人员受贿罪，判处有期徒刑四年，并处罚金人民币10万元。非法所得人民币10万元，予以追缴，上缴国库。

③ 倾倒人袁某犯污染环境罪、非国家工作人员行贿罪，判处有期徒刑三年六个月，并处罚金人民币11万元。非法所得人民币15.0842万元，予以追缴，上缴国库。

（2）民事赔偿情况。张家港市环保局会同张家港市检察院先后多次与浙江某机械有限公司进行诉前磋商沟通，最终达成生态环境损害赔偿协议。2018年2月，倾倒地所在乡镇与浙江某机械有限公司签订《生态环境损害赔偿协议》，扣除应急处置等费用后，浙江某机械有限公司承担环境损害赔偿费用1600余万元人民币，生态环境损害修复由该镇负责组织实施。

3. 案件启示

（1）寻求专业支持，依法依规收集关键证据。一是为办案思路提供意见。本案涉及跨省倾倒转移，相关专业机构人员参与会商可为案件办理过程中对倾倒污泥溯源、危险废物特性认定、倾倒量认定及相关人员调查等有较大难度的问题提供意见。

二是规范开展危险废物鉴定工作。由于案件的突发性，跨区域倾倒行为的隐蔽性，增加了前期溯源调查的困难。因此，委托专业的第三方鉴定机构，严格按照国家规定的危险废物鉴别标准和鉴别方法，对涉事固体废物危险特性予以认定，为后续责任认定、生态环境损害赔偿等提供了基础。

三是规范开展生态环境损害评估。根据前期调查结果，委托专业的第三方鉴定机构，严格按照《生态环境损害鉴定评估技术指南总纲》《生态环境损害鉴定评估技术指南损害调查》及《环境损害鉴定评估推荐方法(第Ⅱ版)》等技术规范，通过调查污染环境、破坏生态行为与生态环境损害情况；分析污染环境或破坏生态行为与生态环境损害间的因果关系；评估污染环境或破坏生态行为所致生态环境损害的范围和程度；确定生态环境恢复至基线并补偿期间的恢复措施；量化事件造成的人身损害、财产损害和生态环境损害，计算事件中应急处置、应急监测、应急修复工程等费用支出，为本案的损害赔偿和责任认定提供依据。

（2）三部门联动会商，保证程序合法，保障案件办结。案件办理过程中，生态环境部门、公安机关、检察机关建立联动机制，对案件办理过程中出现的问题随时会商，通过梳理案件难点、明确办案思路、扎实推进调查取证，保证案件移交程序的规范、案卷移交的质量。前期生态环境部门调查过程中，公安机关、检察机关提前介入，以办理刑事案件的标准对前期现场采样，人员访谈、调查笔录制作等全流程进行指导跟踪，防止出现程序违法情况，保障了案件顺利办结。

（二）广东省四会市贞山街道黄家庄黄某非法倾倒危险废物涉嫌污染环境犯罪案

1. 案情简介

2018 年 6 月 19 日，广东省四会市环境保护局接群众反映，有人在四会市贞山街道黄家庄段绥江河堤边非法倾倒废油渣。接报后，四会市环境保护局执法人员、四会市打击固废工作组、四会市环境保护监测站、贞山街道办事处工作人员赴现场调查，发现约有 20t 废油渣倾倒在贞山街道黄家庄段绥江河堤边，在黄家庄地段中的一条未填埋的水沟里有面积约 3 亩的黑色油状漂浮物，并发出阵阵恶臭。经四会市环境保护监测站对倾倒物现场取样检测，以上倾倒物含有酚及废油，属于危险废物。四会市环境保护局立即会同水务部门采取应急处理措施，对倾倒物进行清理，共清理出 15130kg 废精馏残渣。

2. 查处情况

根据《中华人民共和国刑法》第三百三十八条、《最高人民法院最高人民检察院关于办理环境污染刑事案件适用法律若干问题的解释》(法释〔2016〕29 号)第一条第二项，犯罪嫌疑人黄某的行为是典型的非法排放、倾倒、处置危险废物三吨以上的行为，且性质极其恶劣。2018 年 6 月 19 日，四会市环境保护局将案件移送四会市公安局办理，贞山派出所于当天立案调查。经依法侦查查明：2018 年 6 月 19 日凌晨 3 时许，犯罪嫌疑人黄某驾车牌号码湘U90956 罐式货车到四会市贞山街道姚沙村委会姚沙三村河堤新路黄家庄路段，将车上约 20t 废油渣危险废物倾倒到该路段一空坑。因涉嫌污染环境罪，2018 年 7 月 3 日黄某被四会市公安局刑事拘留，四会市人民检察院于 2018 年 8 月 10 日批准逮捕。

3. 案件启示

（1）及时锁定证据，提供重要线索。针对本案倾倒废油渣是否属于危险废物的鉴定，四会市环境保护局在办理此案过程中，及时会同四会市环境保护监测站对倾倒物现场取样检测，证实倾倒物质属于危险废物，将本案作为污染环境刑事案件进入移送程序。

(2) 行政与司法紧密衔接，形成高效震慑力。该案件的办理过程中，各个部门联合协同行动，取证、调查的过程，既符合环境保护行政执法的要求，又满足了后期公安、检察部门刑事案件调查的条件，为今后迅速、有效地打击此类违法涉刑案件提供了新思路、新方法。

(三) 天津市武清区刘某某非法收集处置废铅蓄电池涉嫌污染环境犯罪案

1. 案情简介

2020年7月，有群众举报天津市武清区某镇有人非法收集、处置废铅蓄电池造成环境污染。市区两级生态环境部门会同公安机关对该处置点进行现场检查。

经查，该处置点主要从事废弃铅蓄电池(属HW49类危险废物)收集、处置业务，未办理危险废物经营许可证。在对收购的汽车、电动车废铅蓄电池进行打孔拆解时，将产生废电解液(酸液、未经处理)(属HW31类危险废物)，直接倾倒至厂房内西北侧由3根硬质PVC管相连接的下水道内，该下水道未与其他管网连接，末端用塑料编织袋简单封堵，废电解液通过下水道口裂隙、PVC管连接处及封堵口处渗流至周边无防渗措施的土壤内。经监测人员对该厂房内下水道PVC管连接处积存废液取样监测，pH值为0.61，总铅为10.4mg/L。天津市武清区生态环境保护综合行政执法支队执法人员经与公安机关共同核验称重，该处置点现场处置的废铅酸蓄电池共计82t。

2. 查处情况

依据《中华人民共和国刑法》第三百三十八条、《最高人民法院、最高人民检察院关于办理环境污染刑事案件适用法律若干问题的解释》(法释〔2016〕29号)第一条第(二)项、第(五)项、第十六条和《关于办理环境污染犯罪案件若干问题的意见》规定，该处置点非法处置危险废物超过3t，且通过逃避监管的方式排放有毒物质，已涉嫌污染环境刑事犯罪。天津市武清区生态环境局将此案移送公安机关侦查办理，公安机关已控制相关责任人。

天津市生态环境综合行政执法总队确认该举报事项属实，符合《天津市环境违法行为有奖举报暂行办法》和《天津市全面排查整治危险废物专项行动方案》规定的奖励条件，天津市生态环境局按照有关程序审核后，将对举报人奖励人民币20万元。

3. 案件启示

(1) 建立健全举报奖励机制，扩大环境违法问题发现渠道。天津市建立健全环境违法行为有奖举报机制，并在全市范围内开展的危险废物企业排查专项行动中，鼓励和引导广大群众举报重大环境污染隐患和违法违规行为，对满足条件的举报人予以重奖，形成社会舆论高压态势。

(2) 两法衔接紧密，形成高效震慑力。该案件由于涉案地点比较隐蔽，单靠生态环境执法力量很难获得确凿证据，需要与公安机关紧密配合形成合力，才能对违法犯罪行为形成有力打击。在该案办理过程中，为第一时间锁定环境违法行为的证据，由公安机关控制主要当事人，由生态环境部门通过及时开展现场勘查、取样监测等，发现与收集犯罪证据，保全现场执法影像资料，构建完整的证据链条，最终确定当事人环境违法犯罪行为。两部门在案件现场勘验、证据侦查阶段衔接紧密，迅速、有效地打击严重污染环境犯罪行为，有效预防环境污染风险。

（四）江西景德镇余某某、韩某某违法填埋固体废物涉嫌犯罪案件

2020 年 2 月，景德镇市乐平生态环境局接到“12369”环保热线电话投诉，反映乐平市镇桥镇坑畔村等地填埋了大量垃圾。接到投诉后，乐平生态环境局执法人员立即赴现场进行调查取证工作。因涉嫌非法转移并填埋大量固体废物，该局第一时间将有关情况上报景德镇市生态环境局。景德镇市生态环境局立即联系景德镇市公安局食药环犯罪侦查分局、乐平市人民检察院召开案件联席会议，展开联合调查。

经查，万年县余某、韩某某自去年 11 月开始，利用晚上时间将工业固废偷运到邻近的坑畔村填埋，填埋点共 8 个，填埋量达 2500 余 t。经司法鉴定，该工业固废属于一般固体废物。该批固体废物来源于浙江省杭州市桐庐经济开发区某场地清整过程中清理出来的工业废料，由桐庐经济开发区经招投标交由第三方公司处置，该公司违规转包给无资质的公司违法跨省转移，交给万年县余某、韩某某等人非法处置。

4 月 9 日，乐平市人民检察院以涉嫌污染环境罪对犯罪嫌疑人批准逮捕，案件已进入审查起诉阶段。

（五）河北邢台临城中联水泥有限公司超标排污案件

2020 年 3 月 5 日，根据河北省污染源自动监控系统平台超标督办信息推送，邢台市生态环境局临城县分局执法人员对临城中联水泥有限公司在线数据超标问题进行了现场检查，发现该公司水泥熟料生产线现场已止料停产，自动监控设备运行正常，调取该企业 3 月 4 日 0 时~3 月 5 日 11 时投料生产时段窑尾排放口小时数据，显示窑尾排口氮氧化物折算浓度存在超标现象，经调查询问该企业现场负责人，该企业因频繁调试投料不正常，窑尾排口氮氧化物数据频出高值，导致污染物排放浓度超标。

针对该公司超标排放违法行为，邢台市生态环境局依据《中华人民共和国大气污染防治法》第九十九条第二项的规定，决定对该企业处以 25 万元罚款。

（六）辽宁沈阳国润低碳新能源科技有限公司超标排污案件

2020 年 3 月 6 日，辽宁省沈阳市浑南生态环境分局执法人员对沈阳国润低碳新能源科技有限公司进行现场检查，发现该公司存在利用雨水井直接排放水污染物嫌疑。执法人员询问了公司负责人，并对该公司雨水井中的存水进行采样监测，结果显示 COD 浓度值超标 7.44 倍、氨氮浓度值超标 6.11 倍、总磷浓度值超标 0.4 倍、总氮浓度值超标 5.67 倍、氟化物浓度值超标 6.66 倍，证实该公司存在利用雨水井以逃避监管的方式直接排放水污染物的违法行为，且超标情况严重。

沈阳市浑南生态环境分局根据《中华人民共和国水污染防治法》第八十三条之规定，责令该公司立即改正违法行为，并处罚款 100 万元。

（七）广东汕头郭某某非法印花作坊通过暗管违法排放污染物案件

2020 年 3 月 9 日，根据群众举报线索，汕头市生态环境保护综合执法局联合公安机关、当地街道办事处组成执法检查组，对位于潮南区峡山街道的一印花作坊进行突击检查。检查发现，该作坊占地面积约 650m^2，经营者为郭某某，主要从事手工印花项目生产，该项目未办理环保审批手续，内设有一个丝网清洗池和一套简易污水处理设施。现场检查时，该作坊正在生产，废水经简易污水处理设施简单处理后，通过地下管道排入车间外一集水井，再通过水泵连接塑料管道向厂外市政排污沟排放，最终汇入练江。汕头市环境保护监测站对该作坊外排废水监测结果显示，废水中氨氮、总氮、化学需氧量超标。

郭某某上述行为违反了《中华人民共和国环境保护法》第四十二条第四款和《中华人民共和国水污染防治法》第三十九条的规定。汕头市生态环境保护综合执法局依据《中华人民共和国水污染防治法》第八十三条的规定，对郭某某作出罚款20万元的决定，报当地政府对该作坊依法予以取缔。同时，根据《中华人民共和国环境保护法》第六十三条的规定，将案件移交公安机关对其负责人实施行政拘留。

（八）浙江宁波中意园区非法退镀加工点超标排放含重金属废水涉嫌犯罪案件

2020年3月24日，根据群众信访举报线索，浙江省宁波市生态环境局余姚分局的执法人员赶赴中意宁波生态园，对投诉人反映的非法退镀加工情况进行排查。在一偏僻的临时搭建棚户房内发现多个生产用的塑料桶随意弃置，现场存在明显的退镀生产痕迹。执法人员立即对现场情况进行拍照、摄影取证，并对案发现场进行证据保全和场地封堵。

3月25日，余姚分局联合工业园管委会、公安机关再次进行实地勘查、取证，确定污染源、污染后果等情况，发现棚户南侧的废水收集池内黑色废水积存，占地约30多m^2，散发着刺鼻性酸味，废水呈黑褐色，沿一条泥沟流淌，最终汇入河道。执法人员现场对收集池和入河口废水采样送检。经余姚市环境保护监测站监测，收集池内的废水总铜、总镍、总锌、总铬均严重超标；入河口正在排放的废水总铜浓度14mg/L、总镍浓度29.2mg/L，均超过《电镀污染物排放标准》(GB 21900—2008）表2规定的排放标准10倍以上，已涉嫌严重污染环境。

因该非法退镀加工点相关业主已涉嫌污染环境犯罪，余姚分局在第一时间将案件移送余姚市公安局。目前，案件正在进一步侦办中。

（九）甘肃白银有色集团股份有限公司西北铅锌冶炼厂违法排放大气污染物环境违法案件

2020年3月30日上午7点，白银市区豫源饭店环境空气质量监测点二氧化硫监测数据异常偏高。白银市生态环境局立即利用空气质量监测微站、无人机探测等科技手段对辖区企业污染物排放情况进行排查。

上午9时，白银市生态环境局执法人员利用无人机在对银山路以东企业排查过程中发现，白银有色集团股份有限公司西北铅锌冶炼厂厂区东侧一个车间和厂区北侧一个车间上空烟雾弥漫。白银市生态环境局执法人员立即对该企业进行现场调查并固定证据，查明该企业焙烧炉圆盘给料机发生故障断料，烟道内负压变正压，造成余热锅炉烟道连接处焊缝冲开。该企业未向生态环境部门报告设备故障及维修情况，也未及时采取降低负荷、抢修烟道泄漏处等措施减少污染物排放，导致部分烟气从焊缝逸散至外环境。

该行为违反了《中华人民共和国大气污染防治法》第四十八条的规定，白银市生态环境局依据《中华人民共和国大气污染防治法》第一百零八条第五项的规定，责令该企业立即改正违法行为，通过使用甘肃环境行政处罚裁量辅助决策系统计算，处以12.2万元罚款。

（十）福建南平建阳区嘉远生态农业公司废水超标排放被按日连续处罚案件

2020年4月1日，南平市生态环境局执法人员对南平市建阳区嘉远生态农业科技有限公司进行现场检查。检查时该公司污水处理站正在运行，但牧草地灌溉管网覆盖率低，场内管网较为混乱，遂展开全面排查。经查，该公司养殖废水经处理后排入一座三级收集池，在该三级收集池的最后一级朝向牧草地方向设置有一个溢流口，池内污水通过该溢流口流往牧草地内一道水渠，该水渠通往养殖场内配电房旁雨水沟，与雨水沟内山涧水混合后通过场区内雨水排口排往场外牧草地旁的沟渠，从该沟渠直接流入徐宸溪。执法人员于该公司污水处理站排放口、三级收集池进口处、三级收集池溢流口处、场区雨水排口前、场区围墙外沟渠处、牧草地旁沟渠末端(流入徐宸溪前)等处分别采集水样。经检测，该公司通过雨水沟外排的废水超过《畜禽养殖业污染物排放标准》(GB 18596—2001)规定，违反了该公司项目竣工环保验收时废水做到全部用于浇灌的要求。

依据《中华人民共和国水污染防治法》第八十三条之规定，南平市生态环境局对该公司罚款15万元。2020年4月10日，南平市生态环境局向该公司送达《责令停止违法行为决定书》，要求立即停止违法排污。2020年4月14日，南平市生态环境局执法人员对嘉远公司排污情况进行暗查，发现该公司仍然将处理后的养殖废水通过上述沟渠直接排入徐宸溪。经采样检测，该公司通过雨水沟外排废水中污染物浓度仍超过《畜禽养殖业污染物排放标准》(GB 18596—2001)规定。南平市生态环境局决定对该公司自2020年4月11日起至2020年4月14日止实施按日连续处罚，处罚款60万元，以上两项合计处罚75万元。

（十一）天津滨海新区鑫连锌金属制品有限公司利用渗坑非法排放有毒物质涉嫌犯罪案件

2020年5月29日，根据群众举报，天津市生态环境保护综合行政执法总队联合天津市公安局环食药保卫总队，会同滨海新区生态环境局及区公安局对位于滨海新区大港太平镇的天津市鑫连锌金属制品有限公司进行联合执法检查。

现场检查发现，在该单位院内东南角有一处单独厂院，院内车间已停产，车间东侧有2台机械镀锌、铜设备，南侧有一条热镀锌生产线，车间东侧小门已被焊死，门外有两个占地各为30平方米的无任何防渗防漏措施的渗坑，坑内有大量酸性污水。经该企业工作人员现场指认，企业生产过程产生的酸洗废水经软管排入上述两个渗坑，每次排放含酸废水后都会倾倒石灰粉中和。经天津市生态环境监测中心取样监测，上述两个渗坑内的污水中锌含量分别为2200mg/L、2600mg/L，分别超过《地表水环境质量标准》(GB 3838—2002)规定的限值1100倍和1300倍，涉嫌污染环境犯罪。

该企业上述行为，违反了《中华人民共和国水污染防治法》第三十九条的规定，滨海区生态环境局根据《中华人民共和国水污染防治法》第八十三条第一款第三项规定，对该单位立案查处并移送公安机关，公安机关已刑事拘留相关责任人，案件正在进一步侦办中。

（十二）浙江杭州桐庐恒辉泡塑材料厂超标排放大气污染物案件

2020年6月24日，浙江省杭州市生态环境局桐庐分局利用高清“高空瞭望”系统远程巡检发现，位于江南镇黄山村的高空瞭望点可视范围内一烟囱排放烟气拖尾现象较明显，颜色偏黄，疑似超标。桐庐县生态环境保护综合行政执法队执法人员接到线索后，立即对该点位附近进行现场核实，确认该烟气为桐庐恒辉泡塑材料厂生物质蒸汽锅炉排放的烟气。执法人员和随行监测人员进入厂区检查，并对该企业锅炉经处理后的烟气进行现场监测。监测结果显示，该烟气中颗粒物超标1.1倍，氮氧化物超标0.3倍。经进一步调查，该企业锅炉使用年限较长，日常运维不足，除尘效果下降，导致超标。

该企业超标排放大气污染物的行为，违反了《中华人民共和国大气污染防治法》第十八条的规定。桐庐分局依据《中华人民共和国大气污染防治法》第九十九条第二项的规定和《杭州市环境违法行为行政处罚量罚办法》，责令该企业改正违法行为，并处罚款13.3万元。

第三节 污染防治设施生态环境监察

一、概念

污染防治设施的生态环境监察是指各级人民政府生态环境行政主管部门的生态环境监察机构依据环境保护法律法规的有关规定，对排污者按规定建设的污染防治设施的管理情况和运行情况进行现场监督检查，并依法对其违反环境保护法律法规的行为进行处理的环境执法活动。

污染防治设施的生态环境监察是一种行政行为。执法的主体是各级生态环境行政主管部门的生态环境监察机构，执法的客体是污染防治设施的效用的发挥程度，执法的对象是污染防治设施。

污染的消除或减缓仅仅靠污染防治设施的建成是远远不够的，而是要通过这些污染防治设施发挥其正常的效用实现，这就客观上要求已经建成的污染防治设施要保持正常运转。因此，污染防治设施正常运转在污染控制工作中起着十分重要的作用，我国已把污染防治设施正常运转作为一项环境管理制度规定下来。

二、污染防治设施生态环境监察类型

污染防治设施生态环境监察分为日常监察和突击检查两类。

1. 日常监察

日常监察是生态环境部门的生态环境监察机构根据污染防治设施的重要程度对其进行不同频次的一般性检查。一般来说，重要程度高的，每月检查一次；较高的，每季检查一次；不高的，一年检查一次。检查的内容有：污染防治设施完好程度、运行记录、污染物排放情况等。

2. 突击检查

突击检查是指生态环境部门生态环境监察机构根据所掌握的情况临时决定对某个排污者进行有针对性的检查。突击检查的内容往往比较单一，仅仅针对特定的问题，在这一点上，与日常监察有着很大的区别。一般来说，突击检查有以下四种情况：

（1）日常监察发现排污者存在弄虚作假行为，如污染防治设施时开时停，或有偷排现象的；

（2）群众举报排污者对环境造成污染的；

（3）根据环境质量的变化，分析污染物的来源，对某个或某些排污者的特定排污情况进行检查。某些存在较大环境安全隐患的排污者，往往成为经常性的突击检查的对象；

（4）突击检查有明查和暗查之分。情况清楚，责任分明，不需要取证的往往采取明查方式，公开检查排污者污染防治设施运行和污染物排放情况。暗查则适用需要取证的情况，在不通知排污者的情况下，初步摸清排污者的污染物排放情况和周围环境质量状况，了解周围群众的意见。根据暗查所掌握的情况，再对排污者进行公开检查。明查可以单独进行，暗查则往往须和明查结合起来。

三、污染防治设施监察方法

污染防治设施监察方法与污染源监察的方法相同，分为常规监察方法和实时监察方法。

（一）常规监察方法

污染防治设施的监察主要是通过现场听、问、查、看、测等方法，检查污染防治设施是否按审批意见要求建设完好、运行是否正常、变更污染防治设施运行是否及时申报、污染物处理效果是否达到要求、排污口是否规范、污染防治设施产生的二次污染是否采取相应防治措施、前次污染治理设施检查中要求整改的事项是否落实、是否建立健全污染防治设施运行管理体系、设施运行记录是否规范完整等。

（1）听：是指听取排污单位污染防治设施管理与现场操作人员介绍污染防治设施的管理和运转情况。

（2）问：是指根据排污单位提供的情况及现场监察之前收集的信息(监测报告、群众举报等)，针对一些关键问题询问解决方案、目前状况等，必要时要求排污单位提供书面材料。

（3）查：是指查阅生产记录、污染防治设施管理、维护、运行记录和监测数据，了解污染防治设施是否配套运行，运行是否正常，核对生产规模，污染物种类浓度，了解处理效果是否达到了要求等。

（4）看：是指沿处理工艺路线进行实地查看，观察处理设施是否在运转，是否有空转现象，是否按技术操作规程操作，是否按规定投加药剂，排污口是否按规范化要求建设，污染物实际处理量与应处理量是否一致等，并可通过观察排放的污染物气味、颜色、浊度等性状大致判断设施处理效果。

（5）测：是指进行必要的环境监测，可用配备的仪器进行监测，必要时可通知或托监测机构进行现场采样、化验，根据监测结果判定设施运转情况。污染物排放情况异常的应及时采集样品，按规定保存、运输、移送同级环境监测机构监测。

（6）查：污染治理设施现场检查记录必须经污染治理设施管理负责人或污染治理设施所属法人或单位的代表签字认可。

（二）实时监察方法

污染防治设施的正常运转是一个连续的过程，而环境监察部门开展的定期和随机监察都是间歇性的工作，不能全面掌握污染防治设施的运转情况。因此，唯有对污染防治设施进行实时连续监督、检查，才能全面准确掌握污染防治设施的真实运转情况。具体做法是在排污口安装在线监测装置，如流量计、COD 在线监测仪、氨氮在线监测仪、总磷在线监测仪、二氧化硫在线监测仪、氮氧化物在线监测仪等，利用自动监控设备对污染治理设施进行远程实时监控，随时记录、贮存监测到的数据信息。

四、各类污染防治设施的生态环境监察要点

污染防治设施按处理介质不同可分为水污染防治设施、大气污染防治设施、固体废物污染防治设施、噪声污染防治设施和其他污染防治设施五类。

（一）水污染防治设施的生态环境监察要点

水污染防治设施种类繁多，在工艺上有物化的、有生物的，在能耗方面包括有动力的、有无动力的，在运行方式上有连续运行、有间歇运行的，在二次污染上有直接回用的、有排放废渣、污泥、废水的，在设备使用上有常用的、有备用的等。

一般而言，对于水污染防治设施的生态环境监察重点要查看运行和监测记录，有无偷排口，有无直排管，动力机械是否按设计的方式运行，废渣、污泥是否安全处置，外排废水是

否超标，化学处理单元药剂是否足量添加，好氧生物处理单元溶解氧是否达到设计标准等。有些长期闲置的污水处理设施，还会在水池构筑物上面的水纹线、滞留废水中的微生物群落和构筑物里面的蜘蛛网等方面留下痕迹。

（二）大气污染防治设施生态环境监察要点

大气污染物处理主要包括脱硫、脱氮、除尘和去除其他化学成分等。大气污染物处理设施一般裸露在地表上，集中排放源废气的走向比较规则，处理设施一次性投资较大，日常运行成本主要包括鼓风机的电耗、设备材料的维护更换和药剂的添加等。

大气污染防治设施的生态环境监察偏重于设施的日常运行台账，包括运转记录、维护情况、运行率、运转效果等，对大气污染物的去除效率包括除尘效率、脱硫效率、脱硝效率等，污染物的排放量包括二氧化硫的排放量、氮氧化物的排放量等，以及大气污染防治设施是否经过环保主管部门验收合格，排气筒高度是否符合规定。

（三）固体废物处理处置设施生态环境监察要点

固体废物处置处理设施的生态环境监察除检查其是否正常运行外，还应检查这类设施的危险废物处置单位的运营资质和处置范围、处置场所是否符合相关规定，危险废物转移的批文、防扬散措施是否齐全，防渗漏措施是否齐全，是否配备浸出液收集、处理装置，处理场所是否具有识别标志，检查危险废物管理制度包括监控系统是否健全以及二次污染情况。

（四）噪声防治设施生态环境监察要点

（1）检查噪声污染防治设施是否符合设计要求，对新建设施看其是否办理“三同时”手续，是否已完成竣工验收；

（2）检查污染防治设施在管理上是否到位，有无擅自拆除或闲置现象；

（3）现场检测其噪声污染防治效果，检验其经治理后的噪声排放是否达标。

（五）排污口规范化设施的生态环境监察要点

1. 排污口规范化设施生态环境监察的一般程序

（1）准确查出和找到污染源的排污口。

（2）认真核对排污口登记证的填写是否规范。

（3）核实排污口的设置是否符合国家行业生产、防洪和排涝的有关规定。

（4）核实废气排放筒的高度和卫生防护距离，废水的明渠或堰槽的建设等是否符合要求。

（5）对排污口排放介质的数量、浓度和去向等指标进行核查。

（6）检查排污口是否设置标志牌，标志牌是否符合要求。

（7）检查排污口是否按照有关规定建设污染源自动在线监控系统。

（8）核实排污口是否与污染治理设施一并进行了验收。

（9）针对检查中发现的问题依法给予处罚。

2. 排污口规范化设施生态环境监察的内容

（1）环保部门在开发建设项目立项审批时，要明确排污口的规范化整治要求和环境保护图形标志牌的设置要求，并将其作为环境保护设施竣工验收的必要条件，并按“三同时”项目进行监督管理。

（2）排污单位应将规范化排污口的相关设施纳入本单位设备管理范围，排污单位要负责排污口环保设施的正常运转，其中环境保护图形标志必须保持清晰完整，测流装置、采样口及附设装置也必须运转正常。

（3）环境保护图形标志设置安装后，任何单位和个人不得擅自拆除、移动和涂改。

（4）在排污口位置和污染物种类等有变化时，排污单位应及时报告当地环境保护部门，经批准后变更标志牌和登记证相应的内容。

五、案例

（一）新疆华电吐鲁番发电有限责任公司涉嫌篡改伪造2×135MW发电项目烟气在线监测数据案

1. 案情简介

根据生态环境部西北督察局《关于转办新疆华电吐鲁番发电有限责任公司1#净烟气数据涉嫌作假问题函》（环西北函〔2018〕49号）及新疆维吾尔自治区生态环境厅领导批示，2018年7月25日，自治区环境监察总队组织人员赶赴吐鲁番市托克逊县，与属地环保局联合开展调查。现场调查时，该公司2号机组正常运行，1号机组于2018年7月4日停机至今。烟气自动监控系统（以下简称CEMS）1#、2#净烟气在线监测设施正常运行。检查人员通过调阅该公司CEMS在线监测设施历史数据，检查净烟气采样平台设施发现1#净烟气在线监测设施的流速计零点漂移值远超过误差±3%标准要求，偏差已超过-15%，已无法正常监测烟气流速；在1#、2#机组正常运行的情况下，1#净烟气在线监测设施2018年5月14日17~18时、5月14日19时至5月15日02时（8小时）、5月15日12时至19时（7小时），共15小时，人为将在线监测数据处于保持状态；2018年5月13日至5月16日，1#、2#净烟气在线监测设施二氧化硫、氮氧化物、氧含量三项参数浓度大小及变化趋势基本一致，而此时段，2#净烟气在线监测设施湿度数据为10%左右，1#净烟气在线监测设施湿度数据为1%左右（说明此时1#净烟气在线监测设施监测的不是1#烟道中的净烟气），新疆华电吐鲁番发电有限责任公司涉嫌篡改或者伪造监测数据。

2. 查处情况

根据调查掌握的事实和自治区环境监察总队聘请的顾问律师出具的案件审查意见，又经总队案件审议会审议认为该企业的上述行为违法事实清楚，违法证据确凿，违法行为恶劣。根据《中华人民共和国刑法》第三百三十八条、《最高人民法院最高人民检察院关于办理环境污染刑事案件适用法律若干问题的解释》（法释〔2016〕29号）第一条第七项，该企业篡改在线监测数据的行为构成污染环境罪。

为尽快锁定犯罪目标，固定犯罪证据，2018年8月2日，自治区环境监察总队召开案审会当天即依法对该企业的环境违法行为进行立案，并立即将涉嫌环境犯罪线索移交自治区公安厅治安管理总队食品药品和环境犯罪打击中心。依据《中华人民共和国大气污染防治法》第一百条第三项和第九十九条第三项规定，参照《新疆维吾尔自治区<大气污染防治法>行政处罚自由裁量权细化标准》规定：共处罚款人民币壹佰贰拾万元整。

2018年8月10日，托克逊县公安局对华电环保系统工程有限公司托克逊分公司经理杜某、环保设施维修检测副总经理王某和一名检修员实施刑事拘留，2018年10月31日，托克逊县公安局已将该案件移交托克逊县检察院。

3. 案件启示

（1）善于依托“两法”联动机制，提高办案效率。新疆华电吐鲁番发电有限责任公司篡改或者伪造监测数据，存在主观恶意。自治区生态环境厅从快、从严、从重进行查处，并依托环境执法与刑事司法联动机制，及时移送公安部门依法处理。

（2）善于借助专家力量，确保案件质量。此案中涉及污染源在线监控系统维护、运行中的很多节点，专业性极强，为增强行政处罚的说服力，在本案中自治区环境监察总队专门聘请了污染源在线监控设备维护运行方面的专家，并多次邀请律师参加案审会，从专业角度和法律角度为本案提供了坚实的基础。

（二）2020 年生活垃圾焚烧发电厂环境违法行为处理处罚

2020 年生态环境部对我国生活垃圾焚烧发电厂开展了生态环境执法，发现一些环境违法行为并进行了处罚，具体见表 10-1。

表 10-1　2020 年生活垃圾焚烧发电厂环境违法行为处理处罚情况表

序号	区域	垃圾焚烧发电厂名称	违法情况	处理处罚情况
1	河北省	定州市瑞泉固废处理有限公司	2020 年 1 月 4 日，2 号炉炉温不达标；1 月 7 日 1、2 号炉炉温不达标	定州市生态环境局对其环境违法行为分别处以 4 万、7 万、9 万元罚款
2	山东省	招远盛运环保电力有限公司	2020 年 1 月 14 日炉温不达标	烟台市生态环境局招远分局对其环境违法行为处以 1.5 万元罚款
3	浙江省	台州旺能再生资源利用有限公司	2020 年 1 月 6 日 12 时，烟尘折算浓度显示超标，企业将相应时段虚假标记为“CEMS 维护”	台州市生态环境局对其环境违法行为处以 16.2 万元罚款
4	天津市	天津市晨兴力克环保科技发展有限公司	2020 年 2 月 28 日，一氧化碳排放日均值超标 0.06 倍	该企业按当地政府要求保障疫情期间医疗机构和隔离点生活垃圾日产日清，垃圾不再进行堆酵、破碎和干化处理，直接进炉焚烧，导致焚烧炉运行不稳定。鉴于企业受疫情影响且超标情节轻微，天津市北辰区生态环境局对其环境违法行为做出“责令立即整改，不予处罚”的行政决定
5	吉林省	松原鑫祥新能源有限公司	2020 年第一季度，1、2 号焚烧炉标记“CEMS 维护”的时间超过 30h	受疫情影响，该企业自动监测设备无法及时维修，考虑到企业环境违法轻微并及时纠正，且未造成环境危害后果，松原市生态环境局对其环境违法行为做出“责令立即整改，不予处罚”的行政决定
6	山东省	诸城宝源新能源发电有限公司	2020 年第一季度，焚烧炉标记“CEMS 维护”的时间超过 30h	受疫情影响，企业自动监测设备故障后无法及时维修。潍坊市生态环境局诸城分局认定其属于《山东省生态环境行政处罚裁量基准》中的轻微违法情形，决定要求企业限期升级自动监测设备，对其环境违法行为不予处罚

续表

序号	区域	垃圾焚烧发电厂名称	违法情况	处理处罚情况
7	湖北省	监利旺能环保能源有限公司	2020年第一季度，1号焚烧炉标记“CEMS维护”的时间超过30h	企业自动监测设备因雷击故障，受疫情影响无法及时维修。考虑到企业违法情节轻微，荆州市生态环境局监利县分局对其环境违法行为做出“责令立即整改，不予处罚”的行政决定
8	贵州省	铜仁海创环境工程有限公司（垃圾焚烧）	2020年第一季度，1号焚烧炉标记“CEMS维护”的时间超过30h	受疫情影响，企业自动监测设备故障后无法及时维修。铜仁市生态环境局碧江分局对其环境违法行为做出“责令立即整改，不予处罚”的行政决定
9	北京市	北京京环绿谷环境管理有限公司	自2019年7月24日更新烟气排放连续监测系统（简称CEMS）软件后，上传的自动监测数据向前偏移1天（第n日应上传第$n-1$日日均值，但实际传输为第$n-2$日日均值）。北京市平谷区生态环境局认定上述情况属于“未保证自动监测设备正常运行”	该焚烧厂违法行为轻微并及时纠正，没有造成危害后果，北京市平谷区生态环境局对其免于行政处罚
10	江苏省	江苏睢宁宝源新能源发电有限公司	1、2号炉数采仪一氧化碳、颗粒物、氯化氢设置的量程均等于或低于排放限值，烟气排放连续监测系统（简称CEMS）未按规定时间进行校准，参数异常，标气校验、比对监测结果均不合格，热电偶测量炉温的偏差过大（超出±14℃）；2号炉自动监测采样探头生锈堵塞无法正常抽取烟气。徐州市生态环境局认定上述情况属于“未保证自动监测设备正常运行”	徐州市生态环境局对其环境违法行为处以10万元罚款
11	江西省	江西景圣环保有限公司	在炉温低于850℃时向焚烧炉投入垃圾，并将自动监测数据标记为“烘炉”；在炉温高于850℃且焚烧垃圾时，将本应标记“启炉”的时段标记为“烘炉”。景德镇市生态环境局认定上述行为属于“通过逃避监管的方式排放大气污染物”	景德镇市生态环境局对其环境违法行为处以20万元罚款
12	山西省	介休市国泰绿色能源有限公司	该焚烧厂一氧化碳排放日均值超标0.02倍	根据《山西省环境保护厅办公室关于自动在线监控数据应用于超标超量违法事实认定的技术说明》（晋环办发〔2015〕24号）规定“0.1倍及以下因在自动在线监控设备检测正常误差范围之内，可进行警告”，晋中市生态环境局介休分局作出“责令立即整改，不予处罚”的决定

续表

序号	区域	垃圾焚烧发电厂名称	违法情况	处理处罚情况
13	山东省	诸城宝源新能源发电有限公司	该焚烧厂炉温低于850℃"烘炉"期间投加垃圾。潍坊市生态环境局认定上述行为属于"通过逃避监管的方式排放大气污染物"	潍坊市生态环境局对其环境违法行为处以10万元罚款
14	山东省	高密利朗明德环保科技有限公司	该焚烧厂炉温低于850℃"烘炉"期间投加垃圾。潍坊市生态环境局认定上述行为属于"通过逃避监管的方式排放大气污染物"	潍坊市生态环境局对其环境违法行为处以10万元罚款
15	广东省	东莞市挚能资源再生发电有限公司	该焚烧厂2020年第三季度"CEMS维护"超过30h。东莞市生态环境局认定上述行为属于"未保证自动监测设备正常运行"	依据《中华人民共和国行政处罚法》第二十七条关于"违法行为轻微并及时纠正，没有造成危害后果的，不予行政处罚"的规定，东莞市生态环境局对其作出免于处罚的决定
16	山西省	灵石县鑫和垃圾焚烧发电有限公司	该焚烧厂2020年第四季度"CEMS维护"超过30h。晋中市生态环境局灵石分局认定上述行为属于"未保证自动监测设备正常运行"	晋中市生态环境局灵石分局对其环境违法行为处以3万元罚款
17	江西省	江西瑞金爱思环保电力有限公司	该焚烧厂自动监测设备烟气流速数据与手工监测数据相比误差为-47.7%，远超《固定污染源烟气（SO_2、NO_x、颗粒物）排放连续监测技术规范》（HJ 75—2017）相对误差±10%的要求，比对监测结果不合格。赣州市生态环境局认定上述行为属于"未保证自动监测设备正常运行"	赣州市生态环境局对其环境违法行为处以5万元罚款
18	陕西省	榆林绿能新能源有限公司	该焚烧厂炉温5min均值不达标15次。榆林市生态环境局横山分局认定上述行为属于"未按照国家有关规定采取有利于减少持久性有机污染物排放的技术方法和工艺"	榆林市生态环境局横山分局对其环境违法行为处以8万元罚款
19	宁夏回族自治区	宁夏银川中科环保电力有限公司	该焚烧厂标记"停炉"时间与实际不符。银川市生态环境局认定上述行为属于"通过逃避监管的方式排放大气污染物"	依据《中华人民共和国行政处罚法》"处罚与教育相结合"的执法原则及《自治区生态环境行政处罚自由裁量权适用标准》对"违法情节轻微并及时纠正，没有造成危害后果，可以免于行政处罚"的规定，银川市生态环境局对其作出免于处罚的决定

第四节　建设项目和限期治理项目现场监察

一、建设项目生态环境监察

（一）概念

建设项目生态环境监察是指各级生态环境监察机构根据生态环境行政主管部门的委托，依法对建设项目施工至环境保护验收期间实施现场监察、环境违法行为调查、行政处罚或采取其他行政措施的行政执法活动。

（二）建设项目生态环境监察内容和要点

生态环境监察机构要根据《环境影响评价法》《行政许可法》《建设项目环境保护条例》和《建设项目竣工环境保护验收管理办法》《建设项目环境保护分类管理名录》等有关法律、法规和规章的规定，切实加强对建设项目环境影响评价许可和竣工验收许可的审查、监察和管理，督促项目建设单位严格执行环境影响评价和“三同时”制度，切实强化源头控制，防止环境污染和生态破坏。

建设项目生态环境监察的重点时段为：项目建设施工阶段和试生产期间；对必须进行项目审批前、试生产核准和竣工验收前监察的建设项目应当进行上述三个时段的现场监察。

1. 建设项目生态环境监察的主要内容

（1）项目审批前。着重对建设单位是否存在“未批先建”环境违法行为，项目建设地址是否位于风景名胜区、饮用水源地保护区、居民聚居区等环境敏感区域，并对群众举报投诉情况进行核查。

（2）项目建设施工阶段。着重对建设单位履行排污申报，执行“三同时”规定，落实环境影响报告书（表）及其批复要求，施工期污染控制及防止生态破坏措施落实情况等内容进行现场跟踪监察。

（3）项目试生产核准前。着重对建设项目必须配套的污染治理设施是否全部建成并具备试运行条件，环境影响评价报告书（表）批复所提要求是否全部落实等内容进行针对性监察。

（4）项目试生产期间。着重对已批准试生产和已投入试生产项目污染防治设施是否同时调试和运行，是否采取有效措施防止试生产过程中异常排放情况等内容进行监督性监察，并督促建设单位进行排污申报，依法核定和征收排污费。

（5）项目竣工验收前。着重对污染治理设施在正常生产负荷及正常生产条件下能否做到正常运行，试生产过程中所出现的污染问题是否得到解决，是否建立污染治理设施运行管理制度、操作规程及运行记录，操作人员是否具有必备资质，试生产过程中是否存在环境影响评价未涉及的新的污染情况和问题以及项目试运行期间群众的投诉举报情况等内容进行综合性监察。

（6）项目运行后。检查关键岗位的环境保护制度和操作规程，环境应急预案；检查有无预留事故排放口；竣工验收清单副本要交给环境监察机构保存。

2. 建设项目生态环境监察的要点

（1）检查建设项目执行环境影响评价制度的情况；

（2）检查建设项目执行“三同时”制度的情况；

（3）检查建设项目必须配套的污染防治设施的建设情况；

（4）环境监察人员可参加建设项目的竣工验收活动，便于了解项目的详细情况，掌握该项目的环保优势和不足。对验收时提出的需进一步完善的内容，在以后进行现场监察时给予特别重视，监督其按时完成；

（5）对生态环境有较大环境影响的建设项目监督实行工程环境监理；

依据六部委开展工程环境监理试点（环发〔2002〕141 号）；对区域性、流域性、资源开发和资源利用项目的生态保护效果和生态破坏效应要特别注意，尤其是矿山采、选、冶过程的生态环境保护，关闭后的生态恢复。

（6）对分散小型企业、乡镇企业建设项目的环境监察。除以上各要点外，重点检查其是否属于淘汰、限制、禁止的行业、工艺、设备，属于应取缔的要坚决取缔。

（7）饮食、娱乐服务业环境监察要点

① 落实“三产”的排污申报登记制度，逐渐使“三产”的环境管理纳入制度化。

② 达到一定规模的“三产”新扩改项目，一定要落实环境影响评价和“三同时”制度，以免产生扰民纠纷。

③ 国家环保局、工商局《关于加强饮食娱乐服务企业环境管理的通知》规定：

饮食业必须设置收集油烟、异味的装置，并通过专门的烟囱排放。

燃煤锅炉必须使用型煤或其他清洁燃料，燃煤的炉灶必须配装除尘器，禁止原煤散烧。排放的大气污染物应达到国家和地方的排放标准。

居民楼内不得兴办产生噪声的娱乐场点、机动车修配厂及超标排放噪声的加工厂。在城镇人口集中区内兴办以上场所，必须采取相应的隔声措施，并限制夜间经营时间，达到规定的噪声标准。

宾馆、饭店和商业等经营场所安装的空调产生噪声和热污染的经营单位应采取防治措施。

禁止在居民区内兴办产生恶臭、异味的修理业、加工业等服务企业。

严格限制在无排水管网处兴办产生和排放污水的饮食服务业。

二、限期治理项目生态环境监察

（一）限期治理项目的决定

1996 年《国务院关于环境保护若干问题的决定》第 4 条规定：自本决定发布之日起，现有排污单位超标排放污染物的，由县级以上人民政府或其委托的环境保护行政主管部门依法责令限期治理。因此限期治理项目的决定应由有管辖权的人民政府决定或者由其委托的环境保护部门决定。

“有管辖权的人民政府”的确定：国有企业按该企业所有权的归属决定；私有企业按成立时政府批准的决定；中外合资企业按中方的归属决定；外资独资企业由批准成立的政府

确定。

2005 年 12 月《国务院关于落实科学发展观加强环境保护的决定》第二十条规定：各级环保部门要严格执行各项环境监管制度，责令严重污染单位限期治理和停产整治。第二十一条规定：强化限期治理制度，对不能稳定达标或超总量的排污单位实行限期治理，治理期间应予限产、限排，并不得建设增加污染物排放总量的项目；逾期未完成治理任务的，责令其停产整治。

2020 年 9 月 1 日起施行的《中华人民共和国固体废物污染环境防治法》第一百一十八条规定，“违反本法规定，造成固体废物污染环境事故的，除依法承担赔偿责任外，由生态环境主管部门依照本条第二款的规定处以罚款，责令限期采取治理措施；造成重大或者特大固体废物污染环境事故的，还可以报经有批准权的人民政府批准，责令关闭”。

（二）限期治理项目生态环境监察要点

（1）要求制订治理方案报环境保护部门备案并编制工程施工进度表（施工进度、完成日期、负责单位、责任人），环境监察机构按进度检查；

（2）定期报告完成进度。必要时，委托当地环境监察机构进行日常监察；

（3）竣工后严格验收，并开展后督察。

（三）限期治理项目违法行为的查处

限期治理制度是一项具有强制性的法律制度。因此，对违反限期治理制度的单位必然要追究法律责任。

限期治理项目违法行为的认定有 2 个要素：一是逾期；二是治理工程未完成，或是虽然治理工程已完成但环境目标没有达到。

生态环境监察部门发现造成严重污染的企业事业单位经限期治理，逾期未完成治理任务的，可以依据排放污染物的种类和数量，按照国家规定给予处罚；并按上述程序报告环保主管部门，根据所造成的危害和损失处以罚款。或者由作出限期治理决定的人民政府责令停业、关闭。《国务院关于落实科学发展观加强环境保护的决定》第二十一条规定：“逾期未完成治理任务的，责令其停产整治。”责令中央直接管辖的企业事业单位的停业、关闭，须报国务院批准。对经限期治理逾期未完成治理任务的企业事业单位，具体罚款的额度可以参照《固体废物污染环境防治法》的规定，根据所造成的危害后果处以罚款。造成水体严重污染的企业事业单位，经限期治理，逾期未完成治理任务的，可以依照《中华人民共和国水污染防治法》实施细则第四十二条的规定处 20 万元以下的罚款。

《国务院关于环境保护若干问题的决定》第四条规定：限期治理的期限可视不同情况定为 1 至 3 年（三峡库区及其上游工业污染的限期治理不能超过三个月）；对逾期未完成治理任务的，由县级以上人民政府依法责令其关闭、停业或转产。

限期治理项目的限期一般不得延长，特殊情况需要延长时，应报原决定机关批准。防止无限期的限期治理，防止把限期治理当成违法企业延长生存年限的法宝。

三、案例

（一）澧县军泉采石场建设项目环境影响评价文件未经审查和批准即开工建设案

2018 年 3 月 21 日，澧县环境监察大队行政执法人员在澧县军泉采石场现场检查时发现，该单位建设项目的环境影响评价文件未依法经审批部门审查和批准即开工建设，上述行为违反了《中华人民共和国环境影响评价法》第二十五条的规定，依据《中华人民共和国环境影响评价法》第三十一条规定，澧县环保局责令该单位立即改正违法行为，停止建设，并处罚款18万元。

（二）津市市新洲镇坤源环保砖厂未批先建案

津市市环保局环境监察人员于2017年11月14日对津市市新洲镇坤源环保砖厂进行现场监察时发现，该单位虽未生产，但在未办理环境影响评价审批手续的情况下，擅自建成3套隧道窑、一套除尘脱硫系统、防雨顶棚，属于未批先建项目。此行为违反了《中华人民共和国环境影响评价法》第十六条的规定。津市市环保局根据《中华人民共和国环境影响评价法》第三十一条第一款的规定责令该砖厂立即停止生产，并处罚款5万元人民币。

（三）湖南湘线水泥制品有限公司未批先建案

2018年1月22日汉寿县环保局在对湘线水泥制品有限公司进行检查时发现，该公司电力电杆生产项目未办理环境影响评价及审批手续，于2017年10月25日开始建设，现已完成建设任务的80%。上述行为违反了《中华人民共和国环境影响评价法》第二十五条，依据《中华人民共和国环境影响评价法》第三十一条第一款规定，汉寿县环保局决定对该公司处以罚款2.353万元。

（四）海南省东方市好德实业有限公司生态环境破坏问题

海南省东方市好德实业有限公司生态环境问题是2017年第一轮中央环境保护督察交办的信访案件。2019年7月15日，中央第三生态环境保护督察组进驻海南省的第二天，收到群众举报并交由东方市调查处理，东方市于7月19日办结并反馈督察组。7月25日，督察组下沉东方市发现，东方市对两轮督察交办的信访案件整改不力，好德实业有限公司采石场长期野蛮开采，生态破坏严重，群众投诉不断。为应对督察组下沉督察，东方市于7月24日要求企业停产停运。

1. 基本情况

好德实业有限公司采石场于2014年投产运行。2017年，第一轮中央环境保护督察进驻期间，群众对该企业噪声、扬尘污染和生态破坏问题反映强烈，是督察组交办的重点群众信访案件。东方市接办案件后，回复称群众投诉基本属实，要求企业停产整改，并于2017年9月10日上报办结。这次督察期间该企业再次被群众举报，东方市公示称已于7月19日办结。督察发现，东方市对该案件的办理不严不实，整改要求大部分落空，企业甚至仍在顶风扩建，生态破坏加剧，群众反映依旧强烈。

2. 主要问题

停产整改成为一纸空文。第一轮中央环境保护督察交办案件后，针对采石场的生态环境问题，东方市要求企业严格执行开发利用方案和恢复治理方案，加大环保设备投入，确保减噪、控粉尘设施运行正常、符合标准，并在2017年7月至10月间，累计对该企业下达停产通知3份。于2018年4月14日，对该企业再次下达责令停产停运继续整改的通知。督察组现场调查发现，该企业在被数次责令停产停运后，均未见复产核查验收，长期继续生产运行，停产通知成为一纸空文，相关违法开采行为不但未得到纠正，甚至还在顶风新建生产设施。2016年3月企业未经审批建设的两条机制砂生产线非法生产至今，又于2019年4月未经审批新建稳定土搅拌站一座，并投入运行。长期不规范的开采方式，使得多个已开采面形成高陡边坡，矿区生态破坏十分严重(图10-2)。

环境修复避实就虚，敷衍了事。《矿山地质环境保护规定》明确规定，矿山地质环境保护与治理恢复工程的设计和施工，应当与矿产资源开采活动同步进行。该区域开采项目投产于2014年，但生产5年多来，环境恢复方案一直被束之高阁，在2017年中央环保督察组交办相关信访案件后，企业仍旧置之不理，直至2019年7月，第二轮中央生态环境保护督察进驻前夕，才草草开始恢复治理工作。现场督察发现，恢复治理未按实施方案要求实行“梯级降坡减载”，未对台阶、平台、边坡等进行复绿，仅在入场道路两侧和稳定土车间旁等显眼区域象征性地补种一些苗木，作表面文章(图10-3)。

图10-2　长期野蛮开采导致山体生态破坏严重

图10-3　2019年7月督察进驻前在平坦显眼位置覆土栽种的苗木

平时不作为，急时先停再说。第二轮中央生态环境保护督察进驻海南省前，督察组通过正式文件、进驻讲话等多种形式，反复强调禁止环保“一刀切”，并明确要求严格禁止“一律关停”“先停再说”的敷衍应对做法，坚决避免紧急停工、停业、停产等简单粗暴行为。但督察发现，2017年第一轮中央环境保护督察以来，东方市对好德实业有限公司采石场的生态环境问题一直疏于监管，整改要求至今未落实到位。2019年1月至7月，东方市自然资源和规划局历次现场检查记录中，也均未反映企业存在执行矿山开采利用方案不严、地质环境问题突出等情况，直到7月24日督察组下沉该市前一天，才指出企业矿山地质环境问题较为突出，并紧急向企业下达停产停运通知，明显存在平时不作为、急时乱作为的问题。

3. 原因分析

2017年以来，东方市委、市政府主要领导针对矿山生态环境整治问题多次召开会议研究，多次调研督办。2018年5月7日，东方市人民政府还印发采石场关停与复绿工作实施方案，对目标任务、工作措施、工作步骤、工作要求均做了详细部署，明确了责任分工，并要求牵头责任单位在2018年12月形成总结报告报市政府。但直到这次督察时，牵头责任单位总结报告仍未上报，市政府也未对实施方案完成情况进行跟踪督办，以文件落实整改，工作浮于表面，存在明显的形式主义、官僚主义问题。东方市对中央生态环境保护督察交办信访案件重视不够、认识不足，没有贯彻以人民为中心的发展思想，没有树牢新发展理念，在矿山生态环境整治中，全市各级、各相关部门普遍存在重生产、轻保护的思想，对生态环境违法违规问题“睁只眼、闭只眼”，执法偏松偏软、走过场，纵容了企业的违法行为。督察组还将根据有关要求，进一步核实情况，查清问题，依法依规做好后续督察工作。

(五)福建省福清市江阴港城经济区管委会水污染防治工作不力

2019年7月26日，中央第二生态环境保护督察组对福建省福清市江阴港城经济区开展了下沉督察。督察发现，该经济区管委会水污染防治工作不力，园区企业废水偷排问题突出，大量生活污水未经处理直排入海，污水处理厂提标改造任务不落实，导致福清市兴化湾部分海域水质呈现恶化趋势。

1. 基本情况

福建省福清市江阴港城经济区位于兴化湾江阴半岛，其前身为江阴工业集中区，2006年升格为省级经济开发区，2018年更名为港城经济区，是福建省第三大化工产业基地，现有医药、精细化工等工业企业57家，2018年规模以上工业产值达263亿元。福清市江阴镇、新厝镇位于该经济区内，现有常住人口约7.5万人。

2. 主要问题

（1）部分企业废水偷排问题突出。2019年5月生态环境部组织的现场检查发现，江阴港城经济区工业集中区附近河道水质污染严重，总氮浓度最高达181mg/L，超出经济区污水处理厂排放标准8倍；河道入海闸口化学需氧量浓度达338mg/L，超出地表水Ⅴ类标准7.4倍。福州耀隆化工集团公司是该经济区内规模较大的合成氨企业，现有合成氨产能21万吨/年，日均排放工业废水1500t。7月26日，督察组现场抽查发现，该企业私设暗管，利用雨水排口偷排高浓度废水，COD浓度高达357mg/L。进一步调阅资料发现，该企业在2019年6月11日就因利用雨水排口偷排废水被处罚，短短一个月内再次违法排污，顶风作案，性质恶劣。此外，该企业还以安全生产为名，拒绝环保部门突击检查，经济区环保执法部门只有在得到企业许可后方能进入企业对污水处理设施检查。周边群众对该企业环境污染问题反映强烈，督察期间多次来信举报该企业“跑冒滴漏严重，破坏周边环境”（图10-4，图10-5）。

图10-4　耀隆化工利用雨水排口违法排污

图10-5　周边生活污水直排环境

（2）大量生活污水长期直排兴化湾。港城经济区2013年规划调整时就明确要求将福清市江阴、新厝两镇生活污水纳入经济区污水处理厂集中处理。但港城经济区管委会推动管网建设不力，进度严重滞后，截至本次督察进驻时，江阴、新厝两镇生活污水配套管网仍未建成，两镇每天1万余吨生活污水通过沟渠直排兴化湾。督察组现场检查发现，两个镇区周边水体普遍黑臭，江阴镇安置区河道氨氮浓度高达22.5mg/L，属于重度黑臭。2018年，原福州市住建委组织对福清市农村生活污水治理工作开展专项督查。福清市住建局在明知江阴镇生活污水尚未收集处理的情况下，仍虚报江阴镇污水已接入港城经济区污水处理厂集中处理，工作弄虚作假。

（3）污水处理厂提标改造六年不落实。港城经济区污水处理厂于2010年建成投运，目前实际处理量约20kt/d，一直无脱氮处理工艺，执行排放标准偏低。2013年以来，港城经济区开展多轮规划修编，相应的规划环境影响评价意见均明确要求对污水处理厂实施提标改造，严格控制总氮排放。但港城经济区管委会重规划项目落地、轻环境影响评价要求落实，一直未开展污水提标改造工作，规划环境影响评价意见成为“一纸空文”。2017 年 12 月，原福建省环保厅发布近岸海域污染防治方案，进一步明确要加强工业集聚区污染治理，污水集中处理设施应具备脱氮除磷工艺。但港城经济区管委会不重视，不落实，污水处理厂提标改造任务再次落空。督察组现场检查发现，经济区污水处理厂每天约 20kt 工业废水总氮长期超标排放，2019 年上半年排水总氮平均浓度高达 110mg/L，超标 4.5 倍。经济区内应按行业标准严格控制总氮排放的医药企业，也借集中纳管之名规避行业达标排放要求。例如，福抗药业公司和福兴医药公司是经济区内规模较大的化学合成类制药企业，每天向污水处理厂排放废水分别为 2700t 和 2400t，总氮浓度分别高达 260mg/L 和 150mg/L，超出行业排放标准 7.7 倍和 4 倍。

（4）兴化湾部分海域水质严重恶化。受港城经济区污水处理厂超标排放、企业偷排和生活污水直排等问题的影响，近年来，福清市兴化湾经济区西侧海域水质呈现明显的恶化趋势，海水无机氮浓度从 2015 年的 0.27mg/L 增至 2017 年的 0.5mg/L，2018 年依然达到 0.41mg/L，水质由Ⅱ类恶化到Ⅳ类。2019 年 2 月监测结果显示，该海域海水无机氮浓度高达 0.89mg/L，同比上升 74.5%，水质严重恶化为劣Ⅳ类。

3. 原因分析

耀隆化工集团公司顶风作案，违法排污，性质恶劣。福清市及江阴港城经济区管委会认识不足、履职不力，对兴化湾海域水质恶化问题未予重视，对规划环境影响评价和近岸海域污染防治工作要求落实不力，造成污水处理厂提标改造工作长期落空，企业违法偷排、生活污水直排等问题一直得不到解决。福清市住建局弄虚作假，应对检查。督察组将进一步调查核实情况，推动地方加快问题整改，对存在失职失责的，将要求地方依纪依法查处到位。

思考题

1. 生态环境监察的概念是什么？
2. 生态环境监察的职责包括哪些？
3. 生态环境监察的基本任务是什么？
4. 简述生态环境监察的发展历程。
5. 简述我国生态环境监察机构的设置情况。
6. 简述我国区域环境保护督察中心的职责。
7. 生态环境监察机构在现场监察工作中有哪些权利？
8. 生态环境监察的依据有哪些？
9. 简述生态环境监察的工作程序。
10. 污染源监察包括哪些内容？
11. 污染源监察有哪些形式？
12. 水污染源生态环境监察要点有哪些？
13. 大气污染源生态环境监察要点有哪些？
14. 固体污染源生态环境监察要点有哪些？
15. 噪声污染源生态环境监察要点有哪些？

16. 地下水污染源生态环境监察要点有哪些？
17. 污染防治设施生态环境监察的概念是什么？
18. 污染防治设施生态环境监察要点包括哪些？
19. 简述排污口规范化设施生态环境监察的一般程序。
20. 简述建设项目生态环境监察内容和要点。
21. 限期治理项目的决定权在哪些部门或单位？
22. 简述限期治理项目的生态环境监察要点有哪些？
23. 简述限期治理项目违法行为的认定与查处规定。